U0417307

无线单片机技术丛书

PIC® 单片机与 ZigBee 无线网络实战

李文仲　段朝玉　等编著

北京航空航天大学出版社

内容简介

本书从PIC单片机的基础讲起，逐步展开ZigBee无线网络技术的相关知识，最后通过大量的实验，让读者实际体验如何具体使用ZigBee无线技术进行实际产品的开发设计。作者希望以动手实践为主轴，让读者在不断的实验中，循序渐进地完成PIC单片机和ZigBee无线技术的有机结合，像开发简单单片机系统一样，完成复杂ZigBee无线产品和技术的开发。

本书适合广大从事单片机、无线应用、自动控制、工业控制、无线传感等的工程技术人员作为学习、参考用书，也可作为高等院校的计算机、电子、自动化、无线课程的教学参考书。

图书在版编目(CIP)数据

PIC® 单片机与ZigBee无线网络实战/李文仲等编著. —北京:北京航空航天大学出版社,2007.12

ISBN 978-7-81124-247-8

Ⅰ. P… Ⅱ. 李… Ⅲ. ①单片机微型计算机②无线电通信—通信网 Ⅳ. TP368.1 TN92

中国版本图书馆CIP数据核字(2007)第173121号

PIC® 单片机与ZigBee无线网络实战

李文仲 段朝玉 等编著

责任编辑 许振伍 胡伟卷

*

北京航空航天大学出版社出版发行

北京市海淀区学院路37号(100083) 发行部电话:010-82317024 传真:010-82328026

http://www.buaapress.com.cn E-mail:bhpress@263.net

涿州市新华印刷有限公司印装 各地书店经销

*

开本:787×960 1/16 印张:24.75 字数:554千字

2007年12月第1版 2007年12月第1次印刷 印数:5 000册

ISBN 978-7-81124-247-8 定价:39.00元

本书编委会

主编：李文仲　段朝玉

编委：崔亚远　黄小林　敬　勇
　　　李华云　郑裕侠　林　涛

前　言

ZigBee是一种崭新的，专注于低功耗、低成本、低复杂度、低速率的近程无线网络通信技术。它也是目前嵌入式应用的一个大热点。

ZigBee的特点主要有以下几个方面：

- 低功耗。在低耗电待机模式下，2节5号干电池可支持一个节点工作6～24个月，甚至更长。这是ZigBee的突出优势。相比较而言，蓝牙能工作数周、Wi-Fi可工作数小时。
- 低成本。通过大幅简化协议(不到蓝牙的1/10)，降低了对通信控制器的要求。按预测分析，以8051的8位微控制器测算，全功能的主节点需要32 KB代码，子功能节点则少至4 KB代码，而且ZigBee免收协议专利费。
- 低速率。ZigBee工作在250 kb/s的通信速率下，可满足低速率传输数据的应用需求。
- 近距离。传输范围一般介于10～100 m之间，在增加RF发射功率后，可增加到1～3 km。这指的是相邻节点间的距离，如果通过路由和节点间通信的接力，传输距离将可以更远。
- 短时延。ZigBee的响应速度较快，一般从睡眠转入工作状态只需15 ms，节点连接进入网络只需30 ms，从而进一步节省了电能。相比较之下，蓝牙需要3～10 s、Wi-Fi需要3 s。
- 高容量。ZigBee可采用星状、片状和网状网络结构。一个主节点管理若干子节点，最多一个主节点可管理254个子节点；同时主节点还可由上一层网络节点管理，最多可组成65 000个节点的大网。
- 高安全。ZigBee提供了3级安全模式，包括无安全设定、使用接入控制清单(ACL)防止非法获取数据和采用高级加密标准(AES128)的对称密码，以灵活确定其安全属性。
- 免执照频段。采用直接序列扩频在工业、科学、医疗的2.4 GHz(全球)(ISM)频段。

正是这些全新的特点，将使ZigBee技术在无线数传、无线传感器网络、无线实时定位、射频识别、数字家庭、安全监视、无线键盘、无线遥控器、无线抄表、汽车电子、医疗电子、工业自动化等方面得到非常广阔的应用。

对于刚刚起步开始学习ZigBee技术的电子工程师、单片机工程师而言，选择一个高效率、低价格的ZigBee无线技术和相关的学习环境，使自己能快速入门和精通复杂的ZigBee无线技术，是非常重要的事情。这主要包括以下4个方面的选择。

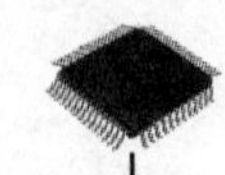

1. 选择合适的微处理器

从技术眼光看,ZigBee 技术的核心是微控制器(MCU),而 ZigBee 其实就是由该 MCU 的软件代码组成的一堆软件。无论是无线数据传输、路由算法、网络拓扑等,都是各种函数的组合、代码组合。学习入门 ZigBee,首先要选择一个很优秀的微控制器。

由微芯公司开发的 PIC 系列单片机,是单片机中的后起之秀。它采用精简指令集(RISC)、哈佛总线(Harvard)结构、二级流水线取指令方式,具有实用、低价、指令集小、低功耗、高速度、体积小、功能强和简单易学等特点,体现了单片机发展的一种新趋势,也是作为 ZigBee 控制核心的一种理想选择。

PIC 系列单片机由于将其大量的资源全部集成在芯片内部,包括 I/O、存储器、通信接口等,使系统电路板需要的空间大大简化,而且一些对高频通信可能产生的干扰噪声大大减少,加上可以用电池供电和具有低功耗模式等新的特点,使 PIC 系列单片机非常适合应用于短距离无线通信和无线网络中。

选择 PIC 系列微处理器为 ZigBee 的核心 MCU 的另外一个优势是,PIC 单片机目前在国内已经普及,大学中专都有广泛的课程;各种参考书、教材到处都有,开发软件也早已被大家熟悉,用起来非常顺手。

2. 选择高效率、低价格的学习开发平台

确定了核心控制微处理器,就好像已经掌握了 ZigBee 心脏跳动的频率和运行的脉搏,接下来就需要有一套能够进行程序编译、下载、在线调试的实际学习 ZigBee 无线技术的开发平台了。

成都无线龙通讯科技有限公司专门为使用 PIC 单片机学习 ZigBee 技术设计了 C51RF－3－JX教学系统。该系统采用了微芯的 PIC18F4620 单片机和 TI/CHIPCON 公司的 CC2420 最新无线 ZigBee 芯片,既可以满足单片机初学者熟悉 PIC 单片机,也可以满足有一定单片机基础的工程师、电子爱好者学习 ZigBee 技术,具有很强的实用性。

C51RF－3－JX 教学系统包括 4 个 ZigBee 无线模块、MPU 模块、大型实验板、多种传感器(温度、光电、加速度等)、4×4 键盘、液晶显示、电机、蜂鸣器、RS－232 接口等,可以方便地完成本书包括的各种 PIC 单片机和 ZigBee 无线网络的多种实验。

只要将 C51RF－3－JX 教学系统简单地连接上计算机,运行微芯公司提供的开发编译和调试环境,就可以方便地观察 ZigBee/802.15.4 协议栈源代码的运行情况;而且可跟踪协议栈运行情况,单步、断点和 ZigBee 的整个协议完全透明可控、可操作;无线收发情况也在计算机屏幕上,一目了然,随意控制。

有了这个平台，即使没有任何无线通信经验的工程师，也能够在很短时间内熟悉复杂的ZigBee 协议，很快将自己的应用和 ZigBee 无线技术结合在一起，成为无线通信的内行。

3. 选择源代码开放的 ZigBee 协议栈

ZigBee 技术的核心是几万行 ZigBee/802.15.4 C51 源代码。这些源代码同 ZigBee 无线单片机芯片配合，完成数据包装收发、校验、各种网络拓扑、路由计算等复杂的功能。因为这个协议栈是 ZigBee 技术的核心，所以除了微芯公司以外，国外其他厂家几乎都一律不提供协议栈源代码，而是提供协议栈目标码库文件。

换句话说，微芯公司是目前全世界唯一提供源代码开放协议栈的厂家。

虽然目标码库文件和源代码都能实现 ZigBee 协议栈的功能，但从开发/使用方便性上而言，两者间有下列明显差异：

- 源代码对使用者是全透明的，使用者可以任意修改、添加自己需要的功能。目标码则不能改动任何地方。
- ZigBee 目标码库内部一般带有内部控制/限制信息，如某国外著名厂家提供的免费协议栈是 3 个月限制版，到时间后该目标码协议栈将自动停止运行，用户需要支付专利费后才能继续使用。而源代码协议栈对用户完全透明，不会有这样的问题。
- 源代码协议栈由 C 语言写成，可以在不同微控制器上移植，而目标代码库只能支持特定的微控制器。
- 源代码协议栈可以帮助使用者理解 ZigBee 协议的内部结构和实现方法。目标代码库则不具备这样功能。

4. 动手实践，在实际动手中学习 ZigBee 无线技术

高频无线技术、单片机技术、C51 编程、无线传感器技术、无线网络技术和 ZigBee/802.15.4 技术都属于实验技术和实用技术。具体掌握这些技术，需要实际动手，通过编程序、实际调试、实际电路板、现场测试分析等来真正了解技术的核心，来具备实际的经验。

对于像 ZigBee/802.15.4 技术这样全新的技术，很少有书籍来进行详细地介绍，目前书店的无线类书籍大多是理论，各种复杂的计算公式，让人看起来非常吃力。但如何去像开发单片机一样，实实在在地做程序、做电路板、去调试、测试，最后做一个实际的无线产品，这些在现有图书中很难发现，然而这正是电子工程师最需要的东西。

本书从 PIC 单片机的基础讲起，逐步展开 ZigBee 无线技术的相关知识，最后通过大量的实验，让读者实际体验如何具体使用 ZigBee 无线技术，进行实际产品的开发设计。作者希望以动手实践为主轴，让读者在不断地实验中循序渐进地完成 PIC 单片机和 ZigBee 无线技术的有机结合，像开发简单单片机系统一样，完成复杂 ZigBee 无线产品和技术的开发。

我们认为，在实践中体验无线通信的原理、自己编程序、自己观察无线通信的实践过程，是快速掌握 ZigBee/802.15.4 短距离、低功耗无线网络技术的最重要的关键。

归纳起来，如果解决好上述 4 个方面的问题，就具备了打开 ZigBee 大门的全部条件，剩下的就是看如何运用智慧，去实现千千万万的应用，去开发形形色色的无线产品了。而本书的目的，作为读者迈进 ZigBee 无线技术的桥梁的作用，也就达到了。

衷心希望我们和北京航空航天大学出版社共同努力出版的这本图书，能够成为读者迈入 ZigBee 无线网络技术大门的“金钥匙”，成为学习嵌入式无线技术的好伴侣。

购买了本书，并且需要本书配置实验的源代码/资料的读者，请登录 http://www.c51rf.com/download.asp 下载或发邮件 info@c51rf.com 索取。

作　者

2007 年 7 月

目　录

第 1 章

实验系统介绍

为了适应当今技术飞速发展和高校的需要，成都无线龙开发了 C51RF－3－JX 教学系统。它可以供单片机初学者熟悉 PIC 单片机，也可以供有一定单片机基础的工程师学习 ZigBee 技术使用。本试验系统采用了微芯的 PIC18F4620 单片机和 Chipcon 公司的 CC2420 无线 ZigBee 芯片，具有很强的实用性。

本试验系统功能强大，可以让读者实际动手体验多种实践，也可以满足各行业工程师的设计需要。本试验系统包括 4 个模块：ZigBee 无线模块（CC2420）、CPU 模块（PIC18F4620）、实验板、移动扩展板。它的功能完善，具有多种传感器（温度、光电、加速度等）、4×4 键盘、液晶显示、电机、蜂鸣器、RS－232 接口等，还留有多种扩展可供选择。

PIC 单片机、ZigBee 无线网络开发应用包括硬件开发设计和软件开发设计。本章介绍了硬件开发设计环境，第 2 章将重点介绍其软件开发设计环境。

1.1 ZigBee 无线模块

高频部分在该模块完成，如图 1.1 所示是该模块的原理图。

1.2 CPU 模块

为了在该实验板上能使用其他 CPU，所以把 CPU 以模块的形式插入，以方便其他 CPU 的扩展。其原理图如图 1.2 所示。

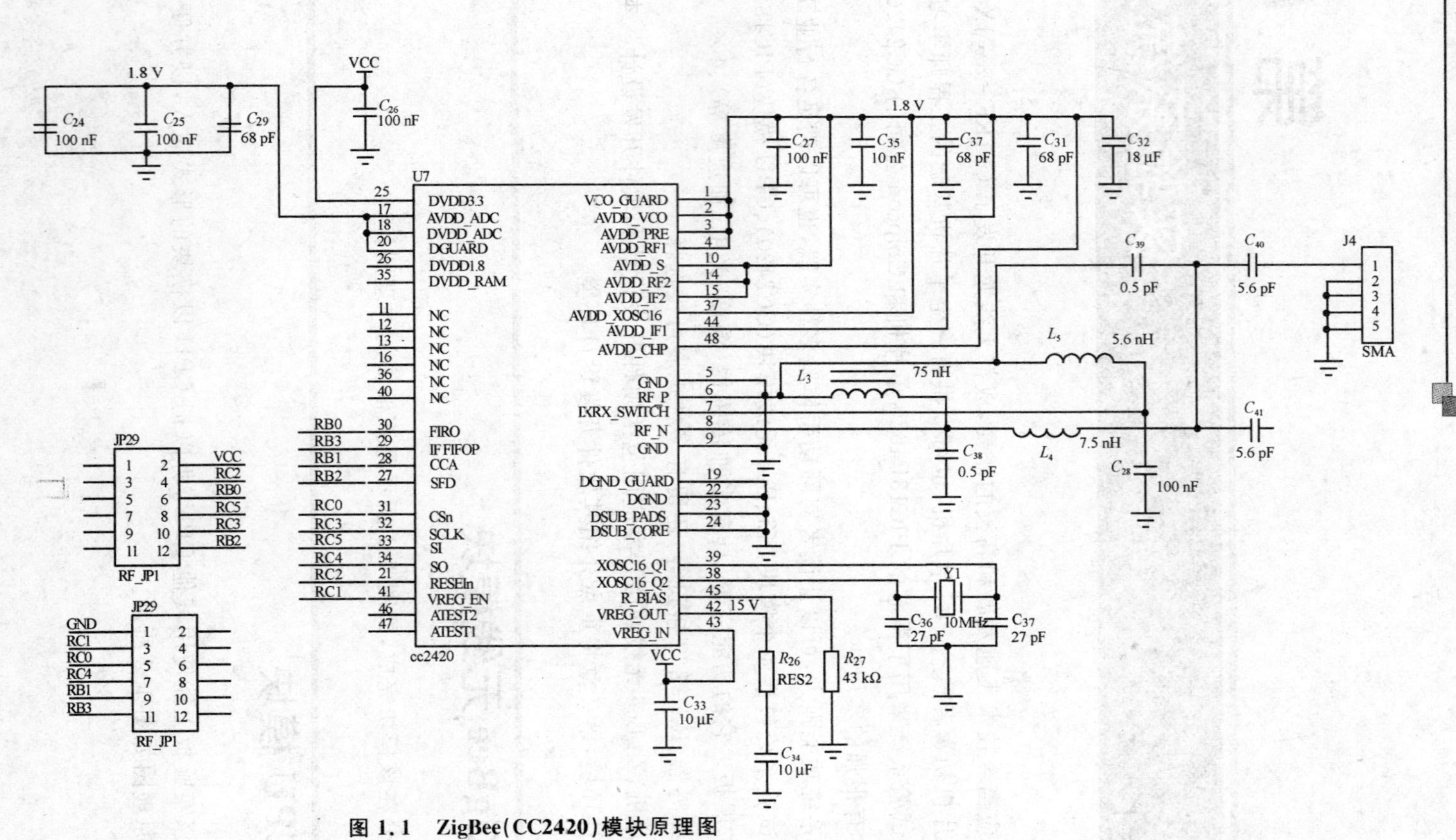

图1.1 ZigBee(CC2420)模块原理图

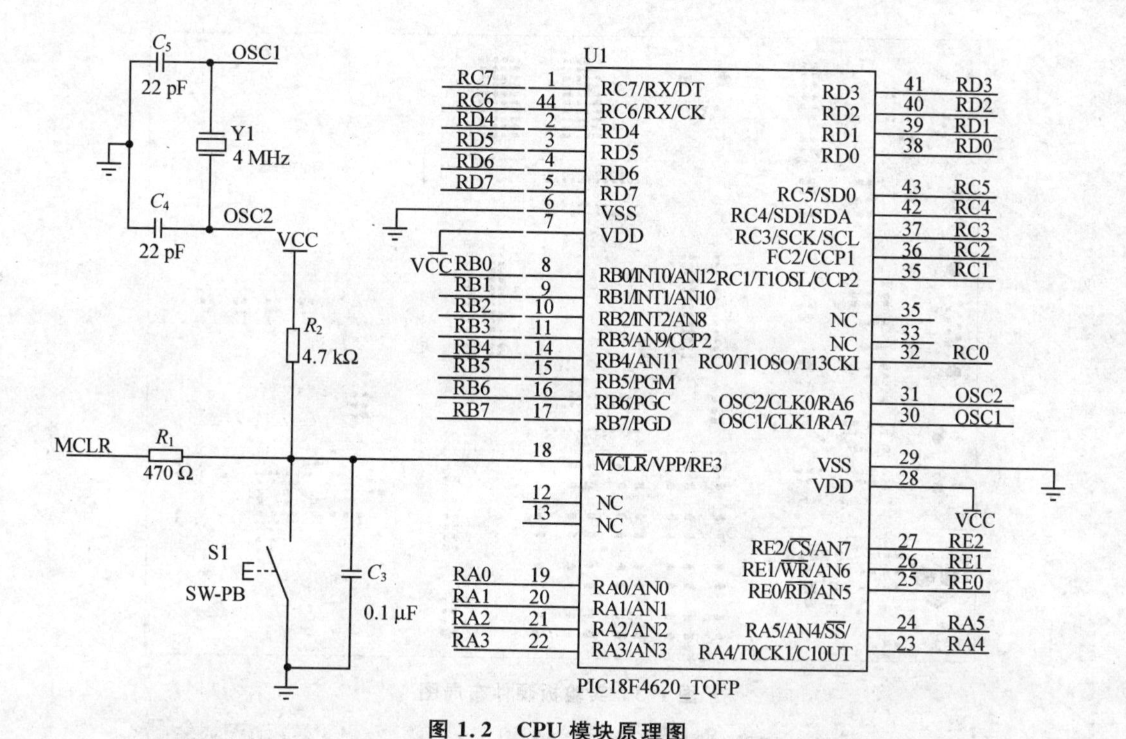

图 1.2　CPU 模块原理图

1.3　实验板

该实验板包含试验所需要的所有外设，所有单片机的试验都在该板上完成。实验板共分为 3 大区域：A、B、C 区，还留有自由布线区供扩展用。

实验板整体布局如图 1.3 所示，实物图如图 1.4 所示。

1.3.1　A1——传感器

为了监测外界环境变化，采用传感器是很有效的手段，例如，温度、光度等。在该实验系统采用了 3 种传感器：温度、光电和电位器。温度采用的是 LM95，它是 SPI 接口，与单片机 PIC18F4620 的 SPI 相连；光电和电位器接的都是单片机的 AD 输入引脚，通过该区域的实验可以学习使用 AD 和 SPI 口。其原理图如图 1.5 所示。

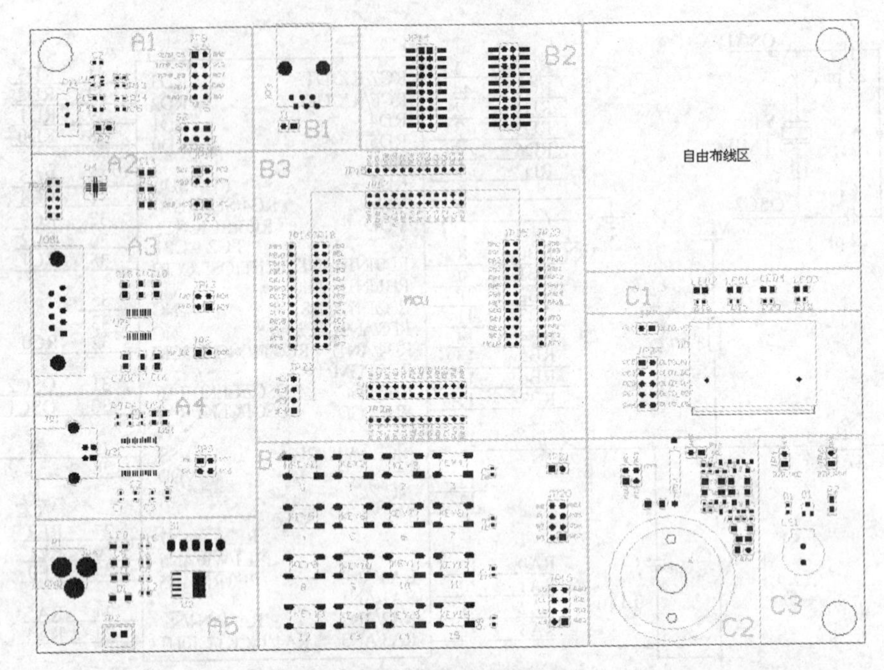

图1.3　实验板硬件布局图

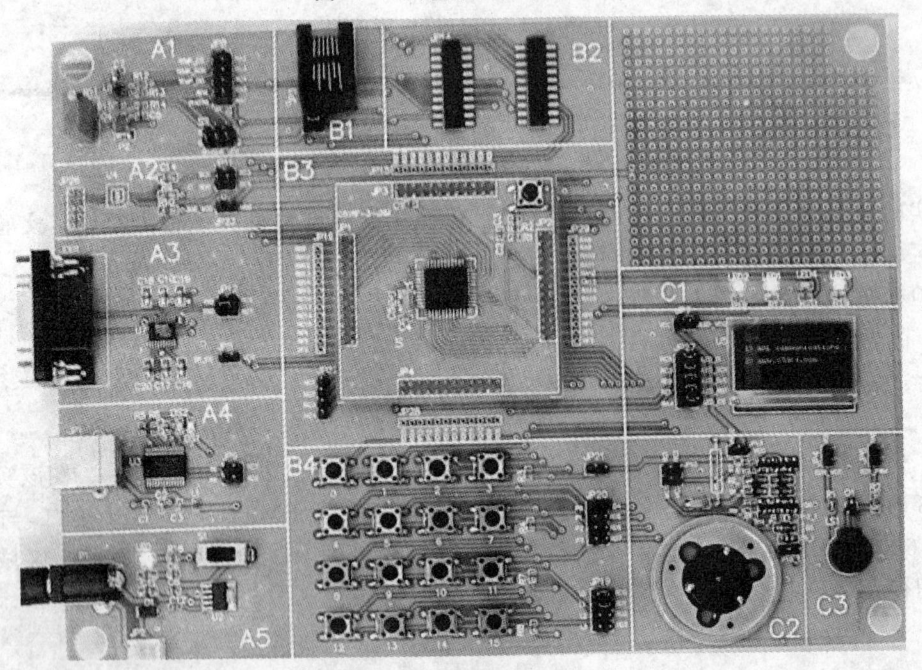

图1.4　实验板实物图

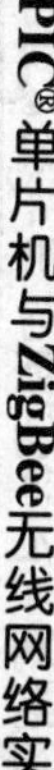

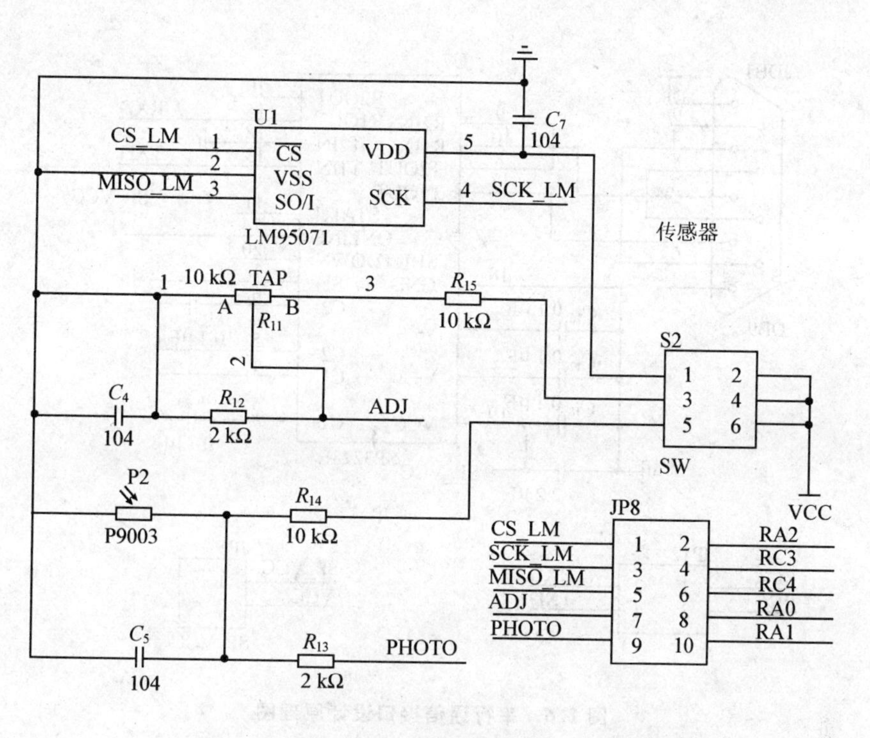

图 1.5　传感器原理图

U1 是温度传感器 LM95071，其 SPI 接口与单片机的 SPI 接口相连，片选接 RA2。

TAP 是 10 kΩ 电位器，而且与 R15(10 kΩ)串联，所以从 ADJ 输出的电压为 0～1.5 V 左右。输出 ADJ 接 RA0，即单片机的 AN0。

P2 为光电传感器(光敏电阻)。输出 PHOTO 接 RA1，即单片机的 AN1。

S2 为这 3 个传感器的电源开关，在实验时一定要把对应传感器的电源插针插上。

JP8 为传感器的信号短接座，在使用传感器时要把对应的插针插上。

1.3.2　A3——RS-232 接口

在实际工程应用中，单片机和 PC 之间需要经常进行数据交换。本实验系统提供采用 SP3223 驱动 PIC 单片机的 SCI 接口与标准的 RS-232 电平接口，使单片机和 PC 之间能很方便地交换数据。

其设计原理图如图 1.6所示。

U7 是 SP3223，其外围器件少，设计简单实用。

JDB1 是标准的 RS-232 接口。

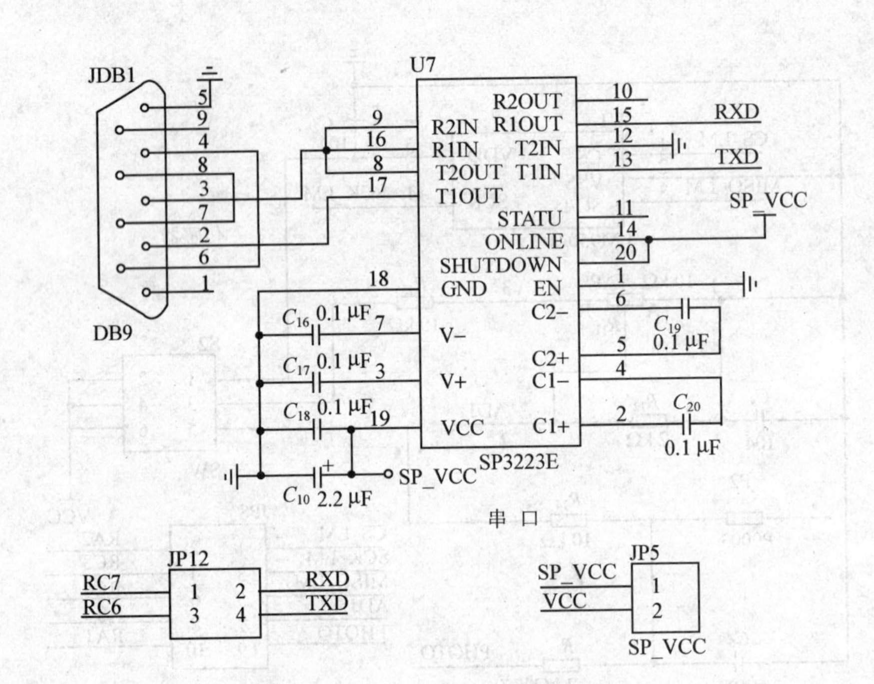

图 1.6 串行通信接口设计原理图

JP12 是信号线短接插座。

JP5 是该部分电源短接插座。

在使用该部分实验时一定要把对应短接插座短接。

1.3.3 A4——FT232RL 设计

为了满足没有串口的 PC 的需要，如笔记本电脑，这里采用 FT233RL 驱动 PIC 单片机的 SCI 接口与 PC 的 USB 接口相连。在使用该部分与计算机进行数据交换时，需要预先安装 FT232RL 的驱动程序。该驱动在计算机内虚拟一个如同 RS－232 串口一样的接口，如 COM3。尽管接口是 PC 的 USB，但是在计算机内部却被当成 RS－232 串口使用，所以使用很方便。

设计原理图如图 1.7 所示。

U3 是 FT232RL 芯片。

DS1、DS2 是信号指示灯，在数据输入/输出时闪烁。

JP1 是 USB 接口。

JP9 是信号线短接插座，实验时将其短接，该部分才能正常使用。

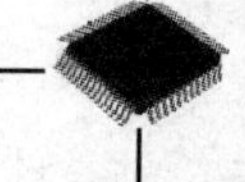

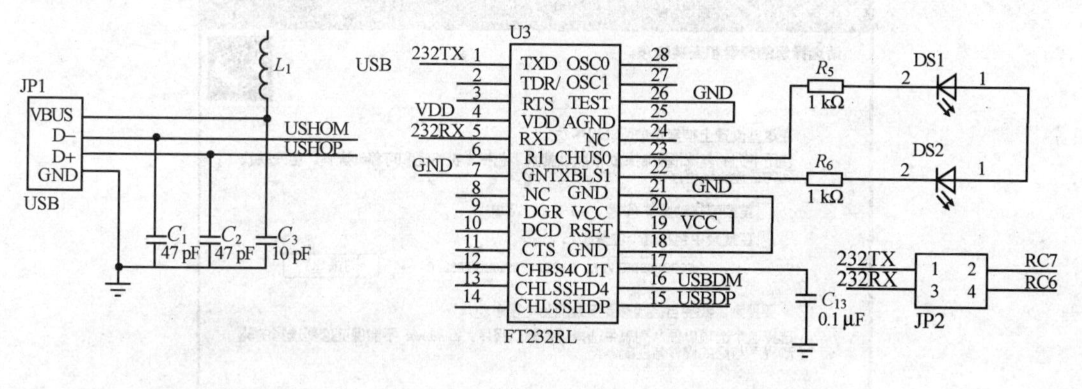

图 1.7　FT232RL 设计原理图

下面介绍 FT232RL 驱动程序的安装方法。

在第 1 次使用该接口时，计算机会弹出如图 1.8 所示的对话框。

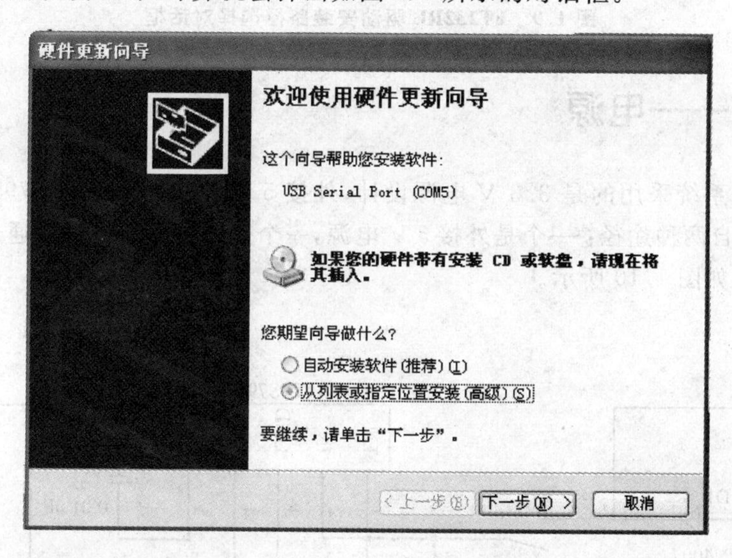

图 1.8　FT232RL 驱动安装对话框窗口

如果没有弹出，就到计算机的“设备管理器”中去“更新设备”便会出现该对话框。

按照图 1.8 所示选择，然后单击“下一步”按钮，就会弹出图 1.9 所示的对话框。在该对话框下选择驱动所在的目录，然后单击“下一步”按钮，驱动将自动安装。

另外要注意，A3 和 A4 区域两个部分在功能上没有冲突，可以同时使用。

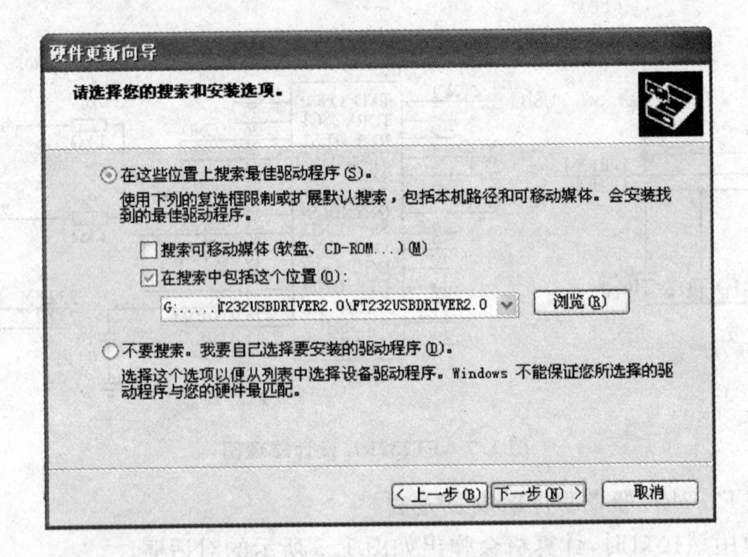

图 1.9 FT232RL 驱动安装路径选择对话框

1.3.4 A5——电源

该实验开发系统采用的是 3.3 V 电源设计，外接 5 V 电源，通过 TPS79533 进行电压转换。5 V 电源来自两种途径：一个是外接 5 V 电源，一个是来自 USB 电源，通过一个开关进行切换。其原理图如图 1.10 所示。

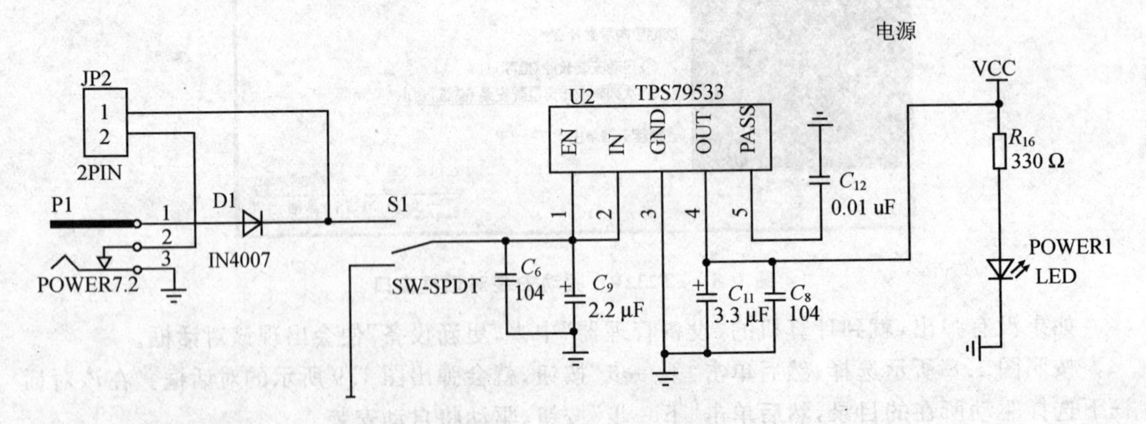

图 1.10 电源设计原理图

U2 是 TPS79533 电源芯片。

POWER1 是电源指示灯。

P1是外接5 V电源接口。

S1是电源切换开关。

JP2是外接电源接头。

1.3.5 B1——JTAG

这个区是PIC烧写程序的接口。

1.3.6 B2——无线模块(CC2420)插座

通过这个插座,PIC单片机能完全控制CC2420无线芯片,主要控制引脚是SPI口。

其原理图如图1.11所示。

其中,RC0～RC7、RB0～RB3,还有AN0～AN5都通过该插座引出,不仅可以接CC2420模块,还可以接其他ZigBee无线模块。

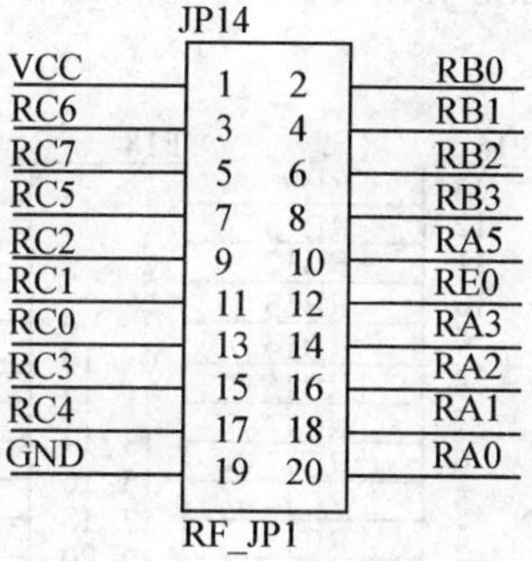

JP14

信号	引脚	引脚	信号
VCC	1	2	RB0
RC6	3	4	RB1
RC7	5	6	RB2
RC5	7	8	RB3
RC2	9	10	RA5
RC1	11	12	RE0
RC0	13	14	RA3
RC3	15	16	RA2
RC4	17	18	RA1
GND	19	20	RA0

RF_JP1

图1.11 无线模块插座

1.3.7 B3——MCU插座

这个插座是该实验板的核心部件,板载的所有设备都要通过该部件控制指挥。在该配套实验系统中,采用的是PIC18F4620单片机,但留有兼容其他多种PIC单片机的插座,原理图如图1.12所示。可以看出,该插座引出了单片机的所有引脚,而且兼容单片机PIC18F4620/18F87J10/J11 、PIC24FJ128GA006和dsPIC33F256GP710等。

1.3.8 B4——键盘

在许多应用中,一般都需要用键盘来输入数据或对程序的进程进行控制管理,所以在单片机实验系统中,键盘是个不可缺少的部分。本实验系统采用单片机的RD的8个I/O组成一个简单的4×4键盘,采用典型的键盘扫描来判断键盘是否按下。

键盘原理图如图1.13和图1.14所示。

行(L0～L3)占用RD0～RD3引脚,列(P0～P3)占用RD4～RD7引脚。

图 1.12 MCU 模块插座

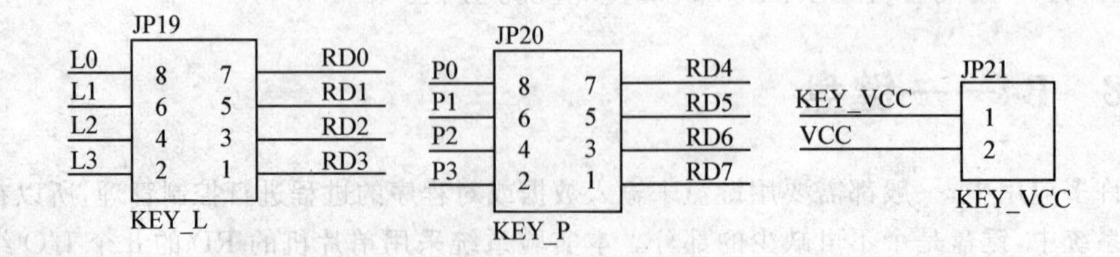

图 1.13 键盘插座

1.3.9 C1——显示区

该区域包含两部分：一个是 LED 指示灯，一个是 OLED 显示屏。4 个 LED 显示灯由单

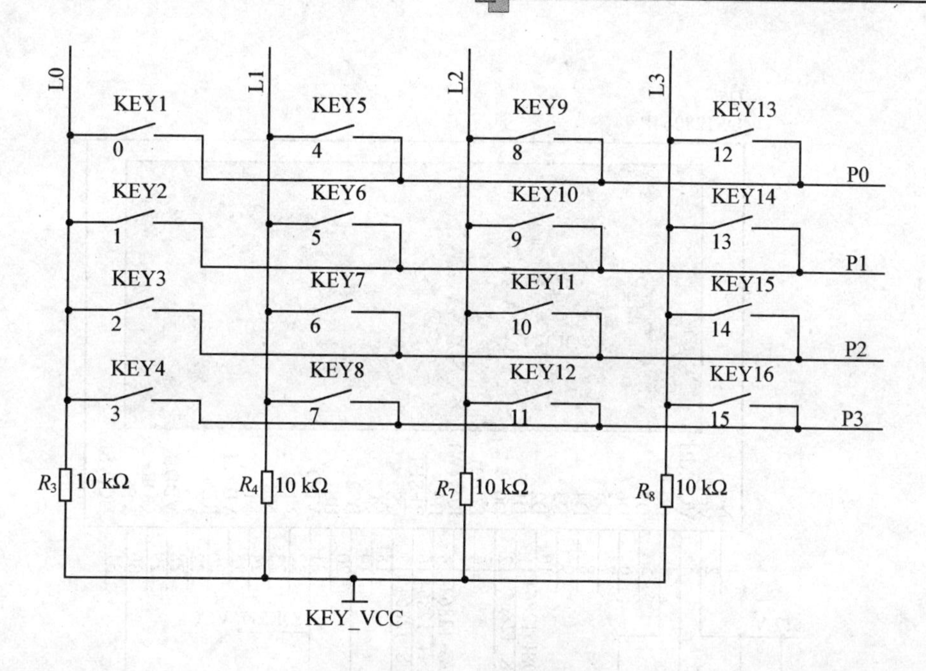

图 1.14 键盘原理图

片机的 RA3、RA5、RB4、RB5 驱动，当 I/O 引脚为高电平时 LED 被点亮。原理图如图 1.15 所示。

通过对 LED 的点亮可以指示程序的运行状态或者工作状态，这在应用和调试程序是非常有用的，而且在 I/O 实验中也会应用到。

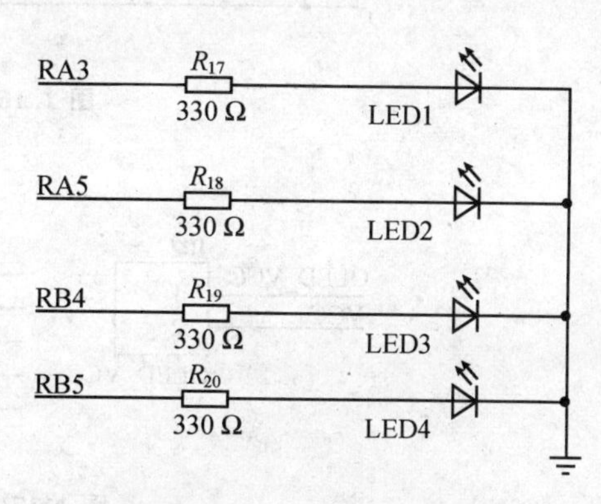

图 1.15 LED 灯原理图

OLED 模块采用了带有 SSD1303 驱动 IC 的 OLED 显示器，具有 SPI 接口，所以直接用 PIC 单片机的 SPI 对其进行操作。其原理图如图 1.16 所示。

进行 OLED 显示实验时，也要把相应短接插座短接，如图 1.17 所示。

RC5 和 RC3 分别是 SPI 接口的 MOSI 和 SCK 引脚，RE0 接 OLED 的数据命令控制引脚，RE1 接复位引脚，RA4 接片选引脚。在使用 OLED 时都将短接。

其中，还有驱动电源电路没有画出（OLED_VCC 和 12＋），信号线都已经列出，如片选（CS_12864）、数据线（MOSI_12864）、时钟线（SCK_12864）、复位线（RST_12864）、控制线（D/C_12864）。

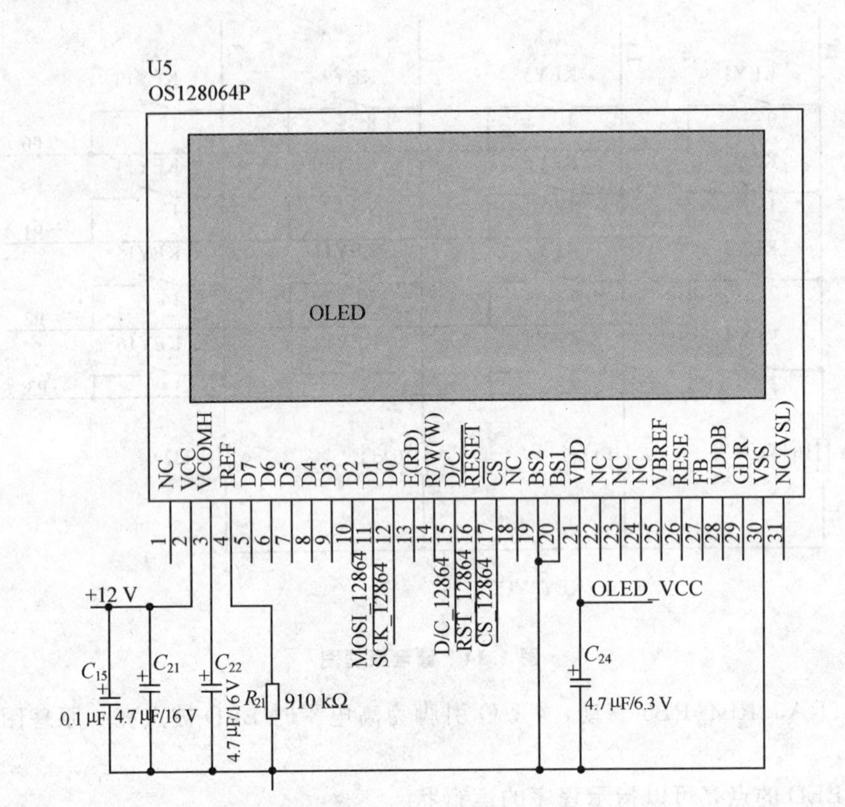

图 1.16　OLED 原理图

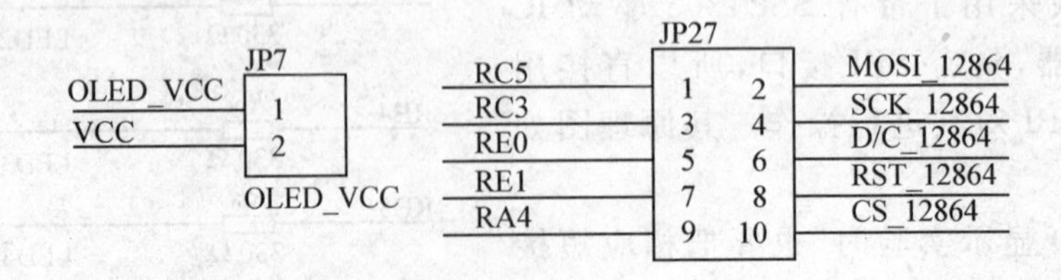

图 1.17　OLED 短接插座

1.3.10　C2——电机

电机的驱动电路如图 1.18 所示。

JP13 为电机模块的电源短接插座，使用电机时必须将其短接。

JP10 为电机的两个驱动输入脚 MC1 和 MC2，分别与单片机的 RC1 和 RC2 连接。从原理图 1.18 可以看出，电机驱动引脚 MC1 和 MC2 为低电平有效，所以当 MC1＝0、MC2＝1 时，电机逆时针转动，相反，当 MC1＝1、MC2＝0 时，电机顺时针转动。由于 RC1 和 RC2 分别对应单片机的 PWM，所以在这里可以利用 PWM 来控制电机的转动速度。控制方法是改变 PWM 输出的占空比，从而改变电机转动速度。另外，在驱动之前应该先把 RC1 和 RC2 引脚置为输出。

驱动模块为电机的驱动电路，这里不进行叙述。

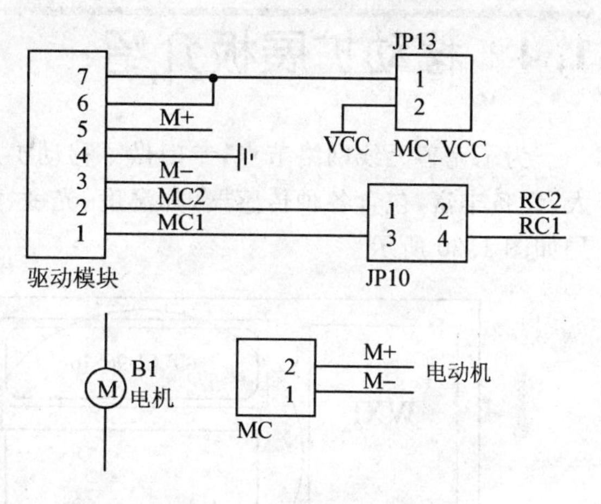

图 1.18　电机原理示意图

1.3.11　C3——蜂鸣器

一个小蜂鸣器，可以用于演示警报或提示功能实验。其原理图如图 1.19 所示。

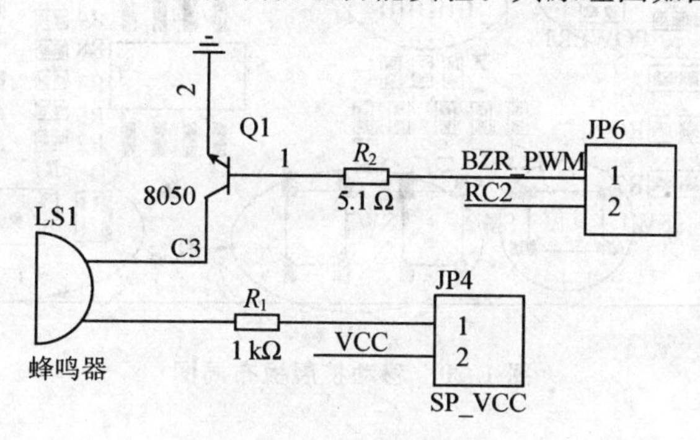

图 1.19　蜂鸣器原理图

JP4 为电源插座。

JP6 为蜂鸣器驱动引脚插座，应用时应将两个插座短接。

蜂鸣器用 PWM 驱动，RC2 产生 PWM 输出可以产生间歇或高低不一样的声音。在此之前应该将 RC2 设置为输出。

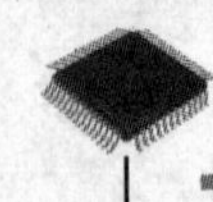

1.4 移动扩展板介绍

为了完善无线网络节点，专门做了移动扩展板来适应各行业的需求。该扩展板的功能强大，设备丰富，包含各种传感器，如温度、光敏、加速度，还有 OLED 显示屏、按键等。其硬件布局如图 1.20 所示。

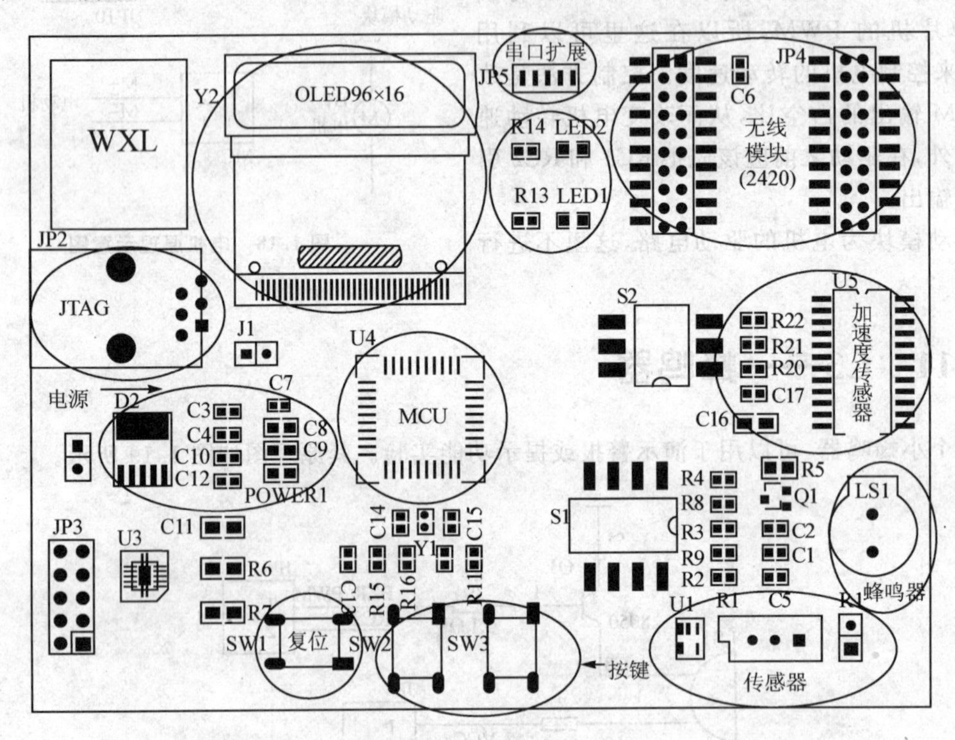

图 1.20 移动扩展板布局图

1.4.1 OLED 显示

这里采用的是 SSD0303 驱动的 96×16 的 OLED 显示，它具有 I^2C 接口，应用简单方便。其原理图如图 1.21 所示。

RESETn 是复位引脚，接的是单片机的 RD5。

LCD_SC 是时钟信号引脚，接的是单片机的 RD3。

LED_SDA 是数据信号引脚，接的是单片机的 RD4。

另外，该液晶模块还有电源关闭功能，OLED_VDD 可以关闭。其原理图如图 1.22 所示。

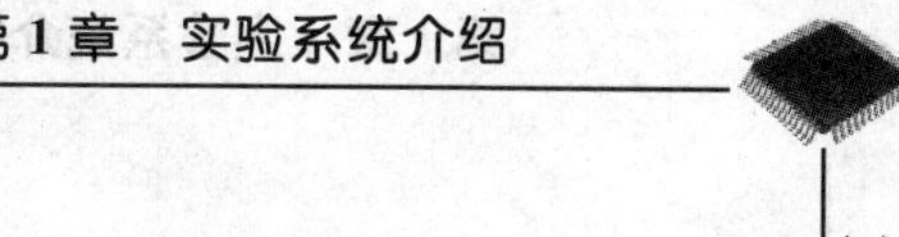

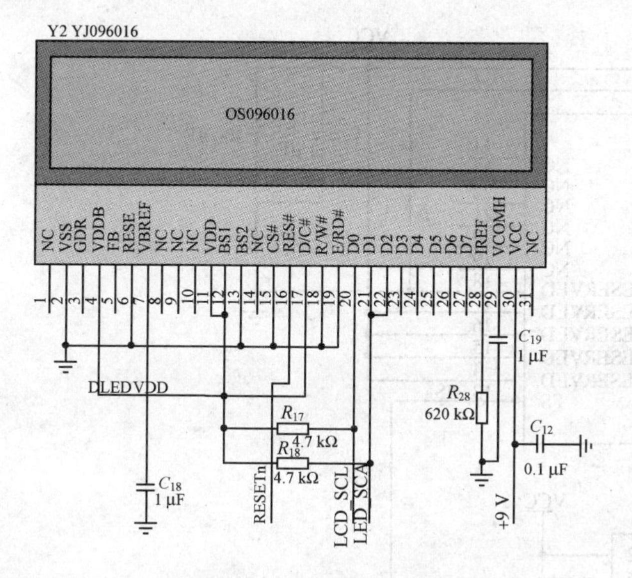

图 1.21 扩展板液晶原理图

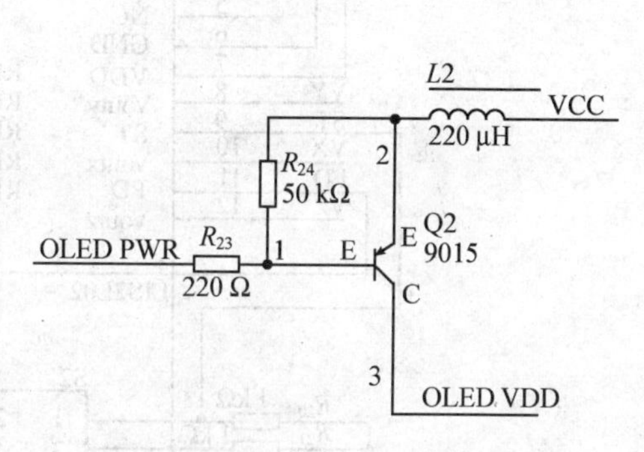

图 1.22 OLED 电源开关原理图

其中,OLED_PWR 是电源控制引脚,接单片机的 RD2。

注意,在使用这些控制信号引脚时,一定要设定正确的输入/输出方向。

1.4.2 传感器

该扩展板具有多种传感器,其中温度、光敏、电位器与实验板的原理一样,参见 1.3.1 节。另外,增加了一个加速度传感器,采用的是 LIS2L02,其原理图如图 1.23 所示。

VX 是 *X* 坐标信号,接单片机的 RA3(AN3)。

VY 是 *Y* 坐标信号,接单片机的 RA5(AN4)。

VZ 是 *Z* 坐标信号,接单片机的 RE0(AN5)。

S2 是模式选择开关。

使用时一定要把这几个引脚设置为模拟输入。

1.4.3 其 他

该扩展板还具有 LED 指示灯、两个小按键,用于调试程序或状态的指示。其原理图如图 1.24所示。

LED1 接单片机的 RD6,LED2 接单片机的 RD7。

SW1 接单片机的 RD0,SW1 接单片机的 RD1。

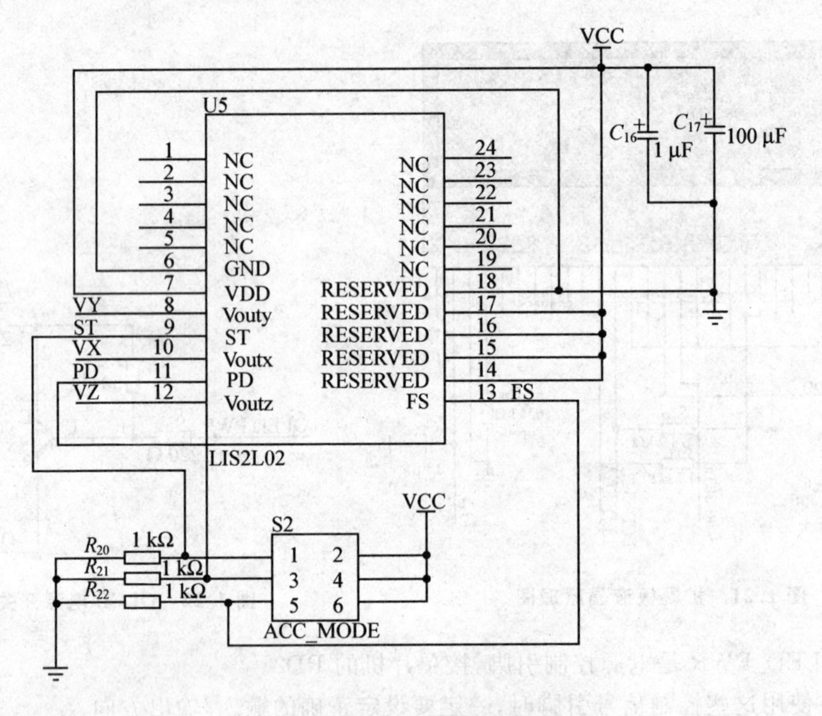

图 1.23　加速度传感器原理图

使用时 RD6、RD7 设为输出，RD0、RD1 设为输入。

为了留给用户更多扩展，该扩展板留出了串口扩展接口，其原理图如图 1.25 所示。

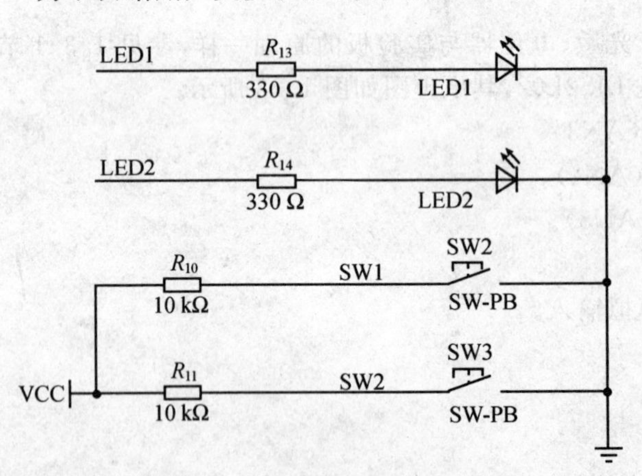

图 1.24　LED 和按键原理图

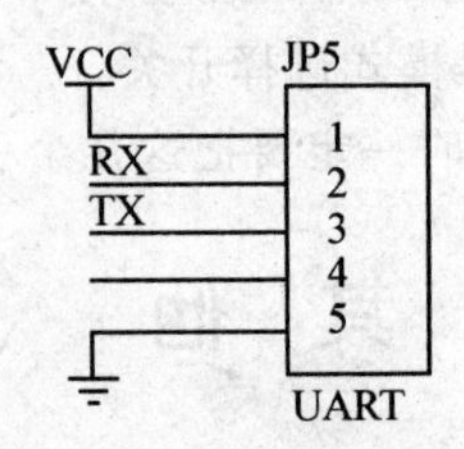

图 1.25　串口扩展接口

另外，该扩展板还具有蜂鸣器报警，原理图如图 1.19 所示；JTAG 在线调试仿真见 1.3.5 节无线模块插座参见 1.3.6 节；电源设计与 1.3.4 节相同。

1.5　MPLAB IDC2 的使用

该实验系统硬件共分为5个部分：ZigBee无线模块、CPU模块、实验板、移动扩展板和微芯公司提供的PIC仿真器ICD2或MCD2。

MPLAB ICD2仿真器是微芯公司为PIC18系列单片机设计的一种在线调试开发工具(与福州贝能科技公司生产的MPLAB ICD2功能相同)，同时也适用于PIC12、PIC16、DSPIC各F系列的大部分CPU。调试可以使用USB接口或RS-232接口，使用USB接口时将使调试和下载时的速度较快。

在第1次使用USB接口的仿真器时，需要安装驱动，其驱动安装目录在MPLAB的安装目录下，为Program Files\Microchip\MPLAB IDE\ICD2\Drivers。具体安装步骤与1.3.3节安装FT232TL的驱动类似，安装后才能正常使用。使用RS-232接口的仿真器不需要驱动，可以直接使用。

1.6　实验开发系统套件

图1.26所示是该实验系统套件照片。图片正中间大板子为实验板，左下角或实验板正中间的那块小板子为CPU板，右边两块为移动扩展板。移动扩展板右上角模块为ZigBee无线模块，实验板右上方为ICD2仿真器。

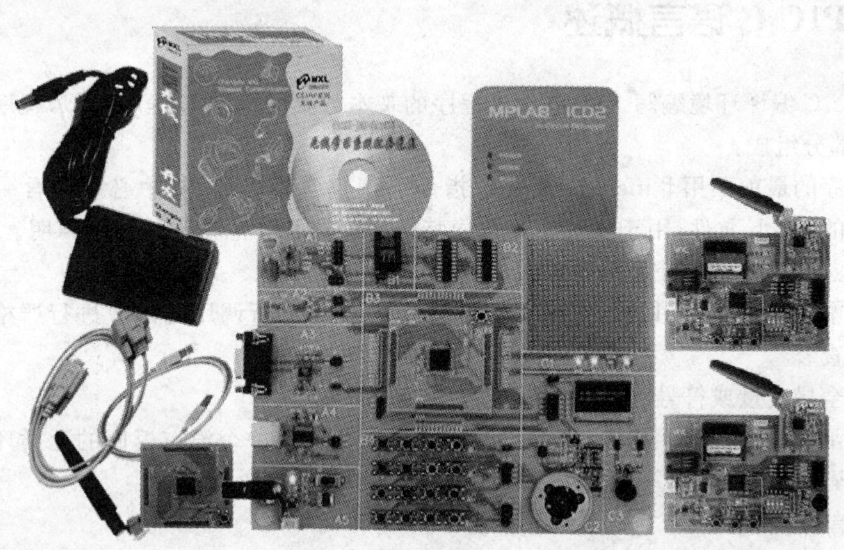

图1.26　C51RF-3-JX无线ZigBee教学系统

第 2 章

PIC 及 ZigBee 软件开发环境

PIC 单片机、ZigBee 无线网络开发应用包括硬件开发设计和软件开发设计。在第 1 章中已经介绍了硬件开发设计环境，本章将重点介绍其软件开发设计环境。

2.1　PIC C 语言

用 C 语言来开发单片机系统软件最大的好处是编写代码效率高、软件调试直观、维护升级方便、代码的重复利用率高、便于跨平台的代码移植，等等。因此，C 语言编程在单片机系统设计中已得到了越来越广泛的运用。针对 PIC 单片机的软件开发，同样可以用 C 语言实现。

2.1.1　PIC C 语言概述

基于 PIC C 编译环境编写 PIC 单片机程序的基本方式同标准 C 程序类似，程序一般由以下几个主要部分组成：

- 在程序的最前面用＃include 预处理指令引用包含头文件，其中必须包含一个编译器提供的 pic.h 文件，用于实现单片机内特殊寄存器和其他特殊符号的声明。
- 用“__CONFIG”预处理指令定义芯片的配置位。
- 声明本模块内被调用的所有函数的类型，PIC C 将对所调用的函数进行严格的类型匹配检查。
- 定义全局变量或符号替换。
- 实现函数（子程序）。特别要注意，main()函数必须是一个没有返回的死循环。

下面的程序清单 2.1 为一个 C 源程序的范例，供大家参考。

程序清单 2.1 如下：

```
#include <pic.h> //包含单片机内部资源预定义
#include "pc68.h" //包含自定义头文件
//定义芯片工作时的配置位
__CONFIG (HS & PROTECT & PWRTEN & BOREN & WDTDIS);
//声明本模块中所调用的函数类型
void SetSFR(void);
void Clock(void);
void KeyScan(void);
void Measure(void);
void LCD_Test(void);
void LCD_Disp(unsigned char);
//定义变量
unsigned char second, minute, hour;
bit flag1,flag2;
//函数和子程序
void main(void)
{
    SetSFR();
    PORTC = 0x00;
    TMR1H + = TMR1H_CONST;
    LED1 = LED_OFF;
    LCD_Test();
//程序工作主循环
    while(1) {
    asm("clrwdt");                  //清看门狗
    Clock();                        //更新时钟
    KeyScan();                      //扫描键盘
    Measure();                      //数据测量
    SetSFR();                       //刷新特殊功能寄存器
    }
}
```

2.1.2 MPLAB C18 编译器

MPLAB C18 编译器是适用于 PIC18 PICmicro 单片机的独立并被优化的 ANSI C 编译器。仅在 ANSI 标准 X3.159—1989 与高效的 PICmicro 单片机支持有冲突的情况下，此编译器才会与 ANSI 标准有所偏离。此编译器是一个 32 位 Windows 平台应用程序，与 Microchip 的 MPLAB IDE 完全兼容，它允许使用 MPLAB ICE 在线仿真器、MPLABICD 2 在线调试器或 MPLAB SIM 软件模拟器进行源代码级调试。

MPLAB C18 编译器有以下特点：

- 与 ANSI '89 兼容。
- 能集成到 MPLAB IDE,便于进行项目管理和源代码级调试。
- 能生成可重定位的目标模块,从而增强代码的重用性。
- 与由 MPASM 汇编器生成的目标模块兼容,允许在同一个项目中自由地进行汇编语言和 C 语言的混合编程。
- 对外部存储器的读/写访问是透明的。
- 当需要进行实时控制时能很好地支持行内汇编。
- 具有多级优化的高效代码生成引擎。
- 拥有广泛的库支持,包括 PWM、SPI™、I2C™、UART、USART、字符串操作和数学函数库。
- 用户能对数据和代码的存储空间分配进行完全控制。

2.1.3　数据类型及数值范围

所有算术运算都以 int 精度或更高精度进行。在默认情况下,MPLAB C18 的算术运算以最大操作数的长度进行,即使两个操作数长度都小于 int 也不例外。

MPLAB C18 编译器支持由 ANSI 定义的标准整型。标准整型的数值范围如表 2.1 所列。另外,MPLAB C18 还支持 24 位整型 short long int(或 long short int),分为有符号和无符号两种类型。表 2.1 也列出了 24 位整型的数值范围。

表 2.1　整型范围

类　型	长　度/位	最 小 值	最 大 值
char	8	−128	127
signed char	8	−128	127
unsigned char	8	0	255
int	16	−32 768	32 767
unsigned int	16	0	65 535
short	16	32 768	32 767
unsigned short	16	0	65 535
short long	24	−8 388 608	8 388 607
unsigned short long	24	0	16 777 215
long	32	−2 147 483 648	2 147 483 647
unsigned long	32	0	4 294 967 295

注：1. 若 char 前没有符号说明,则默认为有符号型

2. 可通过-k 命令行选项使无符号说明的 char 默认为无符号型

对 MPLAB C18 来说，double 或 float 数据类型都是 32 位浮点型。表 2.2 列出了浮点型数据的数值范围。

表 2.2 浮点型数据的长度及数值范围

类 型	长 度/位	最小指数	最大指数	规格化的最小值	规格化的最大值
float	32	−126	128	$2^{-126}=1.175\ 494\ 35\times10^{-38}$	$2^{128}\times(2-2^{-15})=6.805\ 646\ 93\times10^{38}$
double	32	−126	128	$2^{-126}=1.175\ 494\ 35\times10^{-38}$	$2^{128}\times(2-2^{-15})=6.805\ 646\ 93\times10^{38}$

MPLAB C18 的浮点数格式是 IEEE 754 格式的改进形式。MPLAB C18 格式与 IEEE 754 格式的不同之处在于数据表示的最高 9 位。IEEE 754 格式的最高 9 位循环左移一次将转换为 MPLAB C18 格式；同理，MPLAB C18 格式最高 9 位循环右移一次将转换为 IEEE 754 格式。

Endianness 是指多字节数据中的字节存储顺序。MPLAB C18 采用低字节低地址(little - endian)格式存储数据，低字节存储在较低地址中(即数据是按“低字节先存”的方式存储的)。

2.1.4 存储类别

MPLAB C18 支持 ANSI 标准的存储类别(auto、extern、register、static 和 typedef)。

MPLAB C18 编译器引入了 overlay(重叠)存储类别，仅当编译器工作在非扩展模式时才使用此存储类别。overlay 存储类别可用于局部变量，但不能用于形式参数、函数定义或全局变量)。overlay 存储类别将相关变量分配到一个特定于函数的静态重叠存储区。这种变量是静态分配存储空间的，但每次进入函数时都要被初始化。例如：

```
void f (void)
{
    overlay int x = 5;
x++;
}
```

尽管 x 的存储空间是静态分配的，但 x 在每次进入函数时都会被初始化为 5。如果没有初始化，那么进入函数时其值是不确定的。

MPLINK 连接器将使不同时运行的函数中定义为 overlay 的局部变量共享存储空间。例如，在下面的函数中：

```
int f (void)
{
    overlay int x = 1;
    return x;
}
```

```
int g (void)
{
    overlay int y = 2;
    return y;
}
```

如果 f 和 g 永远不会同时运行，则 x 和 y 共享相同的存储空间。但是在下面的函数中：

```
int f (void)
{
    overlay int x = 1;
    return x;
}
int g (void)
{
    overlay int y = 2;
    y = f ( );
    return y;
}
```

由于 f 和 g 可能会同时运行，x 和 y 不能共享相同的存储空间。使用 overlay 局部变量的优点是，其存储空间是静态分配的。也就是说，在一般情况下，存取这种变量所需要的指令较少，所以所生成代码占用的程序存储空间也较小。同时，由于一些变量可以共享相同的存储空间，这些变量所需分配的总的数据存储空间比定义为 static 时要小。

如果 MPLINK 连接器检测到包含 overlay 局部变量的递归函数，就会发出错误提示并中止编译。如果 MPLINK 连接器检测到在任意模块中有通过指针进行的函数调用，或在任意模块(不一定与上述模块是同一模块)中有存储类别为 overlay 的局部变量，就会发出错误提示并中止编译。

局部变量默认的存储类别是 auto。可以使用关键字 static 或 overlay 显式地定义存储类别，或使用- scs(static 局部变量)、- sco(overlay 局部变量)命令行选项隐式地定义存储类别。为保持完整性，MPLAB C18 也支持- sca 命令行选项，该选项允许把局部变量的存储类别显式地定义为 auto 型。

函数参数的存储类别可以是 auto 型或 static 型。auto 型参数存放在软件堆栈中，允许重入；static 型参数是全局分配存储空间的，允许直接访问，通常所需代码较少。static 型参数仅当编译器工作在非扩展模式时有效。

函数参数默认的存储类别是 auto 型。可以使用关键字 static 显式地定义存储类别或使用- scs 命令行选项隐式地定义存储类别；- sco 命令行选项也可以隐式地把函数参数的存储类别改变为 static 型。

除 ANSI 标准的存储限定符(const，volatile)外，MPLAB C18 编译器还引入了 far、near、rom 和 ram 存储限定符。在语句构成上，这些新限定符与标识符之间的约束关系与 ANSI C 中 const 和 volatile 限定符与标识符的关系相同。

定义对象时所指定的存储限定符决定了对象在存储器中的位置。对于一个没有用显式的存储限定符定义的对象，其默认的存储限定符是 far 和 ram。

far 限定符表示变量存储在数据存储器的存储区中，访问这一变量之前需要使用存储区切换指令。near 限定符表示变量存储在存取 RAM 中。

far 限定符表示变量可以位于程序存储器中的任何位置，或者如果是一个指针变量，那么它能访问 64 KB 或者更大的程序存储空间。near 限定符表示变量只能位于地址小于 64 KB 的程序存储空间中，或者如果是一个指针变量，那么它只能访问不超过 64 KB 的程序存储空间。

因为 PICmicro 单片机使用独立的程序存储器和数据存储器地址总线，所以 MPLABC18 需要一些扩展来区分数据是位于程序存储器还是位于数据存储器。ANSI/ISO C 标准允许代码和数据位于不同的地址空间，但并不能定位代码空间中的数据。为此，MPLAB C18 引入了 rom 和 ram 限定符。rom 限定符表示对象位于程序存储器中，而 ram 限定符表示对象位于数据存储器中。

写 rom 变量时，编译器使用一个 TBLWT 指令，但可能还需要附加的应用代码，这取决于所使用的存储器类型。

指针既可以指向数据存储器(ram 指针)，也可以指向程序存储器(rom 指针)。一般将指针视为 ram 指针，除非定义为 rom 指针的长度取决于指针的类型，如表 2.3 所示。

表 2.3 指针长度

指针类型	例 子	长度/位
数据存储器指针	char * dmp;	16
Near 程序存储器指针	rom near char * npmp	16
Far 程序存储器指针	rom for char * fpmp	24

2.1.5 预定义宏名

除了标准的预定义宏名外，MPLAB C18 还提供了如下预定义宏：

- __18CXX。常数 1，用来表明使用的是 MPLAB C18 编译器。
- __PROCESSOR。如果是为某个处理器进行编译的话，则相应的值为常数 1。例如，如果是用- p18c452 命令行选项编译，那么__18C452 为常数 1。
  如果是用- p18f258 命令行选项编译，那么 __18F258 为常数 1。
- __SMALL__ 若是用- ms 命令行选项编译，为常数 1。
- __LARGE__ 若是用- ml 命令行选项编译，为常数 1。
- __TRADITIONAL18__ 如果使用非扩展模式，为常数 1。
- __EXTENDED18__ 如果使用扩展模式，为常数 1。

2.1.6 常 量

MPLAB C18 支持指定十六进制(0x)和八进制(0)值的标准前缀,另外还支持用前缀 0b 来指定二进制值。例如,数值 237 可以表示为二进制常数 0b11101101。

程序存储器中的数据主要是静态字符串。为此,MPLAB C18 自动把所有字符串常量存放在程序存储器中。这种类型的字符串常量是位于程序存储器的 char 数组(const rom char [])中的。

stringtable 段是一个包含所有常量字符串的 romdata 段。例如,字符串"hello" 将被置于 stringtable 段:

```
strcmppgm2ram (Foo, "hello");
```

由于常量字符串存放在程序存储器中,所以标准字符串处理函数有多种形式。例如,strcpy 函数就有 4 种形式,允许把数据存储器或程序存储器中的字符串复制到数据存储器或程序存储器中。

```
/* * 复制数据存储器内字符串 S2 至字符串 S1 内 */
char * strcpy (auto char * s1, auto const char * s2);
/* * 程序存储器中字符串 S2 复制到数据存储器中字符串 S1 内 */
char * strcpypgm2ram (auto char * s1, auto const rom char * s2);
/* * 复制数据存储器内字符串 S2 至程序存储器的字符串 S1 内 */
rom char * strcpyram2pgm (auto rom char * s1, auto const char * s2);
/* * 复制程序存储器内字符串 S2 至字符串 S1 内 */
rom char * strcpypgm2pgm (auto rom char * s1,auto const rom char * s2);
```

当使用 MPLAB C18 时,程序存储器中的一个字符串表可以定义为:

```
rom const char table[][20] = { "string 1", "string 2","string 3", "string 4" };
rom const char * rom table2[] = { "string 1", "string 2","string 3", "string 4" };
```

table 定义为一个由 4 个字符串组成的数组,每个字符串的长度为 20 个字符,所以在程序存储器中占据 80 个字节。table2 定义为一个指向程序存储器的指针数组。"*"后面的 rom 限定符表示把指针数组也存放在程序存储器中。table2 中的所有字符串长度均为 9 个字节,而数组有 4 个元素,所以 table2 在程序存储器中共占用了 9×4+4×2=44 个字节。然而,对 table2 的存取可能会比对 table 的存取效率要低,这是因为指针需要附加的间接寻址指令。

MPLAB C18 独立地址空间的一个重要影响是指向程序存储器中数据的指针与指向数据存储器中数据的指针不兼容。只有当两种指针指向兼容类型的对象,而且指向的对象位于相同的地址空间时,两种指针才会兼容。例如,一个指向程序存储器中字符串的指针与一个指向

数据存储器中字符串的指针是不兼容的，因为它们指向不同的地址空间。

把一个字符串从程序存储器复制到数据存储器的函数可以如下编写：

```
void str2ram(static char * dest, static char rom * src)
{
    while (( * dest ++= * src ++ ) != '\0');
}
```

下面的代码利用 PICmicro 单片机的 C 库函数把一个位于程序存储器的字符串送到 PIC18C452 的 USART 中。库函数 putsUSART(const char * str)用来将字符串送到 USART，它把指向一个字符串的指针作为其参数，但是此字符串必须位于数据存储器中。

```
rom char mystring[] = "Send me to the USART";
void foo( void )
{
    char strbuffer[21];
    str2ram (strbuffer, mystring);
    putsUSART (strbuffer);
}
```

另一种方法是，可以把库函数修改为从程序存储器中读字符串。

```
/*
 * The only changes required to the library routine are to
 * change the name so the new routine does not conflict with
 * the original routine and to add the rom qualifier to the
 * parameter.
 */
void putsUSART_rom( static const rom char * data )
{
/* Send characters up to the null */
do
    {
    while (BusyUSART());
    /* Write a byte to the USART */
    putcUSART ( * data);
    } while ( * data++ );
}
```

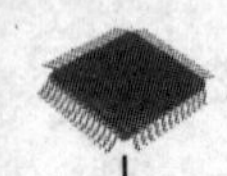

2.1.7 语言的扩展

MPLAB C18 支持匿名结构。匿名结构的形式如下：

```
struct{ member - list };
```

匿名结构定义未命名的对象。匿名结构的成员名不能与定义此匿名结构的作用域内的其他名称相同。在此作用域内,可以直接使用成员而无须使用通常的成员访问语法。例如：

```
union foo
{
    struct
    {
    int a;
    int b;
    };
    char c;
} bar;
char c;
…
bar.a = c;
  /* 'a' is a member of the anonymous structure located inside 'bar' */
```

定义了对象或指针的结构不是匿名结构。例如：

```
union foo
{
    struct
    {
    int a;
    int b;
    } f, *ptr;
    char c;
} bar;
char c;
…
bar.a = c;          /* 错误 */
bar.ptr -> a = c;          /* 正确 */
```

对 bar.a 的赋值是非法的,因为此成员名与任何特定的对象都没有关联。

MPLAB C18 提供了一个内部汇编器，它使用与 MPASM 汇编器相似的语法。汇编代码块必须以“_asm”开头，以“ _endasm”结尾。其语法如下：

```
[label:][<instruction> [arg1[, arg2[, arg3]]]]
```

内部汇编器与 MPASM 汇编器的差别如下：

- 不支持伪指令。
- 注释必须使用 C 或 C++符号。
- 表格读/写必须使用全文本助记符，即：

```
- TBLRD
- TBLRDPOSTDEC
- TBLRDPOSTINC
- TBLRDPREINC
- TBLWT
- TBLWTPOSTDEC
- TBLWTPOSTINC
- TBLWTPREINC
```

- 没有默认的指令操作数，即必须完整地指定所有操作数。
- 默认的数制是十进制。
- 使用 C 的数制符号表示常数，而不是 MPASM 汇编器的符号。例如，一个十六进制数应表示为 0x1234，而不是 H'1234'。
- 标号必须包含冒号。
- 不支持变址寻址语法（即“[]”），即必须指定立即数和存取位（例如，指定为“CLRF2, 0”，而不是 CLRF[2]）。例如：

```
_asm
/* User assembly code */
MOVLW 10 //Move decimal 10 to count
MOVWF count, 0
/* Loop until count is 0 */
start:
DECFSZ count, 1, 0
GOTO done
BRA start
done:
_endasm
```

一般情况下，建议尽量少使用行内汇编，因为编译器不会优化任何包含行内汇编的函数。如果要编写大段的汇编代码，应使用 MPASM 汇编器，并用 MPLINK 连接器把汇编模块连接

到C模块。

2.2 MPLAB IDE集成开发环境

MPLAB IDE是Microchip公司推出的一种适用于PIC系列单片机的集成开发环境(IDE,Integrated Development Environment),可在Windows操作系统下运行。MPLAB IDE集成开发环境提供了适用于PIC系列单片机的开发调试应用程序和开发工具。它既可连接PICMASTER、MPLAB ICD/ICD2、MPLAB ICE等硬件设备,来对PIC进行在线调试,也可以使用开发环境中的MPLAB SIM进行软件模拟调试,并能快速在不同的开发/调试模式之间进行转换。

MPLAB IDE的集成开发环境包括:用来编辑PIC源程序的文本编辑程序:MPLAB Editor,用于组织代码的项目管理程序;MPLAB Project Manager,对PIC源程序进行汇编的汇编程序:MPASM for Windows,汇编和C语言编译器的连接程序:MPLINK,库管理程序;MPLIB,用于对目标代码进行调试的软件模拟调试程序;此外还有MPLAB SIM Simulator等。

本书实验所使用的集成开发环境MPLAB IDE 7.60的安装程序是一个解压的可执行文件——Install_MP760.exe。在Windows XP操作系统下,双击Install_MP760.exe,即开始MPLAB IDE 7.60版集成开发环境的安装。

具体安装过程简述如下:

1) 双击安装文件Install_MP760.exe后,屏幕出现如图2.1所示的MPLAB IDE7.60自解压对话框。

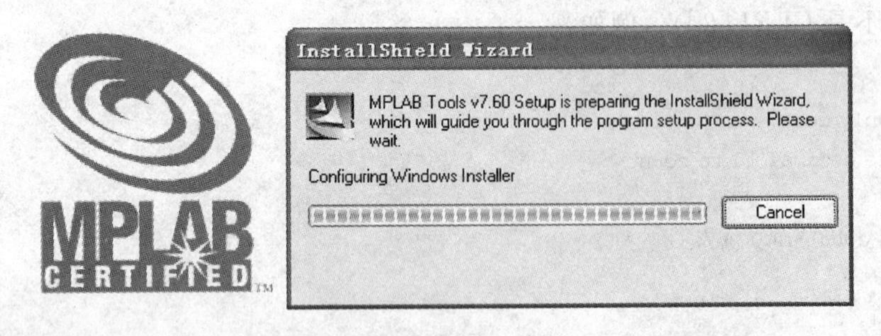

图2.1 MPLAB IDE 7.60开始安装

2) 等待几秒后,将出现Welcome欢迎界面,单击Next按钮即可继续进行安装。

3) 继续安装后,屏幕将出现如图2.2所示的询问用户是否接受协议的操作界面。认真阅读协议后,选中I accept the terms of the license agreement单选按钮,再单击Next按钮继续安装操作。

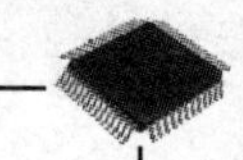

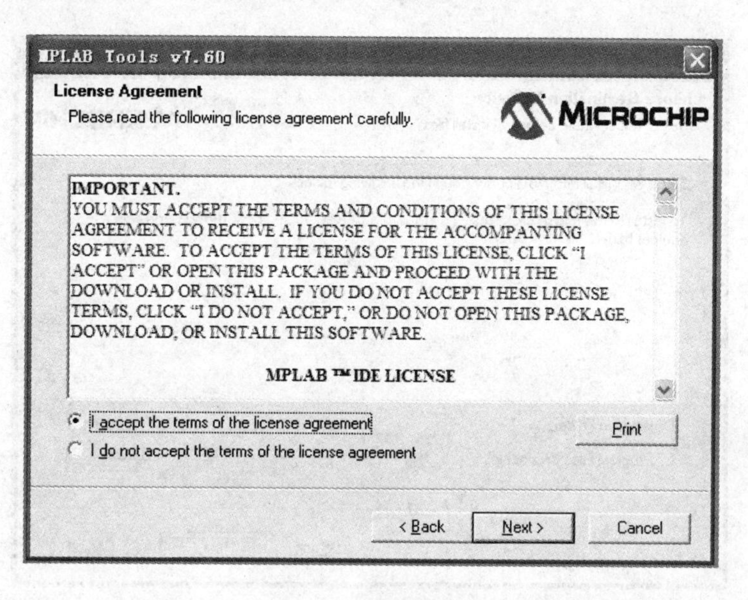

图 2.2　协议询问界面

4）继续安装操作后，屏幕将出现如图 2.3 所示的选择安装方式的操作界面。在此，本实验选中 Complete 单选按钮，单击 Next 按钮继续安装操作。

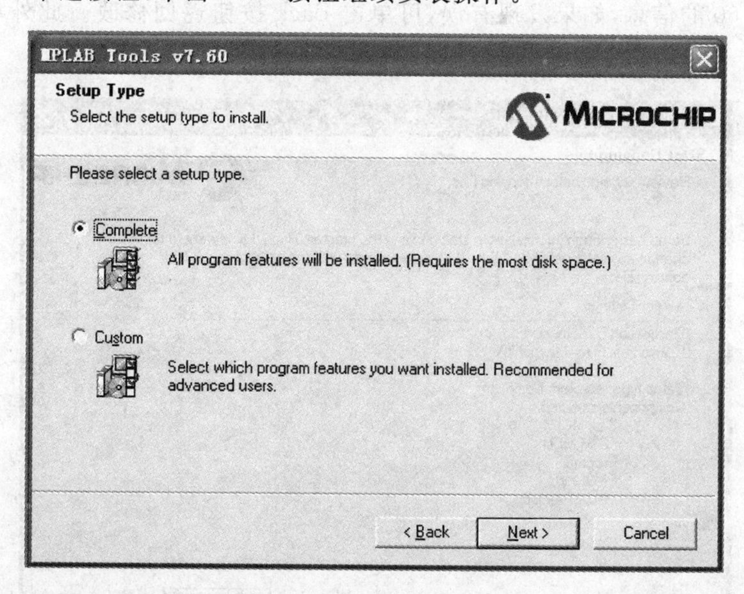

图 2.3　安装方式选择

5）继续安装操作后，屏幕将出现如图 2.4 所示的选择安装路径的操作界面。在此使用的是默认路径，然后单击 Next 按钮继续安装操作。

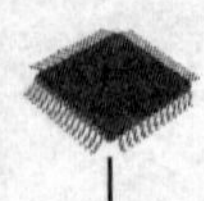

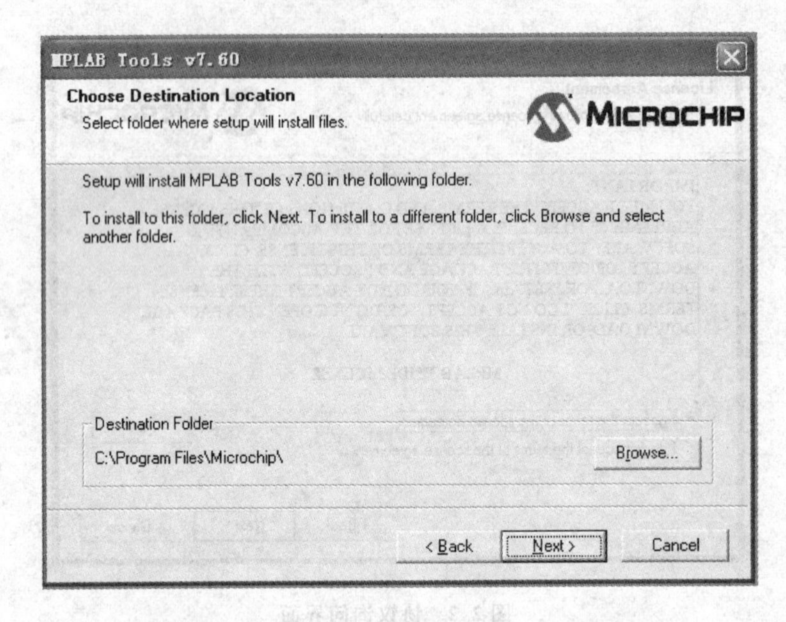

图 2.4　安装路径选择

6）继续安装操作后，屏幕将出现如图 2.5 所示信息汇总操作界面。在此可查看有关安装 MPLAB IDE 7.60 的信息，如果发现有误，可单击 Back 按钮返回修改。此外单击 Next 按钮继续安装操作。

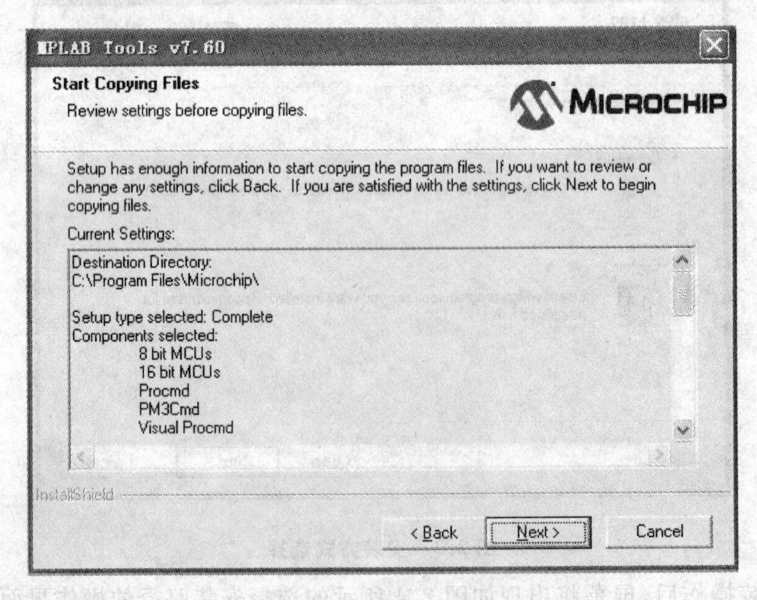

图 2.5　信息汇总

7）继续安装操作后，屏幕将出现如图 2.6 所示的安装进度界面。

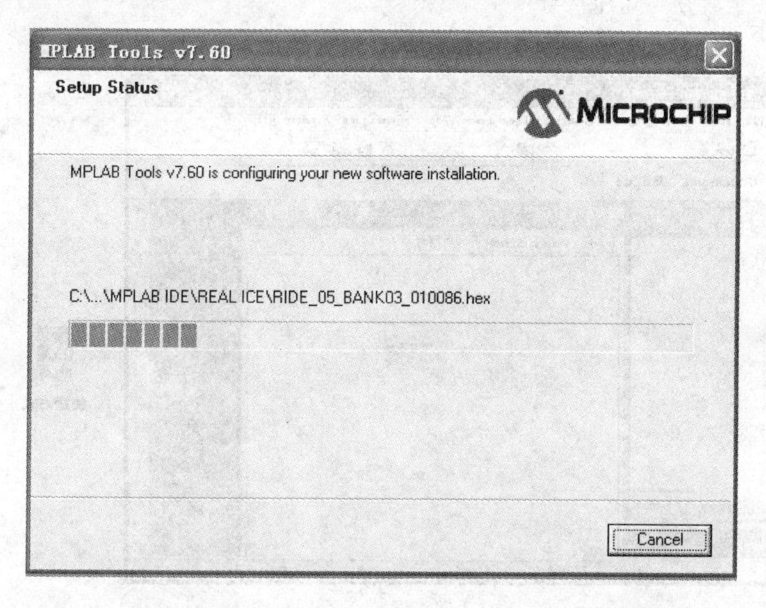

图 2.6　安装进度

8）安装进度显示完成后，屏幕将出现如图 2.7 所示的安装完成界面。单击 Finish 按钮完成安装。

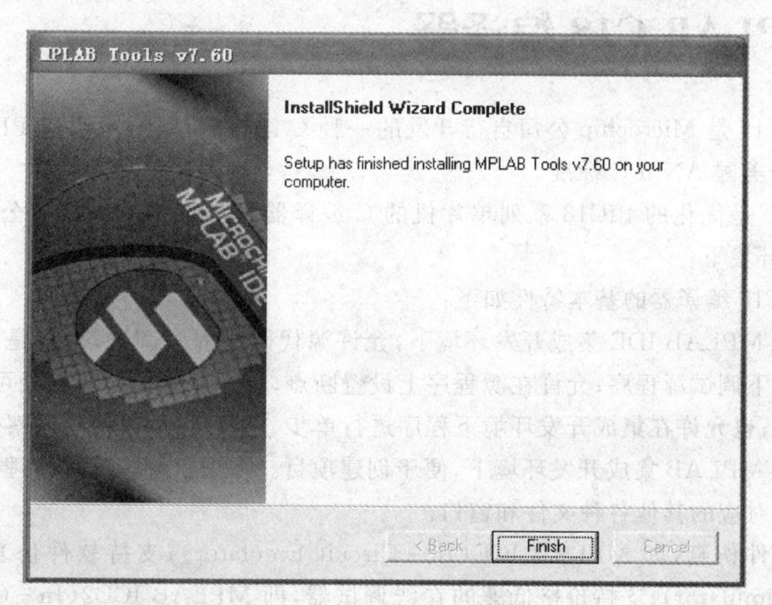

图 2.7　完成安装

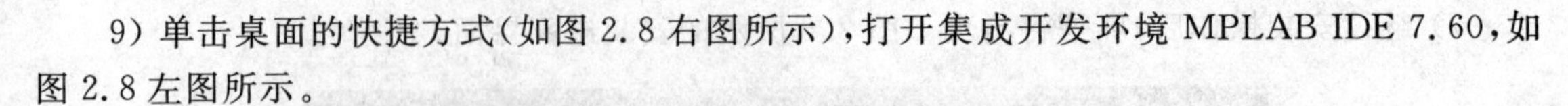
9）单击桌面的快捷方式（如图 2.8 右图所示），打开集成开发环境 MPLAB IDE 7.60，如图 2.8 左图所示。

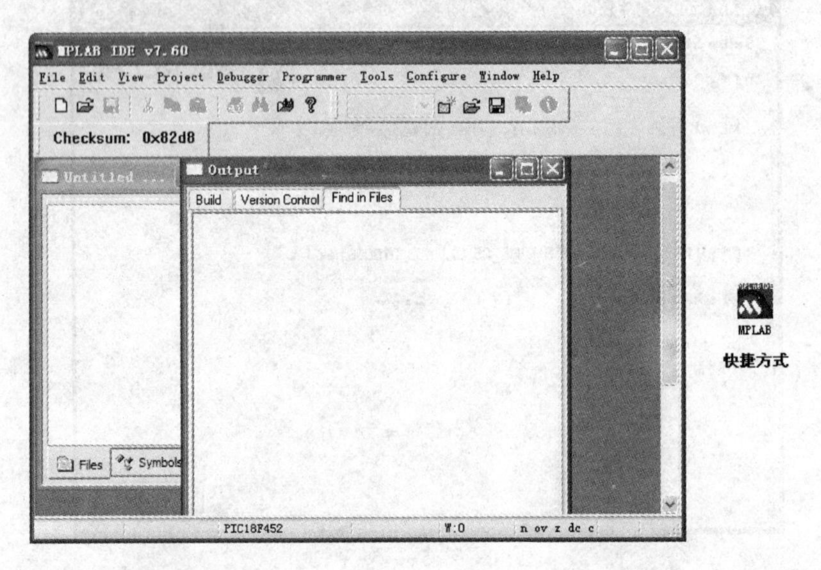

图 2.8　开始界面

2.3　MPLAB C18 编译器

MPLAB C18 是 Microchip 公司自行开发的一种 C 语言编译器，可用于 PIC18 系统单片机的开发，符合美国 ANSI C 标准。

C18 编译器是优化的 PIC18 系列单片机的 C 编译器，运行在 Microchip 公司的 MPLAB IDE 集成开发环境下。

MPLAB C18 编译器的基本特性如下：

- 运行在 MPLAB IDE 集成开发环境下，允许源代码级程序调试，也就是说可在集成开发环境下调试源程序；允许在源程序上设置断点，当程序运行至断点处可以观察、修改变量值；也允许在集成开发环境下程序进行单步、连续运行，以便于观察变量值。
- 运行在 MPLAB 集成开发环境下，便于创建项目。在项目管理下可管理源文件以及与源文件对应的其他各种文件和窗口。
- 支持硬件仿真，即 MPLAB ICE（In - Circuit Emulator）；支持软件仿真，即 MPLAB SIM（Simulator）；支持价格低廉的在线调试器，即 MPLAB ICD2（In - Circuit Debugger 2）调试器。

- 在单个项目中允许汇编语言和 C 语言混合编程。
- 通过几级代码优化，产生高效目标代码。
- 丰富的库函数支持。

在 MPLAB C18 中允许 C 语言和汇编语言混合编程的形式。在 C 语言程序中使用汇编语言的方法是：以“_asm”为汇编块的起始，以“_endasm”为汇编块的结束。

2.3.1　C18 编译器安装

本书实验所使用的 MPLAB C18 编译器的安装程序是一个解压的可执行文件 MPLAB_C18Student_v3_11.exe。在 Windows XP 操作系统下，双击 MPLAB_C18Student_v3_11.exe 即可开始 MPLAB C18 编译器的安装。

具体安装过程简述如下：

1）双击安装文件 MPLAB_C18Student_v3_11.exe，几秒后屏幕出现如图 2.9 所示的 Welcome 欢迎界面。单击 Next 按钮继续进行安装。

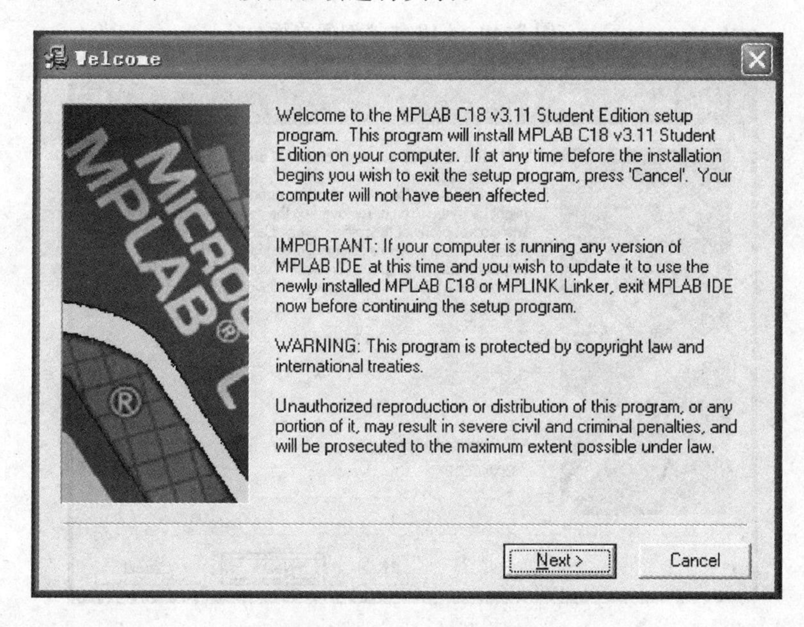

图 2.9　C18 开始安装

2）继续安装后，屏幕将出现如图 2.10 所示的询问用户是否接受协议的操作界面。认真阅读协议后，选中 I Accept 单选按钮，然后单击 Next 按钮继续安装操作。

3）继续安装操作后，屏幕将出现如图 2.11 所示的选择安装路径的操作界面。在此使用的是默认路径，然后单击 Next 按钮继续安装操作。

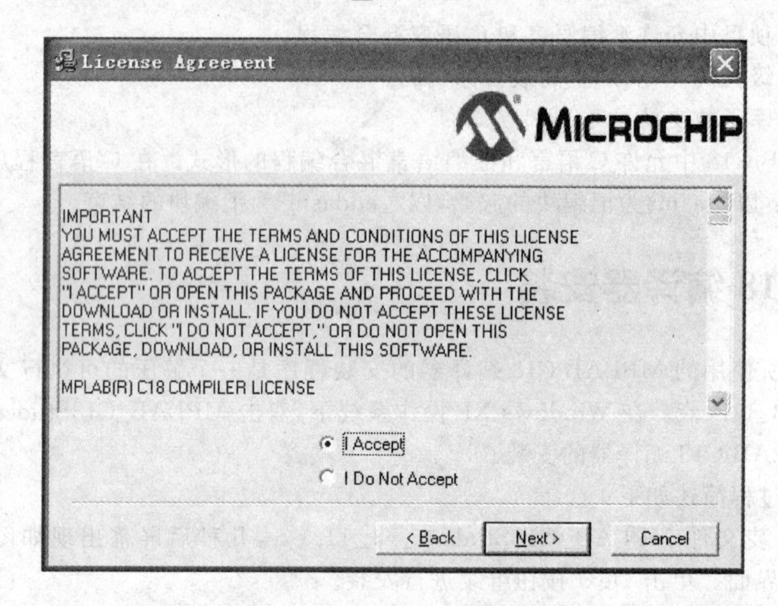

图 2.10 C18 协议询问界面

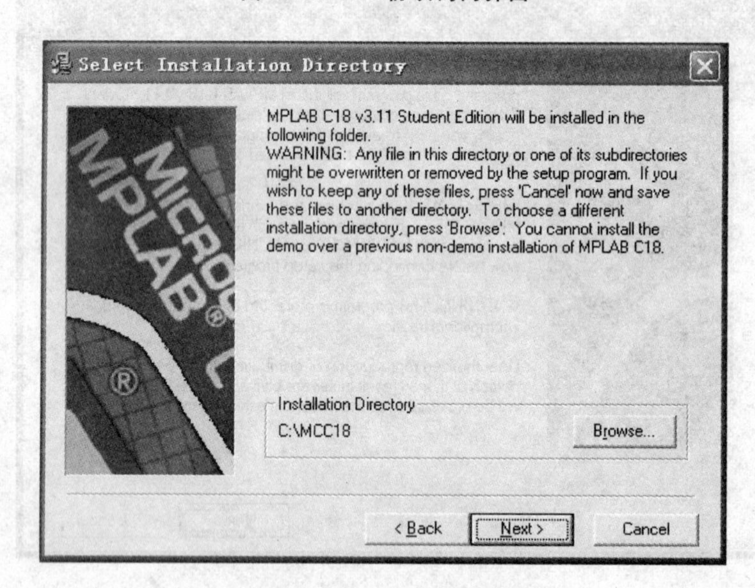

图 2.11 C18 安装路径选择

4）继续安装操作后，屏幕将出现如图2.12所示的选择安装文件界面。对用户认为不需要安装的文件，可以取消选中相应的复选框即可，但本书建议全部选上；然后单击Next按钮继续安装操作。

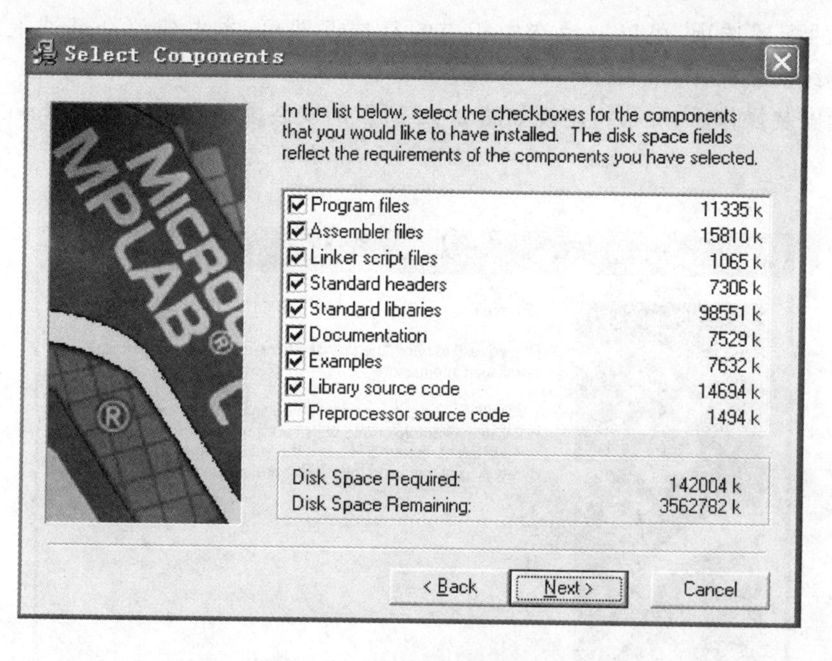

图 2.12　C18 文件选择界面

5）继续安装操作后，屏幕将出现如图 2.13 所示的 C18 编译器的配置选项界面。对用户

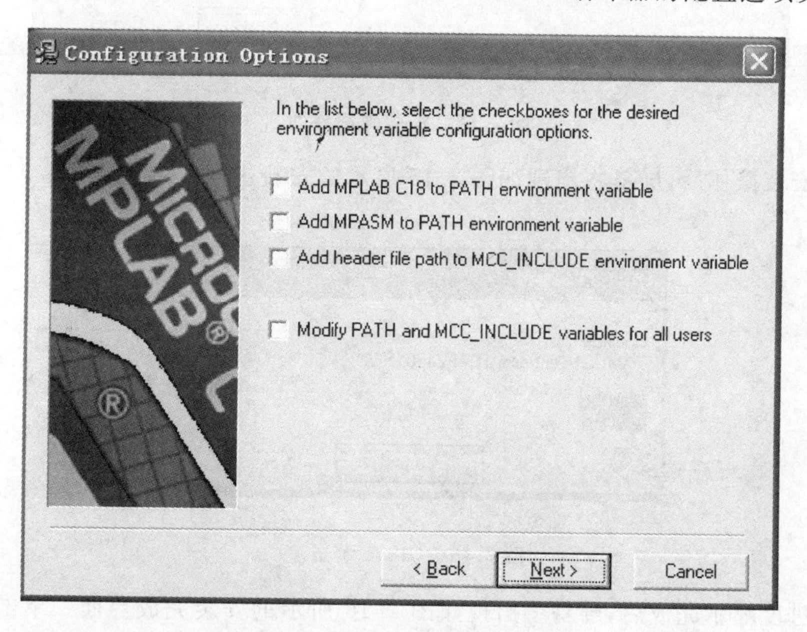

图 2.13　C18 配置选项界面

认为不需要的配置选项，可以取消选中相应的复选框即可，本书建议全部选上。然后单击Next按钮继续安装操作。

6）继续安装操作后，屏幕将出现如图2.14所示的安装确认界面。单击Next按钮继续安装操作。

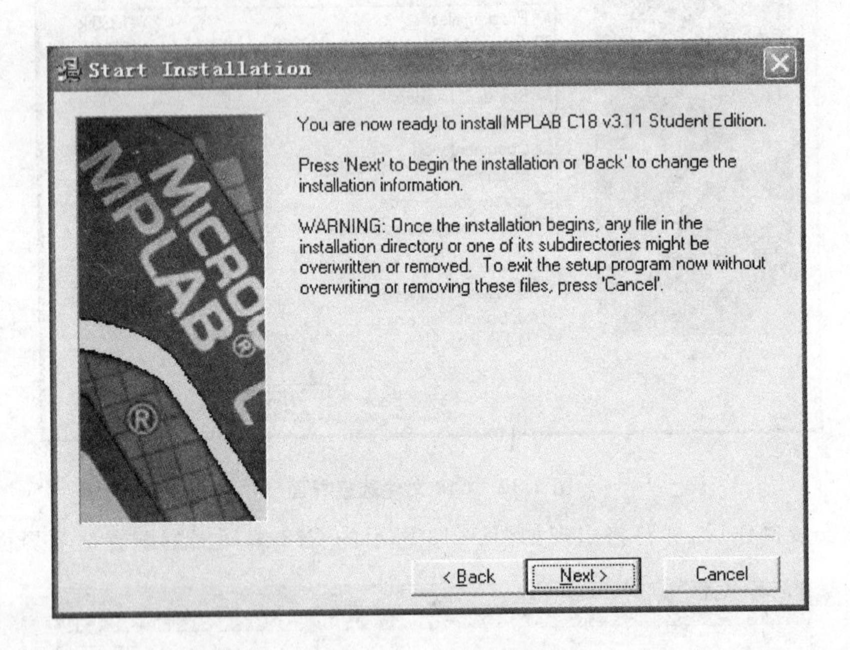

图2.14 安装确定界面

7）继续安装操作后，屏幕将出现如图2.15所示的安装进度显示界面。

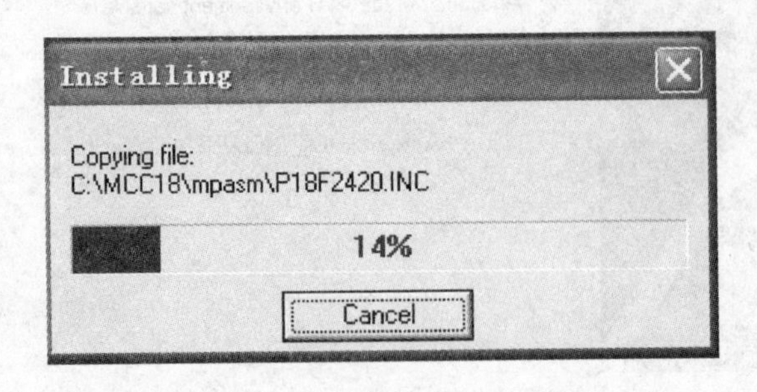

图2.15 C18安装进度

8）安装进度显示完成后，屏幕将出现如图2.16所示的安装完成界面。单击Finish按钮完成安装。

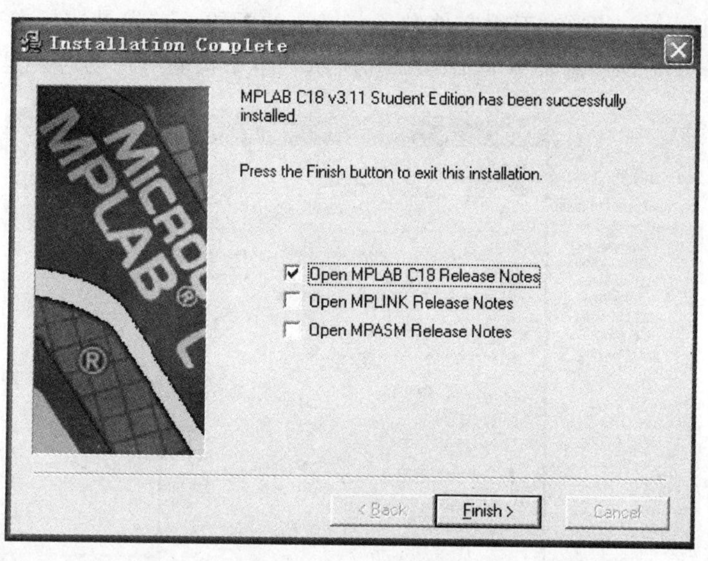

图 2.16 C18 完成安装

2.3.2 MPLAB IDE 集成环境配置

完成安装后，将可以在 MPLAB IDE 7.60 集成开发环境中调用 C18 编译器。打开 MPLAB IDE 集成开发环境，如图 2.8 所示。

在 MPLAB IDE 7.60 集成开发环境中，选择 Project|New 命令，新建工程，如图 2.17 所示。

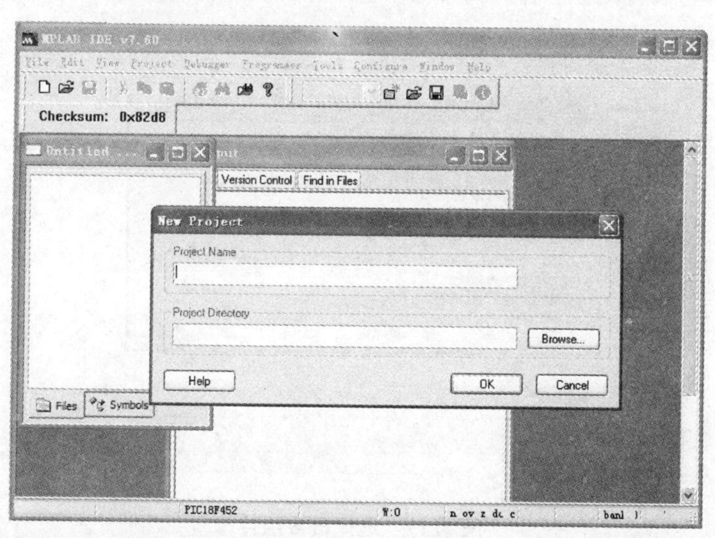

图 2.17 新建工程

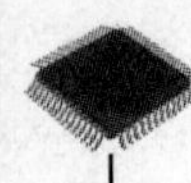

在开始一个工程前，需要对工程文件做一些必要的配置。首先是选择本工程所用的芯片，选择 Configure|Select Device 命令，如图 2.18 所示。本书实验所用的芯片是 PIC18F4620。

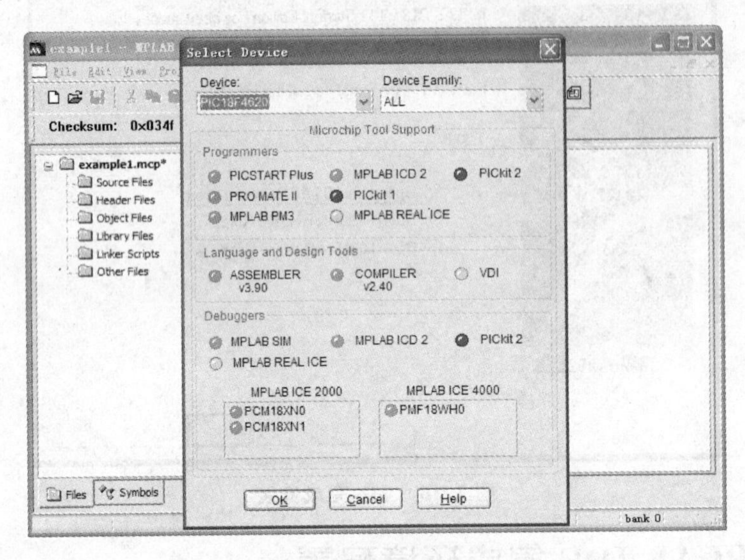

图 2.18　选择器件

接下来的是编译器选择，选择 Project|Select Language Toolsuite 命令，如图 2.19 所示。从中选择 C18 语言编译器。

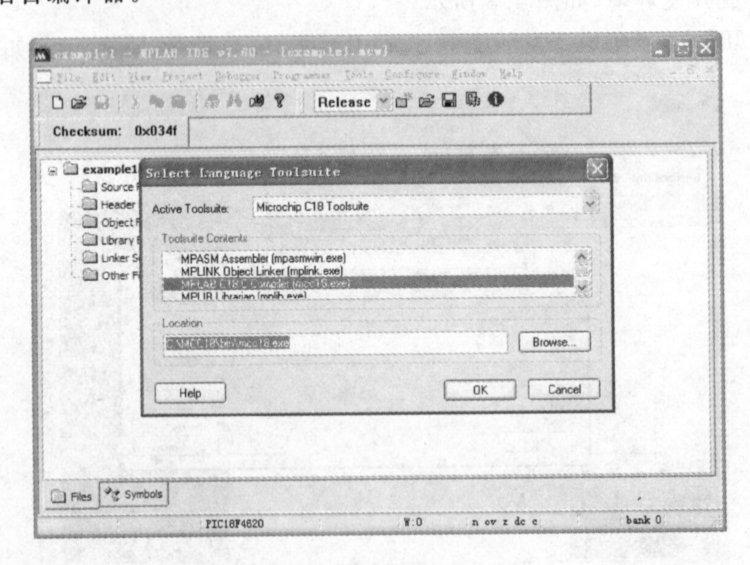

图 2.19　选择语言组件

然后是配置位。为了适应本书所用的 PIC 开发板，需要对部分配置位进行必要的设置。

选择 Configure|Configuration Bits 命令,如图 2.20 所示。取消选中 Configuration Bits set in code 复选框,即可对下面的配置位进行修改。

本书实验需要修改的配置位包括:将配置位 Oscillator 中的 Setting 内容修改为 XT,使其适合本书所用 PIC 开发板上的晶振;将配置位 Watchdog Timer 中的 Setting 内容修改为 Disabled -Controlled by SWDTEN bit,关闭开门狗;将配置位 Low Power Timer1 Osc enable 中的 Setting 内容修改为 Disabled,使 RB5/PGM 引脚可当做普通 I/O 口使用。

example1 - MPLAB IDE v7.60 - [Configuration Bits]

Checksum: 0x034f

Configuration Bits set in code.

Address	Value	Category	Setting
300001	01	Oscillator	XT
		Fail-Safe Clock Monitor Enable	Disabled
		Internal External Switch Over Mode	Disabled
300002	1F	Power Up Timer	Disabled
		Brown Out Detect	Enabled in hardware, SBORE
		Brown Out Voltage	2.0V
300003	1E	Watchdog Timer	Disabled-Controlled by SWI
		Watchdog Postscaler	1:32768
300005	83	CCP2 Mux	RC1
		PortB A/D Enable	PORTB<4:0> configured as a
		Low Power Timer1 Osc enable	Disabled
		Master Clear Enable	Enabled
300006	81	Stack Overflow Reset	Disabled
		Low Voltage Program	Disabled
		Extended CPU Enable	Disabled
300008	0F	Code Protect 00800-03FFF	Disabled
		Code Protect 04000-07FFF	Disabled
		Code Protect 08000-0BFFF	Disabled

PIC18F4620　W:0　n ov z dc c　bank 0

图 2.20　配置位

完成必要的配置后,即可开始为工程编写或加入源文件,如图 2.21 所示。

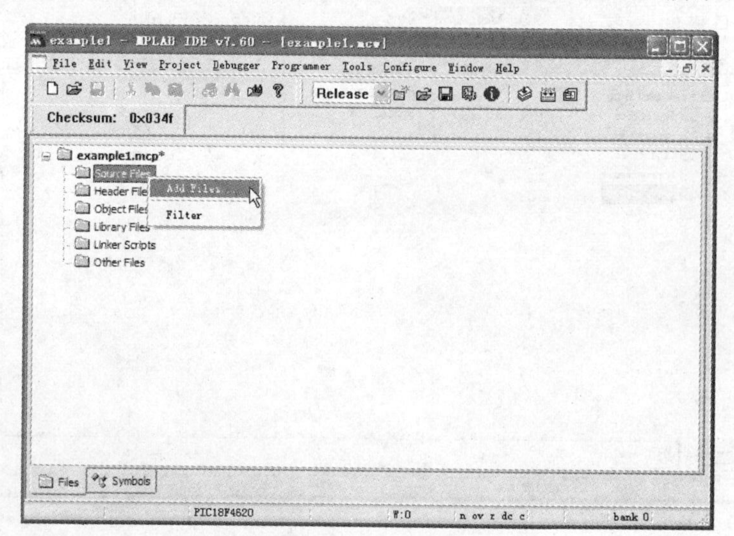

图 2.21　加入源文件

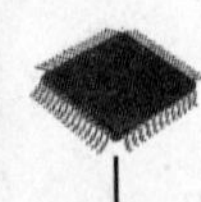

加入或编写完成源文件后，即可开始工程的编译，如图 2.22 所示。

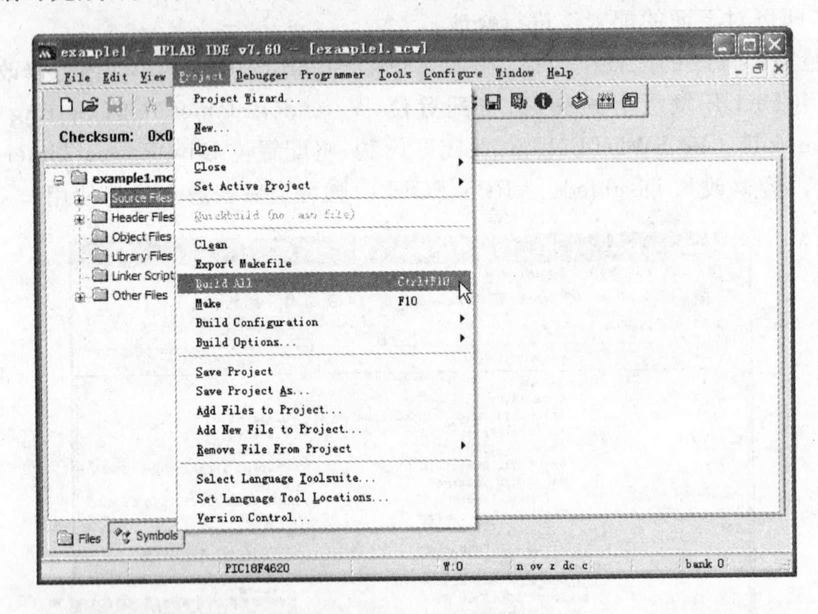

图 2.22　编译文件

正确编译工程文件后，即可开始仿真调试，如图 2.23 所示。详细仿真调试设置以及硬件连接，请查阅第 1 章的介绍。

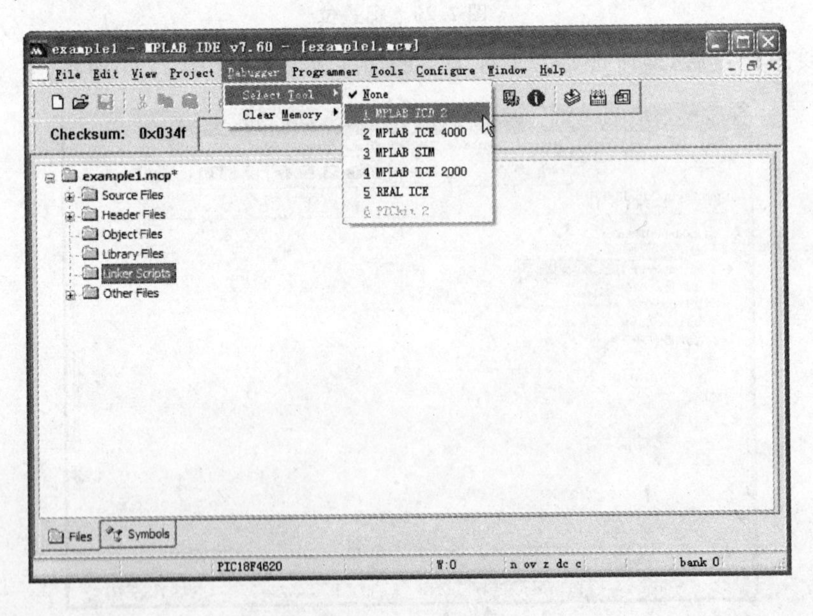

图 2.23　开始仿真

2.4 Microchip Stack for ZigBee

本书相关的 ZigBee 实验使用的是 Microchip 公司提供的 ZigBee 协议栈 V1.0～3.5。详细的 ZigBee 原理介绍请参考本书第 13 章的介绍，相应的 ZigBee 实验项目请参考第 14～17 章。

本节介绍的是如何把 ZigBee 协议栈安装至用户计算机中。本书实验所使用的 ZigBee 协议栈的安装程序是一个解压的可执行文件 MpZBeeV1.0 - 3.5.exe。在 Windows XP 操作系统下，双击 MpZBeeV1.0 - 3.5.exe 即可开始 ZigBee 协议栈的安装。

具体安装过程简述如下：

1）双击安装文件 MpZBeeV1.0 - 3.5.exe，几秒后屏幕出现如图 2.24 所示的协议介绍界面。单击 I accept 按钮即可继续进行安装。

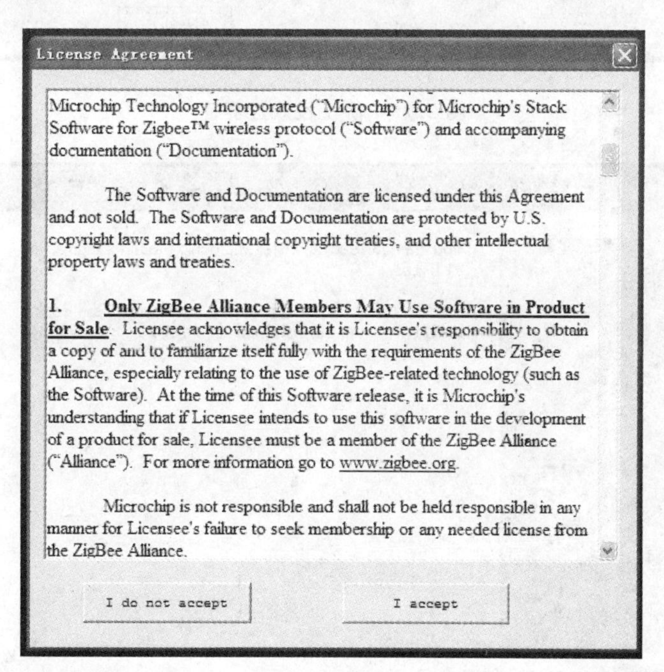

图 2.24 ZigBee 协议栈安装

2）继续安装操作后，屏幕将出现如图 2.25 所示的欢迎界面。单击 Next 按钮继续安装操作。

3）继续安装操作后，屏幕将出现如图 2.26 所示的安装确认界面。单击 Next 按钮开始安装。

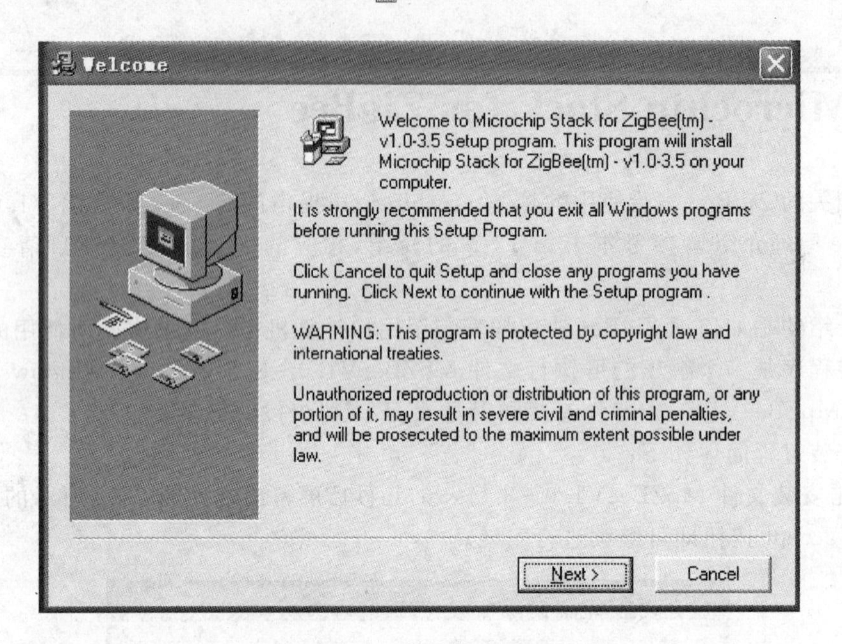

图 2.25　协议栈欢迎界面

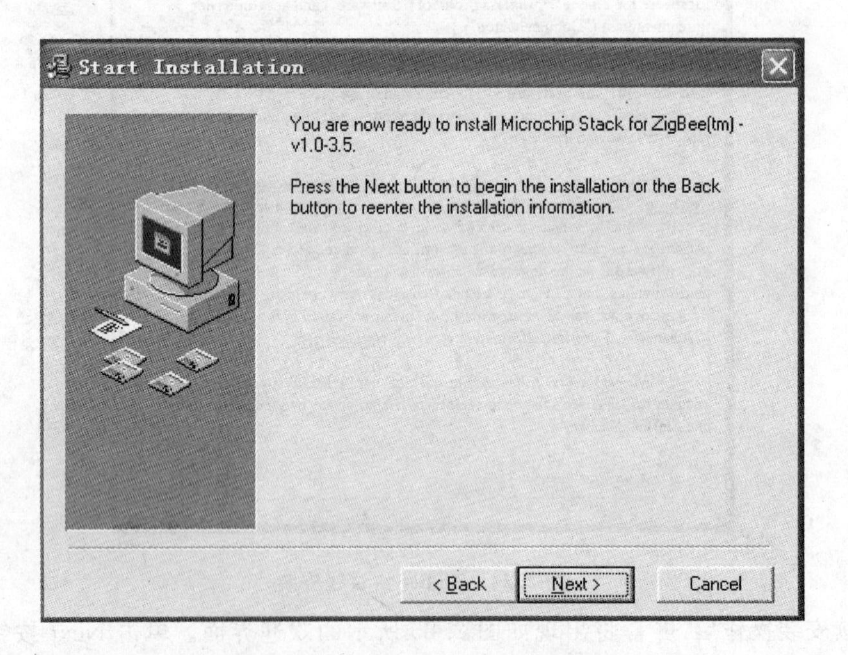

图 2.26　协议栈安装确认界面

4）继续安装操作后，屏幕将出现如图 2.27 所示的安装界面。

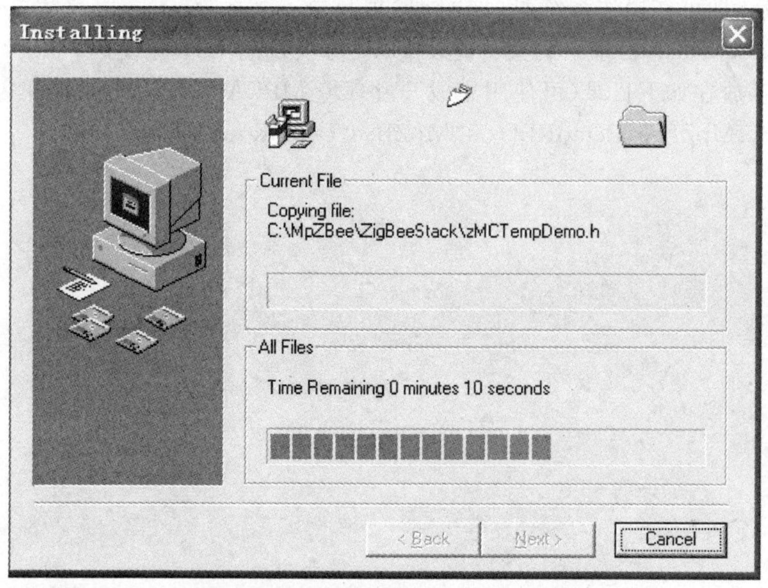

图 2.27　协议栈安装界面

5）安装进度显示完成后，屏幕将出现如图 2.28 所示的安装完成界面。单击 Finish 按钮完成安装。

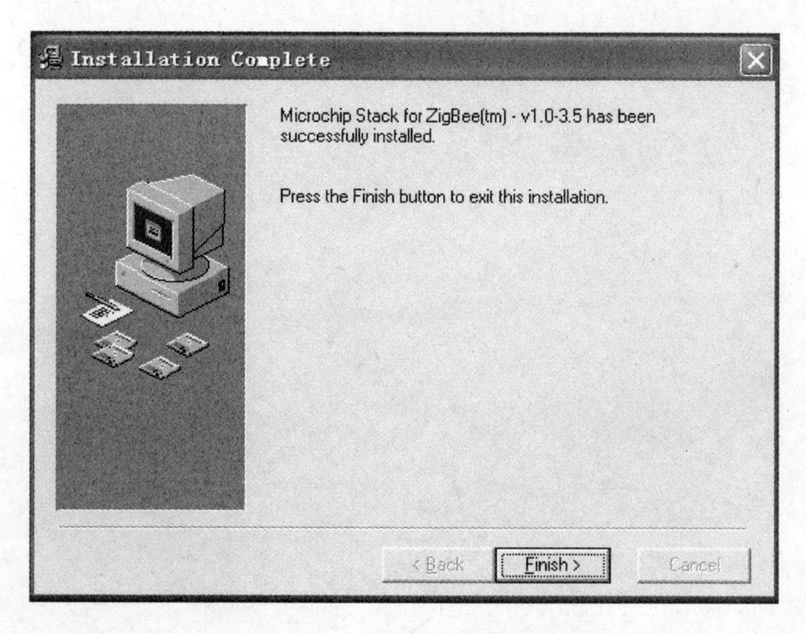

图 2.28　协议栈安装完成界面

完成安装后，即可在操作系统盘(如C盘)根目录下找到ZigBee协议栈文件夹MpZBee。在MpZBee\ZigBeeStack目录下的文件是ZigBee协议栈的C51源代码。ZigBee三种设备的工程文件分别存放在如下目录(可使用集成开发环境MPLAB IDE 7.60打开)：MpZBee\DemoCoordinator\、MpZBee\DemoRFD\和MpZBee\DemoRouter\。

第3章 PIC单片机基础

现在市场上的单片机琳琅满目，其产品性能、功能各异。根据其指令集可以分为复杂指令集(CISC，Complex Instruction Set Computer)和精简指令集(RISC，Reduced Instruction Set Computer)两大类。采用CISC结构的单片机数据线和指令线分时复用，称为冯·诺依曼结构。它的指令丰富，功能较强，但取指令和取数据不能同时进行，速度受限，价格也高。采用RISC结构的单片机数据线和指令线分离，称为哈佛结构。它的取指令和取数据可同时进行，且由于一般指令线宽于数据线，使其指令较同类CISC单片机指令包含更多的处理信息，执行效率更高，速度也更快。同时，这种单片机的指令多为单字节，程序存储器的空间利用率大大提高，从而有利于实现超小型化。

属于CISC结构的单片机有Intel 8051系列、Motorola和M68HC系列、Atmel的AT89系列、台湾Winbond(华邦)W78系列、荷兰Phillips的PCF80C51系列等；属于RISC结构的有Microchip公司的PIC系列、Zilog的Z86系列、Atmel的AT90S系列、韩国三星公司的KS57C系列4位单片机、台湾义隆的EM-78系列等。

一般来说，控制关系较简单的场合，可以采用RISC型单片机；控制关系较复杂的场合，如通信产品、工业控制系统应采用CISC单片机。不过，随着RISC单片机的迅速完善，其佼佼者在控制关系复杂场合的表现也毫不逊色。

3.1 PIC单片机概述

PIC是Peripheral Interface Controller(外围接口控制器)的缩写。

美国Microchip Technology公司推出的PIC系列单片机，采用了精简指令集(RISC)、哈佛总线(Harvard)结构、二级流水线取指令方式，具有实用、低价、指令集小、低功耗、高速度、体积小、功能强和简单易学等特点，体现了单片机发展的一种新趋势，深受用户的欢迎，正在逐

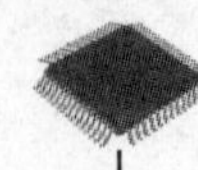

渐成为单片机世界的新潮流。

具有 CISC 结构的单片机均在同一存储空间取指令和数据，片内只有一种总线——这种总线既要传送指令又要传送数据。因此，它不可能同时对程序存储器和数据存储器进行访问。因为与 CPU 直接相连的总线只有一种，所以要求数据和指令同时通过显然是不可能的。这正如一个“瓶颈”，瓶内的数据和指令要一起倒出来，往往就被瓶颈“卡”住了。因此，具有这种结构的单片机，只能先取出指令，再执行指令(在此过程中往往要取数)，然后，待这条指令执行完毕，再取出另一条指令，继续执行下一条。这种结构通常称为冯·诺依曼结构，又称普林斯顿结构。

PIC 系列单片机采用了一种双总线结构，即所谓哈佛结构。这种结构有两种总线，即程序总线和数据总线。这两种总线可以采用不同的字长，如 PIC 系列单片机是 8 位机，所以其数据总线当然是 8 位。但低档、中档和高档的 PIC 系列单片机分别有 12 位、14 位和 16 位的指令总线。这样，取指令时则经指令总线，取数据时则经数据总线，互不冲突。

指令总线为什么不用 8 位，而要增加位数呢？这是因为指令的位数多，则每条指令包含的信息量就大，这种指令的功能就强。一条 12 位、14 位或 16 位的指令可能会具有两条 8 位指令的功能。因此，PIC 系列单片机的指令与 CISC 结构的单片机指令相比，前者的指令总数要少得多(即 RISC 指令集)。

由于 PIC 系列单片机采用了指令空间和数据空间分开的哈佛结构，用了两种位数不同的总线。因此，取指令和取数据有可能同时交叠进行，所以在 PIC 系列微控制器中取指令和执行指令就采用了指令流水线结构。当第 1 条指令被取出后，随即进入执行阶段，这时可能会从某寄存器取数而送至另一寄存器，或从一端口向寄存器传送数据等，但数据不会流经程序总线，而只是在数据总线中流动。因此，在这段时间内，程序总线有空，可以同时取出第 2 条指令。当第 1 条指令执行完毕后，就可执行第 2 条指令，同时取出第 3 条指令……这样，除了第 1 条指令的取出，其余各条指令的执行和下一条指令的取出是同时进行的，从而使得在每个时钟周期可以获得最高效率。

在大多数微控制器中，取指令和指令执行都是顺序进行的，但在 PIC 单片机指令流水线结构中，取指令和执行指令在时间上是相互重叠的，所以 PIC 系列单片机才可能实现单周期指令。

只有涉及到改变程序计数器 PC 值的程序分支指令(例如 GOTO、CALL)等才需要两个周期。

此外，PIC 的结构特点还体现在寄存器组上，如寄存器 I/O 口、定时器和程序寄存器等都是采用了 RAM 结构形式，而且都只需要一个周期就可以完成访问和操作。而其他单片机常需要两个或两个以上的周期才能改变寄存器的内容。上述各项，就是 PIC 系列单片机能做到指令总数少，且大都为单周期指令的重要原因。

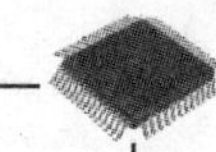

由于PIC系列单片机采用了哈佛总线结构的RISC指令集，其指令和数据总线的位数可以是不相同的。PIC单片机的数据总线是8位的，而其指令总线则有12位、14位、16位3种。可以将PIC系列单片机产品可以分为初级产品、中级产品和高级产品三大系列。

初级产品典型的有PIC12C5XX和PIC16C5X系列。它采用12位的RISC指令系统，价格很低，适用于低成本的应用。PIC12C5XX是世界上第1个采用8脚封装的低价8位单片机，应用很广泛。

中级产品PIC16C55X/6X/62X/7X/8X/9XX、PIC16F87X采用的是14位的RISC指令系统，在保持低价的前提下增加了A/D、内部EEPROM存储器、比较输出、捕捉输入、PWM输出、I^2C和SPI接口、异步串行通信(USART)接口模拟电压比较器、LCD驱动、FLASH程序存储器等许多功能，是品种最丰富的系列，广泛应用于各种电子产品中。

高级产品PIC17CXX、PIC18CXX系列采用的是16位的RISC指令系统，是目前世界上8位单片机中运行最快的，具有一个指令周期内(最短160 ns)完成8×8位二进制乘法的能力，可以在一些需要高速数字运算的场合取代DSP(数字信号处理器)芯片。此外，它还具有丰富的I/O口控制功能，可外接扩展的EPROM和RAM，因而已经成为目前8位单片机中性能最高的机种之一。

PIC系列单片机与MCS-51系列单片机的主要区别有：

1) 总线结构：MCS-51单片机的总线结构是冯·诺依曼型，计算机在同一个存储空间取指令和数据，两者不能同时进行。而PIC单片机的总线结构是哈佛结构，指令和数据空间是完全分开的，一个用于指令，一个用于数据。由于可以对程序和数据同时进行访问，所以提高了数据吞吐率。正因为在PIC单片机中采用了哈佛双总线结构，所以与常见的微控制器不同的一点是：程序和数据总线可以采用不同的宽度。数据总线都是8位的，但指令总线位数可分别为12、14、16位。

2) 流水线结构：MCS-51单片机的取指和执行采用单指令流水线结构，即取一条指令，执行完后再取下一条指令。而PIC的取指和执行采用双指令流水线结构，当一条指令被执行时，允许下一条指令同时被取出，这样就实现了单周期指令。

3) 寄存器组：PIC单片机的所有寄存器，包括I/O口、定时器和程序计数器等都采用RAM结构形式，而且都只需要一个指令周期就可以完成访问和操作。而MCS-51单片机需要两个或两个以上的周期才能改变寄存器的内容。

3.2 PIC单片机特点

PIC系列单片机具有以下几大特点：

1）采用哈佛结构。便于实现"流水作业"，也就是在执行一条指令的同时对下一条指令进行取指操作；而在一般的单片机中，指令总线和数据总线是共用的。

2）指令的"单字节化"因为数据总线和指令总线是分离的，并且采用了不同的宽度，所以程序存储器ROM和数据存储器RAM的寻址空间是互相独立的，而且两种存储器的宽度也不同。这样的设计不仅可以确保数据的安全性，还能提高运行速度和实现全部指令的"单字节化"。在此所说的"字节"，特指PIC单片机的指令字节，而不是常说的8位字节。例如，PIC12C50×/PIC16C5×系列单片机的指令字节为12位；PIC16C6×/PIC16C7×/PIC16C8×系列的指令字节为14位；PIC17C××系列的指令字节为16位。它们的数据存储器全为8位宽。而MCS-51系列单片机的ROM和RAM宽度都是8位，指令长度从1个字节(8位)到3个字节长短不一。

3）精简指令集(RISC)技术。PIC系列单片机的指令系统只有35条指令。这给指令的学习、记忆、理解带来了很大的好处，也给程序的编写、阅读、调试、修改、交流带来极大的便利，真可谓易学好用。而MCS-51单片机的指令系统共有111条指令，MC68HC05单片机的指令系统共有89条指令。PIC系列单片机不仅全部指令均为单字节指令，而且绝大多数指令为单周期指令，这样有利于提高执行速度。

4）寻址方式简单。寻址方式就是寻找操作数的方法。PIC系列单片机只有4种寻址方式(即寄存器间接寻址、立即数寻址、直接寻址和位寻址，以后做作详细解释)，容易掌握，而MCS-51单片机则有7种寻址方式，68HC05单片机有6种。

5）代码压缩率高。1 KB的存储器空间，对于像MCS-51这样的单片机，大约只能存放600条指令，而对于PIC系列单片机则能够存放多达1 024条指令。与几种典型的单片机相比，PIC16C5X是一种最节省程序存储器空间的单片机。也就是说，完成相同功能的一段程序所占用的空间，MC68HC05是PIC16C5×的2.24倍。

6）运行速度高。由于采用了哈佛总线结构，又由于指令的读取和执行采用了流水作业方式，PIC系列单片机的运行速度大大提高。PIC系列单片机的运行速度远远高于其他相同档次的单片机。在所有8位机中，PIC17CX是目前世界上速度最快的系列之一。

7）功耗低。PIC系列单片机的功率消耗极低，有些型号的单片机在4 MHz时钟下工作时耗电不超过2 mA，在睡眠模式下低到1 μA以下。

8）驱动能力强。I/O端口驱动负载的能力较强，每个I/O引脚输入和输出电流的最大值可分别达到25 mA和20 mA，能够直接驱动发光二极管、光电耦合器或者微型继电器等。

9）具备I2C和SPI串行总线端口：PIC系列单片机的一些型号具备I^2C和SPI串行总线端口。I^2C和SPI分别是由Philips和Motorola公司发明的在芯片之间实现同步串行数据传输的两种串行总线技术。利用单片机串行总线端口可以方便灵活地扩展一些必要的外围器

件。串行接口和串行总线的设置，不仅大大地简化了单片机应用系统的结构，而且还极易形成产品电路的模块化结构。目前，松下、日立、索尼、夏普、长虹等公司都在其大屏幕彩电等产品中引入了I^2C技术。

10）寻址空间设计简洁。PIC系列单片机的程序、堆栈、数据3者由于各自采用互相独立的寻址（或地址编码）空间，而且前两者的地址安排不需要用户操心，这会受到初学者的欢迎；而MC68HC05和MC68HC11单片机的寻址空间只有一个，编程时需要用户对程序区、堆栈区、数据区和I/O端口所占用的地址空间做精心安排。这样会给高手在设计上带来灵活性，但是也会给初学者带来一些麻烦。

11）外围电路简洁。PIC系列单片机片内集成了上电复位电路、I/O引脚上拉电路、看门狗定时器等，可以最大程度地减少或免用外围器件，以便实现"纯单片"应用。这样，不仅便于开发，而且还可节省用户的电路板空间和制造成本。

12）开发方便。通常，业余条件下学习和应用单片机，最大的障碍是实验开发设备昂贵，使许多初学者望而却步。微芯片公司及其国内多家代理商，为用户的应用开发提供了丰富多彩的硬件和软件支持——有各种档次的烧录器（或称编程器）和硬件仿真器出售，其售价大约从300～3 000元不等；此外，微芯片公司还研制了多种版本的软件仿真器和软件综合开发环境（MPLAB-IDE），为爱好者学习与实践、应用与开发的实际操作提供了极大的方便。对于PIC系列中任意一款单片机的开发，都可以借助于一套免费的软件综合开发环境实现程序编写和模拟仿真，再用任何一种廉价的烧录器完成程序烧写，以便形成一套经济实用的开发系统。它特别适合那些不想过多投资购置昂贵开发工具的初学者和业余爱好者。借助于这套廉价的开发系统，用户可以完成一些小型电子产品的研制开发。由此可见，对初级水平的自学者来说，PIC单片机是一种最为适合、最容易接近的单片机。

13）C语言编程。对于掌握了C语言的用户，微芯片公司还为其提供了C语言编译程序。这样的用户如果使用C语言这种高级语言进行程序设计的话，还可以大大提高工作效率。

14）品种丰富。PIC系列单片机目前已形成3个层次、五十多个型号。片内功能从简单到复杂，封装形式从8引脚到68引脚，可以满足各种不同的应用需求，用户总能在其中找到一款适合自己开发目标的单片机。在封装形式多样化方面，不像MCS-51系列单片机那样，基本采用40脚封装，使应用灵活性受到了极大的限制。此外，微芯片公司最先开发出世界上第1个最小的8脚封装的单片机。

15）规格齐全。微芯片公司对其单片机的某一种型号又可提供多种封装工艺的产品。带窗口的EPROM型芯片，适合程序反复修改的开发阶段；一次编程（OTP）的EPROM芯片，适合于小批量试生产和快速上市的需要；ROM掩模型芯片，适合大企业大批量定型产品的规模化生产；个别型号具有EEPROM或FLASH程序存储器，特别适合初学者"在线"反复擦写、

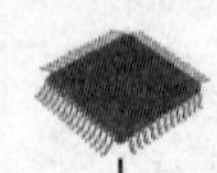

练习编程。

(16) 彻底的保密性。PIC以保密熔丝来保护代码,用户在烧入代码后熔断熔丝,别人就再也无法读出了,除非恢复熔丝。目前,PIC采用熔丝深埋工艺,恢复熔丝的可能性极小。

(17) 自带看门狗定时器,可以用来提高程序运行的可靠性。其引脚具有防瞬态能力,通过限流电阻可以接至220 V交流电源,可直接与继电器控制电路相连,无须光电耦合器隔离,从而给应用带来了极大方便。

3.3 PIC18F4620单片机概述

PIC18F4620具备所有PIC18单片机固有的优点,即以实惠的价格提供出色的计算性能,以及高耐久性的增强型闪存程序存储器,如图3.1所示。图3.2所示为PIC18F4620单片机TQFP封装(即本书实验所用单片机的封装类型)引脚示意图;表3.1所列的为PIC18F4620特性。

表3.1 PIC18F4620特性

特 性	PIC18F4620
工作频率/MHz	DC,40
程序存储器/B	65 536
程序存储器/指令数	32 768
数据存储器/B	3 968
数据EEPROM存储器/B	1 024
中断源	20
I/O端口	端口A、B、C、D、E
定时器/个	4
捕捉/比较/PWM模块/个	1
增强型捕捉/比较/PWM模块/个	1
串行通信	MSSP,增强型USART
并行通信(PSP)	有

特 性	PIC18F4620
10位模数转换模型	13路输入通道
复位(和延时)	POR、BOR、RESET指令、堆栈满、堆栈下溢(PWRT和OST)、$\overline{\text{MCLR}}$(可选)和WDT
可编程低压检测	有
可编程欠压复位	有
指令集/条	75条指令:启用了扩展指令集后总共为83条指令
封装	40引脚PDIP 44引脚QFN 44引脚TQFP

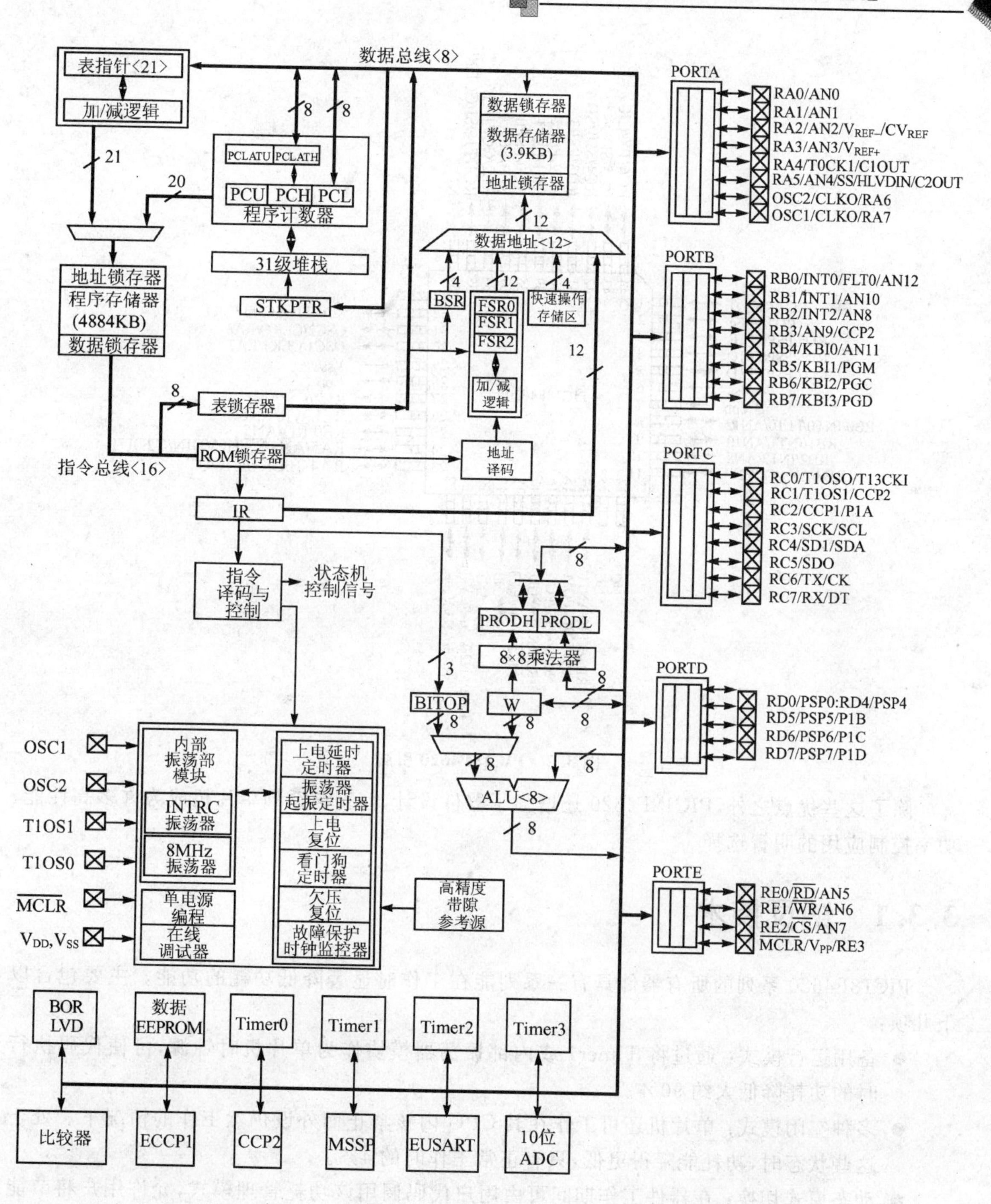

图 3.1 PICF184620 框图

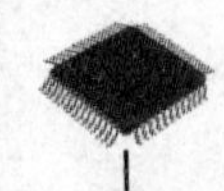

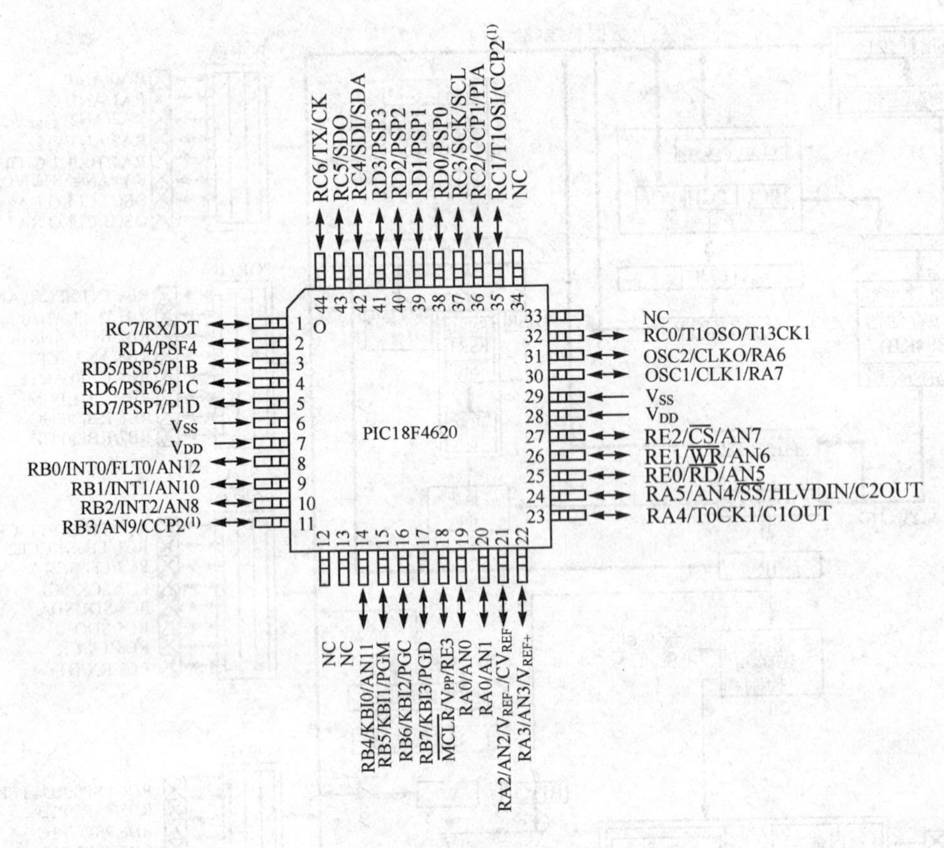

图 3.2　PIC18F4620 引脚

除了这些优点之外，PIC18F4620 还增强了器件设计，使得该系列单片机成为许多高性能、功率控制应用的明智选择。

3.3.1　纳瓦技术

PIC18F4620 系列的所有器件具有一系列能在工作时显著降低功耗的功能。主要包含以下几项：

- 备用运行模式：通过将 Timer1 或内部振荡器模块作为单片机时钟源，可使代码执行时的功耗降低大约 90%。
- 多种空闲模式：单片机还可工作在其 CPU 内核禁止而外设仍然工作的情况下。处于这些状态时，功耗能降得更低，只有正常工作时的 4%。
- 动态模式切换：在器件工作期间可由用户代码调用该功耗管理模式，允许用户将节能的理念融入到他们的应用软件设计中。

- 较低的关键模块功耗：Timer1 和看门狗定时器模块的功耗需求可降至最小。

3.3.2 多个振荡器的选项和特性

PIC18F2525/2620/4525/4620 系列的所有器件可提供 10 个不同的振荡器选项，使用户在开发应用硬件时有很大的选择范围。这些选项包括：

- 4 种晶振模式：使用晶振或陶瓷谐振器。
- 两种外部时钟模式：提供使用两个引脚(振荡器输入引脚和四分频时钟输出引脚)或一个引脚(振荡器输入引脚，四分频时钟输出引脚重新分配为通用 I/O 引脚)的选项。
- 两种外部 RC 振荡器模式：具有与外部时钟模式相同的引脚选项。
- 一个内部振荡器模块：它提供一个 8 MHz 的时钟源和一个 INTRC 时钟源(近似值为 31 kHz)，并有 6 个时钟频率可供用户选择(125 kHz～4 MHz)，总共 8 种时钟频率。此选项可以空出两个振荡器引脚作为额外的通用 I/O 引脚。
- 一个锁相环倍频器：可在高速晶振和内部振荡器模式下使用，使时钟速度最高可达到 40 MHz。PLL 和内部振荡器配合使用，可以向用户提供频率范围为 31 kHz～32 MHz 的时钟速度以供选择，而且不需要使用外部晶振或时钟电路。

除了可被用做时钟源外，内部振荡器模块还提供了一个稳定的参考源，增加了以下功能以使器件可更安全地工作。

- 故障保护时钟监视器：该部件持续监视主时钟源，将其与内部振荡器提供的参考信号做比较。如果时钟发生了故障，单片机会将时钟源切换到内部振荡器模块，使器件可继续低速工作或安全地关闭应用。
- 双速启动：该功能允许在上电复位或从休眠模式唤醒时将内部振荡器用做时钟源，直到主时钟源可用为止。

3.3.3 其他特殊功能

1. 存储器耐久性

程序存储器和数据 E^2PROM 的增强型闪存单元经评测，可以耐受数万次擦写，其中程序存储器高达 100 000 次，E^2PROM 高达 1 000 000 次。在不刷新的情况下，数据保存时间保守地估计能在 40 年以上。

2. 自编程能力

这些器件能在内部软件控制下写入各自的程序存储器空间。通过使用受保护的引导块

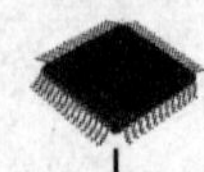

(位于程序存储器的顶端)中的引导加载程序,可创建能在现场进行自我更新的应用。

3. 扩展指令集

PIC18F2525/2620/4525/4620 系列在 PIC18 指令集的基础上进行了可选择的扩展,添加了 8 个新指令和变址寻址模式。此扩展可以使用一个器件配置选项启用,它是为优化重入应用程序代码而特别设计的,这些代码原来是使用高级语言(如 C 语言)开发的。

4. 增强型 CCP 模块

在 PWM 模式下,该模块提供用于控制半桥或全桥驱动器的 1、2 或 4 路调制输出。其他功能包括自动关闭,用于在中断或其他条件下禁止 PWM 输出;自动重启,一旦条件清除后重新激活输出。

5. 增强型可寻址 USART

该串行通信模块可进行标准的 RS-232 通信并支持 LIN 总线协议。其他增强功能包括自动波特率检测和分辨率更高的 16 位波特率发生器。当单片机使用内部振荡器模块时,USART 为与外界对话的应用程序提供了稳定的通信方式,而无须使用外部晶振,也无须额外的功耗。

6. 10 位 A/D 转换器

该模块具备可编程采集时间,从而不必在选择通道和启动转换之间等待一个采样周期,因而减少了代码开销。

7. 扩展型看门狗定时器(WDT)

该增强型版本加入了一个 16 位预分频器,允许扩展的超时范围在工作电压和温度变化时保持稳定。

3.4 PIC18F4620 单片机 CPU 的特殊功能

PIC18F4620 具有几项特殊的功能,旨在最大限度地提高系统可靠性,并通过减少外部元件将成本降至最低。这些功能包括:

- 振荡器选择。
- 复位:
  - ■上电复位(POR);

- ■ 上电延时定时器(PWRT);
- ■ 振荡器起振定时器(OST);
- ■ 欠压复位(BOR)。
- ● 中断。
- ● 看门狗定时器(WDT)。
- ● 故障保护时钟监视器。
- ● 双速启动。
- ● 代码保护。
- ● ID单元。
- ● 在线串行编程。

除了为复位提供了上电延时定时器和振荡器起振定时器之外,PIC18F4620还提供了一个看门狗定时器。该定时器可被配置成永久启用或用软件控制(如果启用位被禁止)。

PIC18F4620自带的内部RC振荡器还提供了故障保护时钟监视器(FSCM)和双速启动这两个额外的功能。FSCM对外设时钟进行后台监视,并在外设时钟发生故障时自动切换时钟源。双速启动使得几乎可在起振发生那一刻立即执行代码,同时主时钟源继续其起振延时。通过设置相应的配置寄存器位可以启用和配置所有这些功能。

PIC18F4620的WDT(如图3.3所示)是由INTRC时钟源驱动的。当启用WDT时,时钟源也将同时启用。WDT超时溢出周期的标称值为4 ms,其稳定性与INTRC振荡器相同。

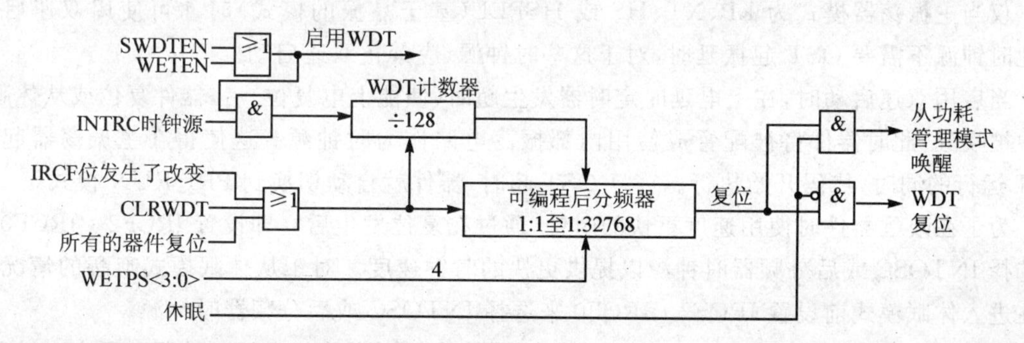

图3.3 WDT框图

4 ms的WDT超时溢出周期将与16位后分频器的值相乘来得到更长的时间周期。通过配置寄存器2H来控制一个多路开关以对WDT后分频器的输出进行选择。因此可获得的超时溢出周期范围为4 ms~131.072 s(2.18 min)。当发生以下任一事件时,WDT和后分频器将被清零,这些事件包括:执行SLEEP或CLRWDT指令、IRCF位(OSCCON〈6:4〉)发生了改变或发生了时钟故障。

双速启动功能(其时序图如图3.4所示)允许单片机在主时钟源稳定之前使用INTOSC

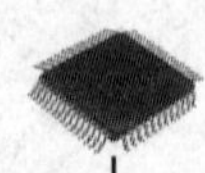

振荡器作为时钟源，从而帮助器件最大限度地缩短从振荡器起振到代码执行之间的延时。通过将 IESO 配置位置 1 可启用该功能。

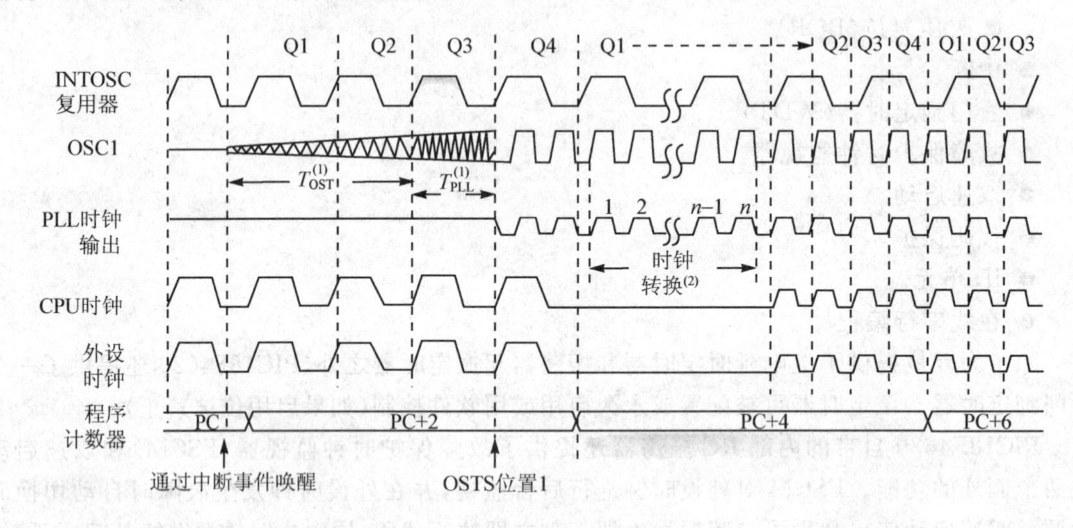

注：(1) $T_{OST}=1\ 024T_{OSC}$；$T_{PLL}=2$ ms(近似值)。这些时间间隔未按比例绘制。

(2) 时钟转换通常发生在 2～4 个 T_{OSC}内。

图 3.4 双速启动时钟转换的时序图

仅当主振荡器模式为 LP、XT、HS 或 HSPLL(基于晶振的模式)时才可使用双速启动。其他时钟源不需要 OST 起振延时，对于这些时钟源，应禁止双速启动。

当启用双速启动时，在上电延时定时器发生超时(使能上电复位)后，器件复位或从休眠模式中被唤醒，此时器件将被配置成使用内部振荡电路作为时钟源。这使得在主振荡器起振、OST 运行的同时，代码开始执行。一旦 OST 超时，器件就自动切换到 PRI_RUN 模式。

为了在唤醒器件时使用速度更快的时钟，通过在复位发生后立即设置 IRCF2：IRCF0，可以选择 INTOSC 或后分频器时钟源以提供更快的时钟速度。对于从休眠模式唤醒的情况，可以在进入休眠模式前设置 IRCF2：IRCF0 来选择 INTOSC 或后分频器时钟源。

在其他功耗管理模式下，不使用双速启动，器件将使用当前选定的时钟源直到主时钟源可用为止。IESO 位的设置被忽略。

故障保护时钟监视器(FSCM)如图 3.5 所示。它可使单片机在外部时钟发生故障时，自动将系统时钟切换到内部振荡器电路以保证器件能继续运行。将 FCMEN 配置位置 1 可启用 FSCM 功能。

当启用 FSCM 时，INTRC 振荡器将一直保持运行以监视外设时钟，并且在外设时钟发生故障时作为备用时钟。时钟监视通过创建一个采样时钟信号实现，该信号为 INTRC 输出的 64 分频。这样就使得 FSCM 采样时钟脉冲之间有充足的时间间隔，从而保证在此期间至少有

一个外设时钟沿出现。外设时钟和采样时钟作为时钟监视锁存器(CM)的输入。CM在系统时钟源的下降沿被置1,在采样时钟的上升沿被清零。

在采样时钟的下降沿检测外部时钟故障。如果在出现采样时钟的下降沿时,CM仍置1,就表示检测到外部时钟故障。这将引发以下事件:

- 通过将OSCFIF(PIR2<7>)置1,由FSCM产生振荡器故障中断。
- 器件时钟源切换为内部振荡器电路(OSCCON不会被更新,所以无法显示当前时钟源——这就是故障保护状态)。
- WDT复位。

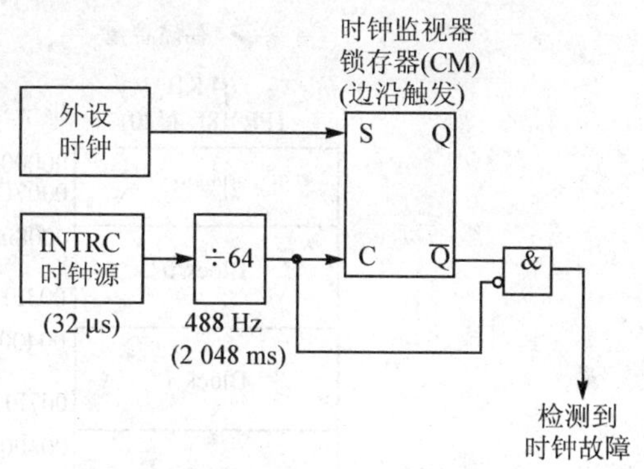

图3.5 FSCM框图

切换过程中,对于定时要求较高的应用,内部振荡器电路的后分频频率可能不够稳定。在这些情况下,最好选择另一种时钟配置并进入其他功耗管理模式。可以尝试部分恢复或执行安全关机。

为了在唤醒器件时使用速度更快的时钟,通过在复位发生后立即设置IRCF2∶IRCF0,可以选择INTOSC或后分频器时钟源以提供更快的时钟速度。对于从休眠模式唤醒的情况,可以在进入休眠模式前设置IRCF2∶IRCF0来选择INTOSC或后分频器时钟源。

FSCM只能检测出主时钟源或辅助时钟源的故障。如果内部振荡器电路发生故障,将不会被检测到,当然也就不可能采取任何措施。

PIC18闪存器件的整个代码保护结构与以往的PIC单片机截然不同。用户程序存储器由5部分组成,其中一个存储区是2 KB的引导区。存储器的剩余部分按二进制被分成4个块。

这5个块均有与其关联的3个代码保护位,它们是:

- 代码保护位(CP*n*)
- 写保护位(WRT*n*)
- 外部模块表读位(EBTR*n*)

图3.6所示给出了程序存储器构成以及与每个块关联的特定代码保护位。

有8个存储器单元(200000H～200007H)被指定为ID单元,供用户存储校验或其他代码标识。在执行程序时可通过TBLRD和TBLWT指令读写这些单元;在编程/验证时,可对这些地址单元进行读写操作。当器件有代码保护时,也可读取ID单元。

PIC18F4620器件具有一个含有75条PIC18内核指令的标准指令集,以及一个含有优化递归或软件堆栈代码的8条新指令的扩展指令集。

标准的PIC18指令集与以前的PIC指令集相比,增加了很多增强功能,并保持了易于从

存储容量 64 KB (PIC18F 4620)	地址范围	存储区的代码保护受控于:
引导区	000000H 0007FFH	CPB,WRTB,EBTRB
Block 0	000800H 003FFFH	CP0,WRT0,EBTR0
Block 1	004000H 007FFFH	CP1,WRT1,EBTR1
Block 2	008000H 00B7FFH	CP2,WRT2,EBTR2
Block 3	00C000H 00FFFFH	CP3,WRT3,EBTR3
未用 读为0	010000H 1FFFFFH	(未用的存储器空间)

图3.6　受代码保护的程序存储器

其他PIC指令集移植的特点。大部分指令为单字指令(16位),只有4条指令是双字指令。每个单字指令都是一个16位字,由操作码(指明指令类型)和一个或多个操作数(指定指令操作)组成。

整个指令集具有高度的正交性,可以分为以下4种基本类型:

- 字节操作类指令。
- 位操作类指令。
- 立即数操作类指令。
- 控制操作类指令。

除了PIC18指令集的75条标准指令之外,PIC18F4620器件还提供了针对内核CPU功能的可选扩展指令。这些新增的功能包括8条额外的指令,它们可以实现间接和变址寻址操作,并使得许多标准PIC18指令可以实现立即数变址寻址。

扩展指令集的额外功能在默认情况下是禁止的,用户必须通过将XINST配置位置1才能启用它们。

扩展指令集(除了CALLW、MOVSF和MOVSS)中的指令可以全部被归为立即数操作类指令,它们既可以控制文件选择寄存器也可以使用这些寄存器进行变址寻址。其中的两个指

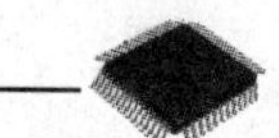

令 ADDFSR 和 SUBFSR 可以直接对 FSR2 进行操作，而 ADDULNK 和 SUBULNK 指令允许在执行后自动返回。

这些扩展的指令专门用于优化用高级语言特别是 C 语言编写的重入程序代码(也就是递归调用或使用软件堆栈的代码)。此外，它们使用户能更有效地用高级语言对数据结构执行特定的操作。

这些操作包括：

- 在进入和退出子程序时对软件堆栈空间进行动态分配和释放。
- 功能指针调用。
- 对软件堆栈指针进行控制。
- 对软件堆栈中的变量进行控制。

3.5　PIC18F4620 单片机振荡器及复位

PIC18F4620 可以在 10 种不同的振荡器模式下工作。通过编程配置寄存器 1H 中的配置位 FOSC3：FOSC0，用户可以选择这 10 种模式中的一种模式：

- LP。低功耗晶振模式。
- XT。晶振/谐振器模式。
- HS。高速晶振/谐振器模式。
- HSPLL。启用 PLL 的高速晶振/谐振器模式。
- RC。外部电阻/电容振荡器模式。通过 RA6 引脚输出 FOSC/4 信号。
- RCIO。外部电阻/电容振荡器模式。RA6 作为 I/O 引脚。
- INTIO1。内部振荡器模式。通过 RA6 引脚输出 FOSC/4 信号，RA7 引脚为 I/O 引脚。
- INTIO2。内部振荡器模式。RA6 和 RA7 均可用做 I/O 引脚。
- EC。带 FOSC/4 输出的外部时钟模式。
- ECIO RA6。用做 I/O 引脚的外部时钟模式。

在 XT、LP、HS 或 HSPLL 振荡器模式下，晶振或陶瓷谐振器与 OSC1 和 OSC2 引脚相连来产生振荡信号，见图 3.7 所示。振荡器的设计要求使用平行切割的晶体。

图 3.8 所示为晶振/陶瓷的电容选择，电容值越大，振荡器的稳定性越高，但同时起振时间也越长。当工作电压 VDD 低于 3 V，或在任何电压下使用某些陶瓷谐振器时，可能需要使用 HS 振荡器模式或切换到晶振模式。因为每种谐振器/晶振都有其自身特性，所以用户应当向谐振器/晶振制造厂商询问外部元件的适当值。可能需要使用电阻 R_S 以避免对低驱动规格的晶体造成过驱动。请始终验证在设计的 VDD 和温度范围下的振荡器性能。

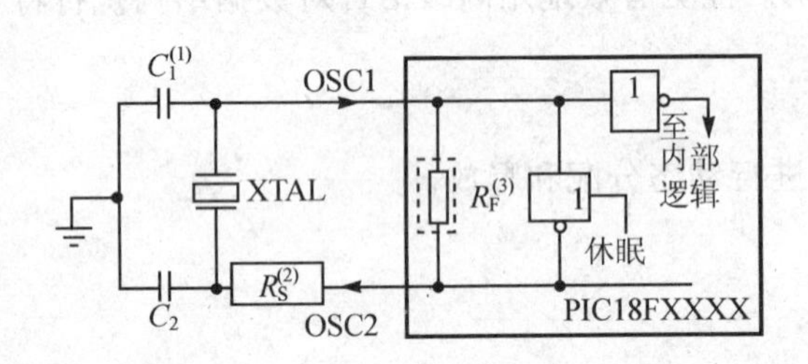

注：(1) 关于 C_1 和 C_2 的初始值，请参见图 3.8 所示的列表。

(2) 对于 AT 条形切割的晶体，可能会需要一个串联电阻(R_S)。

(3) R_F 的值随选定的振荡器模式变化。

图 3.7 晶振/陶瓷谐振器工作原理

使用的典型电容值			
模 式	频 率/MHz	OSC1/pF	OSC2/pF
XT	3.58	15	15
	4.19	15	15
	4	30	30
	4	50	50
振荡类型	晶振频率/MHz	已测试的典型电容值 C_1/pF	C_2/pF
LP	0.032	30	30
XT	1	15	15
	4	15	15
HS	4	15	15
	10	15	15
	20	15	15
	25	15	15

图 3.8 晶振/陶瓷的电容选择

外部时钟输入在 HS 模式(如图 3.9 所示)下，OSC1 引脚也可以连接外部时钟源。

EC 和 ECIO 振荡器模式(如图 3.9 所示)要求 OSC1 引脚与一个外部时钟源相连，在上电复位后或从休眠模式退出后，不需要振荡器起振时间。在 EC 振荡器模式下，由 OSC2 引脚输出振荡器频率的 4 分频信号，此信号可用于测试或同步其他逻辑。

外部时钟输入 ECIO 振荡器模式(如图 3.9所示)的工作方式类似于 EC 模式，不同之处在于 OSC2 引脚变成了一个额外的通用 I/O 引脚。该 I/O 引脚成为 PORTA 的位 6(RA6)。

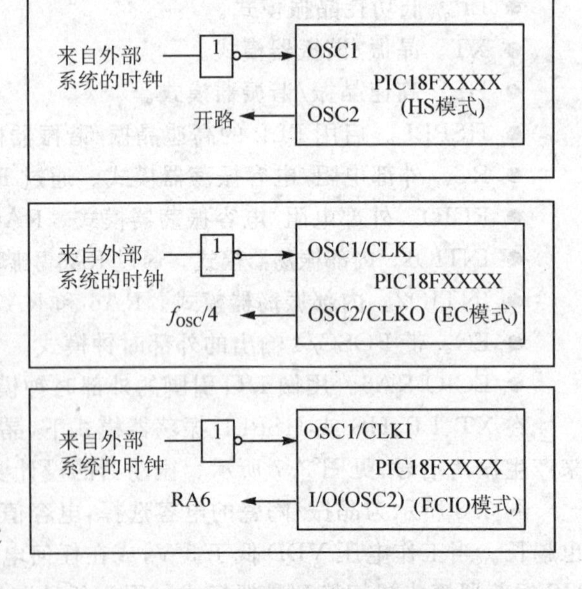

图 3.9 外部时钟输入工作原理

对于对时序要求不高的应用，选择 RC 和 RCIO 器件能更好地节约成本。实际的振荡器频率是以下几个因素的函数：

- 供电电压；
- 外部电阻(REXT)和电容(CEXT)的值；

● 工作温度。

给定同样的器件、工作电压和温度以及元件值，振荡的频率仍然会各不相同。这些频率上的差异是由诸如以下因素引起的：

● 正常制造工艺的差异；

● 不同封装类型引线电容的不同(尤其当 CEXT 值较小时)；

● REXT 和 CEXT 在容限范围内的数值波动。

在 RC 振荡器模式(如图 3.10 所示)下，由 OSC2 引脚输出振荡器频率的 4 分频信号。此信号可用于测试或同步其他逻辑。

RCIO 振荡器模式(如图 3.10 所示)的工作方式类似于 RC 模式，不同之处在于 OSC2 引脚变成了一个额外的通用 I/O 引脚。该 I/O 引脚成为 PORTA 的位 6(RA6)。

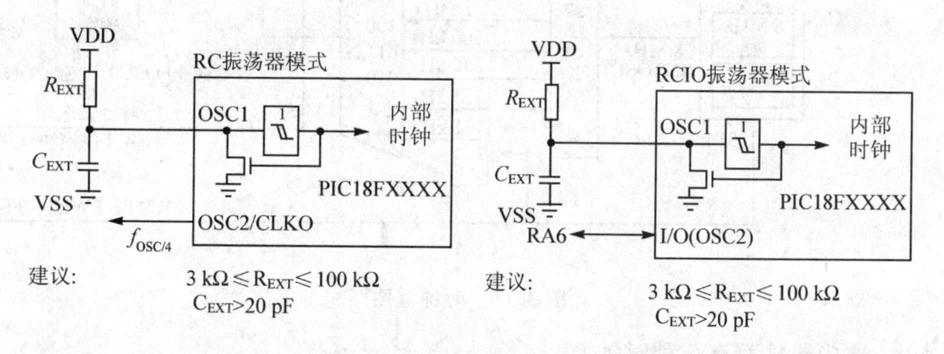

图 3.10 RC_RCIO 振荡器模式

PIC18F4620 含有可产生两种不同时钟信号的内部振荡器模块。这两种信号均可充当单片机的时钟源，从而避免在 OSC1 和 OSC2 引脚上使用外部振荡电路。

主输出(INTOSC)是一个 8 MHz 的时钟源，可以用于直接驱动器件时钟。它还可以驱动一个后分频器，该分频器可提供从 31 kHz～4 MHz 的时钟频率。当选择了 125 kHz～8 MHz 的时钟频率时，启用 INTOSC 输出。

另一个时钟源是内部 RC 振荡器(INTRC)，它提供了标称值为 31 kHz 的输出。如果选择 INTRC 作为器件的时钟源，它就会被启用；当启用以下任一功能时，也将自动启用 INTRC：

● 上电延时定时器；

● 故障保护时钟监视器；

● 看门狗定时器；

● 双速启动。

PIC18F4620 包含允许将时钟源(时钟框图如图 3.11 所示)从主振荡器切换到备用低频时钟源的功能。PIC18F4620 提供了两个备用时钟源，当启用备用时钟源时，可以使用多种功耗

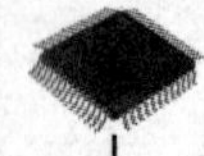

管理工作模式。

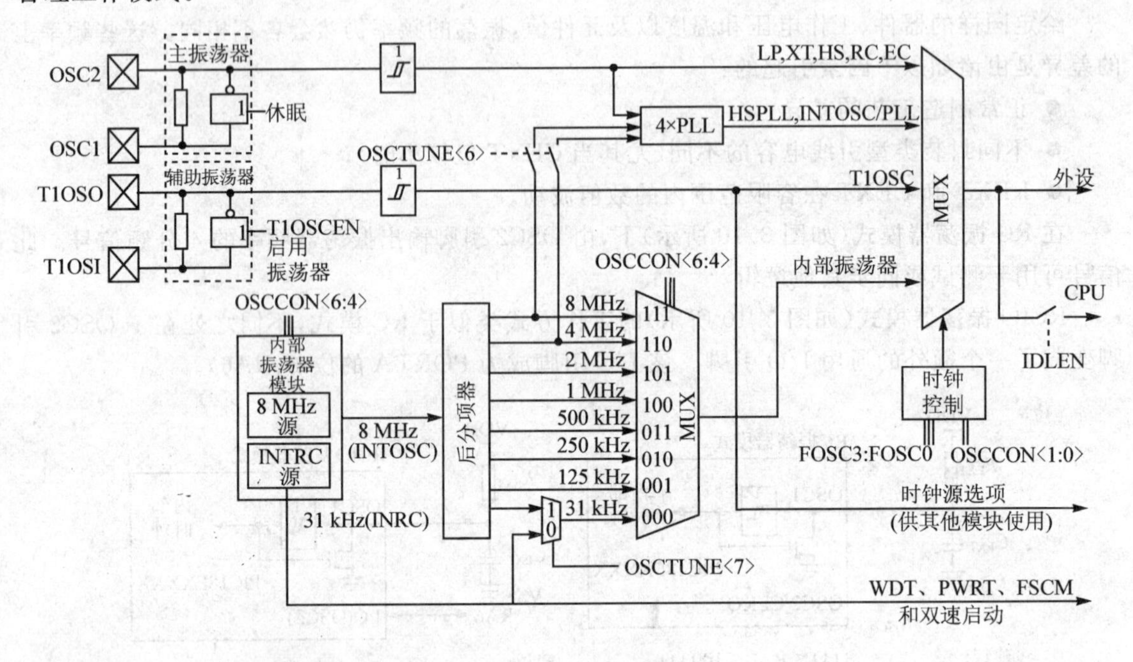

图 3.11 时钟框图

基本上，这些器件都有3种时钟源：

- 主振荡器；
- 辅助振荡器；
- 内部振荡器模块。

主振荡器包括外部晶振和谐振器模式、外部RC模式、外部时钟模式和内部振荡器模块。特定的模式由FOSC3：FOSC0控制位定义。

辅助振荡器是不与OSC1或OSC2引脚连接的外部时钟源，即使在控制器处于功耗管理模式时这些时钟源仍可继续工作。

PIC18F4620器件将Timer1振荡器作为辅助振荡器。此振荡器（在所有功耗管理模式中）通常是实时时钟等功能模块的时基。大部分情况下，在RC0/T1OSO/T13CKI和RC1/T1OSI引脚之间接有一个32.768 kHz的时钟晶振。与LP模式振荡器电路类似，在每个引脚与地之间均接有负载电容。

除了作为主时钟源之外，内部振荡器模块还可以作为功耗管理模式的时钟源。INTRC源也可作为几种特殊功能部件（例如，WDT和故障保护时钟监视器）的时钟源。

当选定了PRI_IDLE模式后，指定的主振荡器会继续运行而不中断。对于所有其他功耗管理模式，使用OSC1引脚的振荡器会被禁止，OSC1引脚（以及由振荡器使用的OSC2引脚）

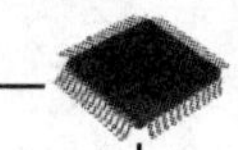

将会停止振荡。

在辅助时钟模式下(SEC_RUN 和 SEC_IDLE),Timer1 振荡器作为器件时钟源工作。如果需要,Timer1 振荡器也可以运行在所有功耗管理模式下,为 Timer1 或 Timer3 提供时钟。在内部振荡器模式下(RC_RUN 和 RC_IDLE),由内部振荡器模块提供器件时钟。

无论是哪种功耗管理模式,31 kHz 的 INTRC 输出均可被直接用来提供时钟并且可被启用来支持多种特殊的功能部件。8 MHz 的 INTOSC 输出可以直接用于为器件提供时钟,或者也可先由后分频器进行分频再用做器件时钟。如果直接由 INTRC 输出提供时钟,则会禁止 INTOSC 输出。

如果选择了休眠模式,所有时钟源都会被停止。因为休眠模式切断了所有晶体管的开启电流,休眠模式能实现最小的器件电流消耗(仅泄漏电流)。

在休眠期间启用任何片上功能都将增加休眠时的电流消耗。要支持 WDT 工作,需要启用 INTRC。Timer1 振荡器可以用来为实时时钟提供时钟源,不需要器件时钟源的其他功能部件也可以工作,即 SSP 从器件、PSP、INT*n* 引脚和其他等。

PIC18F4620 总共提供 7 种工作模式,可以更有效地进行功耗管理。这些工作模式提供了多种选择,可在资源受限的应用(即电池供电的设备)中节省功耗。功耗管理模式有 3 种类别:

- 运行模式;
- 空闲模式;
- 休眠模式。

这些类别定义了需要为器件的哪些部分提供时钟源,有时还需要定义时钟源的速度。运行和空闲模式可以使用 3 种时钟源(主时钟源、辅助时钟源或内部振荡器模块)中的任意一种,而休眠模式则不能使用时钟源。

功耗管理模式包括几个由早期的 PIC 提供的节省功耗的功能,其中之一就是其他 PIC18 也提供的时钟切换功能,该功能允许使用 Timer1 振荡器代替主振荡器。节省功耗的功能还包括所有 PIC 器件都提供的休眠模式,所有器件的时钟都在休眠模式下停止。

PIC18F4620 复位电路如图 3.12 所示,它包括以下几种不同的复位方式:

- 上电复位(POR);
- 正常工作状态下的 MCLR 复位;
- 功耗管理模式下的 MCLR 复位;
- 看门狗定时器(WDT)复位(执行程序期间);
- 可编程欠压复位(BOR);
- RESET 指令;
- 堆栈满复位;
- 堆栈下溢复位。

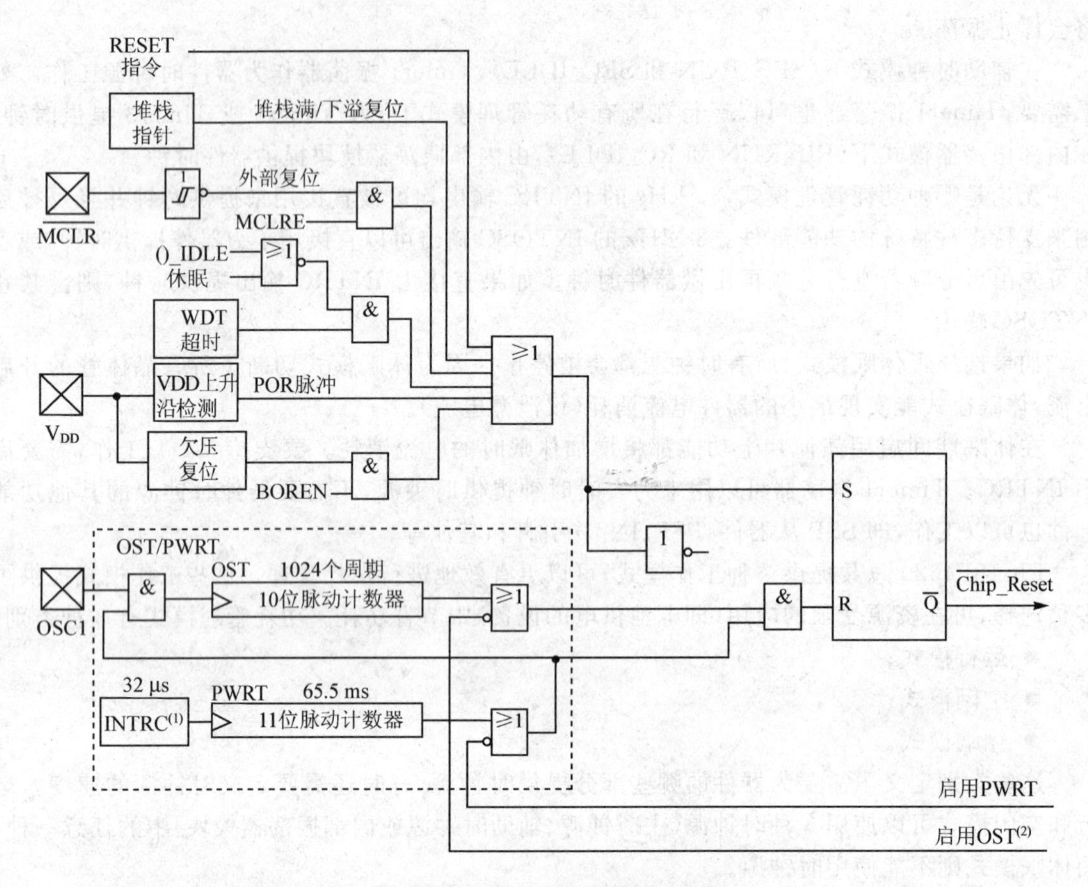

图 3.12 片上复位电路的简化框图

3.6 PIC18F4620 单片机存储空间

PIC18 增强型单片机器件有 3 种类型的存储器：

- 程序存储器；
- 数据 RAM；
- 数据 E^2PROM。

在哈佛结构的器件中，数据和程序存储器使用不同的总线，因而可同时访问这两种存储器空间。出于实用目的，可将数据 EEPROM 当做外设器件，因为它可以通过一组控制寄存器进行寻址和访问。

PIC18 单片机具有 21 位程序计数器，可以对 2 MB 的程序存储器空间（如图 3.13 所示）进行寻址。访问存储器物理地址上边界和这个 2 MB 地址之间的存储单元会返回全 0（NOP

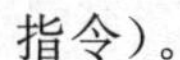

指令）。

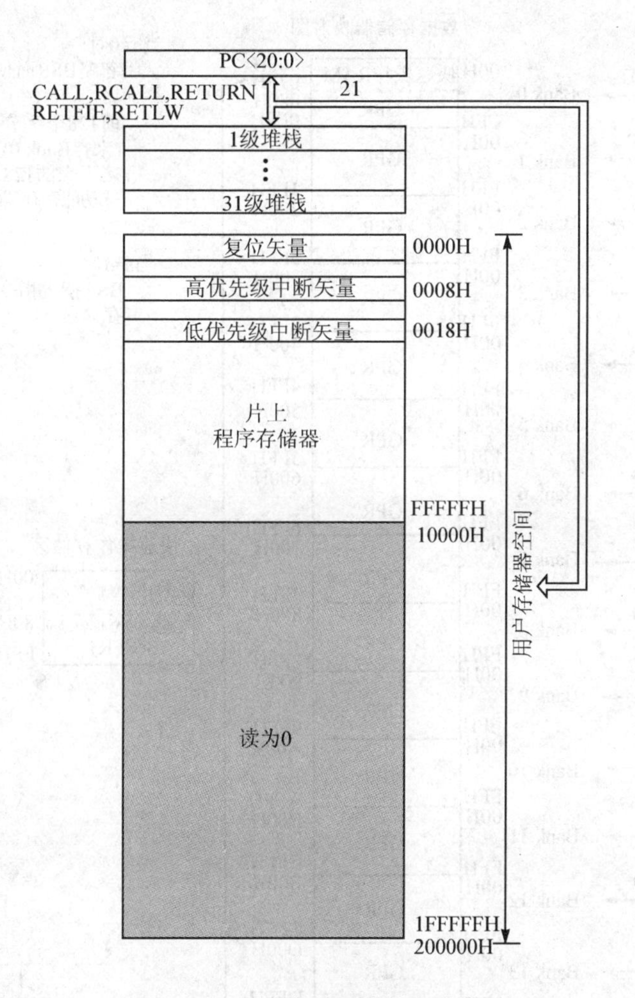

图 3.13　程序存储器映射和堆栈

PIC18F4620 有 64 KB 的闪存存储器并且可以存储最多 32 768 条单字指令。

PIC18 器件有两个中断矢量：复位矢量地址为 0000H，中断矢量地址为 0008H 和 0018H。

PIC18 中的数据存储器（如图 3.14 所示）是用静态 RAM 实现的。每个数据存储器有 12 位地址，可存储数据达 4 096 个字节。存储器空间被分为 16 个存储区，每个存储区包含 256 个字节。PIC18F4620 器件用到所有 16 个存储区。

数据存储器由特殊功能寄存器（SFR，Special Function Register）和通用寄存器（GPR，General Purpose Register）组成。SFR 用于单片机和外设功能模块的控制和状态显示，GPR 则用于用户应用程序存储数据和临时存储操作的中间结果。任何未用单元均读为 0。

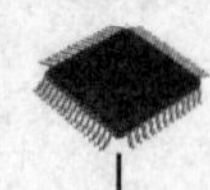

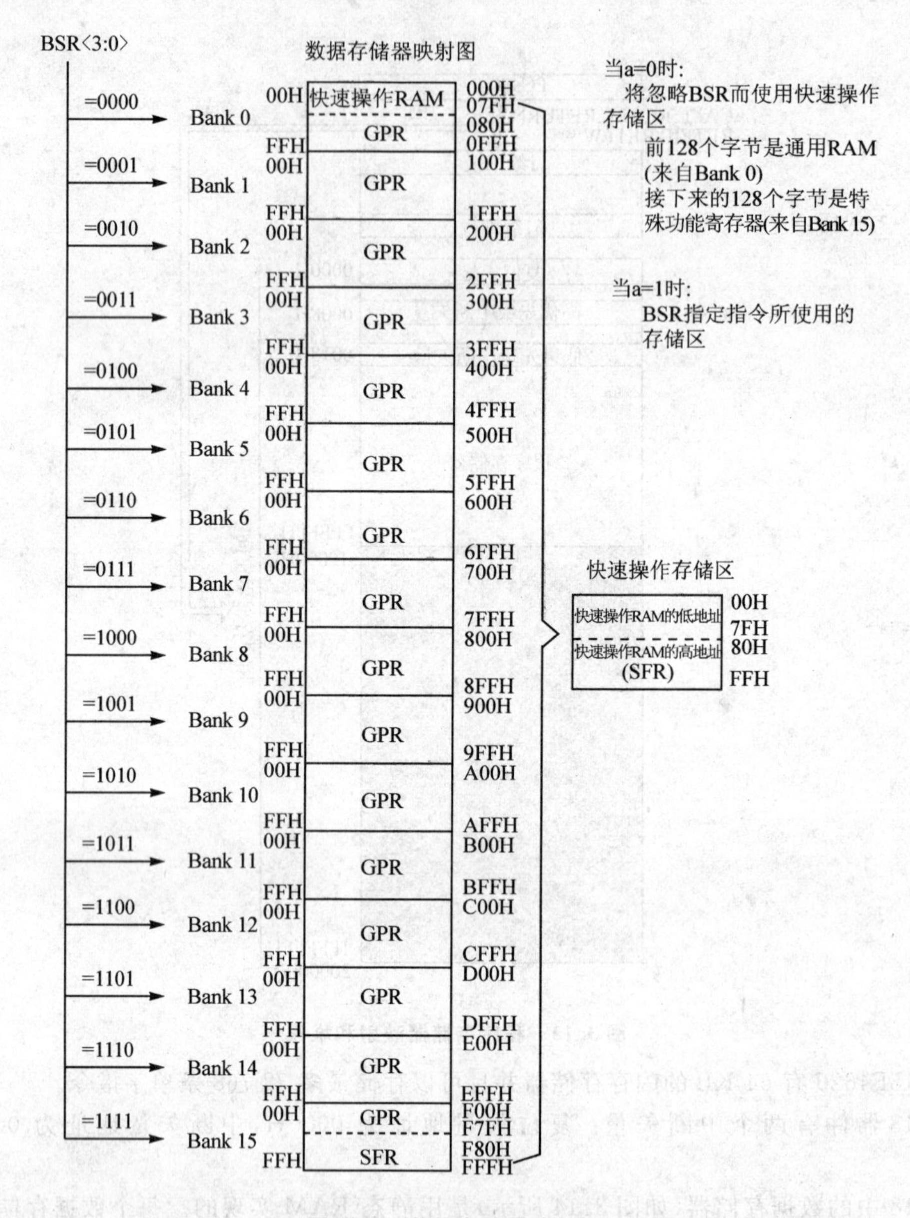

图 3.14 数据存储器映射图

这样的指令集和结构支持跨存储区的操作，可以通过直接、间接或变址寻址模式访问整个数据存储器。

为确保能在一个周期存取常用寄存器(SFR 和所选的 GPR)，PIC18 器件设置了一个快速操作存储区。该存取区是一个 256 字节的存储器空间，它可实现对 SFR 和 GPR Bank 0 的低

地址单元的快速存取，而无须使用 BSR。

正常工作状态下，闪存程序存储器在整个 VDD 范围内都是可读写、可擦除的。

读程序存储器时，每次为一个字节。写程序存储器时，每次为一个 64 字节的块。擦除程序存储器时，也是每次一个 64 字节的块。用户代码不能执行批量擦除操作。

在擦写程序存储器时，系统会停止取指令直到操作完成。擦写期间不能访问该程序存储器，所以也就无法执行代码。可用内部编程定时器来中止程序存储器的擦写操作。

写入程序存储器的值不一定非要是有效指令。执行存储无效指令的程序存储器单元会导致执行 NOP。

数据 E^2PROM 是非易失性的存储器阵列，独立于数据 RAM 和程序存储器，用于程序数据的长期存储。它并不直接映射到寄存器文件或程序存储器空间，而是通过特殊功能寄存器(SFR)来间接寻址。在整个 VDD 范围内的正常运行期间，E^2PROM 是可读写的。

有 5 个 SFR 用于读写数据 EEPROM 和程序存储器：

- E^2CON1；
- E^2CON2；
- E^2DATA；
- E^2ADR；
- E^2ADRH。

数据 E^2PROM 允许以字节为单位读写。当与数据存储器模块接口时，E^2DATA 存放 8 位读写数据，而 E^2ADRH：E^2ADR 寄存器对存放被访问的 E^2PROM 存储单元的地址。

E^2PROM 数据存储器具有高耐擦写次数。字节写操作会自动擦除目标存储单元并写入新数据(在写入前擦除)。写入时间由片上定时器控制，其值根据电压、温度和不同的芯片而不同。

3.7　PIC18F4620 单片机 8×8 硬件乘法器

所有 PIC18 器件均包含一个 8×8 硬件乘法器(是 ALU 的一部分)。该乘法器可执行无符号运算并产生一个 16 位运算结果。该结果存储在一对乘积寄存器 PRODH：PRODL 中。该乘法器执行的运算不会影响状态寄存器中的任何标志。

通过硬件执行乘法运算只需要一个指令周期。硬件乘法器具有更高的计算吞吐量并减少了乘法算法的代码长度，从而可在许多先前仅能使用数字信号处理器的应用中使用 PIC18 器件。表 3.2 给出了硬件和软件乘法运算的比较，包括所需存储器的空间和执行时间。

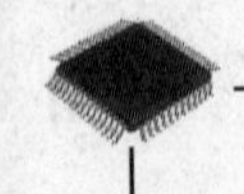

表3.2 各种乘法运算的性能比较

程 序	乘法实现方法	程序存储器/字	周期数(最多)	时 间		
				40 MHz 时/μs	10 MHz 时/μs	4 MHz 时/μs
8×8 无符号	无硬件乘法	13	69	6.9	27.6	69
	硬件乘法	1	1	100	400	1
8×8 有符号	无硬件乘法	33	91	9.1	36.4	91
	硬件乘法	6	6	600	2.4	6
16×16 无符号	无硬件乘法	21	242	24.2	96.8	242
	硬件乘法	28	28	2.8	11.2	28
16×16 有符号	无硬件乘法	52	254	25.4	102.6	254
	硬件乘法	35	40	4.0	16.0	40

图3.15中例1给出了一个8×8无符号乘法运算的指令序列。当已在WREG寄存器中装入了一个乘数时,实现该运算仅需一条指令。图3.15中例2给出了一个8×8有符号乘法运算的指令序列。要弄清乘数的符号位,必须检查每个乘数的最高有效位(MSb),并做相应的减法。

例1:8×8无符号乘法程序

```
MOVF    ARG1, W     ;
MULWF   ARG2        ; ARG1 * ARG2 ->
                    ; ARODH:PRODL
```

例2:8×8有符号乘法程序

```
MOVF    ARG1, W
MULWF   ARG2        ; ARG1 * ARG2 ->
                    ; PRODH:PRODL
BTFSC   ARG2, SB    ; 测试符号位
SUBWF   PRODH, F    ; PRODH = PRODH
                    ;         - ARG1
MOVF    ARG2, W
BTFSC   ARG1, SB    ; 测试符号位
SUBWF   PRODH, F    ; PRODH = PRODH
                    ;         - ARG2
```

图3.15 8×8乘法运算例子

第 4 章

I/O 端口

本章介绍 PIC18F4620 普通 I/O 口，分别介绍了 PORTA、PORTB、PORTC、PORTD 口和从动端口 PSP，从理论开始，最后通过对 PORTA 的控制，完成 LED 实验；对 PORTD 的操作，完成键盘实验。

4.1 PIC18F4620 单片机 I/O 端口

PIC18F4620 的 I/O 端口（如图 4.1 所示）的一些引脚可与器件上的外设功能复用。一般来说，当外设被启用时，其对应的引脚就不能被用做通用 I/O 引脚。

每个 I/O 端口都有 3 个工作寄存器，分别是：

- TRIS 寄存器（数据方向寄存器）；
- PORT 寄存器（读取器件引脚的电平）；
- LAT 寄存器（输出锁存器）。

在对 I/O 引脚驱动值进行读-修改-写操作时会用到 LAT 寄存器。

每个 I/O 端口必须通过相应的设置后才能够工作。TRIS 寄存器用来指定端口的输入/输出方向，PORT 寄存器用于输入/输出数据，LAT 寄存器用于对 I/O 引脚进行读入-修改-写入操作。

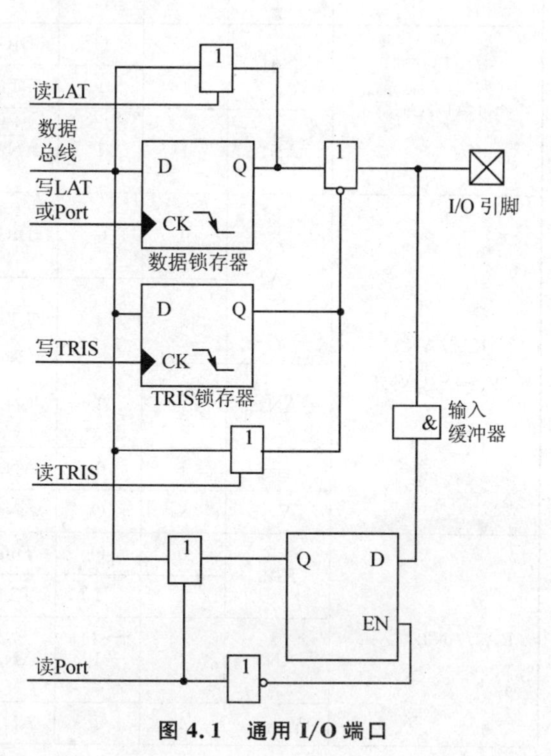

图 4.1 通用 I/O 端口

4.2　I/O端口A(PORTA)

PIC18F4620的I/O端口A(PORTA)是一个8位宽的双向端口，对应的数据方向寄存器是TRISA。将TRISA某位置1(=1)时，会将PORTA的相应引脚设为输入(即使相应的输出驱动器呈高阻状态)；将TRISA某位清零(=0)时，会将PORTA的相应引脚设为输出(即将输出锁存器中的内容置于选中引脚)。

PIC18F4620的I/O端口A功能和设置如表4.1所列。

表4.1　端口A功能

引　脚	功　能	TRIS设置	I/O	I/O类型	说　明
RA0/AN0	RA0	0	O	DIG	LATA〈0〉数据输出：不受模拟输入影响
		1	I	TTL	PORTA〈0〉数据输入：当启用模拟输入时被禁止
	AN0	1	I	ANA	A/D输入通道0和比较器C1－输入。POR时的默认输入配置：不影响数字输出
RA1/AN1	RA1	0	O	DIG	LATA〈1〉数据输出：不受模拟输入影响
		1	I	TTL	PORTA〈1〉数据输入：当启用模拟输入时被禁止
	AN1	1	I	ANA	A/D输入通道1和比较器C2－输入。POR时的默认输入配置：不影响数字输出
RA2/AN2/V_{REF}－/CV_{REF}	RA2	0	O	DIG	LATA〈2〉数据输出：不受模拟输入影响。当启用CV_{REF}输出时被禁止
		1	I	TTL	PORTA〈2〉数据输入：当启用模拟输入时被禁止；当启用CV_{REF}输出时被禁止
	AN2	1	I	ANA	A/D输入通道2和比较器C2＋输入。POR时的默认输入配置：不影响数字输出
	V_{REF-}	1	I	ANA	A/D和比较器低参考电压输入
	CV_{REF}	x	O	ANA	比较器参考电压输出：启用该功能将禁止数字I/O
RA3/AN3/V_{REF+}	RA3	0	O	DIG	LATA〈3〉数据输出：不受模拟输入影响
		1	I	TTL	PORTA〈3〉数据输入：当启用模拟输入时被禁止
	AN3	1	I	ANA	A/D输入通道3和比较器C1＋输入。POR时的默认输入配置
	V_{REF+}	1	I	ANA	A/D和比较器高参考电压输入

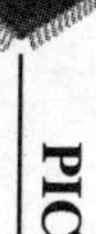

续表 4.1

引　脚	功　能	TRIS 设置	I/O	I/O 类型	说　明
RA4/T0CK1/C1OUT	RA4	0	O	DIG	LATA〈4〉数据输出
		1	I	ST	PORTA〈4〉数据输入：POR 时的默认配置
	T0CKI	1	I	ST	Timer0 的时钟输入
	C1OUT	0	O	DIG	比较器 1 的输出：优先于端口数据
RA5/AN4/$\overline{SS}$/HLVDIN/C2OUT	RA5	0	O	DIG	LATA〈5〉数据输出：不受模拟输入影响
		1	I	TTL	PORTA〈5〉数据输入：当启用模拟输入时被禁止
	AN4	1	I	ANA	A/D 输入通道 4：POR 时的默认配置
	$\overline{SS}$	1	I	TTL	SSP 的从动选择输入(MSSP 模块)
	HLVDIN	1	I	ANA	高/低压检测外部跳变点输入
	C2OUT	0	O	DIG	比较器 2 的输出；优先于端口数据
OSC2/CLKO/RA6	RA6	0	O	DIG	LATA〈6〉数据输出：仅在 RCIO、INTIO2 和 ECIO 模式下启用
		1	I	TTL	PORTA〈6〉数据输入：仅在 RCI、INTIO2 和 ECIO 模式下启用
	OSC2	x	O	ANA	主振荡器反馈输出连接(XT、HS 和 LP 模式)
	CLKO	x	O	DIG	RC、INTIO1 和 EC 振荡器模式下的系统周期时钟输出($f_{OSC}/4$)
OSC1/CLKI/RA7	RA7	0	O	DIG	LATA〈7〉数据输出。在外部振荡器模式下被禁止
		1	I	TTL	PORTA〈7〉数据输入。在外部振荡器模式下被禁止
	OSC1	x	I	ANA	主振荡器输入连接
	CLKI	x	I	ANA	主时钟输入连接

读 PORTA 寄存器将读出相应引脚的状态，而对其进行写操作则是将数据写入端口锁存器。

数据锁存器(LATA)也是存储器映射的。对 LATA 寄存器执行读-修改-写操作将读写 PORTA 的输出锁存值。RA4 引脚与 Timer0 模块的时钟输入以及比较器输出之一复用，成为 RA4/T0CKI/C1OUT 引脚。RA6 和 RA7 引脚与主振荡器引脚复用，通过在配置寄存器中对主振荡器进行配置可将这两个引脚启用为振荡器或 I/O 引脚。当没被用做端口引脚时，RA6 和 RA7 及其相关的 TRIS 和 LAT 位均读为 0。

其他 PORTA 引脚与模拟输入、模拟 VREF+ 和 VREF－输入以及比较器参考电压输出复用。通过将 ADCON1 寄存器(A/D 控制寄存器 1)中的控制位清零或置 1，可将 RA3：RA0

和RA5引脚选做A/D转换器输入引脚。

通过在CMCON寄存器中设置相应的位还可以将RA0～RA5引脚用做比较器输入或输出。要将RA3：RA0用做数字输入，还必须关闭比较器。

在上电复位时，RA5和RA3：RA0被配置为模拟输入并读为0；RA4则被配置为数字输入。

RA4/T0CKI/C1OUT引脚是施密特触发器输入，而所有其他PORTA引脚都是TTL电平输入和全CMOS驱动输出。

TRISA寄存器控制着PORTA引脚的方向，即使它们被用做模拟输入。当引脚用于模拟输入时，用户必须确保TRISA寄存器中相应的位保持置1。

端口A寄存器的配置如表4.2所列。

表4.2 端口A寄存器的配置

名　称	位7	位6	位5	位4	位3	位2	位1	位0	复位值所在页
PORTA	RA7	RA6	RA5	RA4	RA3	RA2	RA1	RA0	52
LATA	LATA7	LATA6	POPRT数据锁存寄存器(读和写数据锁存器)						52
TRISA	TRISA7	TRISA6	POPRT数据方向控制寄存器						
ADCON1	—	—	VCFG1	VCFG0	PCFG3	PCFG2	PCFG1	PCFG0	51
CMCON	C2OUT	C1OUT	C2INV	C1INV	CIS	CM2	CM1	CM0	51
CVRCON	CVREN	CVROE	CVRR	CVRSS	CVR3	CVR2	CVR1	CVR0	51

4.3 I/O端口B(PORTB)

PORTB是一个8位宽的双向端口，对应的数据方向寄存器是TRISB。将TRISB某位置1(=1)时，会将PORTB的相应引脚设为输入(即使相应的输出驱动器呈高阻状态)；将TRISB某位清零(=0)时，会将PORTB的相应引脚设为输出(即将输出锁存器中的内容置于选中引脚)。端口B的功能及设置如表4.3所列。

数据锁存器(LATB)也是存储器映射的。对LATB寄存器执行读-修改-写操作将读写PORTB的输出锁存值。

每个PORTB引脚都具有内部弱上拉电路。一个控制位即可接通所有上拉电路。这是通过清零$\overline{\text{RBPU}}$位(INTCON2⟨7⟩)实现的。当端口引脚被配置为输出时，其弱上拉电路会自动切断。上电复位会禁止弱上拉电路。

上电复位时，默认情况下RB4：RB0被配置为模拟输入且读为0；RB7：RB5则被配置为

数字输入。通过对配置位 PBADEN 进行编程，RB4：RB0 可在 POR 时被配置为数字输入。

PORTB 的 4 个引脚(RB7：RB4)具有电平变化中断功能。仅当将这些引脚配置为输入时，才可使用此中断功能(即当 RB7：RB4 中的任何一个引脚被配置为输出时，该引脚将不再具有电平变化中断功能)。将输入引脚(RB7：RB4)上的输入电平与 PORTB 上次读入锁存器的旧值进行比较，对 RB7：RB4 上的“不匹配”输出进行或运算，产生 RB 端口电平变化中断并将标志位 RBIF(INTCON〈0〉)置 1。

表 4.3 端口 B 的功能

引 脚	功 能	TRIS设置	I/O	I/O类型	说 明
RB0/INT0/FLT0/AN12	RB0	0	O	DIG	LATB〈0〉数据输出：不受模拟输入影响
		1	I	TTL	PORTB〈0〉数据输入：当$\overline{RBPU}$位清零时启用弱上拉。当启用模拟输入时被禁止
	INT0	1	I	ST	外部中断 0 输入
	FLT0	1	I	ST	增强型 PWM 故障输入(ECCP1 模块)；通过软件启用
	AN12	1	I	ANA	A/D 输入通道 12
RB1/INT1/AN10	RB1	0	O	DIG	LATB〈1〉数据输出：不受模拟输入影响
		1	I	TTL	PORTB〈1〉数据输入：当$\overline{RBPU}$位清零时启用弱上拉。当启用模拟输入时被禁止
	INT1	1	I	ST	外部中断 1 输入
	AN10	1	I	ANA	A/D 输入通道 10
	AN12	1	I	ANA	A/D 输入通道 12
RB2/INT2/AN8	RB2	0	O	DIG	LATB〈2〉数据输出：不受模拟输入影响
		1	I	TTL	PORTB〈2〉数据输入：当$\overline{RBPU}$位清零时启用弱上拉。当启用模拟输入时被禁止
	INT2	1	I	ST	外部中断 2 输入
	AN8	1	I	ANA	A/D 输入通道 8
RB3/AN9/CCP2	RB3	0	O	DIG	LATB〈3〉数据输出：不受模拟输入影响
		1	I	TTL	PORTB〈3〉数据输入：当$\overline{RBPU}$位清零时启用弱上拉。当启用模拟输入时被禁止
	AN9	1	I	ANA	A/D 输入通道 9
	CCP2	0	O	DIG	CCP2 比较输出和 PWM 输出
		1	I	ST	CCP2 捕捉输入

续表 4.3

引 脚	功 能	TRIS设置	I/O	I/O类型	说 明
RB4/KBI0/AN11	RB4	0	O	DIG	LATB⟨4⟩数据输出：不受模拟输入影响
		1	I	TTL	PORTB⟨4⟩数据输入：当$\overline{RBPU}$位清零时启用弱上拉。当启用模拟输入时被禁止
	KBI0	1	I	TTL	引脚电平变化中断
	AN11	1	I	ANA	A/D输入通道11
RB5/KBI1/PGM	RB5	0	O	DIG	LATB⟨5⟩数据输出
		1	I	TTL	PORTB⟨5⟩数据输入：当$\overline{RBPU}$位清零时启用弱上拉
	KBI1	1	I	TTL	引脚电平变化中断
	PGM	x	I	ST	单电源供电编程模式选择(ICSP™)。由LVP配置位启用；所有其他引脚功能被禁止
RB6/KBI2/PGC	RB6	0	O	DIG	LATB⟨6⟩数据输出
		1	I	TTL	PORTB⟨6⟩数据输入：当$\overline{RBPU}$位清零时启用弱上拉
	KBI2	1	I	TTL	引脚电平变化中断
	PGC	x	I	ST	供ICSP和ICD工作使用的串行执行(ICSP™)时钟输入
RB7/KBI3/PGD	RB7	0	O	DIG	LATB⟨7⟩数据输出
		1	I	TTL	PORTB⟨7⟩数据输入：当$\overline{RBPU}$位清零时启用弱上拉
	KBI3	1	I	TTL	引脚电平变化中断
	PGD	x	O	DIG	供ICSP和ICD工作使用的串行执行数据输出
		x	I	ST	供ICSP和ICD工作使用的串行执行数据输入

该中断可将器件从休眠模式或任何空闲模式中唤醒。用户可用以下方式在中断服务程序中清除该中断：

- 读或写PORTB(MOVFF(ANY)和PORTB指令除外)；
- 将标志位RBIF清零。

不匹配条件将继续把标志位RBIF置1。读PORTB将结束不匹配条件并允许将标志位RBIF清零。建议使用电平变化中断功能实现按键唤醒操作以及PORTB仅用于电平变化中断功能的操作。在使用电平变化中断功能时，建议不要查询PORTB的状态。RB3可由控制位CCP2MX配置为CCP2模块(CCP2MX＝0)的备用外设引脚。端口B寄存器的配置如表4.4所示。

表 4.4 端口 B 寄存器配置

名 称	位 7	位 6	位 5	位 4	位 3	位 2	位 1	位 0	复位值所在页
PORTB	RB7	RB6	RB5	RB4	RB3	RB2	RB1	RB0	52
LATB	POPTB 数据锁存寄存器(读和写数据锁存器)								52
TRISB	PORTB 数据方向控制寄存器								52
INTCON	GIE/GIEH	PEIE/GIEL	TMROIE	INTOIE	RBIE	IMROIF	INTOIF	RBIF	49
INTCON2	$\overline{\text{RBPU}}$	INTEDG0	INTEDG1	INTEDG2	—	TMROIP	—	RBIP	49
INTCON3	INT2IP	INT1IP	—	INT2IE	INT1IE	—	INT2IF	INT1IF	49
ADCON1	—	—	VCFG1	VCFG0	PCFG3	PCFG2	PCFG1	PCFG0	51

4.4 I/O 端口 C(PORTC)

PORTC 是一个 8 位宽的双向端口,对应的数据方向寄存器是 TRISC。将 TRISC 某位置 1(=1)时,会将 PORTC 的相应引脚设为输入(即使相应的输出驱动器呈高阻状态);将 TRISC 某位清零(=0)时,会将 PORTC 的相应引脚设为输出(即将输出锁存器中的内容置于选中引脚)。端口 C 的功能及设置如表 4.5 所列。

表 4.5 端口 C 的功能

引 脚	功 能	TRIS 设置	I/O	I/O 类型	说 明
RC0/T1OSO/T13CKI	RC0	0	O	DIG	LATC⟨0⟩数据输出
		1	I	ST	PORTC⟨0⟩数据输入
	T1OSO	x	I	ANA	Timer1 振荡器输出:当启用 Timer1 振荡器时按启用。禁止数字 I/O
	T13CKI	1	I	ST	Timer1/Timer3 计数器输入
RC1/T1OSI/CCP2	RC1	0	O	DIG	LATC⟨1⟩数据输出
		1	I	ST	PORTC⟨1⟩数据输入
	T1OSI	x	I	ANA	Timer1 振荡器输入:当启用 Timer1 振荡器时按启用。禁止数字 I/O
	CCP2	0	O	DIG	CCP2 比较输出和 PWM 输出:优先于端口数据
		1	I	ST	CCP2 捕捉输入

续表 4.5

引　脚	功　能	TRIS 设置	I/O	I/O 类型	说　明
RC2/CCP1/P1A	RC2	0	O	DIG	LATC〈2〉数据输出
		1	I	ST	PORTC〈2〉数据输入
	CCP1	0	O	DIG	ECCP1 比较输出或 PWM 输出：优先于端口数据
		1	I	ST	ECCP1 捕捉输入
	P1A	0	O	DIG	ECCP1 增强型 PWM 输出，通道 A。可能在增强型 PWM 关闭事件时被配置为三态。优先于端口数据
RC3/SCK/SCL	RC3	0	O	DIG	LATC〈3〉数据输出
		1	I	ST	PORTC〈3〉数据输入
	SCK	0	O	DIG	SPI 时钟输出(MSSP 模块)：优先于端口数据
		1	I	ST	SPI 时钟输入(MSSP 模块)
	SCL	0	O	DIG	I^2C^{TM} 时钟输出(MSSP 模块)：优先于端口数据
		1	I	I^2C/SMB	I^2C 时钟输入(MSSP 模块)；输入类型取决于模块设置
RC4/SDI/SDA	RC4	0	O	DIG	LATC〈4〉数据输出
		1	I	ST	PORTC〈4〉数据输入
	SDI	1	I	ST	SPI 数据输出(MSSP 模块)
	SDA	1	O	DIG	I^2C 数据输出(MSSP 模块)：优先于端口数据
		1	I	I^2C/SMB	I^2C 数据输和主(MSSP 模块)：输入类型取决于模块设置
RC5/SDO	RC5	0	O	DIG	LATC〈5〉数据输出
		1	I	ST	PORTC〈5〉数据输入
	SDO	0	O	DIG	SPI 数据输出(MSSP 模块)：优先于端口数据
RC6/TX/CK	RC6	0	O	DIG	LATC〈6〉数据输出
		1	I	ST	PORTC〈6〉数据输入
	TX	1	O	DIG	异步串行发送数据输出(USART 模块)：优先于端口数据。用户必须将其配置为输出
	CK	1	O	DIG	同步串行时钟输出(USART 模块)：优先于端口数据
		1	I	ST	同步串行时钟输入(USART 模块)
RC7/RX/DT	RC7	0	O	DIG	LATC〈7〉数据输出
		1	I	ST	PORTC〈7〉数据输入
	RX	1	O	ST	异步串行接收数据输入(USART 模块)
	DT	1	O	DIG	同步串行数据输出(USART 模块)：优先于端口数据
		1	I	ST	同步串行数据输入(USART 模块)。用户必须将其配置为输入

数据锁存器(LATC)也是存储器映射的。对 LATC 寄存器执行读-修改-写操作将读写 PORTC 的输出锁存值。

PORTC 与几种外设功能复用。这些引脚配有施密特触发输入缓冲器。RC1 一般由配置位 CCP2MX 配置为 CCP2 模块的默认外设引脚(默认/擦除状态,CCP2MX=1)。

启用外设功能时,应小心定义每个 PORTC 引脚的 TRIS 位。有些外设会无视 TRIS 位的设置,将引脚定义为输出引脚或输入引脚。上电复位时,这些引脚被配置为数字输入。

外设对引脚的改写会影响 TRISC 寄存器的内容。尽管如此,读 TRISC 总是会返回其当前的内容。端口 C 寄存器的配置如表 4.6 所列。

表 4.6　端口 C 寄存器的配置

名　称	位 7	位 6	位 5	位 4	位 3	位 2	位 1	位 0	复位值所在页
PORTC	RC7	RC6	RC5	RC4	RC3	RC2	RC1	RC0	52
LATC	PORTC 数据锁存寄存器(读和写数据锁存器)								52
TRISC	PORTC 数据方向控制寄存器								52

4.5　I/O 端口 D(PORTD)

PORTD 是一个 8 位宽的双向端口,对应的数据方向寄存器是 TRISD。将 TRISD 某位置 1 (=1)时,会将 PORTD 的相应引脚设为输入(即,使相应的输出驱动器呈高阻状态)。将 TRISD 某位清零(=0)时,会将 PORTD 的相应引脚设为输出(即将输出锁存器中的内容置于选中引脚)。端口 D 功能及设置如表 4.7 所列。

表 4.7　端口 D 的功能

引　脚	功　能	TRIS 设置	I/O	I/O 类型	说　明
RD0/PSP0	RD0	0	O	DIG	LATC〈0〉数据输出
		1	I	ST	PORTC〈0〉数据输入
	PSP0	x	O	DIG	PSP 读数据输出(LATD〈0〉):优先于端口数据
		x	I	TTL	PSP 写数据输入
RD1/PSP1	RD1	0	O	DIG	LATC〈1〉数据输出
		1	I	ST	PORTC〈1〉数据输入
	PSP1	x	O	DIG	PSP 读数据输出(LATD〈1〉):优先于端口数据
		x	I	TTL	PSP 写数据输入

续表 4.7

引 脚	功 能	TRIS设置	I/O	I/O类型	说 明
RD2/PSP2	RD2	0	O	DIG	LATC〈2〉数据输出
		1	I	ST	PORTC〈2〉数据输入
	PSP2	x	O	DIG	PSP 读数据输出(LATD〈2〉)：优先于端口数据
		x	I	TTL	PSP 写数据输入
RD3/PSP3	RD3	0	O	DIG	LATC〈3〉数据输出
		1	I	ST	PORTC〈3〉数据输入
	PSP3	x	O	DIG	PSP 读数据输出(LATD〈3〉)：优先于端口数据
		x	I	TTL	PSP 写数据输入
RD4/PSP4	RD4	0	O	DIG	LATC〈4〉数据输出
		1	I	ST	PORTC〈4〉数据输入
	PSP4	x	O	DIG	PSP 读数据输出(LATD〈4〉)：优先于端口数据
		x	I	TTL	PSP 写数据输入
RD5/PSP5/P1B	RD5	0	O	DIG	LATC〈5〉数据输出
		1	I	ST	PORTC〈5〉数据输入
	PSP5	x	O	DIG	PSP 读数据输出(LATD〈5〉)：优先于端口数据
		x	I	TTL	PSP 写数据输入
	P1B	0	O	DIG	ECCP1 增强型 PWM 输出，通道 B：优先于端口数据和 PSP 数据。可能在增强型 PWM 关闭事件时被配置三态
RD6/PSP6/P1C	RD6	0	O	DIG	LATC〈6〉数据输出
		1	I	ST	PORTC〈6〉数据输入
	PSP6	x	O	DIG	PSP 读数据输出(LATD〈6〉)：优先于端口数据
		x	I	TTL	PSP 写数据输入
	P1C	0	O	DIG	ECCP1 增强型 PWM 输出，通道 C：优先于端口数据和 PSP 数据，可能在增强型 PWM 关闭事件时被配置三态
RD7/PSP7/P1D	RD7	0	O	DIG	LATC〈7〉数据输出
		1	I	ST	PORTC〈7〉数据输入
	PSP7	x	O	DIG	PSP 读数据输出(LATD〈7〉)：优先于端口数据
		x	I	TTL	PSP 写数据输入
	P1D	0	O	DIG	ECCP1 增强型 PWM 输出，通道 D：优先于端口数据和 PSP 数据。可能在增强型 PWM 关闭事件时被配置三态

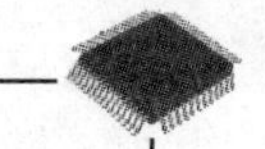

数据锁存器(LATD)也是存储器映射的。对 LATD 寄存器执行读-修改-写操作将读写 PORTD 的输出锁存值。

PORTD 上的所有引脚都配有施密特触发输入缓冲器,每个引脚都可被单独配置为输入或输出。PORTD 的 3 个引脚与增强型 CCP 模块的 P1B、P1C 和 P1D 输出复用。上电复位时,这些引脚被配置为数字输入。

还可通过将控制位 PSPMODE (TRISE⟨4⟩)置 1,将 PORTD 配置为 8 位宽的微处理器端口(并行从动端口)。在此模式下,输入缓冲器是 TTL。

当增强型 PWM 模式使用双输出或四输出时,PORTD 的 PSP 功能被自动禁止。端口 D 寄存器的配置如表 4.8 所列。

表 4.8 端口 D 寄存器的配置

名 称	位 7	位 6	位 5	位 4	位 3	位 2	位 1	位 0	复位值所在页
PORTD	RD7	RD6	RD5	RD4	RD3	RD2	RD1	RD0	52
LATD	PORTD 数据锁存寄存器(读和写数据锁存器)								52
TRISD	PORTD 数据方向控制寄存器								52
TRISE	IBF	OBF	IBOV	PSPMODE	—	TRISE2	TRISE1	TRISE0	52
CCP1CON	P1M1	P1M0	DC1B1	DC1B0	CCP1M3	CCP1M2	CCP1M1	CCP1M0	51

4.6 I/O 端口 E(PORTE)

PORTE 是 4 位宽的端口。3 个引脚(RE0/$\overline{RD}$/AN5、RE1/$\overline{WR}$/AN6 和 RE2/$\overline{CS}$/AN7)可被单独配置为输入或输出。这些引脚配有施密特触发输入缓冲器。当被选为模拟输入时,这些引脚将读为 0。端口 E 的功能及设置如表 4.9 所列。

表 4.9 端口 E 的功能

引 脚	功 能	TRIS 设置	I/O	I/O 类型	说 明
RE0/$\overline{RD}$/AN5	RE0	0	O	DIG	LATE⟨0⟩数据输出:不受模拟输入影响
		1	I	ST	PORTE⟨0⟩数据输入:当启用模拟输入时被禁止
	$\overline{RD}$	1	I	TTL	PSP 读启用输入(PSP 被启用)
	AN5	1	I	ANA	A/D 输入通道 5:POR 时的默认输入配置

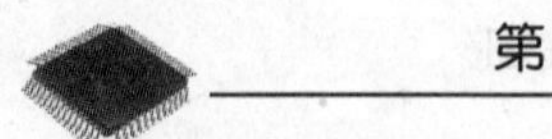

续表 4.9

引 脚	功 能	TRIS 设置	I/O	I/O 类型	说 明
RE1/$\overline{WR}$/AN6	RE1	0	O	DIG	LATE〈1〉数据输出：不受模拟输入影响
		1	I	ST	PORTE〈1〉数据输入：当启用模拟输入时被禁止
	$\overline{WR}$	1	I	TTL	PSP 写启用输入(PSP 被启用)
	AN6	1	I	ANA	A/D 输入通道 6：POR 时的默认输入配置
RE2/$\overline{CS}$/AN7	RE2	0	O	DIG	LATE〈2〉数据输出：不受模拟输入影响
		1	I	ST	PORTE〈2〉数据输入：当启用模拟输入时被禁止
	$\overline{CS}$	1	I	TTL	PSP 写启用输入(PSP 被启用)
	AN7	1	I	ANA	A/D 输入通道 7：POR 时的默认输入配置
$\overline{MCLR}$/VPP/RE3	$\overline{MCLR}$	—	I	ST	外部主清零输入：当 MCLRE 配置位置 1 时被启用
	VPP	—	I	ANA	高压检测：用于 ICSP™ 模式输入检测。始终可用，与引脚模式无关
	RE3	—	I	ST	PORTE〈3〉数据输入：当 MCLRE 配置位清零时被启用

对应的数据方向寄存器是 TRISE。将 TRISE 某位置 1(＝1)时，会将 PORTE 的相应引脚设为输入(即使相应的输出驱动器呈高阻状态)；将 TRISE 某位清零(＝0)时，会将 PORTE 的相应引脚设为输出(即将输出锁存器中的内容置于选中引脚)。

TRISE 控制着 RE 引脚的方向，即使它们被用做模拟输入。用户在将这些引脚用做模拟输入时，必须确保将它们配置为输入。

上电复位时，RE2：RE0 被配置为模拟输入。

TRISE 寄存器的高 4 位也控制着并行从动端口的操作。

数据锁存器(LATE)也是存储器映射的。对 LATE 寄存器执行读-修改-写操作将读写 PORTE 的输出锁存值。

PORTE 的第 4 个引脚($\overline{MCLR}$/VPP/RE3)仅是输入引脚，其操作由 MCLRE 配置位控制。当被选为端口引脚时(MCLRE＝0)，它仅用做数字输入引脚，这样，它不具备与操作相关的 TRIS 或 LAT 位。否则，它用做器件的主清零输入。在任何一种配置中，RE3 都被用做编程期间的编程电压输入。端口 E 的寄存器配置如表 4.10 所列。

表 4.10 端口 E 的寄存器配置

名 称	位 7	位 6	位 5	位 4	位 3	位 2	位 1	位 0	复位值所在页
PORTE	—	—	—	—	RE3	RE2	RE1	RE0	52
LATE	—	—	—	—	—	LATE 数据输出寄存器			52
TRISE	IBF	OBF	IBOV	PSPMODE	—	TRISE2	TRISE1	TRISE0	52
ADCON1	—	—	VCFG1	VCFG0	PCFG3	PCFG2	PCFG1	PCFG0	51

4.7 并行从动端口(PSP)

除了作为通用I/O端口,PORTD还可用做一个8位宽的并行从动端口(PSP)或微处理器端口,如图4.2所示。PSP操作由TRISE寄存器(寄存器10~1)的高4位控制。只要增强型CCP模块不是工作在双输出或四输出PWM模式下,将控制位PSPMODE(TRISE〈4〉)置1可启用PSP操作。在从动模式下,可从外部异步地读写端口。

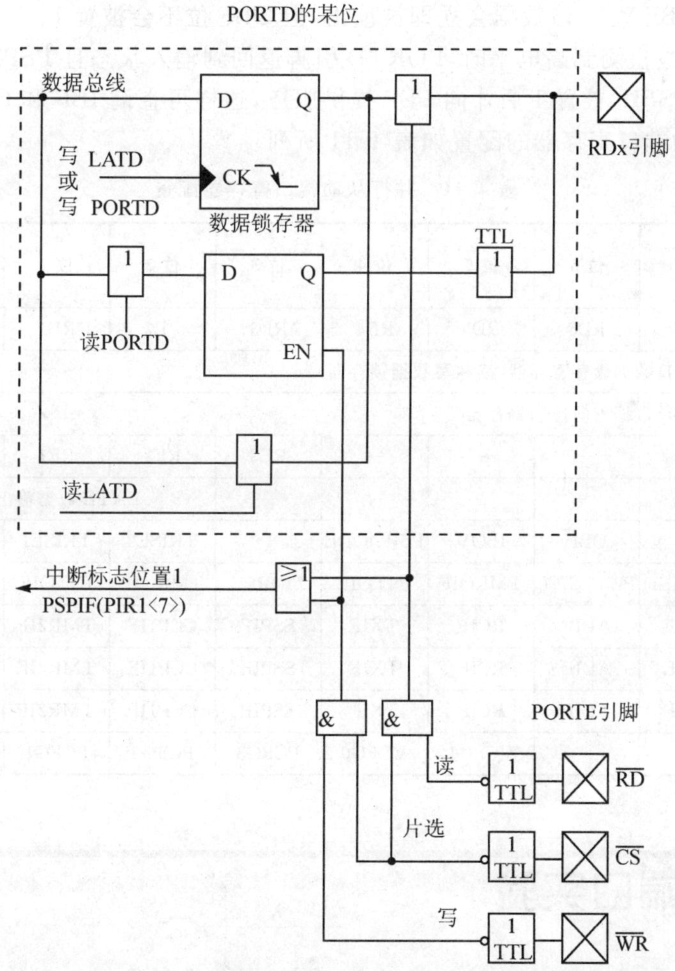

图4.2 并行从动端口

PSP 可以直接与 8 位微处理器的数据总线连接。外部微处理器可以读或写 PORTD 8 位锁存值。将控制位 PSPMODE 置 1 可启用 PORTE I/O 引脚，使之成为微处理器端口的控制输入。当置 1 时，端口引脚 RE0 为$\overline{\text{RD}}$输入，RE1 为$\overline{\text{WR}}$输入，RE2 为$\overline{\text{CS}}$(片选)输入。要实现此功能，TRISE 寄存器对应的数据方向位(TRISE〈2：0〉)必须配置为输入(置 1)；A/D 端口配置位 PFCG3：PFCG0(ADCON1〈3：0〉)也必须设置为 1010～1111 范围内的值。

当第 1 次检测到$\overline{\text{CS}}$和$\overline{\text{WR}}$线均为低电平时发生对 PSP 的写操作，当检测到任何一根线为高电平时结束操作。

写操作结束后，PSPIF 和 IBF 标志位均置 1。当第 1 次检测到$\overline{\text{CS}}$和$\overline{\text{RD}}$线均为低电平时发生对 PSP 的读操作，PORTD 中的数据被读出且 OBF 位被清零。如果用户将新数据写入 PORTD 从而将 OBF 置 1，该数据会立即被读出，但 OBF 位不会被置 1。

当$\overline{\text{CS}}$或$\overline{\text{RD}}$线被检测到高电平时，PORTD 引脚返回到输入状态且 PSPIF 位被置 1。用户应用程序应等到 PSPIF 被置 1 后才向 PSP 提供服务，这样可查询 IBF 和 OBF 位并采取相应的操作。并行从动端口寄存器的配置如表 4.11 所列。

表 4.11　并行从动端口寄存器配置

名　称	位 7	位 6	位 5	位 4	位 3	位 2	位 1	位 0	复位值所在页
PORTD	RD7	RD6	RD5	RD4	RD3	RD2	RD1	RD0	52
LATD	PORTD 数据锁存寄存器(读和写数据锁存器)								52
TRISD	PORTD 数据方向控制寄存器								52
PORTE	—	—	—	—	RE3	RE2	RE1	RE0	52
LATE	—	—	—	—	—	LATE 数据输出位			52
TRISE	IBF	OBF	IBOV	PSPMODE	—	TRISE2	TRISE1	TRISE0	52
INTCON	GIE/GIEH	PEIE/GIEL	TMR0IF	INT0IE	RBIE	TMR0IF	INT0IF	RBIF	49
PIR1	PSPIF	ADIF	RCIF	TXIF	SSPIF	CCP1IF	TMR2IF	TMR1IF	52
PIE1	PSPIE	ADIE	RCIE	TXIE	SSPIE	CCP1IE	TMR2IE	TMR1IE	52
IPR1	PSPIP	ADIP	RCIP	TXIP	SSPIP	CCP1IP	TMR2IP	TMR1IP	52
ADCON1	—	—	VCFG1	VCFG0	PCFG3	PCFG2	PCFG1	PCFG0	51

4.8　I/O 端口实验

本节完成两个试验——LED 闪烁实验和键盘查询实验，从而熟悉 PIC 单片机的 I/O 口的常规应用和相关控制方法。

4.8.1 LED灯闪烁实验

1. 硬件原理

本实验主要控制实验板上的4个LED灯闪烁，详细原理图见1.3.9节的介绍。LED灯1对应的是端口A3，LED灯2对应的是端口A5，LED灯3对应的是端口B4，LED灯4对应的是端口B5。

2. 源代码

程序清单4.1如下：

```
#include <p18f4620.h>
//*************************************************************
//LED有关宏定义
//*************************************************************
#define LED1   LATAbits.LATA3
#define LED2   LATAbits.LATA5
#define LED3   LATBbits.LATB4
#define LED4   LATBbits.LATB5

#define LED1_SW(led)   LED1 = led
#define LED2_SW(led)   LED2 = led
#define LED3_SW(led)   LED3 = led
#define LED4_SW(led)   LED4 = led

//LED参数描述
#define   LED_ON 1
#define   LED_OFF 0

#define LED1_TRI(tri) TRISAbits.TRISA3 = tri
#define LED2_TRI(tri) TRISAbits.TRISA5 = tri
#define LED3_TRI(tri) TRISBbits.TRISB4 = tri
#define LED4_TRI(tri) TRISBbits.TRISB5 = tri

//TRI参数描述
#define   OUT 0
#define   IN 1
```

```
//*****************************************************************
//函数原型：void LED_Init(void)
//输　　入：无
//输　　出：无
//功能描述：对 LED 有关的引脚初始化
//*****************************************************************
void LED_Init(void)
{
    LED1_TRI(OUT);
    LED2_TRI(OUT);
    LED3_TRI(OUT);
    LED4_TRI(OUT);
    LED1_SW(LED_OFF);
    LED2_SW(LED_OFF);
    LED3_SW(LED_OFF);
    LED4_SW(LED_OFF);
}
//*****************************************************************
//函数原型：void  wait(unsigned char t)
//输　　入：时间
//输　　出：无
//功能描述：软件延迟函数
//*****************************************************************
void wait(unsigned char t)
{
    unsigned char i;
    unsigned int j;
    for(i = 0;i<t;i++)
        for(j = 0;j<10000;j++);
}
//*****************************************************************
//函数原型：void  main(void)
//输　　入：无
//输　　出：无
//功能描述：LED 灯闪烁实验的主控制函数
//*****************************************************************
void  main(void)
{
    ADCON1 = 0x07;              //关所有的模拟引脚
```

```
        LED_Init();                         //初始化 LED
        while(1)
        {
            LED1_SW(LED_ON);                //闪烁 LED1
            wait(10);
            LED1_SW(LED_OFF);
            LED2_SW(LED_ON);                //闪烁 LED2
            wait(10);
            LED2_SW(LED_OFF);
            LED3_SW(LED_ON);                //闪烁 LED3
            wait(10);
            LED3_SW(LED_OFF);
            LED4_SW(LED_ON);                //闪烁 LED4
            wait(10);
            LED4_SW(LED_OFF);
        }
    }
```

3. 实验步骤及现象

首先要搭建无线龙提供的 C51RF－3－JX 实验平台，在这个硬件平台上编译烧写程序，然后可以看到实验板上 C1 区的 4 个 LED 灯依次闪亮。

4.8.2 键盘实验

为了进一步熟悉 I/O 口的使用，这里介绍 4×4 键盘扫面程序应用实例。

1. 硬件电路

本实验采用 RD 的 8 个 I/O 组成一个简单的 4×4 键盘，具体参阅 1.3.8 节的介绍。实验目的是根据不同的按键，LED 灯做不同的显示。

2. 源代码

见程序清单 4.2，这里用到的 LED 程序部分与前面介绍的 LED 相同。为了让读者更深一步理解，仍然把详细程序列出。

程序清单 4.2 如下：

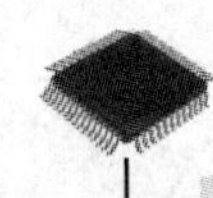


```
#include<p18f4620.h>
//*****************************************************
//LED 有关宏定义
//*****************************************************
#define  LED1  LATAbits.LATA3
#define  LED2  LATAbits.LATA5
#define  LED3  LATBbits.LATB4
#define  LED4  LATBbits.LATB5

#define  LED1_SW(led)  LED1 = led
#define  LED2_SW(led)  LED2 = led
#define  LED3_SW(led)  LED3 = led
#define  LED4_SW(led)  LED4 = led

//LED 参数描述
#define  LED_ON 1
#define  LED_OFF 0

#define  LED1_TRI(tri) TRISAbits.TRISA3 = tri
#define  LED2_TRI(tri) TRISAbits.TRISA5 = tri
#define  LED3_TRI(tri) TRISBbits.TRISB4 = tri
#define  LED4_TRI(tri) TRISBbits.TRISB5 = tri

//TRI 参数描述
#define  OUT 0
#define  IN 1
//*****************************************************
//函数原型：void LED_Init(void)
//输    入：无
//输    出：无
//功能描述：对 LED 有关的引脚初始化
//*****************************************************
void LED_Init(void)
{
    LED1_TRI(OUT);
    LED2_TRI(OUT);
    LED3_TRI(OUT);
    LED4_TRI(OUT);
    LED1_SW(LED_OFF);
```

```
    LED2_SW(LED_OFF);
    LED3_SW(LED_OFF);
    LED4_SW(LED_OFF);
}
//*****************************************************
//函数原型：void initial()
//输      入：无
//输      出：无
//功能描述：初始化函数
//*****************************************************
void initial()
{
    INTCON = 0x00;                          //位 7~0：关总中断 */
    ADCON1 = 0X07;                          //*设置数字输入/输出口 */
    PIE1 = 0;
    PIE2 = 0;
}
//*****************************************************
//函数原型：unsigned char  Scan_key()
//输      入：无
//输      出：键值
//功能描述：扫描键盘并得到当前按下的键值
//*****************************************************
unsigned char Scan_key()
{
    unsigned char keyl,keyp,keydata;
    keydata = 0;                            //键值初始化为 0
    TRISD = 0x0F;                           //行输入,列输出,扫描行
    LATD& = 0x0F;                           //列输出为低
    keyl = (PORTD&0x0F);                    //检查行为低就有键按下
    keyl = ~(keyl|0xF0);
    if(keyl!  = 0)                          //有键按下
    {
        TRISD = 0xF0;                       //扫描列
        LATD = 0x0F;
        keyp = PORTD>>4;
        TRISD = 0x0F;
        LATD& = 0x0F;
        while((PORTD&0x0F)! = 0x0F);        //等待键释放
```

```
        switch(keyl)                              //计算行
        {
            case 1: keyl = 0;break;
            case 2: keyl = 1;break;
            case 4: keyl = 2;break;
            case 8: keyl = 3;break;
            default: keyl = 0;break;
        }
        switch(keyp)                              //计算列
        {
            case 1: keyp = 0;break;
            case 2: keyp = 1;break;
            case 4: keyp = 2;break;
            case 8: keyp = 3;break;
            default: keyp = 0;break;
        }
        keydata = 4 * keyl + keyp + 1;
    }
    return(keydata);//返回键值
}
//*****************************************************************
//函数原型: void wait(unsigned char t)
//输    入: 时间
//输    出: 无
//功能描述: 软件延迟函数
//*****************************************************************
void wait(unsigned char t)
{
    unsigned char i;
    unsigned int j;
    for(i = 0;i<t;i++)
        for(j = 0;j<1000;j++);
}
//*****************************************************************
//函数原型: void main(void)
//输    入: 无
//输    出: 无
//功能描述: LED 灯闪烁试验的主控制函数
//*****************************************************************
```

```
void main(void)
{
    unsigned char keydat,i;
    LED_Init();
    initial();
    while(1)
    {
        //LED1_SW(LED_ON);
        keydat = Scan_key();
        //send_ch(PORTD);
        if(keydat)
        {
            for(i = 0;i<keydat;i ++ )
            {
                LED1_SW(LED_ON);
                LED2_SW(LED_ON);
                LED3_SW(LED_ON);
                LED4_SW(LED_ON);
                wait(20);
                LED1_SW(LED_OFF);
                LED2_SW(LED_OFF);
                LED3_SW(LED_OFF);
                LED4_SW(LED_OFF);
                wait(20);
            }
        }
        Nop();
    }
}
```

3. 实验现象

该实验是键盘和 LED 结合的综合试验，根据不同的按键，LED 灯做不同的显示。具体是 4 个 LED 闪烁的次数为键盘的键值＋1 次。

把 C51RF－3－JX 系统配置实验中“\单片机实验\第 4 章\key”目录下的程序使用 MPLAB IDE V7.60 集成开发环境打开，并下载至实验板（详细操作过程请参阅第 2 章介绍）后，按下 0 号键，4 个 LED 同时闪烁 0＋1 次（即为 1 次）；按下 10 号键，4 个 LED 灯同时闪烁 10＋1（即为 11）次。

第 5 章

定时器

在 PIC18F4620 单片机中共有 4 个定时/计数器。4 个定时/计数器都是一个 8/16 位计数器，其实质是一个加 1 计数器，用来控制电路受软件控制、切换。

5.1 定时/计数器 0(TIMER0)模块

Timer0 既可用做定时器也可用做计数器，Timer0 框图如图 5.1 所示。可通过 T0CS 位(T0CON<5>)来选择模式。在定时器模式下(T0CS=0)，该模块在每个时钟周期计时都会递增(默认情况下)，除非选择了其他预分频值。如果写入 TMR0，那么在随后的两个指令周期内，计时都不再递增。用户可通过将调整值写入 TMR0 寄存器来避开这一问题。

可通过将 T0CS 位(=1)置 1 选择计数器模式。在该模式下，Timer0 可在 RA4/T0CKI 引脚上电平的每个上升沿或下降沿递增。递增边沿由 Timer0 时钟源边沿选择位 T0SE(T0CON<4>)决定。清零该位即选择上升沿。

可以使用外部时钟源来驱动 Timer0。但是，必须满足一定的要求，以确保外部时钟和内部相位时钟(TOSC)保持同步。在同步之后，定时/计数器仍需要一定的延时才会引发递增操作。

Timer0 模块具有以下特性：

- 可由软件选择作为 8 位或 16 位定时器/计数器；
- 可读写寄存器；
- 专用的 8 位软件可编程预分频器；
- 可选的时钟源(内部或外部)；
- 外部时钟的边沿选择；
- 溢出时中断。

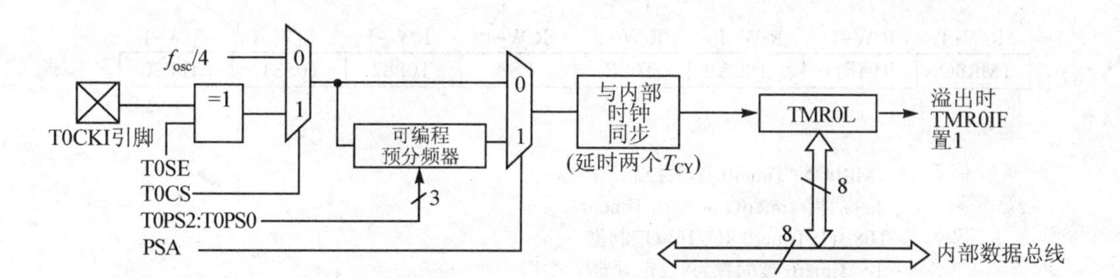

注:复位时,Timer0被启用为在8位模式下工作,其时钟输入来自T0CKI引脚的最大预分频信号。

8位模式Timer0框图

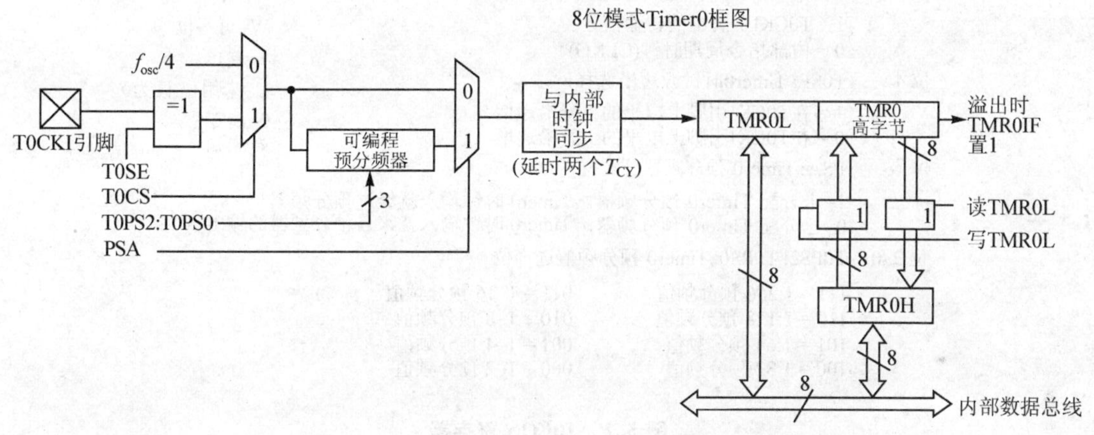

注:复位时,Timer0被启用在8位模式下工作,其时钟输入来自T0CKI引脚的最大预分频信号

16位模式Timer0框图

图 5.1　Timer0 框图

T0CON 寄存器(如图 5.2 所示)控制该模块操作的所有方面,包括预分频比的选择。它是可读写的。Timer0 所涉及的寄存器如表 5.1 所列。

表 5.1　Timer0 的寄存器

名　称	位 7	位 6	位 5	位 4	位 3	位 2	位 1	位 0	复位值所在页
TMROL	Timer0 寄存器的低字节								50
TMROH	Timer0 寄存器的高字节								50
INTCON	GIE/GIEH	PEIE/GIEL	TMR0IE	INT0IE	RBIE	TMR0IF	INT0IF	RBIF	49
TOCON	TMR0ON	T08BIT	T0CS	T0SE	PSA	T0PS2	T0PS1	T0PS0	50
TRISA	RA7	RA6	RA5	RA4	RA3	RA2	RA1	RA0	52

注：Timer0 不使用有阴影的单元。

PORTA〈7：6〉及其方向位根据不同的主振荡器模式可被单独配置为端口引脚。当被禁止时，这些位读为 0。

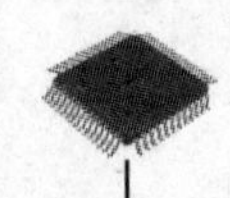

R/W-1	R/W-1	R/W-1	R/W-1	R/W-1	R/W-1	R/W-1	R/W-1
TMR0ON	T08BIT	T0CS	T0SE	PSA	T0PS2	T0PS1	T0PS0
位 7							位 0

位 7 TMR0ON: Timer0 开/关控制位
1 = 启用 Timer0 ; 0=停止 Timer0

位 6 T08BIT: Timer0 8位/16位控制位
1 = Timer0 被配置为8位定时器/计数器
0 = Timer0 被配置为16位定时器/计数器

位 5 T0CS: Timer0 时钟源选择位
1 = T0CKI引脚上的传输信号
0 = 内部指令周期时钟(CLKO)

位 4 T0SE: Timer0时钟源边沿选择位
1 = 在T0CKI引脚上电平的下降沿递增
0 = 在T0CKI引脚上电平的上升沿递增

位 3 PSA: Timer0 预分频器分配位
1=未分配 Timer0 预分频器。Timer0 时钟输入就经过预分频器
0=已分配 Timer0 预分频器。Timer0 时钟输入就来自预分频器的输出

位 2~0 T0PS2: T0PS0: Timer0 预分频值选择位
111 = 1:256 预分频值　　011 = 1~16 预分频值
110 = 1:128 预分频值　　010 = 1~8 预分频值
101 = 1:64 预分频值　　001 = 1~4 预分频值
100 = 1:32 预分频值　　000 = 1~2 预分频值

R = 可读数
-n=POR值
W=可写位
1=置1
U=未用位,读为0
0=清零
x=未知

图 5.2 T0CON 寄存器

TMR0H 并不是 16 位模式下 Timer0 的高字节,而是被缓存的 Timer0 高字节,它不可以被直接读写(见图 5.1)。

在读 TMR0L 时使用 Timer0 高字节的内容更新 TMR0H。这样可以一次读取 Timer0 的全部 16 位,而无须验证读到的高字节和低字节的有效性(在连续读取高字节和低字节时,由于可能存在进位,所以需要验证读到的高字节和低字节的有效性)。

同样,写入 Timer0 的高字节也是通过 TMR0H 缓冲寄存器来操作的。在写入 TMR0L 的同时,使用 TMR0H 的内容更新 Timer0 的高字节,这样一次就可以完成 Timer0 全部 16 位的更新。

Timer0 模块的预分频器为一个 8 位计数器。该预分频器不可直接读写,而要通过对 PSA 和 T0PS2～T0PS0 位(T0CON〈3～0〉)设置来确定预分频器的分配和预分频比值。

将 PSA 位清零可将预分频器分配给 Timer0 模块。预分频值可以在 1∶2～1∶256 之间进行选择,以 2 的整数次幂递增。

如果将预分频器分配给 Timer0 模块,所有写入 TMR0 寄存器的指令(例如,CLRF TMR0、MOVWF TMR0 和 BSF TMR0 等)都会将预分频器的计数值清零。

如果将预分频器分配给 Timer0,写入 TMR0 会将预分频器的计数值清零,但不会改变预

分频器的分配。

预分频器的分配完全由软件控制,并且在程序执行期间可以随时更改。

8位模式下的 TMR0 寄存器从 FFH 到 00H 发生溢出,或 16 位模式下的 TMR0 从 FFFFH 到 0000H 发生溢出时,将产生 TMR0 中断。这种溢出会使 TMR0IF 标志位置 1。可以通过清零 TMR0IE 位(INTCON⟨5⟩)来屏蔽该中断。在重新允许该中断前,必须在中断服务程序中用软件清零 TMR0IF 位。

由于 Timer0 在休眠模式下是关闭的,所以 TMR0 中断无法将处理器从休眠状态唤醒。

5.2 定时/计数器 1(TIMER1)模块

Timer1(Timer1 框图如图 5.3 所示)可在以下模式工作:

- 定时器;
- 同步计数器;
- 异步计数器。

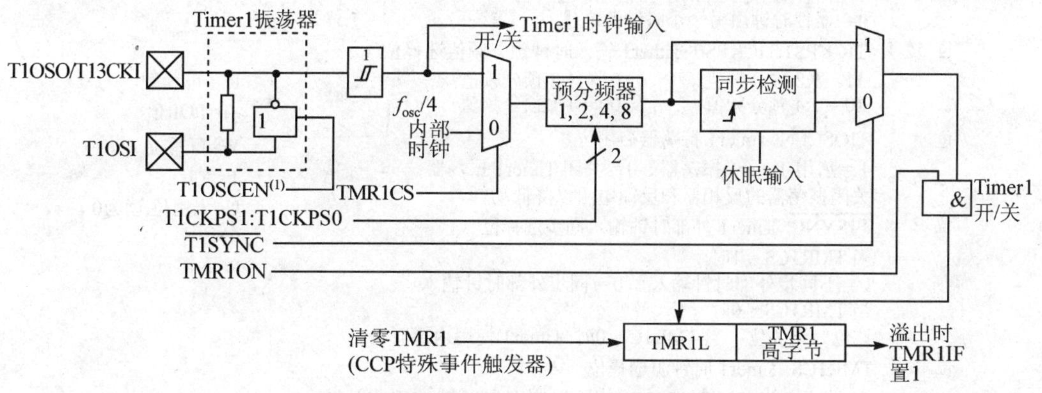

注: (1)当启用位T1OSCEN清零时,将关断振荡器的反相器和反馈电阻以减少功耗。

图 5.3　Timer1 框图

工作模式由时钟选择位 TMR1CS(T1CON⟨1⟩)决定。当 TMR3CS 清零(=0)时,Timer1 在每个内部指令周期($f_{osc}/4$)递增;当该位置 1 时,Timer1 在 Timer1 外部时钟输入信号或 Timer1 振荡器输出信号(如果启用)的每个上升沿递增。

当启用 Timer1 时,RC1/T1OSI 和 RC0/T1OSO/T13CKI 引脚变为输入引脚。这意味着 TRISC⟨1:0⟩的值被忽略并且这些引脚将读为 0。

Timer1 定时/计数器模块具有以下特性:

- 可由软件选择作为 16 位定时器或计数器;

- 可读写的 8 位寄存器(TMR1H 和 TMR1L);
- 可选择器件时钟或 Timer1 内部振荡器作为时钟源(内部或外部);
- 溢出时中断;
- 在 CCP 特殊事件触发时复位;
- 器件时钟状态标志位(T1RUN)。

此模块具有低功耗振荡器,可提供额外的时钟选项。Timer1 振荡器也可作为单片机处于节能状态时的低功耗时钟源。

在对外部元件数量和代码开销要求苛刻的应用中,Timer1 可以为其提供实时时钟(RTC)。Timer1 由 T1CON 控制寄存器(如图 5.4 所示)控制。

R/W–0	R/W–0	R/W–0	R/W–0	R/W–0	R/W–0	R/W–0	R/W–0
RD16	T1RUN	T1CKPS1	T1CKPS0	T1OSCEN	$\overline{\text{T1SYNC}}$	TMR1CS	TMR1ON
位 7							位 0

位 7　RD16: 16位读/写模式启用位

1 = 启用 Timer1 通过一次16位操作进行寄存器读/写
0 = 启用 Timer1 通过一次8位操作进行寄存器读/写

位 6　T1RUN: Timer1 系统时钟状态位

1 = 器件时钟由 Timer1 振荡器产生
0 = 器件时钟由另一个时钟源产生

位 5、4　TlCKPS1:TlCKPS0: Timer1 输入时钟预分频值选择位

11 = 1:8 预分频值　　01 = 1:2 预分频值
10 = 1:4 预分频值　　00 = 1:1 预分频值

位 3　TlOSCEN: Timer1 持荡器启用位1

1 = 启用 Timer1 振荡器; 0 = 关闭 Timer1 振荡器
关闭振荡器的反相器和反馈电阻以降低功耗

位 2　$\overline{\text{T1SYNC}}$: Timer1 外部时钟输入同步选择位

当 TMR1CS = 1时:
1 = 不同步外部时钟输入; 0 = 同步外部时钟输入
当 TMR1CS = 0时:
该位为无关位。当 TMR1C = 0时, Timer1 使用内部时钟

位 1　TMR1CS: Timer1 时钟源选择位

1 = 使用RC0/T1OSO/T13CKI引脚上的外部时钟(上升沿计数)
0 = 内部时钟(f_{osc}/4)

位 0　TMR1ON: TIMER1 启用位

1 = 启用 Timer1; 0 = 停止 Timer1

R = 可读数
–n=POR值
W=可写位
1=置1
U=未用位,读为0
0=清零
x=未知

图 5.4　T1CON:TIMER1 控制寄存器

该寄存器还有 Timer1 振荡器启用位(T1OSCEN)。可以通过将控制位 TMR1ON(T1CON⟨0⟩)置 1 或清零来启用或禁止 Timer1。

可将 Timer1 配置为 16 位读写模式,如图 5.5 所示。当 RD16 控制位(T1CON⟨7⟩)置 1 时,TMR1H 的地址被映射到 Timer1 的高字节缓冲寄存器。对 TMR1L 的读操作将把 Timer1 的高字节的内容装入 Timer1 高字节缓冲器。这种方式使用户可以精确地读取 Timer1 的

全部16位，而不需要像先读高字节再读低字节那样，由于两次读取之间可能存在进位，而不得不验证读取的有效性。

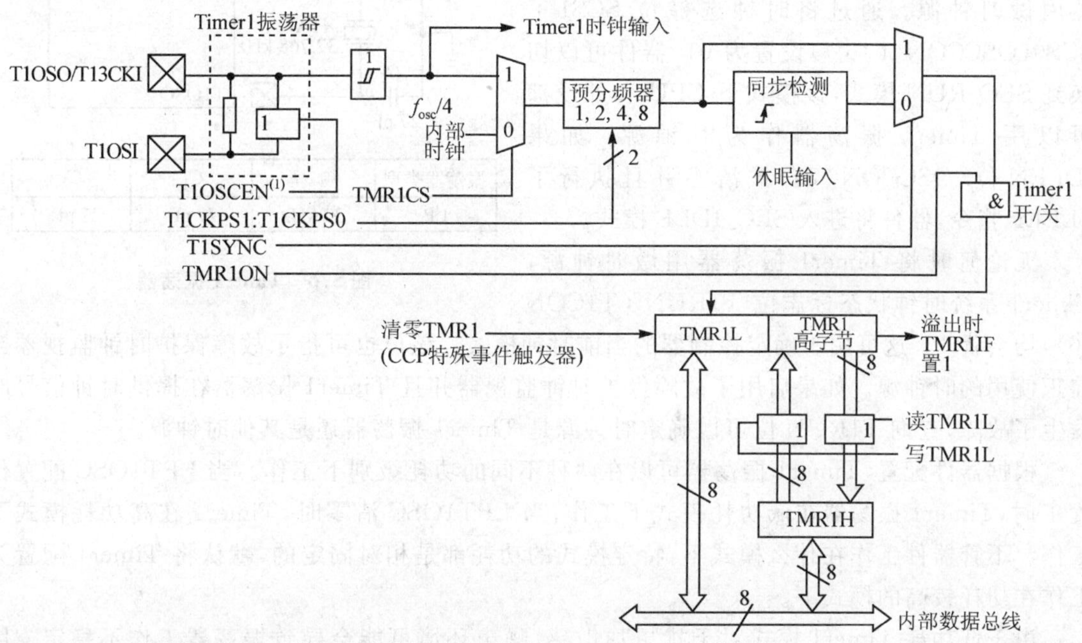

图5.5 Timer1的读写模式

对Timer1的高字节进行写操作也必须通过TMR1H缓冲寄存器进行。在写入TMR1L的同时，使用TMR1H的内容更新Timer1高字节，这样允许用户将16位值一次写入Timer1的高字节和低字节。

在该模式下不能直接读写Timer1的高字节，所有读写都必须通过Timer1高字节缓冲寄存器来进行。写入TMR1H不会清零Timer1预分频器，只有在写TMR1L时才会清零该预分频器。

片上晶体振荡器电路连接在T1OSI(输入)引脚和T1OSO(放大器输出)引脚之间。可以通过将Timer1振荡器启用位T1OSCEN(T1CON〈3〉)置1来启用该振荡电路。该振荡电路是一种低功耗电路，它采用了额定振荡频率为32 kHz的晶振，在所有功耗管理模式下都可继续运行。图5.6所示是典型的LP振荡器电路。

用户必须提供软件延时来确保Timer1振荡器的正常起振。

Microchip建议将该值作为验证振荡电路的起始点。电容越大，振荡器越稳定，但起振时间越长。

因为每种谐振器/晶振都有其自身特性，用户应当向谐振器/晶振制造厂商咨询外部元件

的适当值。

在功耗管理模式下，也可以将 Timer1 振荡器用做时钟源。通过将时钟选择位 SCS1：SCS0（OSCCON⟨1：0⟩）设置为 01，器件可以切换到 SEC_RUN 模式，该模式下 CPU 和外设都可以用 Timer1 振荡器作为时钟源。如果 IDLEN 位（OSCCON⟨7⟩）被清零并且执行了 SLEEP 指令，器件将进入 SEC_IDLE 模式。

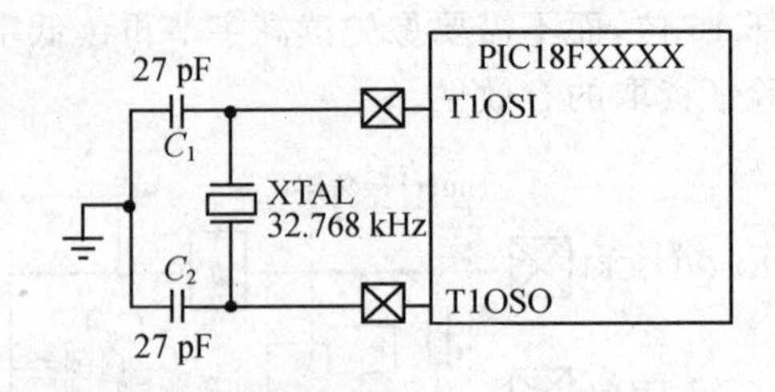

振荡器类型	频　率	C_1	C_2
LP	32 kHz	27 pF	27 pF

图 5.6　Timer1 振荡器

无论何时将 Timer1 振荡器用做时钟源，Timer1 系统时钟状态标志位 T1RUN（T1CON⟨6⟩）均会置 1。这可用于确定控制器的当前时钟模式。该位也可指示故障保护时钟监视器当前正使用的时钟源。如果启用了故障保护时钟监视器并且 Timer1 振荡器在提供时钟信号时发生了故障，查询 T1RUN 位可以确定时钟源是 Timer1 振荡器还是其他时钟源。

根据器件配置，Timer1 振荡器可以在两种不同的功耗级别下工作。当 LPT1OSC 配置位置 1 时，Timer1 振荡器在低功耗模式下工作；当 LPT1OSC 清零时，Timer1 在高功耗模式下工作。不管器件工作在什么模式下，特定模式的功耗都是相对固定的，默认将 Timer1 配置为工作在功耗较高的模式下。

由于低功耗 Timer1 模式对干扰更加敏感，噪声环境可能会导致振荡器工作不稳定。因此低功耗选项最适合那些需要重点考虑节省功耗的低噪声应用。

如果 CCP 模块配置为使用 Timer1 以及在比较模式下产生特殊事件触发信号（CCP1M3：CCP1M0 或 CCP2M3：CCP2M0＝1011），该信号将复位 Timer1。

如果启用了 A/D 模块，来自 CCP2 的触发信号还将启动 A/D 转换。

要使用这一功能，必须将模块配置为定时器或同步计数器。在这种情况下，CCPRH：CCPRL 这对寄存器实际上变成了 Timer1 的周期寄存器。

如果 Timer1 在异步计数器模式下运行，复位操作可能不起作用。

如果 Timer1 的写操作和特殊事件触发同时发生，则写操作优先。

为 Timer1 外接一个 LP 振荡器，可以允许用户在他们的应用中包括 RTC 功能。当器件在休眠模式下工作并使用电池或超大容量电容作为电源时，可省去另外的 RTC 器件和备用电池。

TMR1 寄存器对（TMR1H：TMR1L）从 0000H 开始，增加到 FFFFH，然后溢出返回到 0000H 重新开始。如果允许了 Timer1 中断，则溢出时会产生 Timer1 中断，并由中断标志位 TMR1IF（PIR1⟨0⟩）捕捉。可以通过对 Timer1 中断允许位 TMR1IE（PIE1⟨0⟩）置 1 或清零来允许或禁止该中断。

5.3　定时/计数器 2(TIMER2)模块

在正常工作情况下，TMR2(如图 5.7 所示)从 00H 开始，每个时钟周期($f_{OSC}/4$)加 1。4 位计数器/预分频器提供了对时钟输入不分频、4 分频和 16 分频 3 种选项，并可通过预分频控制位 T2CKPS1：T2CKPS0(T2CON⟨1：0⟩)进行选择。在每个时钟周期，TMR2 的值都会与周期寄存器 PR2 中的值进行比较。当两个值匹配时，由比较器产生匹配信号作为定时器的输出。此信号也会使 TMR2 的值在下一个周期复位到 00H，并驱动输出计数器/后分频器。

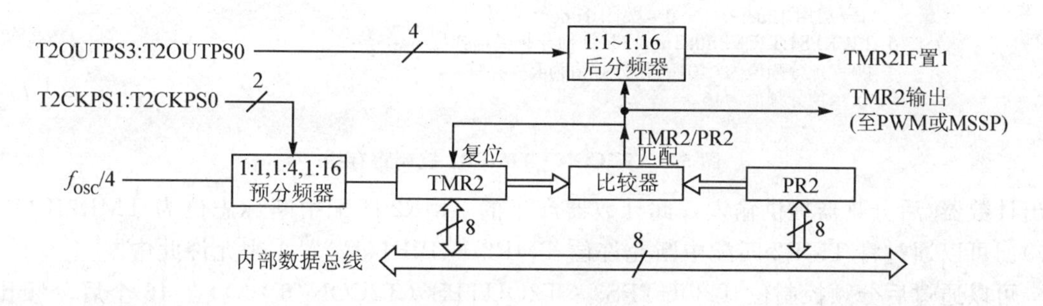

图 5.7　Timer2 框图

TMR2 和 PR2 寄存器均可直接读写。在任何器件复位时，TMR2 寄存器都会清零，而 PR2 寄存器则初始化为 FFH。预分频和后分频计数器均会在发生以下事件时清零：

- 对 TMR2 寄存器进行写操作。
- 对 T2CON 寄存器进行写操作。
- 任何器件复位(上电复位、MCLR 复位、看门狗定时器复位或欠压复位)。写 T2CON (如图 5.8 所示) 时 TMR2 不会清零。

Timer2 模块定时器具有以下特性：

- 8 位定时器和周期寄存器(分别为 TMR2 和 PR2)；
- 可读写以上两个寄存器；
- 可软件编程的预分频器(分频比为 1：1、1：4 和 1：16)；
- 可软件编程的后分频器(分频比为 1：1 到 1：16)；
- TMR2 与 PR2 匹配时产生中断；
- 作为 MSSP 模块的可选移位时钟。

此模块由 T2CON 寄存器(寄存器 5.9)控制，此寄存器启用或禁止定时器并配置预分频器和后分频器。可以通过清零控制位 TMR2ON(T2CON⟨2⟩)关闭 Timer2，以实现功耗最小。

Timer2 也可以产生可选的器件中断。Timer2 输出信号(TMR2 与 PR2 匹配时)为 4 位

U-0	R/W-0	R/W-0	R/W-0	R/W-0	R/W-0	R/W-0	R/W-0
—	T2OUTPS3	T2OUTPS2	T2OUTPS1	T2OUTPS0	TMR2ON	T2CKPS1	T2CKPS0
位 7							位 0

位 7　　未用:读为0

位 6~3　T2OUTPS3:T2OUTPS0: Timer2 输出后分频比选择位

0000 = 1:1 后分频比
0001 = 1:2 后分频比
•
•
•
1111 = 1:16 后分频比

位 2　　TMR2ON: Timer2 启用位

1 = 启用 Timer2;　　0 = 关闭 Timer2

位 1、0　T2CKPS1:T2CKPS0: Timer2时钟预分频值选择位

00 = 预分频值为1; 01 = 预分频值为4;
1x = 预分频值为16

R = 可读数
-n=POR值
W=可写位
1=置1
U=未用位,读为0
0=清零
x=未知

图 5.8　T2CON：TIMER2 控制寄存器

输出计数器/后分频器提供输入。此计数器产生的 TMR2 匹配中断标志位为 TMR2IF(PIR1〈1〉)。可以通过将 TMR2 匹配中断允许位 TMR2IE(PIE1〈1〉)置 1 来允许此中断。

可以通过后分频控制位 T2OUTPS3：T2OUTPS0(T2CON〈6：3〉)在 16 个后分频比值选项(从 1：1～1：16)中选择其一。

TMR2 的不经分频的输出主要用于 CCP 模块,它用做 CCP 模块在 PWM 模式下工作时的时基。还可选择将 Timer2 用做 MSSP 模块在 SPI 模式下的移位时钟源。与 Timer2 相关的寄存器如表 5.2 所列。

表 5.2　与 Timer2 作为定时器计数器相关的寄存器

名　称	位 7	位 6	位 5	位 4	位 3	位 2	位 1	位 0	复位值所在页
INTCON	GIE/GIEH	PEIE/GIEL	TMR0IE	INT0IE	RBIE	TMR0IF	INT0IF	RBIF	49
PIR1	PSPIF[1]	ADIF	RCIF	TXIF	SSPIF	CCP1IF	TMR2IF	TMR1IF	52
PIE1	PSPIE[1]	ADIE	RCIE	TXIE	SSPIE	CCP1IE	TMR2IE	TMR1IE	52
IPR1	PSPIP[1]	ADIP	RCIP	TXIP	SSPIP	CCP1IP	TMR2IP	TMR1IP	52
TMR2	Timer2 寄存器								50
T2CON	—	T2OUTPS3	T2OUTPS2	T2OUTPS1	T2OUTPS0	TMR2ON	T2CKPS1	T2CKPS0	50
PR2	Timer2 周期寄存器								50

注:"—"代表未用,读为 0。Timer2 模块不使用有阴影的单元。标准为[1]的位在 28 引脚器件上未实现,读为 0。

5.4　定时/计数器 3(TIMER3)模块

Timer3(Timer3 原理框图如图 5.9 所示)可工作在以下 3 种模式之一：

- 定时器；
- 同步计数器；
- 异步计数器。

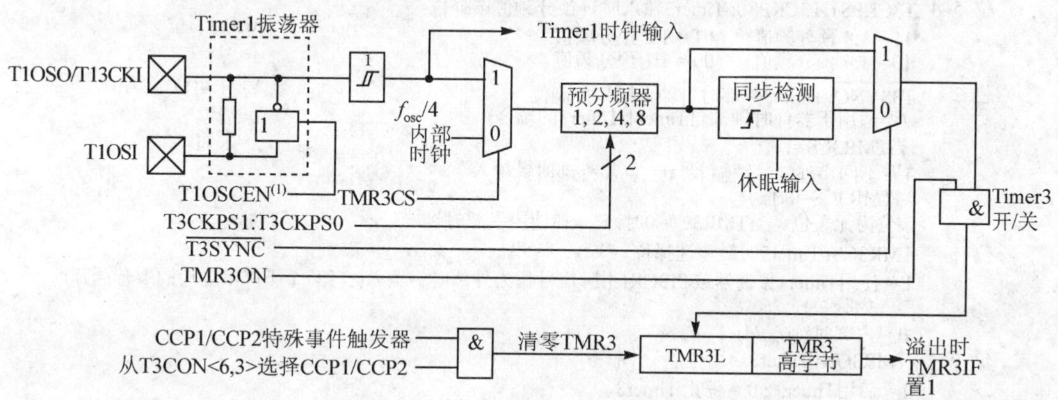

注：(1)当启用位T1OSCEN清零时，将关断振荡器的反相器和反馈电阻以减少功耗。

图 5.9　Timer3 框图

工作模式由时钟选择位 TMR3CS(T3CON⟨1⟩)决定。当 TMR3CS 清零(=0)时，Timer3 在每个内部指令周期($f_{OSC}/4$)递增；当该位置 1 时，Timer3 在 Timer1 外部时钟输入信号或 Timer1 振荡器输出信号(如果使能)的每个上升沿递增。

当启用 Timer1 时，RC1/T1OSI 和 RC0/T1OSO/T13CKI 引脚变为输入引脚。这意味着 TRISC⟨1：0⟩的值被忽略并且这些引脚将读为 0。

Timer3 定时/计数器模块具有以下特性：

- 可由软件选择作为 16 位定时器或计数器；
- 可读写的 8 位寄存器(TMR3H 和 TMR3L)；
- 可选择器件时钟或 Timer1 内部振荡器作为时钟源(内部或外部)；
- 溢出时产生中断；
- 在 CCP 特殊事件触发时模块复位。

Timer3 模块是通过 T3CON 寄存器(见图 5.10 所示)来控制的，它还可以为 CCP 模块选择时钟源。

可将 Timer3 配置为 16 位读写模式(如图 5.11 所示)。当 RD16 控制位(T3CON⟨7⟩)置 1

R/W-0	R/W-0	R/W-0	R/W-0	R/W-0	R/W-0	R/W-0	R/W-0
RD16	T3CCP2	T3CKPS1	T3CKPS0	T3CCP1	$\overline{\text{T3SYNC}}$	TMR3CS	TMR3ON

位 7 位 0

位 7　RD16: 16位读/写模式启用位
1 = 启用 Timer3 通过一次16位操作进行寄存器读/写
0 = 启用 Timer3 通过一次8位操作进行寄存器读/写

位 6~3　T3CCPS:T3CCP1: CCPx的时钟源(是Timer3还是 Timer1)启用位
1x = Timer3 是CCP模块的捕捉/比较时钟源
01 = Timer3 是CCP2的捕捉/比较时钟源
Timer1 是CCP1的捕捉/比较时钟源
00 = Timer1 是CCP模块的捕捉/比较时钟源

位 5~4　T3CKPS1:T3CKPS0: Timer3输入时钟预分频值选择位
11 = 1:8 预分频值;　01 = 1:2 预分频值
10 = 1:4 预分频值;　00 = 1:1 预分频值

位 2　$\overline{\text{T3SYNC}}$: Timer3外部时钟输入同步控制位
(不适用于器件时钟来自Timer1/Timer3的场合)
当TMR3CS=1时:
1 = 不同步外部时钟输入; 0 = 同步外部时钟输入
当TMR3CS=0时:
该位为无关位。当TMR3C = 0时, Timer3使用内部时钟

位 1　TMR3CS: Timer3时钟源选择位
1 = 使用Timer1振荡器或T13CKI引脚信号作为外部时钟输入(在第1个下降沿之后的上升洞开)
始计数)
0 = 内部时钟($f_{osc}/4$)

位 0　TMR3ON: Timer3启用位
1 = 启用Timer3 ; 0 = 停止 Timer3

R = 可读数
-n=POR值
W=可写位
1=置1
U=未用位,读为0
0=清零
x=未知

图 5.10　T3CON：TIMER3 控制寄存器

时,TMR3H 的地址被映射到 Timer3 的高字节缓冲寄存器。对 TMR3L 的读操作将把 Timer3 的高字节的内容装入 Timer3 高字节缓冲寄存器。这种方式使用户可以精确地读取 Timer3 的全部 16 位,而不需要像先读高字节再读低字节那样,由于两次读取之间可能存在进位,而不得不验证读取的有效性。

对 Timer3 的高字节进行写操作也必须通过 TMR3H 缓冲寄存器进行。在写入 TMR3L 的同时,使用 TMR3H 的内容更新 Timer3 的高字节。这样允许用户将 16 位值一次写入 Timer3 的高字节和低字节。

在该模式下不能直接读写 Timer3 的高字节。所有读写都必须通过 Timer3 高字节缓冲寄存器来进行。写入 TMR3H 不会清零 Timer3 预分频器,只有在写 TMR3L 时才会清零该预分频器。

Timer1 内部振荡器可用做 Timer3 的时钟源。通过将 T1OSCEN(T1CON⟨3⟩)位置 1,可启用 Timer1 振荡器。要将它用做 Timer3 的时钟源,还必须将 TMR3CS 位置 1。如前文所述,这样做也会将 Timer3 配置为在振荡器的每个上升沿递增。

TMR3 寄存器对(TMR3H : TMR3L)从 0000H 递增到 FFFFH,然后溢出返回到 0000H。如果允许了 Timer3 中断,该中断就会在溢出时产生,并由中断标志位 TMR3IF

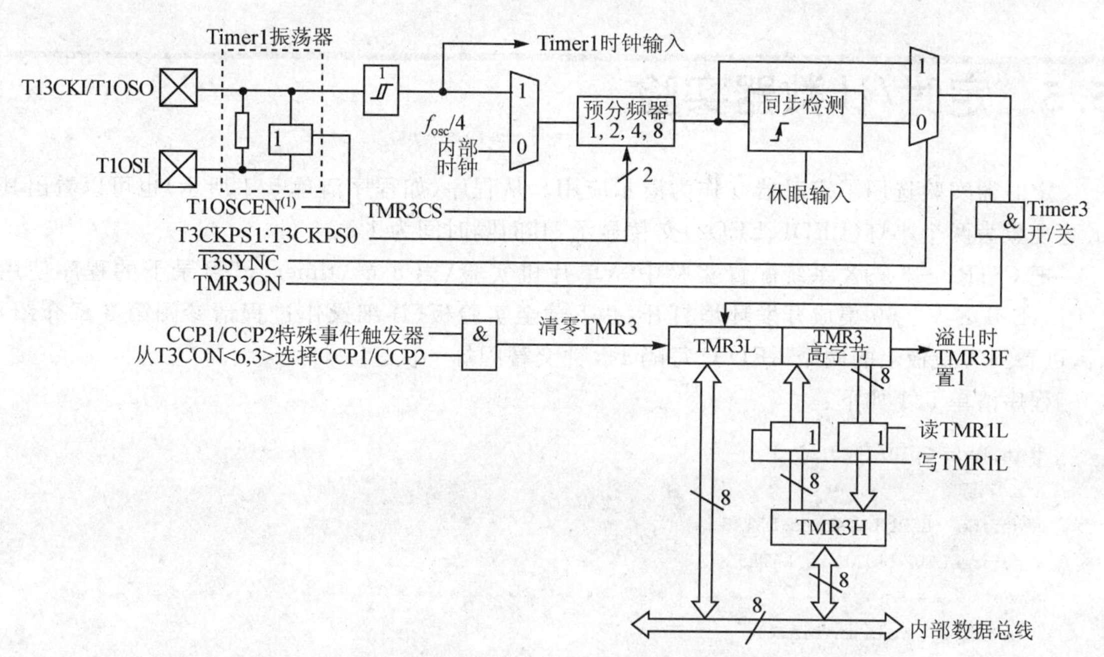

注:当启用位T1OSCEN清零时,将关断振荡器的反相器和反馈电阻以减少功耗。

图 5.11 Timer3 读写模式

(PIR2〈1〉)表示。可以通过对 Timer3 中断允许位 TMR3IE(PIE2〈1〉)置 1 或清零来允许或禁止该中断。

CCP2 模块的特殊事件触发信号不会将 TMR3IF 中断标志位(PIR1〈0〉)置 1。Timer3 的相关寄存器如表 5.3 所列。

表 5.3 Timer3 的寄存器

名 称	位 7	位 6	位 5	位 4	位 3	位 2	位 1	位 0	复位值所在页
INTCON	GIE/GIEH	PEIE/GIEL	TMR0IE	INT0IE	RBIE	TMR0IF	INT0IF	RBIF	49
PIR2	OSCFIF	CMIF	—	EEIF	BCLIF	HLVDIF	TMR3IF	CCP2IF	52
PIE2	OSCFIE	CMIE	—	EEIE	BCLIE	HLVDIE	TMR3IE	CCP2IE	52
IPR2	OSCFIP	CMIP	—	EEIP	BCLIP	HLVDIP	TMR3IP	CCP2IP	52
TMR3L	Timer3 寄存器的低字节								51
TMR3H	Timer3 寄存器的高字节								51
T1CON	RD16	T1RUN	T1CKPS1	T1CKPS0	T1OSCEN	$\overline{\text{T1SYNC}}$	TMR1CS	TMR1ON	50
T3CON	RD16	T3CCP2	T3CKPS1	T3CKPS0	T3CCP1	$\overline{\text{T3SYNC}}$	TMR3CS	TM43ON	51

注:“—”代表未用,读为 0。Timer3 模块不使用有阴影的单元。

5.5 定时/计数器实验

定时器实验选用了定时器0作为演示应用。从程序(如程序清单5.1所示)也可以看出其试验现象为两个小灯(LED1、LED2)交替显示,其间隔时间为1 s。

把C51RF-3-JX系统配置实验中"\单片机实验\第5章\timer_c"目录下的程序使用MPLAB IDE V7.60集成开发环境打开,并下载至实验板(详细操作过程请参阅第2章介绍)后,可看到实验板上的两个LED灯每隔1 s钟交替闪烁一次。

程序清单5.1如下:

```
#include<p18f4620.h>
//LED定义
#define  LED1 LATAbits.LATA3
#define LED2 LATAbits.LATA5
//**********************************************************
//函数原型:void initial()
//输    入:无
//输    出:无
//功能描述:初始化
//**********************************************************
void initial()
{    INTCON = 0x00;                         //* 位7~0:关总中断 */
    ADCON1 = 0X07;                          //* 设置数字输入/输出口 */
    PIE1 = 0;                               //* PIE1的中断不启用 */
    PIE2 = 0;                               //* PIE2的中断不启用 */
}
//**********************************************************
//函数原型:void TIMER0_Init()
//输    入:无
//输    出:无
//功能描述:定时器0初始化
//**********************************************************
void TIMER0_Init()
{    TMR0H = 0xD8;                          //定时初值,10 ms
    TMR0L = 0xEF;
    T0CON = 0x88;                           //定时器方式
}
```

```
//*****************************************************************
//函数原型：void main()
//输    入：无
//输    出：无
//功能描述：主控制函数
//*****************************************************************
unsigned char timercounter;
void main()
{
    //LED 输出状态
    TRISAbits.TRISA3 = 0;
    TRISAbits.TRISA5 = 0;
    LED1 = 0;                                   //LED 初始状态
    LED2 = 1;
    initial();
    TIMER0_Init();
    while(1)
    {   if(INTCONbits.TMR0IF == 1)              //查询时间到
        {     INTCONbits.TMR0IF = 0;            //清接收中断标志
            TMR0H = 0xD8;
            TMR0L = 0xEF;
            timercounter ++ ;
            Nop();
        }
        if(timercounter == 100)
        {   timercounter = 0;
            LED2 =! LED2;                       //LED 状态取反
            LED1 =! LED1;
        }
        Nap();
    }
}
```

第 6 章

增强型通用同步/异步收发器

增强型通用同步/异步收发器(EUSART,Enhanced Universal Synchronous Asynchronous Receiver Transmitter)是两个串行 I/O 模块之一(USART 也称为“串行通信接口”或 SCI)。它可以将 EUSART 配置为能与 CRT 终端和个人计算机等外设通讯的全双工异步系统;也可以将它配置成能够与 A/D 或 D/A 集成电路、串行 EEPROM 等外设通讯的半双工同步系统。

增强型 USART 模块还实现了其他功能,包括自动波特率检测和校准、接收到同步间隔字符时的自动唤醒和 12 位间隔字符发送。因为具有这些功能,所以局域互联网络(LIN,Local Interconnect Network)总线系统使用 EUSART 模块非常理想。EUSART 可配置为以下几种工作模式:

- 异步模式(全双工):
  - 接收到字符时自动唤醒;
  - 自动波特率校准;
  - 12 位间隔字符发送。
- 同步-主控(半双工)模式,时钟极性可选。
- 同步-从动(半双工)模式,时钟极性可选。

增强型 USART 的引脚与 PORTC 的功能复用。要把 RC6/TX/CK 和 RC7/RX/DT 引脚配置为 USART,应满足以下要求:

- SPEN(RCSTA〈7〉)位必须置 1 (=1);
- TRISC〈7〉位必须置 1(=1);
- TRISC〈6〉位必须置 1(=1)。

EUSART 控制在需要时会自动将引脚从输入重新配置为输出。

6.1 EUSART 寄存器

增强型 EUSART 的操作是由 3 个寄存器控制的：

- 发送状态和控制寄存器(TXSTA),如图 6.1 所示。

R/W–0	R/W–0	R/W–0	R/W–0	R/W–0	R/W–0	R–1	R/W–0
CSRC	TX9	TXEN	SYNC	SENDB	DRGH	TRMT	TX9D

位 7　　　　　　　　　　　　　　　　　　　　位 0

位 7　CSRC: 时钟源选择位
异步模式: 无关位
异步模式:
1 = 主控模式(时钟来自内部BRG)
0 = 从动模式(时钟来自外部时钟源)

位 6　TX9: 9位发送启用位
1 = 选择9位发送; 0 = 选择8位发送

位 5　TXEN:发送启用位
1 = 启用发送; 0 = 禁止发送
注: 同步模式下SREN/CREN的优先级高于TXEN

位 4　SYNC: EUSART模式选择位
1 = 同步模式; 0 = 异步模式

位 3　SENDB: 发送间隔字符位
异步模式:
1 = 在下一次发送时发送"同步间隔"字符(在完成时由硬件清零)
0 = "同步间隔"字符发送完成
同步模式:　无关位

位 2　BRGH: 高波特率选择位
异步模式:
1 = 高速; 0 = 低速
同步模式:　在此模式下未使用

位 1　TRMT: 发送移位寄存器状态位
1 = TSR空; 0 = TSR满

位 0　TX9D: 发送数据的第9位
可以是地址/数据位或奇偶校验位

R = 可读数
–n=POR值
W=可写位
1=置1
U=未用位,读为0
0=清零
x=未知

图 6.1　TXSTA：发送状态和控制寄存器

- 接收状态和控制寄存器(RXSTA),如图 6.2 所示。
- 波特率控制寄存器(BAUDCON),如图 6.3 所示。

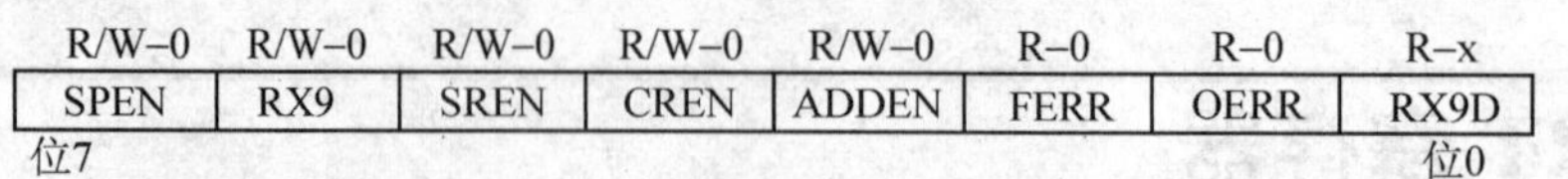

R/W-0	R/W-0	R/W-0	R/W-0	R/W-0	R-0	R-0	R-x
SPEN	RX9	SREN	CREN	ADDEN	FERR	OERR	RX9D

位7 位0

位7 SPEN:串行口启用位

1＝启用串行口(配置RX/DT和TX/CK引脚作为串行口引脚);0＝禁止串行口(保持在复位状态)

位6 RX9: 9位接收启用位

1＝选择9位接收

0＝选择8位接收

位5 SREN:单字节接收启用位

异步模式: 无关位

同步主控模式:

1＝启用单字节接收

0＝禁止单字节接收

此位在接收完成后清零

同步从动模式: 无关位

位4 CREN: 连续接收启用位

异步模式:

1＝启用接收器

0＝禁止接收器

同步模式:

1＝启用连续接收,直到启用CREN清零(CREN比SREN优先级高); 0=禁止连续接收

位3 ADDEN: 地址检测启用位

9位异步模式(RX9=1):

1＝当RSP〈8〉置1时,启用地址检测、允许中断和装入接收缓冲器

0＝禁止地址检测、接收所有字节并且第9位可作为奇偶校验位

9位异步模式(RX9=0):

无关位

位2 FERR: 帧错误位

1＝帧错误(可以通过读RCREG寄存器刷新该位并接收下一个有效字节)

0＝无帧错误

位1 OERR: 溢出错误位

1＝溢出错误(可以通过清除CREN位清零)

0＝无溢出错误

位0 RX9D: 接收数据的第9位

该位可以是地址/数据位或奇偶校验位, 并且必须由用户固件计算得到

图 6.2 RCSTA：接收状态和控制寄存器

R/W-0	R-1	U-0	R/W-0	R/W-0	U-0	R/W-0	R/W-0
ABDOVF	RCIDL	—	SCKP	BRG16	—	WUE	ABDEN

位7 位0

位7 ABDOVE: 自动波特率采样进位状态位

1＝在自动波特率检测模式下出现了BRG进位(必须用软件清零)

0＝没有发生BRG进位

位6 RCIDL: 接收操作空闲状态位

1＝接收操作处于空间状态; 0＝接收操作处于活动状态

位5 未用: 读为0

位4 SCKP:同步时钟极性选择位

异步模式: 在此模式下未使用

同步模式:

1＝空闲状态时钟(CK)为高电平; 0＝空闲状态时钟(CK)为低电平

位3 BRG16: 16位波特率 寄存器启用位

1＝16位波特率发生器—SPBRGH和SPBRG

0＝8位波特率发生器—仅SPBRG(兼容模式), 忽略和SPBRG的值

位2 未用: 读为0

位1 WUE: 唤醒启用位

异步模式:

1＝EUSART将继续采样RX引脚—中断在下降沿产生, 在下一个上升沿由硬件清零该位

0=未监控RX引脚或检测到了上升沿

同步模式: 在此模式下未使用

位0 ABDEN: 自动波特率检启用位

异步模式:

1＝在下一字符启用能波特率检测。需要收到“同步”字段(55H), 完成时由硬件清零

0＝禁止波特率检测或检测已完成

同步模式: 在上模式下未使用

图 6.3 BAUDCON：波特率控制寄存器

6.2 波特率发生器(BRG)

BRG 是一个专用的 8 位或 16 位发生器,支持 EUSART 的异步和同步模式。默认情况下,BRG 工作在 8 位模式下,将 BRG16 位(BAUDCON〈3〉)置 1 可选择 16 位模式。

SPBRGH∶SPBRG 寄存器对控制自由运行的定时器周期。在异步模式下,BRGH(TXSTA〈2〉)和 BRG16(BAUDCON〈3〉)也用于控制波特率。在同步模式下,BRGH 位会被忽略。表 6.1 所列为不同 EUSART 模式的波特率计算公式,但仅适用于主控模式(由内部产生时钟信号)。

表 6.1 波特率公式

<table>
<tr><th colspan="3">配置位</th><th rowspan="2">BRG/EUSART 模式</th><th rowspan="2">波特率计算公式</th></tr>
<tr><th>SYNC</th><th>BRG16</th><th>BRGH</th></tr>
<tr><td>0</td><td>0</td><td>0</td><td>8 位/异步</td><td>$f_{OSC}/[64(n+1)]$</td></tr>
<tr><td>0</td><td>0</td><td>1</td><td>8 位/异步</td><td rowspan="2">$f_{OSC}/[16(n+1)]$</td></tr>
<tr><td>0</td><td>1</td><td>0</td><td>16 位/异步</td></tr>
<tr><td>0</td><td>1</td><td>1</td><td>16 位/异步</td><td rowspan="3">$f_{OSC}/[4(n+1)]$</td></tr>
<tr><td>1</td><td>0</td><td>x</td><td>8 位/同步</td></tr>
<tr><td>1</td><td>1</td><td>x</td><td>16 位/同步</td></tr>
</table>

注:"x"代表无关位,n 代表 SPBRGH∶SPBRG 寄存器对的值。

给出期望的波特率和 f_{OSC} 值,就可以使用表 6.1 中的公式计算 SPBRGH∶SPBRG 寄存器的最近似整数值。这样就可以判断波特率误差。表 6.2 所列给出了不同异步模式下典型的波特率和误差值。使用高波特率(BRGH=1)或 16 位 BRG 有利于减小波特率误差,或者在快速振荡频率条件下实现低波特率。

表 6.2 与波特率发生器相关的寄存器

<table>
<tr><th>名 称</th><th>位 7</th><th>位 6</th><th>位 5</th><th>位 4</th><th>位 3</th><th>位 2</th><th>位 1</th><th>位 0</th><th>复位值所在页</th></tr>
<tr><td>TXSTA</td><td>CSRC</td><td>TX9</td><td>TXEN</td><td>SYNC</td><td>SENDB</td><td>BRGH</td><td>TRMT</td><td>TX9D</td><td>51</td></tr>
<tr><td>RCSTA</td><td>SPEN</td><td>RX9</td><td>SREN</td><td>CREN</td><td>ADDEN</td><td>FERR</td><td>OERR</td><td>RX9D</td><td>51</td></tr>
<tr><td>BAUDCON</td><td>ABDOVF</td><td>RCIDL</td><td>—</td><td>SCKP</td><td>BRG16</td><td>—</td><td>WUE</td><td>ABDEN</td><td>51</td></tr>
<tr><td>SPBRGH</td><td colspan="8">EUSART 波特率发生器寄存器的高字节</td><td>51</td></tr>
<tr><td>SPBRG</td><td colspan="8">EUSART 波特率发生器寄存器的低字节</td><td>51</td></tr>
</table>

注:"—"代表未用,读为 0。BRG 不使用有阴影的单元。

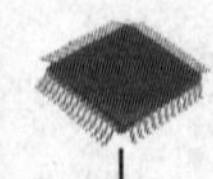

向 SPBRGH：SPBRG 寄存器写入新值会使 BRG 定时器复位(或清零)。这可以确保 BRG 无须等待定时器溢出就可以输出新的波特率。

时钟用于产生所需的波特率。当进入一种功耗管理模式时,新时钟源可能会工作在一个不同的频率下,这可能需要调整 SPBRG 寄存器对中的值。

检测电路对 RX 引脚采样 3 次,以判定 RX 引脚上出现的是高电平还是低电平。

增强型 USART 模块支持波特率自动检测和校准。此功能仅在异步模式下当 WUE 位清零时有效。

只要接收到起始位并且 ABDEN 位已置 1,就会开始自动波特率测量序列如图 6.4 所示。波特率计算采用自平均的方式。

在自动波特率检测(ABD,Auto－Baud Rate Detect)模式下,BRG 的时钟是反向的,不是由 BRG 为进入的 RX 信号提供时钟信号,而是由 RX 信号为 BRG 定时。在 ABD 模式下,内部波特率发生器被用做计数器来计算输入的串行字节流的位间隔时间。

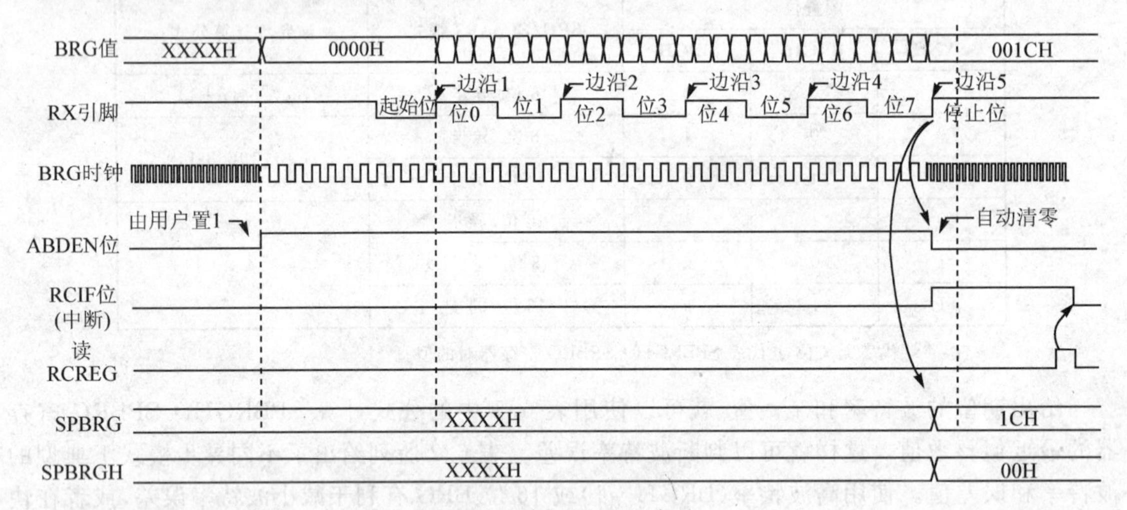

图 6.4　自动波特率计算

一旦 ABDEN 位置 1,状态机就会将 BRG 清零并寻找起始位。为了正确计算比特率,自动波特率检测必须接收到一个值为 55H(ASCII 字符为 U,也是 LIN 总线的同步字符)的字节。为了尽量减少输入信号不对称造成的影响,在接收低位和高位的时间内都要进行测量。在起始位后,SPBRG 使用预先选择的时钟源在 RX 的第 1 个上升沿开始计数。在 RX 引脚传输了 8 个位,或在检测到第 5 个上升沿后,会将相应 BRG 周期内的累加值保存在 SPBRGH：SPBRG 寄存器对中。当第 5 个时钟周期出现时(应与停止位对应),ABDEN 位会自动清零。

如果发生了 BRG 计满返回(从 FFFFH～0000H 的溢出),会在 ABDOVF 状态位

(BAUDCON⟨7⟩)有所反映。该位可在 BRG 溢出时由硬件置 1,也可以由用户通过软件置 1 或清零。在发生进位事件后,ABD 模式继续有效,ABDEN 位保持置 1 如图 6.5 所示。

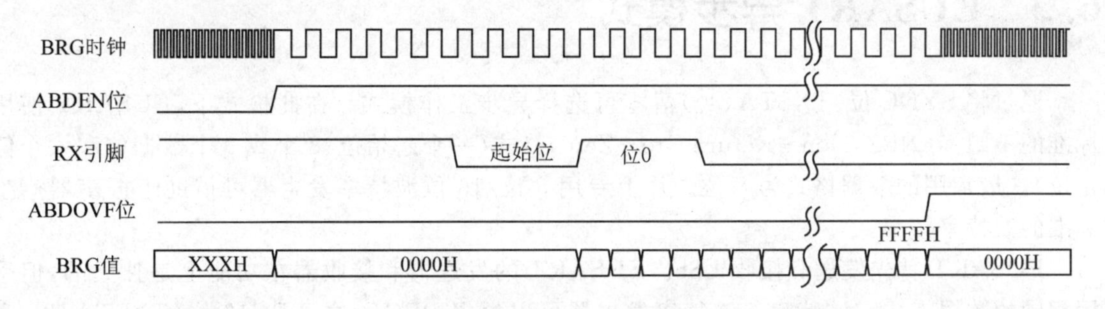

图 6.5 BRG 溢出时序

在校准波特率周期时,BRG 寄存器时钟频率为预配置时钟频率的 1/8。请注意,BRG 时钟将由 BRG16 和 BRGH 位配置。不管 BRG16 如何设置,SPBRG 和 SPBRGH 都将被用做 16 位计数器。用户通过检查 SPBRGH 寄存器的值是否为 00H,可以验证 8 位模式下是否发生了进位。

表 6.3 所列为 BRG 计数器的时钟速率。当产生 ABD 时序时,EUSART 状态机保持在空闲状态。一旦在 RX 上检测到第 5 个上升沿,中断标志位 RCIF 就会置 1。需要读取 RCREG 中的值,来清除中断标志位 RCIF,同时应丢弃 RCREG 的值。

表 6.3 BRG 计数器时钟速率

BRG16	BRGH	BRG 计数器时钟
0	0	$f_{OSC}/512$
0	1	$f_{OSC}/128$
1	0	$f_{OSC}/128$
1	1	$f_{OSC}/32$

注:在产生 ABD 时序时,不管 BRG16 如何设置,SPBRG 和 SPBRGH 都被用做 16 位计数器。

在产生 ABD 时序时,不管 BRG16 如何设置,SPBRG 和 SPBRGH 都被用做 16 位计数器。

如果 WUE 位与 ABDEN 位同时置 1,自动波特率检测会从间隔字符之后的字节开始。

需要由用户来判断进入字符波特率是否处于所选 BRG 时钟源范围内。由于位错误率的原因,某些振荡频率和 EUSART 波特率的组合是无法实现的。使用自动波特率检测功能时,必须综合考虑系统总的时序和通信波特率。

由于 ABD 采样期间 BRG 时钟是反向的,所以在 ABD 期间不能使用 EUSART 发送器。这意味着只要 ABDEN 位置 1,就不能写入 TXREG。用户还应确保在发送期间 ABDEN 不能为置 1 状态,否则可能会导致无法预料的 EUSART 操作。

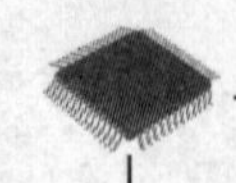

6.3 EUSART 异步模式

通过将 SYNC 位(TXSTA⟨4⟩)清零可选择异步工作模式。在此模式下,EUSART 使用标准的不归零(NRZ,Non－Return－to－Zero)格式(一个起始位、8 个或 9 个数据位和一个停止位)。最常用的数据格式为 8 位。片上专用 8 位/16 位波特率发生器可借助于振荡器产生标准的波特率频率。

EUSART 首先发送和接收 LSb。EUSART 的发送器和接收器在功能上是独立的,但采用相同的数据格式和波特率。波特率发生器可以根据 BRGH 位、BRG16 位(TXSTA⟨2⟩ 和 BAUDCON⟨3⟩)的设置值产生两种不同的波特率时钟,频率分别为移位速率的 16 倍或 64 倍。

EUSART 的硬件不支持奇偶校验,但可以用软件实现,校验值保存在第 9 个数据位中。

当工作在异步模式下时,EUSART 包括以下重要组成部分:波特率发生器;采样电路;异步发送器;异步接收器;同步间隔字符自动唤醒;12 位间隔字符发送;自动波特率检测。

图 6.6 所示显示了 EUSART 发送器的框图。发送器的核心是发送(串行)移位寄存器(TSR,Transmit Shift Register)。移位寄存器从读/写发送缓冲寄存器 TXREG 中获取数据。TXREG 寄存器中的数据由软件写入,在前一次装入数据的停止位发送前,不会向 TSR 寄存器装入数据;一旦停止位发送完毕,TXREG 寄存器中的新数据(如果有)就会被装入 TSR。

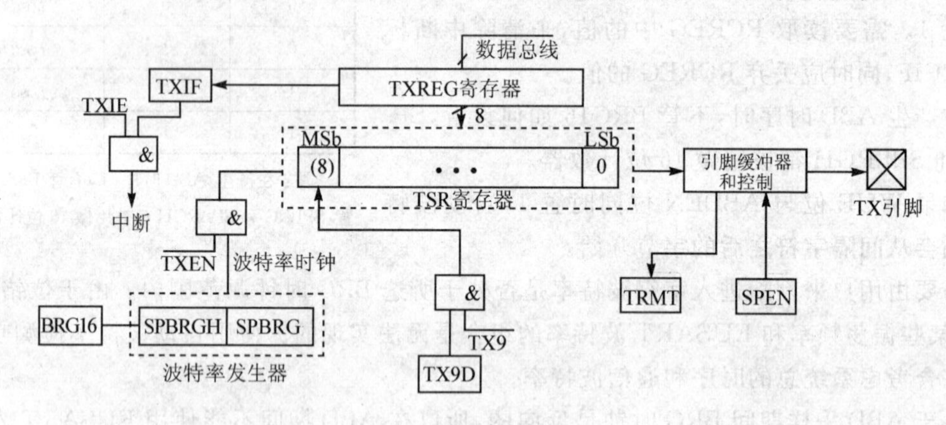

图 6.6 EUSART 发送

一旦 TXREG 寄存器向 TSR 寄存器传输了数据(在一个 TCY 内发生),TXREG 寄存器就为空,同时标志位 TXIF(PIR1⟨4⟩)置 1。可以通过将中断允许位 TXIE(PIE1⟨4⟩)置 1 或清零来允许/禁止该中断。不管 TXIE 的状态如何,只要中断发生,TXIF 就会置 1 并且不能用软件清零。TXIF 不会在 TXREG 装入新数据时立即被清零,而是在装入指令后的第 2 个指令周期被清零。因此在 TXREG 装入新数据后立即查询 TXIF,会得到无效结果。

TXIF 指示的是 TXREG 寄存器的状态，而另一个位 TRMT（TXSTA⟨1⟩）则指示 TSR 寄存器的状态。TRMT 是只读位，它在 TSR 寄存器为空时被置 1。TRMT 位与任何中断均无关联，所以要确定 TSR 寄存器是否为空，用户只能对此位进行查询。

TSR 寄存器并未被映射到数据存储器中，所以用户不能直接访问它。当启用位 TXEN 置 1 时，标志位 TXIF 置 1。

设置异步发送操作的步骤如下：

1）对 SPBRGH：SPBRG 寄存器进行初始化，设置合适的波特率。按需要将 BRGH 和 BRG16 位置 1 或清零，以获得目标波特率。

2）通过将 SYNC 位清零并将 SPEN 位置 1，启用异步串行口。

3）如果需要中断，将允许位 TXIE 置 1。

4）如果需要 9 位发送，将发送位 TX9 置 1，可以作为地址/数据位使用。

5）通过将 TXEN 位置 1 启用发送。此操作同时也会将 TXIF 位置 1。

6）如果选择了 9 位发送，应该将第 9 位装入 TX9D 位。

7）将数据装入 TXREG 寄存器（开始发送）。

8）如果使用中断，应确保 INTCON 寄存器中的 GIE 和 PEIE 位（INTCON⟨7：6⟩）已置 1。

图 6.7 所示给出了接收器框图，在 RX 引脚上接收数据，并驱动数据恢复电路。数据恢复电路实际上是一个工作频率为 16 倍波特率的高速移位器，而主接收串行移位器的工作频率等于比特率或 f_{OSC}。此模式通常用于 RS－232 系统。

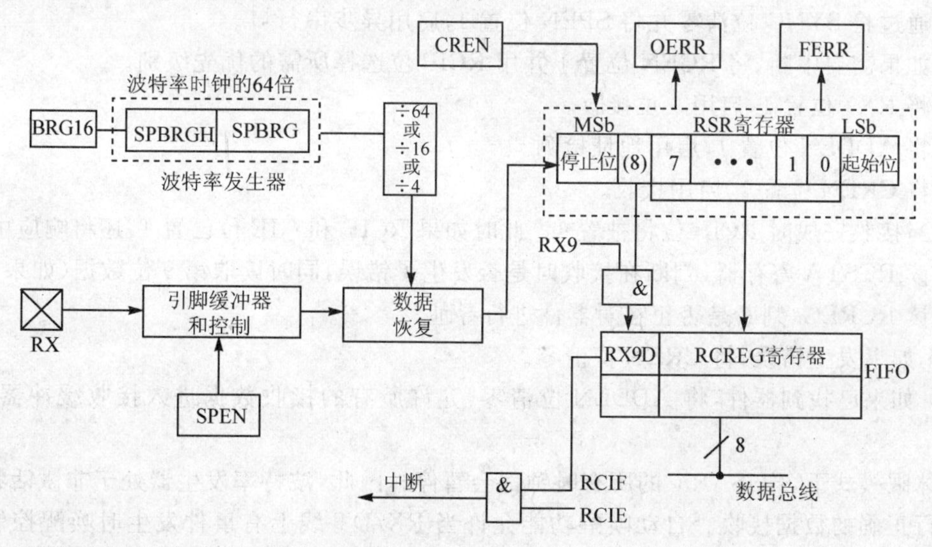

图 6.7　EUSART 接收

设置异步接收操作的步骤如下：

1）对SPBRGH：SPBRG寄存器进行初始化，设置合适的波特率。按需要将BRGH和BRG16位置1或清零，以获得目标波特率。

2）通过将SYNC位清零并将SPEN位置1，启用异步串行口。

3）如果需要中断，将允许位RCIE置1。

4）如果需要接收9位数据，将RX9位置1。

5）通过将CREN位置1，启用接收。

6）当接收完成时标志位RCIF将被置1，此时如果中断允许位RCIE已置1，还将产生一个中断。

7）读RCSTA寄存器获取第9位数据（如果已使能），并判断在接收过程中是否发生了错误。

8）读RCREG寄存器来读取接收到的8位数据。

9）如果发生错误，通过将启用位CREN清零来清除错误。

10）如果使用中断，应确保INTCON寄存器中的GIE和PEIE位（INTCON〈7：6〉）已置1。

设置带有地址检测功能的9位模式，此模式通常用于RS－485系统。按如下步骤设置带有地址检测功能的异步接收操作：

1）对SPBRGH：SPBRG寄存器进行初始化，设置合适的波特率。按需要将BRGH和BRG16位置1或清零，以获得目标波特率。

2）通过将SYNC位清零并将SPEN位置1，启用异步串行口。

3）如果需要中断，将RCEN位置1并用RCIP位选择所需的优先级别。

4）将RX9位置1，启用9位接收。

5）将ADDEN位置1，启用地址检测。

6）将CREN位置1，启用接收。

7）当接收完成时RCIF位将被置1。此时如果RCIE和GIE位已置1，还将响应中断。

8）读RCSTA寄存器，判断在接收时是否发生了错误，同时读取第9位数据（如果适用）。

9）读RCREG，判断是否正在对器件进行寻址。

10）如果发生错误，将CREN位清零。

11）如果已找到器件，将ADDEN位清零，允许所有的接收数据进入接收缓冲器并中断CPU。

在休眠模式下，EUSART的所有时钟都会暂停。因此，波特率发生器处于非激活状态，且无法进行正确的数据接收。自动唤醒功能允许当RX/DT线上有事件发生时唤醒控制器，它需要EUSART工作在异步模式下。

通过将WUE位（BAUDCON〈1〉）置1，启用自动唤醒功能。该功能启用后，将禁止RX/

DT 上的典型接收操作，且 EUSART 保持在空闲状态并监视唤醒事件（不管 CPU 运行模式如何）。唤醒事件是指 RX/DT 线上发生高电平到低电平的转换（这与“同步间隔”字符或 LIN 协议唤醒信号字符的启动条件一致）。

唤醒事件后，模块产生一个 RCIF 中断。在正常工作模式下，中断会与 Q 时钟同步产生；如果器件处于休眠模式，则两者是不同步的。通过读 RCREG 寄存器可清除中断条件。

唤醒事件后，当 RX 线上出现由低向高的电平转换时，WUE 位自动清零。此时，EUSART 模块将从空闲状态返回正常工作模式，由此用户可知“同步间隔”事件已经结束。

EUSART 模块能够发送符合 LIN 总线标准的特殊间隔字符。发送的间隔字符包括一个起始位，后面跟有 12 个 0 位和一个停止位。当发送移位寄存器装有数据时，只要 SENDB 和 TXEN 位（TXSTA〈3〉和 TXSTA〈5〉）置 1，就会发送帧间隔字符。请注意写入 TXREG 的数据值会被忽略，并会发送全 0。

在发送了相应的停止位后，硬件会自动将 SENDB 位复位，这样用户可以在间隔字符（在 LIN 规范中通常是同步字符）后预先将下一个要发送的字节装入发送 FIFO 队列。

请注意间隔字符中写入 TXREG 的数据值会被忽略。写入仅仅是为了启动正确的序列。正如其在正常发送操作中一样，TRMT 位表明发送正在进行还是处于空闲状态。

增强型 USART 模块接收间隔字符有两种方法：

第 1 种方法是强制将波特率配置为典型速率的 9/13。这可以使停止位在正确的采样点（对于间隔字符为起始位之后的 13 位，对于典型数据则是 8 个数据位）产生。

第 2 种方法是使用同步间隔字符自动唤醒中描述的自动唤醒功能。通过启用此功能，EUSART 将采样 RX/DT 上电平的下两次跳变，产生一个 RCIF 中断，接收下一个数据字节，并在随后产生另一个中断。

请注意在间隔字符后，用户通常希望启用自动波特率检测功能。无论使用哪种方法，用户都可以在检测到 TXIF 中断时马上将 ABD 位置 1。

6.4　EUSART 同步主控模式

将 CSRC 位（TXSTA〈7〉）置 1 可以进入同步主控模式。在此模式中，数据以半双工方式发送（即发送和接收不能同时进行）。发送数据时禁止接收，反之亦然。

将 SYNC 位（TXSTA〈4〉）置 1 可以进入同步模式。此外，应将启用位 SPEN（RCSTA〈7〉）置 1，分别把 TX 和 RX 引脚配置为 CK（时钟）和 DT（数据）线。

主控模式意味着处理器在 CK 时钟线上发送主控时钟信号。时钟极性是通过 SCKP 位（BAUDCON〈4〉）选择的。将 SCKP 置 1 是将空闲状态时的 CK 设为高电平，将该位清零则将空闲状态时的 CK 设为低电平。此选项支持将本模块与 Microwire 器件配合使用。

图 6.6 所示给出了 EUSART 发送器框图。发送器的核心是发送(串行)移位寄存器(TSR)。移位寄存器从读/写发送缓冲寄存器 TXREG 中获取数据。TXREG 寄存器中的数据由软件写入。在前一次装入数据的最后一位发送完成后,才向 TSR 寄存器装入新数据;一旦最后一位发送完成,就会将 TXREG 寄存器的新数据(如果有)装入 TSR。

一旦 TXREG 寄存器向 TSR 寄存器传输了数据(在 1 个 TCY 内发生),TXREG 寄存器就为空,同时标志位 TXIF(PIR1〈4〉)被置 1。可以通过将中断允许位 TXIE(PIE1〈4〉)置 1 或清零来允许或禁止该中断。TXIF 的设置不受 TXIE 状态的影响,且不能用软件清零。只有在新数据写入 TXREG 寄存器时,TXIF 才会复位。

TXIF 表示的是 TXREG 寄存器的状态,而另一个标志位 TRMT(TXSTA〈1〉)则表示 TSR 寄存器的状态。TRMT 位是一个只读位,当 TSR 为空时,TRMT 被置 1。TRMT 位与任何中断均无关联,所以要确定 TSR 寄存器是否为空,用户只能对此位进行查询。TSR 并未映射到数据存储器中,所以用户不能直接访问它。

设置同步主控发送操作的步骤如下:

1) 对 SPBRGH:SPBRG 寄存器进行初始化,设置合适的波特率。按需要将 BRG16 位置 1 或清零,以获得目标波特率。

2) 通过将 SYNC、SPEN 和 CSRC 位置 1,启用同步主控串行口。

3) 如果需要中断,将启用位 TXIE 置 1。

4) 如果需要 9 位发送,将 TX9 位置 1。

5) 将 TXEN 位置 1,启用发送。

6) 如果选择了 9 位发送,将第 9 位装入 TX9D 位。

7) 将数据装入 TXREG 寄存器,启动发送。

8) 如果使用中断,请确保将 INTCON 寄存器中的 GIE 和 PEIE 位(INTCON〈7:6〉)置 1。

一旦选择了同步模式,只要将单字节接收启用位 SREN(RCSTA〈5〉)或连续接收启用位 CREN(RCSTA〈4〉)置 1,即可启用接收。在时钟的下降沿采样 RX 引脚上的数据。

如果启用位 SREN 置 1,则只接收单个字;如果将启用位 CREN 置 1,则会连续接收数据,直到将 CREN 位清零;如果两个位均被置 1,则 CREN 具有优先权。

设置同步主控接收操作的步骤如下:

1) 对 SPBRGH:SPBRG 寄存器进行初始化,设置合适的波特率。按需要将 BRG16 位置 1 或清零,以获得目标波特率。

2) 通过将 SYNC、SPEN 和 CSRC 位置 1,启用同步主控串行口。

3) 确保将 CREN 和 SREN 位清零。

4) 如果需要中断,将启用位 RCIE 置 1。

5）如果需要接收 9 位数据，将 RX9 位置 1。

6）如果需要单字节接收，将 SREN 位置 1；如果需要连续接收，将 CREN 位置 1。

7）当接收完成时，中断标志位 RCIF 将置 1，此时如果中断允许位 RCIE 已置 1，则还将产生一个中断。

8）读 RCSTA 寄存器获取第 9 位数据（如果已启用），并判断在接收过程中是否发生了错误。

9）通过读 RCREG 寄存器来读取接收到的 8 位数据。

10）如果发生错误，将 CREN 位清零以清除错误。

11）如果使用中断，请确保将 INTCON 寄存器中的 GIE 和 PEIE 位（INTCON〈7：6〉）置 1。

6.5　EUSART 同步从动模式

将 CSRC（TXSTA〈7〉）清零可进入同步从动模式。此模式与同步主控模式的区别在于移位时钟由 CK 引脚上的外部时钟提供（主控模式中由内部时钟提供），这使得器件能在任何低功耗模式下发送或接收数据。

除了休眠模式以外，同步主控模式和从动模式的工作原理是相同的。

如果向 TXREG 写两个字，然后执行 SLEEP 指令，则会发生以下事件：

- 第 1 个字立即传送到 TSR 寄存器进行发送。
- 第 2 个字仍保留在 TXREG 寄存器中。
- 不会将标志位 TXIF 置 1。
- 当第 1 个字移出 TSR 后，TXREG 寄存器将把第 2 个字传送给 TSR，同时将标志位 TXIF 置 1。
- 如果中断启用位 TXIE 置 1，中断将把器件从休眠状态唤醒。如果启用了全局中断，程序则会跳转到中断矢量处执行。

设置同步从动发送的步骤如下：

1）通过将 SYNC 和 SPEN 位置 1、CSRC 位清零，启用同步从动串行口。

2）将 CREN 和 SREN 位清零。

3）如果需要中断，将启用位 TXIE 置 1。

4）如果需要 9 位发送，将 TX9 位置 1。

5）将启用位 TXEN 置 1 以启用发送。

6）如果选择了 9 位发送，将第 9 位装入 TX9D 位。

7）将数据装入 TXREGx 寄存器，启动发送。

8）如果使用中断，请确保将 INTCON 寄存器中的 GIE 和 PEIE 位（INTCON〈7：6〉）置 1。

除了休眠模式、空闲模式以及在从动模式下忽略 SREN 位以外，同步主控和从动模式的工作原理完全相同。

如果在进入休眠或空闲模式前将 CREN 位置 1 启用接收，那么在低功耗模式下可以接收到一个数据字。接收到该字后，RSR 寄存器将把数据发送到 RCREG 寄存器。如果中断启用位 RCIE 已置 1，产生的中断将把芯片从低功耗模式唤醒。如果允许了全局中断，程序则会跳转到中断矢量处执行。

设置同步从动接收操作的步骤如下：

1）通过将 SYNC 和 SPEN 位置 1，并将 CSRC 位清零，启用同步从动串行口。

2）如果需要中断，将启用位 RCIE 置 1。

3）如果需要接收 9 位数据，将 RX9 位置 1。

4）将启用位 CREN 置 1，以启用接收。

5）当接收完成时，RCIF 位将被置 1。如果中断允许位 RCIE 已置 1，还将产生一个中断。

6）读 RCSTA 寄存器获取第 9 位数据（如果已启用），并判断在接收过程中是否发生了错误。

7）通过读 RCREG 寄存器来读取接收到的 8 位数据。

8）如果发生错误，将 CREN 位清零以清除错误。

9）如果使用中断，请确保将 INTCON 寄存器中的 GIE 和 PEIE 位（INTCON〈7：6〉）置 1。

6.6　EUSART 实验

1. EUSART 硬件原理

实验所用的电路介绍请查阅 1.3.3 和 1.3.4 节。本程序将 1～10 的 10 个数字发至串口，同时打开串口准备接收串口数据，并通过串口调试软件显示出来。

2. 软件设计

程序清单 6.1 如下：

```
#include "p18f4620.h"
unsigned char recdata;
//****************************************************************
//函数原型：void initial()
//输    入：无
//输    出：无
//功能描述：初始化
//****************************************************************
void  initial()
{
    INTCON = 0x00;                       //位 7～0：关总中断 */
    ADCON1 = 0x07;                       //* 设置数字输入/输出口 */
    PIE1 = 0;
    PIE2 = 0;
}
//****************************************************************
//函数原型：void EUSART_Init()
//输    入：无
//输    出：无
//功能描述：串口通信初始化
//****************************************************************
void  EUSART_Init()
{
    TXSTA = 0xA4;                        //选择异步高速方式传输 8 位数据
    RCSTA = 0x90;                        //允许串行口工作启用
    BAUDCON = 0x00;
    TRISC = TRISC|0x80;                  //将 RC7(RX)设置为输入方式
    TRISC = TRISC&0xBF;                  //RC6(TX)设置为输出
    SPBRG = 25;                          //4 MHz 晶振时波特率为 25(9 600 b/s)
}
//****************************************************************
//函数原型：void sent_ch(unsigned char d)
//输    入：待发送数据
//输    出：无
//功能描述：通过串口发送一个字节的数据函数
//****************************************************************
void sent_ch(unsigned char d)
{
    PIR1bits.TXIF = 0;                   //清发送接收中断标志位
```

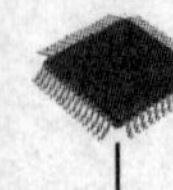


```
    TXREG = d;                              //返送接收到的数据
    Nop();
    While (TXSTAbits.TRMT == 0);
}
//*****************************************************************
//函数原型：void main(void)
//输    入：无
//输    出：无
//功能描述：
//*****************************************************************
void main(void)
{
    unsigned char i;
    TRISE = 0;
    LATE = 0;
    initial();
    EUSART_Init();                          //串行通信初始化子程序
    for(i = 1;i<= 10;i++)                   //发送1～10
        sent_ch(i);
    while(1)                                //等待中断
    {
        if(PIR1bits.RCIF == 1)              //查询是否有接收
        {
            PIR1bits.RCIF = 0;              //清接收中断标志
            recdata = RCREG;                //接收数据并存储
            TXREG = recdata;                //返送接收到的数据
            Nop();
            while(TXSTAbits.TRMT == 0);
        }
        Nop();
    }
}
```

3. 试验现象及分析

把C51RF-3-JX系统配置实验中“\单片机实验\第6章\uart_c”目录下的程序使用MPLAB IDE V7.60集成开发环境打开，并下载至实验板（详细操作过程请参阅第2章介绍）后，通过串口调试工具，可以观察到期望结果，如图6.8所示。

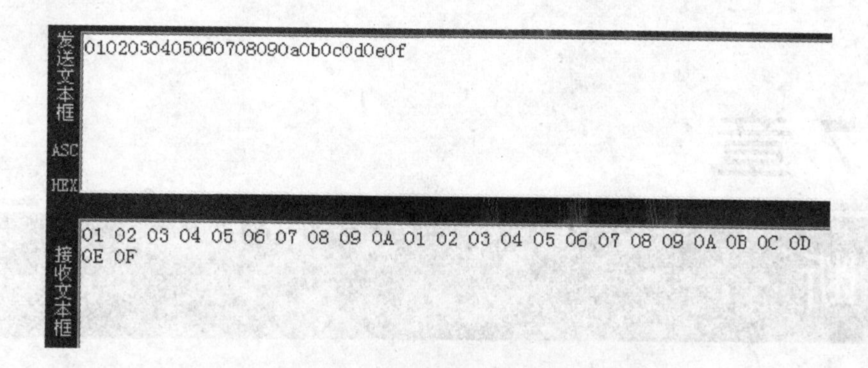

图 6.8　串口调试工具观察图

发送文本框为十六进制 0x01、0x02、…、0x0F，接收文本框的前 10 个数为我们在程序中主动发的 10 个数（1～10），而后 15 个数是从串口调试工具发送到单片机的 1～15。

第 7 章

中　断

PIC18F4620 具有多个中断源(中断逻辑如图 7.1 所示)和一个中断优先级功能。该功能可以给绝大多数中断源分配高优先级或者低优先级。高优先级中断矢量位于 0008H,低优先

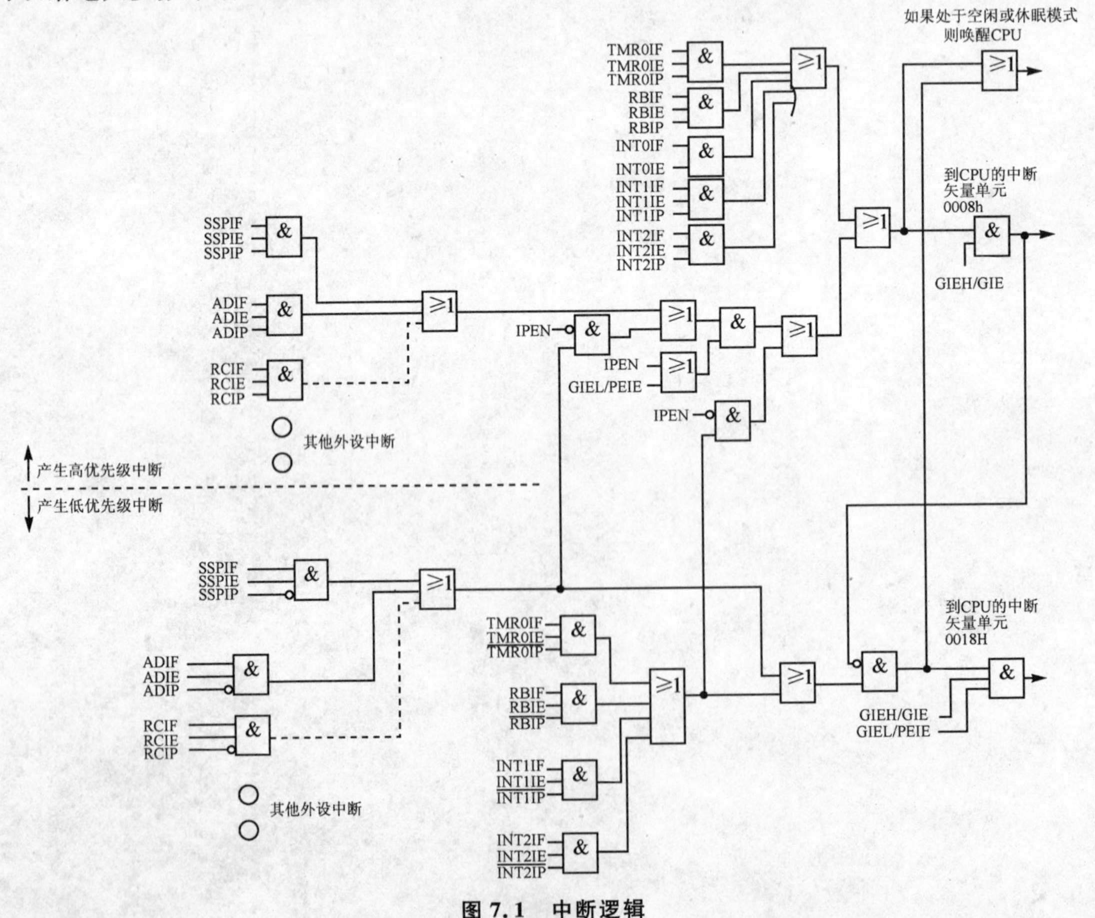

图 7.1　中断逻辑

级中断矢量位于0018H。高优先级中断事件将中断正在处理的低优先级中断。

7.1 中断概述

PIC18F4620由10个寄存器用于控制中断操作。这些寄存器是：RCON、INTCON、INTCON2、INTCON3、PIR1和PIR2、PIE1和PIE2、IPR1和IPR2。

在程序设计时，建议读者使用MPLAB IDE提供的Microchip头文件命名这些寄存器中的位。这使得汇编器/编译器能够自动识别指定寄存器内的这些位。

通常，中断源有3个位用于控制其操作。分别是：

- 标志位表明发生了中断事件。
- 启用位允许程序跳转到中断矢量地址处执行(当标志位置1时)。
- 优先级位用于选择高优先级还是低优先级。

通过将IPEN位(RCON〈7〉)置1，可启用中断优先级功能。当启用中断优先级时，有两个全局中断允许位。

将GIEH位(INTCON〈7〉)置1，可允许所有优先级位已置1(高优先级)的中断。将GIEL位(INTCON〈6〉)置1，可允许所有优先级位已清零(低优先级)的中断。当中断标志位、允许位及相应的全局中断允许位均被置1时，中断将根据设置的中断优先级立即跳转到地址0008H或0018H，也可以通过设置相应的允许位来禁止单个中断。

当IPEN位清零(默认状态)时，便会禁止中断优先级功能，并且中断是与PIC®中档系列器件兼容的。在兼容模式下，各个中断源的中断优先级位不起作用。

INTCON〈6〉是PEIE位，用于允许/禁止所有的外设中断源。INTCON〈7〉是GIE位，用于允许/禁止所有中断源。在兼容模式下，所有中断均跳转到0008H。

当响应中断时，全局中断允许位被清零以禁止其他中断。清零后的IPEN位就是GIE位。如果使用了中断优先级，这个位就是GIEH位或者GIEL位。高优先级中断源会中断低优先级中断。在处理高优先级中断时，低优先级中断将不被响应。

返回地址被压入堆栈，中断矢量地址(0008H或0018H)被装入PC。只要在中断服务程序中，就可以通过查询中断标志位来确定中断源。在重新允许中断前，必须用软件将中断标志位清零，以避免重复响应这些中断。

执行“从中断返回”指令RETFIE将退出中断程序，同时将GIE位(若使用中断优先级则为GIEH或GIEL位)置1，从而重新允许中断。

对于外部中断事件，例如INT引脚中断或者PORTB输入电平变化中断，中断响应延时将会是3～4个指令周期。对于单周期或双周期指令，中断响应延时完全相同。各中断标志位的置1不受对应的中断允许位和GIE位状态的影响。

当允许任何中断时，不要使用MOVFF指令修改中断控制寄存器，否则可能导致单片机操作出错。

当中断条件产生时，不管相应的中断允许位或全局允许位的状态如何，中断标志位都将置1。用户软件应在允许一个中断前，先将相应的中断标志位清零。中断标志位可由软件查询。

7.2 中断的现场保护

在中断期间，将返回的PC地址压入堆栈。另外，将WREG、Status和BSR寄存器的值压入快速返回堆栈。如果未使用从中断快速返回功能，那么用户可能需要在进入中断服务程序前，保存WREG、Status和BSR寄存器的值。根据用户的具体应用，还可能需要保存其他寄存器的值。

7.3 中断寄存器

INTCON(中断控制)寄存器(如图7.2、图7.3、图7.4所示)是可读写的寄存器，包含多个

R/W-0	R/W-0	R/W-0	R/W-0	R/W-0	R/W-0	R/W-0	R/W-x
GIE/GIEH	PEIE/GIEL	TMR0IE	INT0IE	RBIE	TMR01F	INT0IF	RBIF
位7							位0

位7 GIE/GIEH: 全局中断允许位
当IPEN = 0时:
1 = 允许所有未被屏蔽的中断
0 = 禁止所有中断
当IPEN =1时:
1 = 允许所有高优先级中断
0 = 禁止所有中断

位6 PEIE/GIEL: 外设中断允许位
当IPEN = 0时:
1 = 允许所有未被屏蔽的外设中断
0 = 禁止所有外设中断
当IPEN = 1时:
1 = 允许所有高优先级中断
0 = 禁止所有低优先级中断

位5 TMR0IE: TMR0溢出中断允许位
1 = 允许TMR0溢出中断
0 = 禁止TMR0溢出中断

位4 INT0IE: INT0溢出中断允许位
1 = 允许INT0溢出中断
0 = 禁止INT0 溢出中断

位3 RBIE: RB端口电平变化中断允许位
1 = 允许RB端口电平变化中断
0 = 禁止RB端口电平变化中断

位2 TMR0IF: TMR0溢出中断标志位
1 = TMR0寄存器已溢出(必须用软件清零)
0 = TMR0寄存器未溢出

位1 INT0IF: INT0外部中断标志位
1 = 发生了INT0外部中断(必须用软件清零)
0 = 未发生INT0外部中断

位0 RBIF: RB端口电平变化中断标志位
1 = RB7:RB4引脚中至少有一个引脚的电平状态发生了改变(必须用软件清零)
0 = RB7:RB4引脚电平状态没有改变

注:电平的不匹配会不断地将RBIF位置1。读取PORTB可以结束这种情况,并将RBIF位清零。

图7.2 INTCON中断控制寄存器

允许位、优先级位和标志位。PIC18F4620 共有 3 个中断控制寄存器。

R/W–1	R/W–1	R/W–1	R/W–1	U–0	R/W–1	R/W–1	R/W–1
$\overline{\text{RBPU}}$	INTEDG0	INTEDG1	INTEDG2	—	TMR0IP	—	RBIP

位7 位0

位7 RBPU: PORTB上拉启用位
1 = 禁止所有PORTB上拉
0 = 根据各端口锁存值启用PORTB上拉

位6 INTEDG0: 外部中断0边沿选择位
1 = 上升沿触发中断
0 = 下降沿触发中断

位5 INTEDG1: 外部中断1边沿选择位
1 = 上升沿触发中断
0 = 下降沿触发中断

位4 INTEDG2: 外部中断2边沿选择位
1 = 上升沿触发中断
0 = 下降沿触发中断

位3 未用: 读为0

位2 TMR0IP: TMR0溢出中断优先级位
1 = 高优先级
0 = 低优先级

位1 未用: 读为0

位0 RBIP: RB端口电平变化中断优先级位
1 = 高优先级
0 = 低优先级

图 7.3 INTCON2 中断控制寄存器 3

R/W–1	R/W–1	U–0	R/W–0	R/W–0	U–0	R/W–0	R/W–0
INT2IP	INT1IP	—	INT2IE	INT1IE	—	INT2IF	INT1IF

位7 位0

位7 INT2IP: INT2外部中断优先级位
1 = 高优先级
0 = 高优先级

位6 INT1IP: INT1外部中断优先级位
1 = 高优先级
0 = 高优先级

位5 未用:读为0

位4 INT2IE: INT2外部中断允许位
1 = 允许INT2外部中断
0 = 禁止INT2外部中断

位3 INT1IE: INT1外部中断允许位
1 = 允许INT1外部中断
0 = 禁止INT1外部中断

位2 未用:读为0

位1 INT2IF: INT2外部中断标志位
1 = 发生了INT2外部中断(必须用软件清零)
0 = 未发生INT2外部中断

位0 INT1IF: INT1外部中断标志位
1 = 发生了INT1外部中断(必须用软件清零)
0 = 未发生INT1外部中断

图 7.4 INTCON3 中断控制寄存器 3

PIR(外设中断请求)寄存器包含各外设中断的标志位。根据外设中断源的数量，有两个外设中断请求(标志)寄存器(PIR1 和 PIR2)，如图 7.5、图 7.6 所示。

当中断条件产生时，不管相应的中断允许位或全局允许位 GIE(INTCON〈7〉)的状态如何，中断标志位都将置 1。用户软件应在允许一个中断前和处理完一次中断后，将相应的中断标志位清零。

R/W–0	R/W–0	R–0	R–0	R/W–0	R/W–0	R/W–0	R/W–0
PSPIF(1)	ADIF	RCIF	TXIF	SSPIF	CCP1IF	TMR2IF	TMR1IF
位7							位0

位7　PSPIF: 并行从动端口读/写中断标志位[1]
　1 = 已经发生了读或写操作(必须用软件清零)
　0 = 没有发生了读或写操作　注:该位在28引脚器件上未使用,读为0

位6　ADIF: A/D转换器中断标志位
　1 = 一次A/D转换已完成(必须用软件清零)　0 = A/D转换未完成

位5　RCIF: EUSART接收中断标志位
　1 = EUSART接收缓冲器RCREG已满(读取RCREG时清零)
　0 = EUSART接收缓冲器为空

位4　TXIF: EUSART发送中断标志位
　1 = EUSART发送缓冲器TXREG已空(写入TXREG时清零)
　0 = EUSART发送缓冲器满

位3　SSPIF: 主同步串行口中断标志位
　1 = 发送/接收已完成(必须用软件清零)　0 = 等待发送/接收

位2　CCP1IF: CCP1中断标志位
　捕捉模式:
　1 = 发生了TMR1寄存器捕捉(必须用软件清零)
　0 = 未发生了TMR1寄存器捕捉
　比较模式:
　1 = 发生了TMR1寄存器的比较匹配(必须用软件清零)
　0 = 未发生了TMR1寄存器的比较匹配
　PWM模式: 在此模式下未使用

位1　TMR2IF: TMR2与PR2匹配中断标志位
　1 = TMR2与PR2匹配(必须用软件清零)　0 = TMR2与PR2不匹配

位0　TMR1IF: TMR1溢出中断标志位
　1 = TMR1寄存器已溢出 (必须用软件清零)　0 = TMR1寄存器未溢出

R = 可读数
–n=POR值
W=可写位
1=置1
U=未用位,读为0
0=清零
x=未知

图 7.5　PIR1 外设中断请求(标志)寄存器

PIE(外设中断允许)寄存器包含各外设中断的允许位。根据外设中断源的数量,有两个外设中断允许寄存器(PIE1 和 PIE2),如图 7.7、图 7.8 所示。当 IPEN＝0 时,要允许任一外设中断,必须将 PEI 位置 1。

IPR(外设中断优先级)寄存器包含各外设中断的优先级位。根据外设中断源的数量,有两个外设中断优先级寄存器(IPR1 和 IPR2),如图 7.9、图 7.10 所示。使用优先级位时,要求将中断优先级允许(IPEN)位置 1。

RCON(复位控制)寄存器中包含的位可用来确定器件上次复位或从空闲或休眠模式唤醒的原因,如图 7.11 所示。RCON 还包含一个可启用中断优先级的 IPEN 位。

R/W-0	R/W-0	U-0	R/W-0	R/W-0	R/W-0	R/W-0	R/W-0
OSCFIF	CMIF	—	EEIF	BCLIF	HLVDIF	TMR3IF	CCP2IF
位7							位0

位7 OSCFIF: 振荡器失效中断标志位
1 = 系统振荡器失效,改成由INTOSC作为时钟输入(必须用软件清零)
0 = 系统时钟正常运行

位6 CMIF: 比较器中断标志位
1 = 比较器输入已改变(必须用软件清零) 0 = 比较器输入未变化

位5 未用: 读为0

位4 EEIF: 数据E^2PROM/闪存写操作中断标志位
1 = 写操作完成(必须用软件清零) 0 = 写操作未完成或尚未开始

位3 BCLIF: 总结冲突中断标志位
1 = 发生了总线冲突(必须用软件清零) 0 = 未发生总线冲突

位2 HLVDIF: 高/低压检测中断标志位
1 = 发生了高/低压条件; 方向由VDIRMAG位(HLVDCON<7>)决定
0 = 未发生高/低压条件

位1 TMR3IF: TMR3溢出中断标志位
1 = TMR3寄存器已溢出(必须用软件清零) 0 = TMR3寄存器未溢出

位0 CCP2IF: CCPx中断标志位
捕捉模式:
1 = TMR1寄存器发生捕捉(必须用软件清零)
0 = 未发生TMR1寄存器捕捉
比较模式:
1 = 发生了TMR1寄存器的比较匹配(必须用软件清零)
0 = 未发生TMR1寄存器的比较匹配
PWM模式: 在此模式下未使用

R = 可读数
–n=POR值
W=可写位
1=置1
U=未用位,读为0
0=清零
x=未知

图 7.6 PIR2 外设中断请求(标志)寄存器 2

R/W-0	R/W-0	R/W-0	R/W-0	R/W-0	R/W-0	R/W-0	R/W-0
PSPIE[1]	ADIE	RCIE	TEIE	SSPIE	CCP1IE	TMR2IE	TMR1IE
位7							位0

位7 PSPIE: 并行从动端口读/写中断允许位[1]
1 = 允许PSP读/写中断
0 = 禁止PSP读/写中断

位6 ADIE: A/D转换器中断允许位
1 = 允许A/D中断
0 = 禁止A/D中断

位5 RCIE: EUSART接收中断允许位
1 = 允许EUSART接收中断
0 = 禁止EUSART接收中断

位4 TXIE: EUSART发送中断允许位
1 = 允许EUSART发送中断
0 = 禁止EUSART发送中断

位3 SSPIE: 主同步串行口中断允许位
1 = 允许MSSP中断
0 = 禁止MSSP中断

位2 CCP1IE: CCP1中断允许位
1 = 允许CCP1中断
0 = 禁止CCP1中断

位1 TMR2IE: TMR2与PR2匹配中断允许位
1 = 允许TMR2与PR2匹配中断
0 = 禁止TMR2与PR2匹配中断

位0 TMR1IE: TMR1溢出中断允许位
1 = 允许TMR1溢出中断
0 = 禁止TMR1溢出中断

注 1: 该位在28引脚器件上未使用, 读为0。

图 7.7 PIE1 外设中断允许寄存器 1

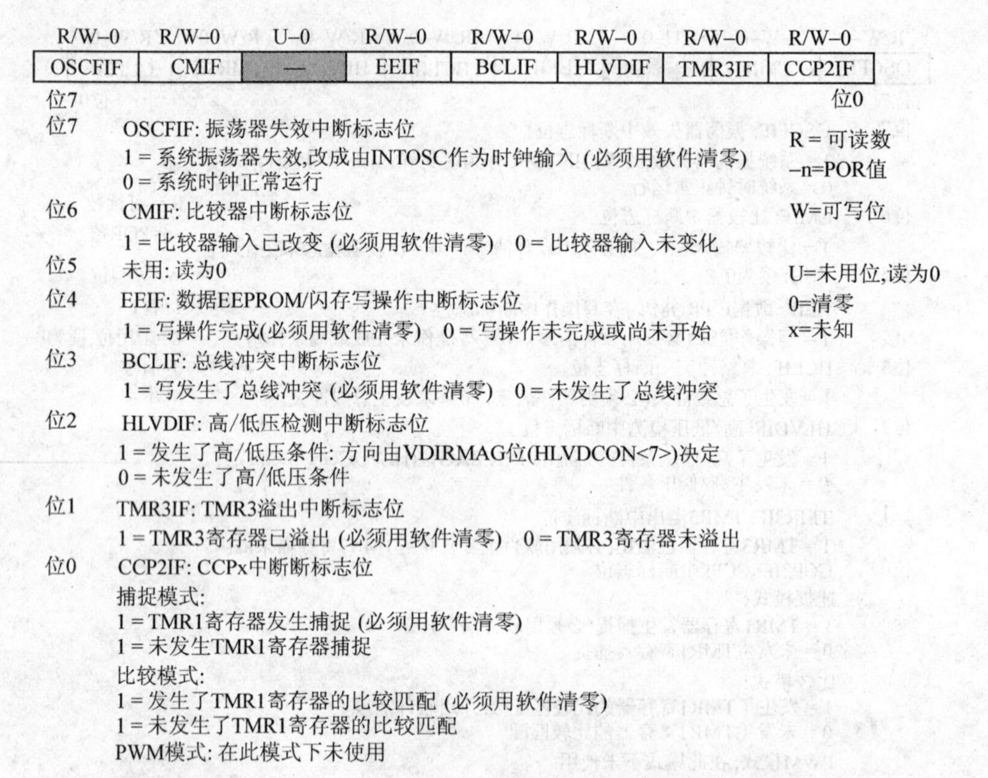

R/W–0	R/W–0	U–0	R/W–0	R/W–0	R/W–0	R/W–0	R/W–0
OSCFIF	CMIF	—	EEIF	BCLIF	HLVDIF	TMR3IF	CCP2IF

位7 位0

位7 OSCFIF: 振荡器失效中断标志位
1 = 系统振荡器失效,改成由INTOSC作为时钟输入 (必须用软件清零)
0 = 系统时钟正常运行

位6 CMIF: 比较器中断标志位
1 = 比较器输入已改变 (必须用软件清零) 0 = 比较器输入未变化

位5 未用: 读为0

位4 EEIF: 数据EEPROM/闪存写操作中断标志位
1 = 写操作完成(必须用软件清零) 0 = 写操作未完成或尚未开始

位3 BCLIF: 总线冲突中断标志位
1 = 写发生了总线冲突 (必须用软件清零) 0 = 未发生了总线冲突

位2 HLVDIF: 高/低压检测中断标志位
1 = 发生了高/低压条件: 方向由VDIRMAG位(HLVDCON<7>)决定
0 = 未发生了高/低压条件

位1 TMR3IF: TMR3溢出中断标志位
1 = TMR3寄存器已溢出 (必须用软件清零) 0 = TMR3寄存器未溢出

位0 CCP2IF: CCPx中断标志位
捕捉模式:
1 = TMR1寄存器发生捕捉 (必须用软件清零)
1 = 未发生TMR1寄存器捕捉
比较模式:
1 = 发生了TMR1寄存器的比较匹配 (必须用软件清零)
1 = 未发生了TMR1寄存器的比较匹配
PWM模式: 在此模式下未使用

R = 可读数
-n=POR值
W=可写位
U=未用位,读为0
0=清零
x=未知

图 7.8 PIE2 外设中断请求(标志)寄存器 2

R/W–1	R/W–1	R/W–1	R/W–1	R/W–1	R/W–1	R/W–1	R/W–1
PSPIP[1]	ADIP	RCIP	TXIP	SSPIP	CCP1IP	TMR2IP	TMR1IP

位7 位0

位7 PSPIP: 并行从动端口读/写中断优先级位[1]
1 = 高优先级
0 = 低优先级

位6 ADIP: A/D转换器中断优先级位
1 = 高优先级
0 = 低优先级

位5 RCIP: EUSART接收中断优先级位
1 = 高优先级
0 = 低优先级

位4 TXIP: EUSART发送中断优先级位
1 = 高优先级
0 = 低优先级

位3 SSPIP: 主同步串行口中断优先级位
1 = 高优先级
0 = 低优先级

位2 CCP1IP: CCP1中断优先级位
1 = 高优先级
0 = 低优先级

位1 TMR2IP: TMR2与PR2匹配中断优先级位
1 = 高优先级
0 = 低优先级

位0 TMR1IP: TMR1溢出中断优先级位
1 = 高优先级
0 = 低优先级

注 1: 该位在28引脚器件上未使用,读为0。

图 7.9 IPR1 外设中断优先级寄存器 1

R/W–1	R/W–1	U–1	R/W–1	R/W–1	R/W–1	R/W–1	R/W–1
OSCFIF	CMIF	—	EEIF	BCLIF	HLVDIF	TMR3IF	CCP2IF
位7							位0

位7 OSCFIP: 振荡器失效中断优先级位
1 = 高优先级
0 = 低优先级

位6 CMIP: 比较器中断优先级位
1 = 高优先级
0 = 低优先级

位5 未用: 读为0

位4 EEIP: 数据E^2PROM/闪存写操作中断优先级位
1 = 高优先级
0 = 低优先级

位3 BCLIP: 总线冲突中断优先级位
1 = 高优先级
0 = 低优先级

位2 HLVDIP: 高/低压检测中断优先级位
1 = 高优先级
0 = 低优先级

位1 TMR3IP: TMR3溢出中断优先级位
1 = 高优先级
0 = 低优先级

位0 CCP2IP: CCP2中断优先级位
1 = 高优先级
0 = 低优先级

图 7.10 IPR2 外设中断优先级寄存器

R/W–0	R/W–1(1)	U–0	R/W–1	R–1	R–1	R/W–0(1)	R/W–0
IPEN	SBOREN	—	$\overline{\text{RI}}$	$\overline{\text{TO}}$	$\overline{\text{PD}}$	$\overline{\text{POR}}$	$\overline{\text{BOR}}$
位7							位0

位7 IPEN: 中断优先级允许位
1 = 允许中断优先级
0 = 禁止中断优先级 (PIC16XXX兼容模式)

位6 SBOREN: 软件BOP启用位(1)
位操作的详细信息

位5 未用: 读为0

位4 $\overline{\text{RI}}$: RESET指令标志位

位3 $\overline{\text{TO}}$: 看门狗超时标志位

位2 $\overline{\text{PD}}$: 掉电检测标志位

位1 $\overline{\text{POR}}$: 上电复位状态位

位0 $\overline{\text{BOR}}$: 欠压复位状态位

R = 可读数
–n=POR值
W=可写位
1=置1
U=未用位,读为0
0=清零
x=未知

注1: 实际复位值由器件配置和器件复位的特性决定。

图 7.11 RCON 复位控制寄存器

7.4 INT*n* 引脚中断

RB0/INT0、RB1/INT1 和 RB2/INT2 引脚上的外部中断都是边沿触发的。如果 INTCON2 寄存器中相应的 INTEDGx 位被置 1,则为上升沿触发;如果该位被清零,则为下降沿触发。当 RBx/INTx 引脚上出现一个有效边沿时,相应的标志位 INTxF 被置 1。通过清零相应的允许位 INTxE,可禁止该中断。在重新允许该中断前,必须在中断服务程序中先用软件

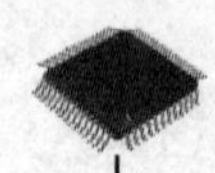

将中断标志位 INTxF 清零。

如果 INTxE 位在进入空闲或休眠模式前被置 1,则所有的外部中断(INT0、INT1 和 INT2)均能将处理器从空闲或休眠模式唤醒。如果全局中断允许位 GIE 被置 1,则处理器将在被唤醒之后转移到中断矢量处执行程序。

INT1 和 INT2 的中断优先级由中断优先级位 INT1IP(INTCON3〈6〉)和 INT2IP(INTCON3〈7〉)中的值决定。没有与 INT0 相关的优先级位。INT0 始终是一个高优先级的中断源。

7.5 TMR0 中断

在 8 位模式(默认模式)下,TMR0 寄存器的溢出(FFH□00h)会使 TMR0IF 标志位置 1。在 16 位模式下,TMR0H ∶ TMR0L 寄存器对的溢出(FFFFH□0000H)会使 TMR0IF 标志位置 1。通过将允许位 TMR0IE(INTCON〈5〉)置 1 或清零,可以允许或禁止该中断。Timer0 的中断优先级由中断优先级位 TMR0IP(INTCON2〈2〉)中的值决定。

7.6 PORTB 电平变化中断

PORTB〈7 ∶ 4〉上的输入电平变化会将标志位 RBIF(INTCON〈0〉)置 1。通过将允许位 RBIE(INTCON〈3〉)置 1 或清零,可以允许或禁止该中断。PORTB 电平变化中断的优先级由中断优先级位 RBIP(INTCON2〈0〉)中的值决定。

7.7 中断实验

在第 5 章和第 6 章中的定时器和串口试验都采用查询的方式,在这里把这两个实验都改用成中断的方式,其表现形式与前面一样。

其中定时器采用了高优先级中断,串口采用了低优先级中断。程序如程序清单 7.1 与程序清单 7.2 所示。

7.7.1 定时器中断实验

把 C51RF-3-JX 系统配置实验中"\单片机实验\第 7 章\timer_i"目录下的程序使用

MPLAB IDE v7.60 集成开发环境打开，并下载至实验板(详细操作过程请参阅第 2 章介绍)后，每相隔 1 s，2 个 LED 交替闪烁。

程序清单 7.1 如下：

```
#include <p18f4620.h>
#define  LED1 LATAbits.LATA3
#define  LED2 LATAbits.LATA5
//*****************************************************************
//函数原型：void initial()
//输    入：无
//输    出：无
//功能描述：初始化
//*****************************************************************
void initial()
{
    INTCON = 0x00;                  //位 7～0：关总中断
    ADCON1 = 0X07;                  //设置数字输入输出口
    PIE1 = 0;                       //PIE1 的中断不使能
    PIE2 = 0;                       //PIE2 的中断不使能
}
//*****************************************************************
//函数原型：void  TIMER0_Init()
//输    入：无
//输    出：无
//功能描述：定时器 0 初始化
//*****************************************************************
void TIMER0_Init()
{
    INTCONbits.GIE = 1;
    INTCONbits.PEIE = 1;
    INTCONbits.TMR0IE = 1;
    TMR0H = 0xD8;
    TMR0L = 0xEF;
    T0CON = 0x88;
}
//*****************************************************************
//函数原型：void  main()
//输    入：无
//输    出：无
```

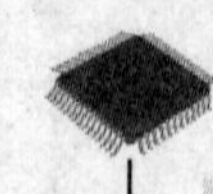


```
//功能描述：主控制函数
//*************************************************************
unsigned char timercounter;
void main()
{
    //LED输出
    TRISAbits.TRISA3 = 0;
    TRISAbits.TRISA5 = 0;
    LED1 = 0;
    LED2 = 1;
    initial();                              //初始化
    TIMER0_Init();
    while(1)
    {
        if(timercounter == 100)             //1 s到
        {
            timercounter = 0;
            LED2 = ! LED2;
            LED1 = ! LED1;
        }
        Nop();
    }
}
//*************************************************************
//函数原型：void high_interrupt (void)
//输    入：无
//输    出：无
//功能描述：中断入口函数
//*************************************************************
void timer_isr(void);
#pragma code high_vector = 0x08             //高优先级中断入口
void high_interrupt (void)
{
    _asm GOTO timer_isr _endasm             //跳转到中断
}
//*************************************************************
//函数原型：void timer_isr(void)
//输    入：无
//输    出：无
```

```
//功能描述：T0 中断服务函数
//*************************************************************
#pragma code
#pragma interruptlow timer_isr
void timer_isr(void)
{
    if(INTCONbits.TMR0IF == 1)                   //定时器 0 中断
    {
        INTCONbits.TMR0IF = 0;                   //清接收中断标志
        TMR0H = 0xd8;
        TMR0L = 0xef;
        timercounter ++ ;
        Nop();
    }
}
```

7.7.2　串口中断实验

把 C51RF－3－JX 系统配置实验中"\单片机实验\第 7 章\uart_i"目录下的程序使用 MPLAB IDE v7.60 集成开发环境打开，并下载至实验板（详细操作过程请参阅第 2 章介绍）后，通过串口调试工具，可以观察到期望结果。

程序清单 7.2 如下：

```
#include  "p18f4620.h"
unsigned char recdata;
//*************************************************************
//函数原型：void initial()
//输      入：无
//输      出：无
//功能描述：初始化
//*************************************************************
void initial()
{
    INTCON = 0x00;                  //位 7～0：关总中断
    ADCON1 = 0X07;                  //设置数字输入输出口
    PIE1 = 0;
    PIE2 = 0;
}
```

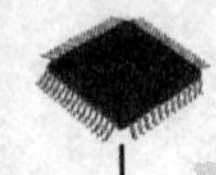


```
//*****************************************************
//函数原型：void  EUSART_Init()
//输    入：无
//输    出：无
//功能描述：串口通讯初始化
//*****************************************************
void EUSART_Init()
{
    TXSTA = 0xa4;                          //选择异步高速方式传输 8 位数据
    RCSTA = 0x90;                          //允许串行口工作启用
    BAUDCON = 0x00;
    TRISC = TRISC|0X80;                    //将 RC7(RX)设置为输入方式
    TRISC = TRISC&0Xbf;                    //RC6(TX)设置为输出
    SPBRG = 25;                            //4 MHz 晶振时波特率寄存器为 25
    //与中断有关的设置
    RCONbits.IPEN = 1;
    INTCONbits.GIE = 1;                    //允许所有中断
    INTCONbits.PEIE = 1;
    PIR1bits.TXIF = 0;                     //清发送接收中断标志位
    PIR1bits.RCIF = 0;
    PIE1bits.RCIE = 1;                     //开接收中断,关发送中断
    PIE1bits.TXIE = 0;
    IPR1bits.RCIP = 0;                     //设置 SCI 接收中断为低优先级中断
}
//*****************************************************
//函数原型：void sent_ch(unsigned char d)
//输    入：待发送数据
//输    出：无
//功能描述：通过串口发送一个字节的数据函数
//*****************************************************
void sent_ch(unsigned char d)
{
    PIR1bits.TXIF = 0;                     //清发送接收中断标志位
    TXREG = d;                             //返送接收到的数据
    Nop();
    while(TXSTAbits.TRMT == 0);
}
//*****************************************************
//函数原型：void main(void)
```

```
//输    入：无
//输    出：无
//功能描述：
//*************************************************************
void main(void)
{    unsigned char i;
     TRISE = 0;
     LATE = 0;
     initial();
     EUSART_Init();                            //串行通信初始化子程序
     for(i = 1;i<= 10;i ++ )
         sent_ch(i);
     while(1)                                  //等待中断
     {
         Nop();
         Nop();
     }
}
//*************************************************************
//函数原型：void low_interrupt (void)
//输    入：无
//输    出：无
//功能描述：串口的中断函数入口
//*************************************************************
void uart_isr(void);                           //中断函数声明
#pragma code low_vector = 0x18                 //低优先级中断入口
  void low_interrupt (void)
  {  _asm GOTO uart_isr _endasm                //跳转到中断函数 }
//*************************************************************
//函数原型：void uart_isr(void)
//输    入：无
//输    出：无
//功能描述：串口中断服务函数
//*************************************************************
#pragma code
#pragma interruptlow uart_isr
void uart_isr(void)
{    if(PIR1bits.RCIF == 1)                    //接收中断
     {
```

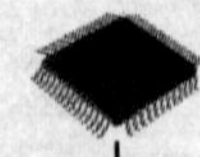

```
        PIR1bits.RCIF = 0;                          //清接收中断标志
        recdata = RCREG;                            //接收数据并存储
        TXREG = recdata;                            //返送接收到的数据
        Nop();
        while(TXSTAbits.TRMT = = 0);
    }
}
```

第8章 主控同步串行端口

主控同步串口(Master Synchronous Serial Port,MSSP)是用于同其他外设或单片机器件进行通信的串行接口。这些外设器件可以是串行 E^2PROM、移位寄存器、显示驱动器和 A/D 转换器等。

MSSP 有下列两种工作模式：

- 串行外设接口(Serial Peripheral Interface,SPI)。
- I^2C：

——全主控模式；

——从动模式(支持广播地址呼叫)。

I^2C 接口硬件上支持下列模式：

- 主控模式；
- 多主机模式；
- 从动模式。

8.1 控制寄存器

MSSP 有三个相关的寄存器，包括一个状态寄存器(SSPSTAT)和两个控制寄存器(SSPCON1 和 SSPCON2)。根据 MSSP 模块是在 SPI 模式还是 I^2C 模式下工作，这些寄存器的用途及它们各自的配置位将完全不同。

8.2 SPI 模式

SPI 模式(如图 8.1 所示)允许同时同步发送和接收 8 位数据。器件支持 SPI 的所有 4 种

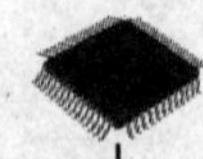

模式。通常使用以下三个引脚来实现通信。

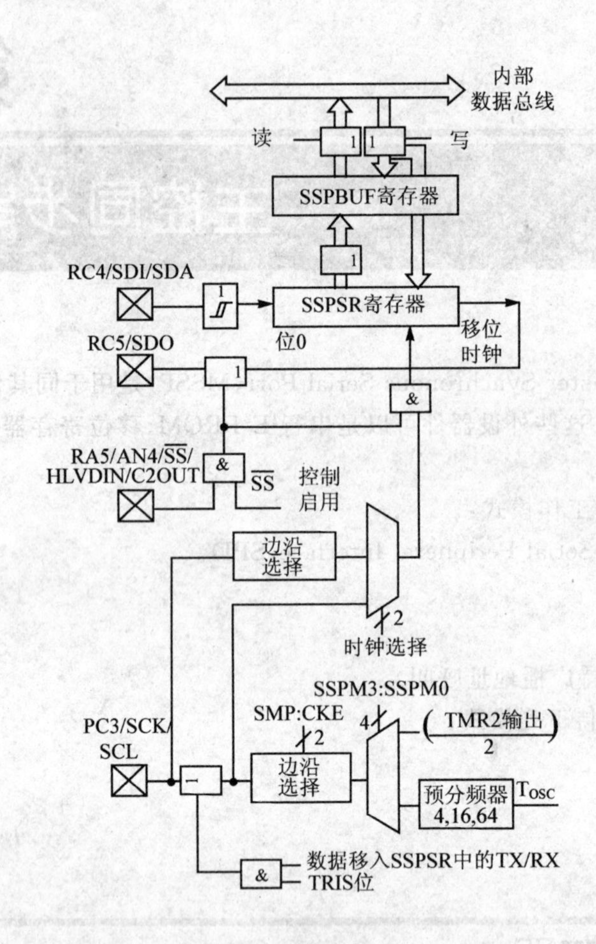

图 8.1　SPI 模式 MSSP

- 串行数据输出(Serial Data Out,SDO)——RC5/SDO;
- 串行数据输入(Serial Data In,SDI)——RC4/SDI/SDA;
- 串行时钟(Serial Clock,SCK)——RC3/SCK/SCL。

此外,当处于从动工作模式时要使用第 4 根引脚:

- 从动选择($\overline{SS}$)——RA5/AN4/$\overline{SS}$/HLVDIN/C2OUT。

8.2.1 工作原理

当初始化 SPI 时，通过对相应的控制位（SSPCON1〈5：0〉和 SSPSTAT〈7：6〉）编程来设置选项。这些控制位用于设置以下选项：

- 主控模式（SCK 作为时钟输出）；
- 从动模式（SCK 作为时钟输入）；
- 时钟极性（SCK 的空闲状态）；
- 数据输入采样相位（数据输出时间的中间或末尾）；
- 时钟边沿（在 SCK 的上升沿/下降沿输出数据）；
- 时钟速率（仅用于主控模式）；
- 从动选择模式（仅用于从动模式）。

MSSP 模块由一个发送/接收移位寄存器（SSPSR）和一个缓冲寄存器（SSPBUF）组成。SSPSR 将数据移入/移出器件，最高有效位在前。在新数据接收完毕前，SSPBUF 保存上次写入 SSPSR 的数据。旦 8 位数据接收完毕，该字节就被移入 SSPBUF 寄存器。然后，缓冲器满检测位 BF（SSPSTAT〈0〉）和中断标志位 SSPIF 被置 1。这种双重缓冲数据接收方式（SSPBUF），允许在 CPU 读取刚接收的数据之前，就开始接收下一个字节。在数据发送/接收期间，任何试图写 SSPBUF 寄存器的操作都无效，并且写冲突检测位 WCOL（SSPCON1〈7〉）将被置 1。

用户必须用软件将 WCOL 位清零才能判断以后对 SSPBUF 寄存器的写入是否成功。

为确保应用软件能有效地接收数据，在下一个要发送的数据字节写入 SSPBUF 之前，必须先读取 SSPBUF 中现有的数据。缓冲器满位 BF（SSPSTAT〈0〉）用于表示何时 SSPBUF 载入了接收到的数据（发送完成）。当 SSPBUF 中的数据被读取后，BF 位即被清零。如果 SPI 仅仅作为一个发送器，则不必理会该数据。通常，可用 MSSP 中断来判断发送/接收是否已完成，必须读取/写入 SSPBUF。如果不打算使用中断，用软件查询的方法同样可确保不会发生写冲突。

不能直接读写 SSPSR 寄存器，只能通过寻址 SSPBUF 寄存器来访问。此外，MSSP 状态寄存器（SSPSTAT）指示各种状态。

要启用串口，SSP 启用位 SSPEN（SSPCON1〈5〉）必须置 1。要复位或重新配置 SPI 模式，要先将 SSPEN 位清零，重新初始化 SSPCON 寄存器，然后将 SSPEN 位置 1。这将把 SDI、SDO、SCK 和 SS 引脚配置为串口引脚。要让上述引脚充当串口，必须正确设置其中一些引脚的数据方向位（在 TRIS 寄存器中）。

- SDI 由 SPI 模块自动控制；
- SDO 必须将 TRISC〈5〉位清零；

- SCK(主控模式)必须将 TRISC⟨3⟩位清零;
- SCK(从动模式)必须将 TRISC⟨3⟩位置 1;
- SS 必须将 TRISA⟨5⟩位置 1。

8.2.2 寄存器

MSSP 模块有 4 个寄存器用于 SPI 工作模式。这些寄存器包括:

- MSSP 控制寄存器 1(SSPCON1);
- MSSP 状态寄存器(SSPSTAT);
- 串行接收/发送缓冲寄存器(SSPBUF);
- MSSP 移位寄存器(SSPSR)——不可直接访问。

SSPCON1(见图 8.3)和 SSPSTAT(见图 8.2)是 SPI 模式下的控制寄存器和状态寄存器。SSPCON1 寄存器是可读写的。SSPSTAT 的低 6 位是只读的,而高 2 位是可读写的。

SSPSR(如图 8.2 所示)是用来将数据移入或移出的移位寄存器。SSPBUF 是缓冲寄存器,可用于数据字节的写入或读出。

R/W–0	R/W–0	R–0	R–0	R–0	R–0	R–0	R–0
SMP	CKE	D/$\overline{A}$	P	S	R/$\overline{W}$	UA	BF
位7							位0

R = 可读数
–n=POR值
W=可写位
1=置1
U=未用位,读为0
0=清零
x=未知

位7 SMP: 采样位
SPI 主控模式:
1 = 在数据输出时间的末端采样输入数据
0 = 在数据输出时间的中间采样输入数据
SPI从动模式:
当SPI工作在从动模式时,必须将SMP位清零

位6 CKE: SPI时钟选择位
1 = 时钟状态从有效转换到空闲时发送
0 = 时钟状态从空闲转换到有效时发送
注:时钟状态的极性由CKP位(SSPCON1⟨4⟩)设置。

位5 D/$\overline{A}$: 数据/$\overline{地址}$位 只在I²C模式下使用

位4 P: 停止位
只在I²C模式下使用。当禁止MSSP模块(SSPEN清零)时,该位被清零

位3 S: 启动位 只在I²C模式下使用

位2 R/$\overline{W}$ 读/写信息位 只在I²C模式下使用

位1 UA: 更新地址位 只在I²C模式下使用

位0 BF: 缓冲器满状态位(仅用于接收模式)
1 = 接收完成, SSPBUF满 0=接收未完成, SSPBUF空

图 8.2 SSPSTAT:MSSP 状态寄存器

接收数据时,SSPSR 和 SSPBUF 共同构成一个双重缓冲接收器。当 SSPSR 接收到一个

完整的字节之后，该字节会被送入 SSPBUF，同时将中断标志位 SSPIF 置 1。在数据发送过程中，SSPBUF 不是双重缓冲的，对 SSPBUF 的写操作将同时写入 SSPBUF 和 SSPSR。

SSPCON1：MSSP 控制寄存器 1 如图 8.3 所示。

R/W–0	R/W–0	R/W–0	R/W–0	R/W–0	R/W–0	R/W–0	R/W–0
WCOL	SSPOV	SSPEN	CKP	SSPM3	SSPM2	SSPM1	SSPM0
位7							位0

位7　WCOL: 写冲突检测位(仅用于发送模式)

1 = 正在发送前一个字时,又有数据写入SSPBUF寄存器(必须用软件清零)

0 = 未发生冲突

位6　SSPOV: 接收溢出指示位

SPI从动模式:

1 = SSPBUF中仍保存前一数据时,又接收到一个新的字节。如果发生溢出,SSPSR中的数据会丢失。溢出只会在从动模式下发生。即使只是发送数据,用户也必须读SSPBUF,以避免将溢出标志位置1(该位必须用软件清零)

0 = 无溢出

注: 在主控模式下,溢出位不会被置1,因为每次接收(和发送)新数据都是通过写入SSPBUF寄存器启动的

位5　SSPENE: 同步串口启用位

1 = 启用串口并将SCK、SDO、SDI和$\overline{SS}$配置为串口引脚

0 = 禁止串口并将上述引脚配置为I/O端口引脚

注: 当启用时,必须将这些引脚正确地配置为输入或输出

位4　CKP:时钟极性选择位

1 = 空闲状态时,时钟为高电平; 0 = 空闲状态时,时钟为低电平

位3~0　SSPM3~SSPM0: 同步串口模式选择位

0101 = SPI主控模式,时钟 = SCK引脚,禁止$\overline{SS}$引脚控制,可将$\overline{SS}$用作I/O引脚

0100 = SPI主控模式,时钟 = SCK引脚,启用$\overline{SS}$引脚控制

0011 = SPI主控模式,时钟 = TMR2输出/2

0010 = SPI主控模式,时钟 = $F_{OSC}/64$

0001 = SPI主控模式,时钟 = $F_{OSC}/16$

0000 = SPI主控模式,时钟 = $F_{OSC}/4$

注: 在此未列出的位组合用于保留或仅在I²C模式下使用。

图 8.3　SSPCON1：MSSP 控制寄存器

8.2.3　典型连接

图 8.4 给出了两个单片机之间的典型连接。主器件(处理器 1)通过发送 SCK 信号来启动数据传输。在两个处理器的移位寄存器之间，数据在编程设定的时钟边沿被传送，并在相反的时钟边沿被锁存。必须将两个处理器的时钟极性(CKP)设置为相同，这样就可以同时收发数据。数据是否有效，取决于应用软件。这就导致以下三种数据传输情形：

- 主器件发送数据，从器件发送无效(Dummy)数据；
- 主器件发送数据，从器件发送数据；
- 主器件发送无效数据，从器件发送数据。

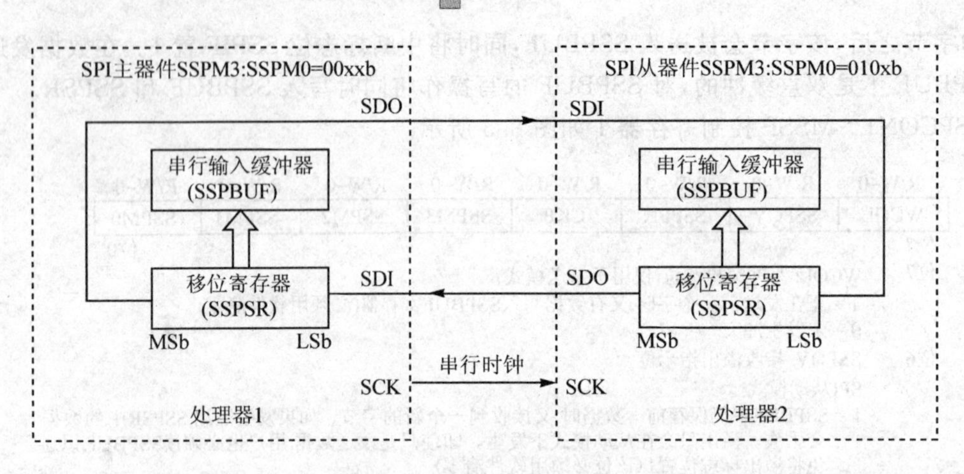

图 8.4　SPI 主/从器件连接

8.2.4　主控模式

因为由主器件控制 SCK 信号，所以它可以在任意时刻启动数据传输。主器件根据软件协议确定从器件(图 8.4 中的处理器 2)应在何时广播数据。

在主控模式下，数据一旦写入 SSPBUF 寄存器就开始发送或接收。如果只打算将 SPI 作为接收器，则可以禁止 SDO 输出(将其编程设置为输入)。SSPSR 寄存器按设置的时钟速率，对 SDI 引脚上的信号进行连续移位输入。每收到一个字节，就将其装入 SSPBUF 寄存器，就像接收到普通字节一样(中断和状态位相应置 1)。这在以"线路活动监控"(line activity monitor)方式工作的接收器应用中很有用。

可通过对 CKP 位(SSPCON1〈4〉)进行适当的编程来选择时钟极性。在主控模式下，SPI 时钟速率(位速率)可由用户编程设定为下面几种之一：

- FOSC/4(或 TCY)；
- FOSC/16(或 4 · TCY)；
- FOSC/64(或 16 · TCY)；
- Timer2 输出/2。

这样可使数据速率最高达到 10.00 Mb/s (时钟频率为 40 MHz)。

图 8.5 给出了主控模式的波形图。当 CKE 位置 1 时，SDO 数据在 SCK 出现时钟边沿前一直有效。图中所示的输入采样的变化由 SMP 状态位反映。图中给出了将接收到的数据装入 SSPBUF 的时间。

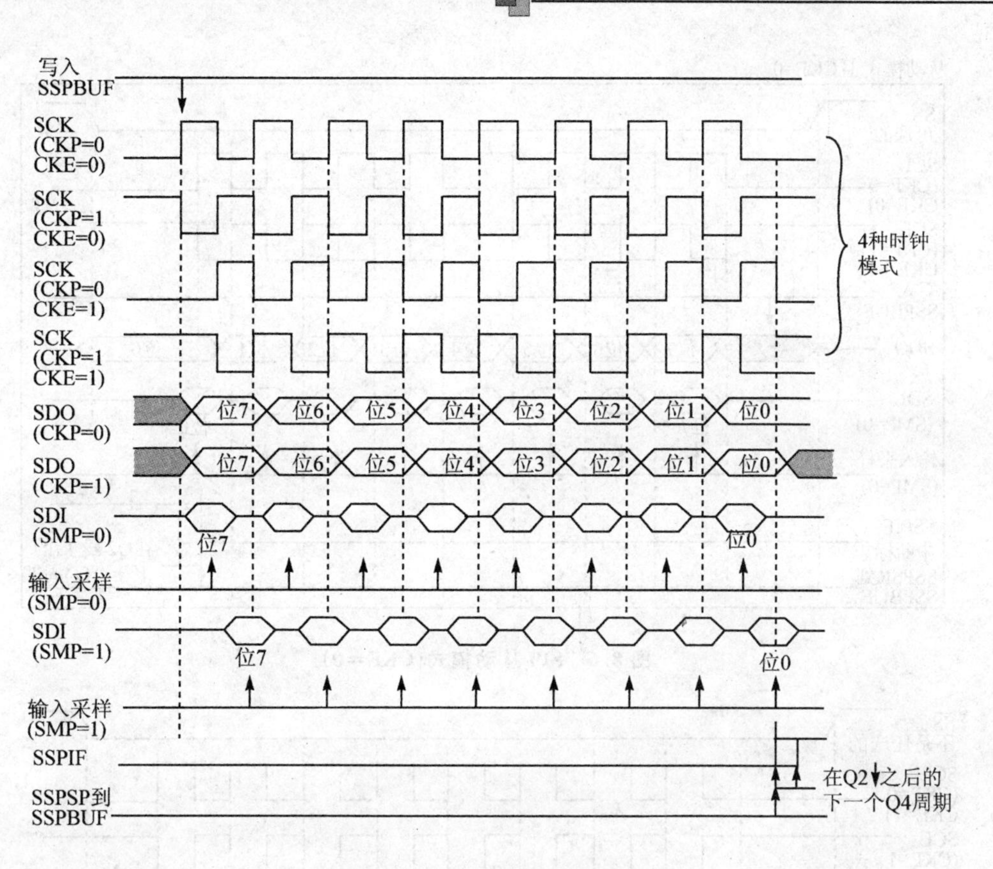

图 8.5　SPI 主控模式波形图

8.2.5　从动模式

在从动模式(如图 8.6、图 8.7 所示)下,当 SCK 引脚上有外部时钟脉冲时启动发送和接收数据。当最后一位数据被锁存后,中断标志位 SSPIF 置 1。

在 SPI 从动模式下启用该模块时,时钟线必须与适当的空闲状态相匹配。时钟线可通过读 SCK 引脚来查看。空闲状态的时钟电平由 CKP 位(SSPCON1〈4〉)决定。

在从动模式下,外部时钟由 SCK 引脚上的外部时钟源提供。外部时钟必须满足电气规范中规定的高电平和低电平的最短时间要求。

在休眠模式下,从器件仍可发送/接收数据。当接收到一个字节时,器件从休眠状态中唤醒。

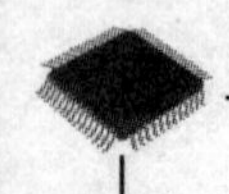

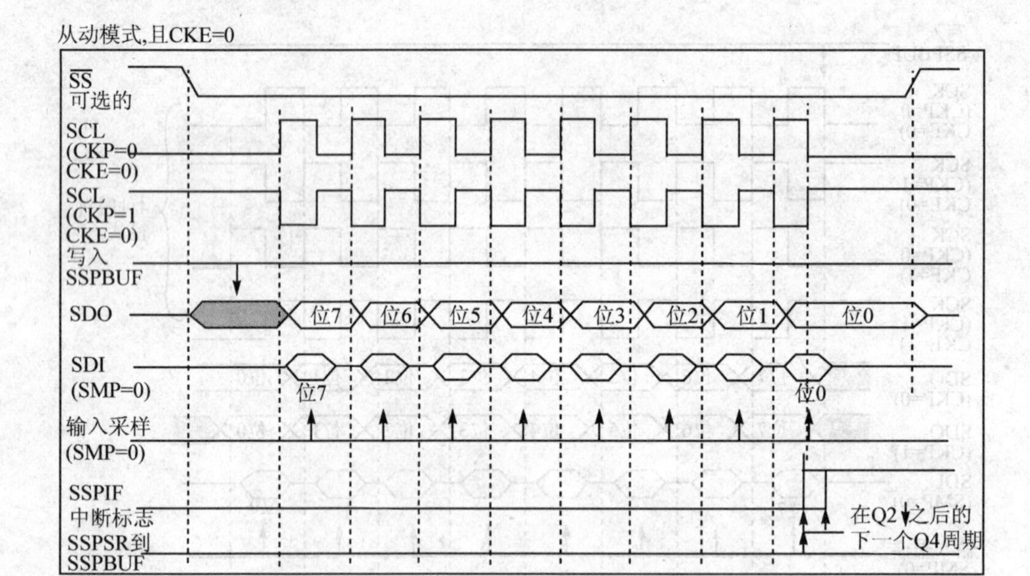

图 8.6　SPI 从动模式(CKE=0)

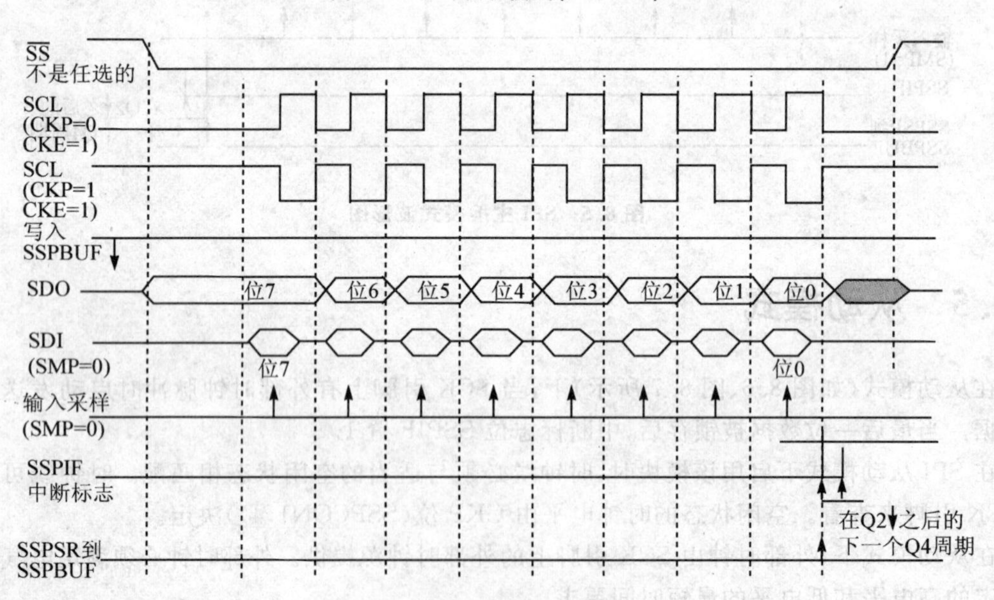

图 8.7　SPI 从动模式(CKE=1)

8.2.6　从动选择同步

$\overline{SS}$引脚允许器件工作于同步从动模式。SPI 必须处于从动模式，并启用$\overline{SS}$引脚控制(SSPCON1〈3：0〉=04H)，如图 8.8 所示。

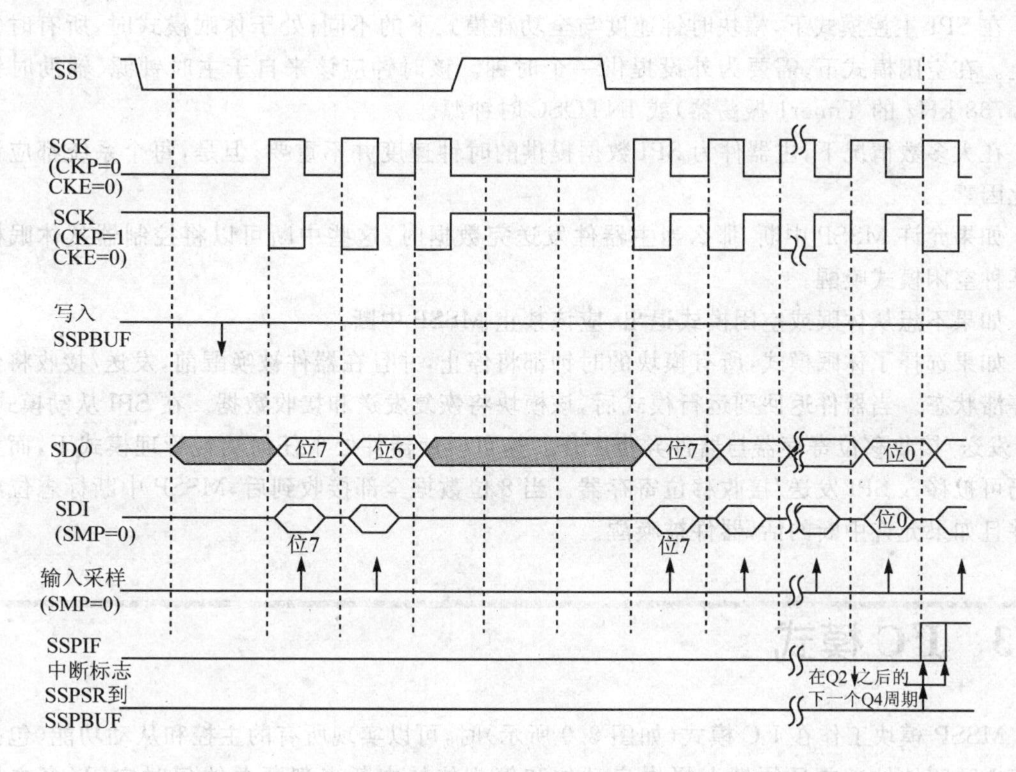

图 8.8　SPI 从动同步

当$\overline{SS}$引脚为低电平时，使能数据的发送和接收，同时 SDO 引脚被驱动。当$\overline{SS}$引脚变为高电平时，即使是在字节的发送过程中，也不再驱动 SDO 引脚，而是将其变成高阻悬空状态。根据应用需要，可在 SDO 引脚上外接上拉/下拉电阻。

当 SPI 模块复位后，位计数器被强制为 0。这是通过强制将$\overline{SS}$引脚拉为高电平或将 SSPEN 位清零来实现的。

将 SDO 引脚和 SDI 引脚相连，可以仿真二线制通讯。当 SPI 需要作为接收器工作时，SDO 引脚可以被配置为输入端。这样就禁止了从 SDO 发送数据。因为 SDI 不会引起总线冲突，所以可以一直将其保留为输入(SDI 功能)。

当 SPI 处于从动模式，并且使能$\overline{SS}$引脚控制(SSPCON〈3：0〉=0100)时，如果$\overline{SS}$引脚置

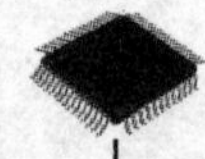

为 VDD 电平将使 SPI 模块复位。

如果 SPI 工作在从动模式下并且 CKE 置 1，则必须使能$\overline{SS}$引脚控制。

8.2.7 功耗管理模式下的操作

在 SPI 主控模式下，模块时钟速度与全功耗模式下的不同；处于休眠模式时，所有时钟都停止。在空闲模式下，需要为外设提供一个时钟。该时钟应该来自于主时钟源、辅助时钟源（32.768 kHz 的 Timer1 振荡器）或 INTOSC 时钟源。

在大多数情况下，主器件为 SPI 数据提供的时钟速度并不重要；但是，每个系统都应该评估此因素。

如果允许 MSSP 中断，那么当主器件发送完数据时，这些中断可以将控制器从休眠模式或某种空闲模式唤醒。

如果不想从休眠或空闲模式退出，应该禁止 MSSP 中断。

如果选择了休眠模式，所有模块的时钟都将停止，并且在器件被唤醒前，发送/接收将保持此停滞状态。当器件返回到运行模式后，该模块将恢复发送和接收数据。在 SPI 从动模式下，SPI 发送/接收移位寄存器与器件异步工作。这可以使器件处于任何功耗管理模式下，而且数据仍可被移入 SPI 发送/接收移位寄存器。当 8 位数据全部接收到后，MSSP 中断标志位将置 1，并且如果允许中断的话，器件被唤醒。

8.3 I²C 模式

MSSP 模块工作在 I²C 模式（如图 8.9 所示）时，可以实现所有的主控和从动功能（包括支持广播呼叫地址），并且硬件上提供启动位和停止位的中断来判断总线何时空闲（多主机功能）。MSSP 模块实现了标准模式规范以及 7 位和 10 位寻址。有两个引脚用于数据传输：

- 串行时钟（SCL）——RC3/SCK/SCL；
- 串行数据（SDA）——RC4/SDI/SDA。

用户必须通过适当设置 TRISC〈4：3〉位将上述引脚配置为输入或输出引脚。

通过将 MSSP 启用位 SSPEN（SSPCON〈5〉）置 1，可使能 MSSP 模块。SSPCON1 寄存器用于控制 I²C 工作模式。可通过设置模式选择位（SSPCON〈3：0〉）选择以下 I²C 模式之一：

- I²C 主控模式时钟；
- I²C 从动模式（7 位地址）；
- I²C 从动模式（10 位地址）；
- I²C 从动模式（7 位地址），激活启动位和停止位中断；

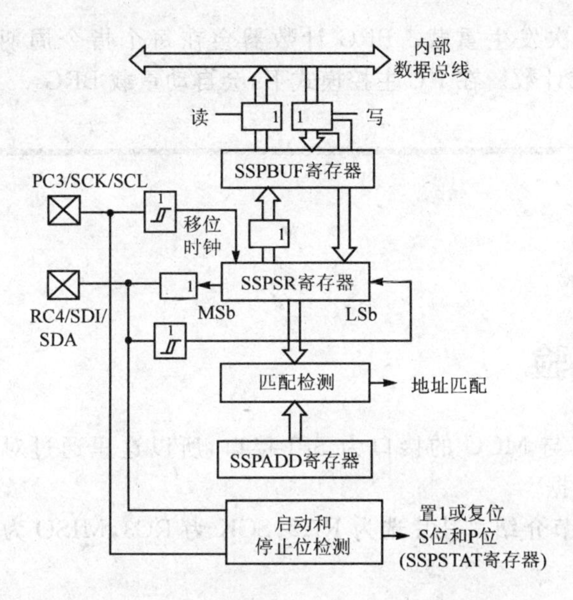

图 8.9 I²C 模式

- I²C 从动模式(10 位地址),激活启动位和停止位中断;
- I²C 固件控制的主控模式,从器件空闲。

通过将相应的 TRISC 位置 1,将 SCL 和 SDA 引脚编程为输入引脚;在 SSPEN 位置 1 时选择任何 I²C 模式,将强制上述引脚漏极开路。要确保此模块的正常工作,必须为 SCL 和 SDA 引脚提供外接上拉电阻。

MSSP 有 6 个寄存器用于 I²C 操作。这些寄存器包括:

- MSSP 控制寄存器 1(SSPCON1);
- MSSP 控制寄存器 2(SSPCON2);
- MSSP 状态寄存器(SSPSTAT);
- 串行接收/发送缓冲寄存器(SSPBUF);
- MSSP 移位寄存器(SSPSR)——不可直接访问;
- MSSP 地址寄存器(SSPADD)。

SSPCON1、SSPCON2 和 SSPSTAT 是在 I²C 模式下的控制寄存器和状态寄存器。SSPCON1 和 SSPCON2 寄存器是可读写的。SSPSTAT 的低 6 位是只读的,而高两位是可读写的。

SSPSR 是用来将数据移入或移出的移位寄存器。SSPBUF 是缓冲寄存器,可用于数据字节的写入或读出。

当 SSP 被配置为工作在 I²C 从动模式下时,SSPADD 寄存器将保存从器件的地址。当 SSP 工作在主控模式下时,SSPADD 的低 7 位用作波特率发生器的重载值。

接收数据时,SSPSR 和 SSPBUF 共同构成一个双重缓冲接收器。当 SSPSR 接收到一个完整的字节之后,该字节会被送入 SSPBUF,同时将中断标志位 SSPIF 置 1。在数据发送过程中,SSPBUF 不是双重缓冲的,对 SSPBUF 的写操作将同时写入 SSPBUF 和 SSPSR。

复位操作会禁止 MSSP 模块并终止当前的数据传输。

在 I²C 主控模式下,波特率发生器(Baud Rate Generator,BRG)的重载值位于 SSPADD 寄存器的低 7 位(图 8-10)。当发生对 SSPBUF 的写操作时,波特率发生器将自动开始计

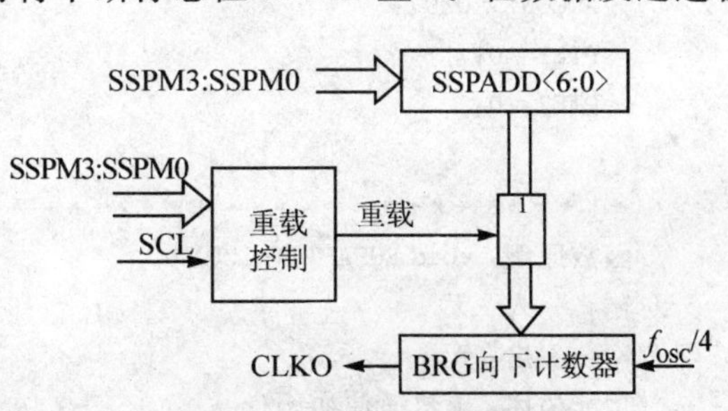

图 8.10 波特率发生器

数。BRG会递减计数至0,然后停止直到再次发生重载。BRG计数器会在每个指令周期(TCY)中的Q2和Q4时钟周期上进行两次减计数。在I^2C主控模式下,会自动重载BRG。

8.4 MSSP实验

本节主要介绍MSSP串口的SPI模式实验。

8.4.1 温度传感器(LM95)实验

在实验上温度传感器采用的是LM95,其与MCU的接口为SPI接口,所以这里通过对P18F4620的SPI操作读取LM95内的温度数据。

LM95为SPI接口,原理图参阅第1.3.1节介绍。其片选为RA2,SCK为RC3,MISO为RC4,其实就是与PIC18F4620的SPI接口的。

软件源代码如程序清单8.1所示。

程序清单8.1如下:

```
#include "p18f4620.h"
#define LM95_CS LATAbits.LATA2                    //LM95的片选定义
//*************************************************************
//函数原型:void initial()
//输    入:无
//输    出:无
//功能描述:初始化
//*************************************************************
void initial()
{
    INTCON = 0x00;                                //位7~0:关总中断
    ADCON1 = 0X07;                                //设置数字输入输出口
    PIE1 = 0;
    PIE2 = 0;
}
//*************************************************************
//函数原型:void EUSART_Init()
//输    入:无
//输    出:无
//功能描述:串口通信初始化
//*************************************************************
```

```
void EUSART_Init()
{
    TXSTA = 0xa4;                              //选择异步高速方式传输8位数据
    RCSTA = 0x90;                              //允许串行口工作启用
    BAUDCON = 0x00;
    TRISC = TRISC|0X80;                        //将RC7(RX)设置为输入方式
    TRISC = TRISC&0Xbf;                        //RC6(TX)设置为输出
    SPBRG = 25;                                //4M晶振时波特率为25~9 600 b/s
}
//***********************************************************
//函数原型：void sent_ch(unsigned char d)
//输    入：待发送数据
//输    出：无
//功能描述：通过串口发送一个字节的数据函数
//***********************************************************
void sent_ch(unsigned char d)
{
    PIR1bits.TXIF = 0;                         //清发送接收中断标志位
TXREG = d;                                     //送发缓冲器
    Nop();
    while(TXSTAbits.TRMT = = 0);               //等待发送完毕
}
//***********************************************************
//函数原型：void Lm95_init(void)
//输    入：无
//输    出：无
//功能描述：SPI配置LM95
//***********************************************************
void Lm95_init(void)
{
    TRISCbits.TRISC3 = 0;                      //SPI口及LM片选的输入输出方向设定
    TRISCbits.TRISC4 = 1;
    TRISAbits.TRISA2 = 0;
    SSPSTAT = 0xC0;                            //SPI配置
    SSPCON1 = 0x20;
    PIR1bits.SSPIF = 0;                        //清SPI中断标志
}
//***********************************************************
//函数原型：void Lm95_init(void)
```

```
//输      入：无
//输      出：温度数据
//功能描述：读 LM95 温度传感器
//***********************************************************
unsigned int Read_lm95(void)
{
    unsigned char temh,teml;
    unsigned int temp;
    LM95_CS = 0;                              //选中 LM95
    PIR1bits.SSPIF = 0;
    SSPBUF = 0;                               //读低高 8 位
    while(! PIR1bits.SSPIF);
    if(SSPSTATbits.BF)temh = SSPBUF;
    PIR1bits.SSPIF = 0;
    SSPBUF = 0;                               //读低 8 位
    while(! PIR1bits.SSPIF);
    if(SSPSTATbits.BF)teml = SSPBUF;
    LM95_CS = 1;
temp = temh;
    temp = (temp << 6) + (teml >> 2);         //计算转换为 16 位
    return temp;                              //返回温度数据
}
//***********************************************************
//函数原型：void wait(unsigned char t)
//输      入：时间
//输      出：无
//功能描述：软件延迟函数
//***********************************************************
void wait(unsigned char t)
{
    unsigned char i;
    unsigned int j;
    for(i = 0;i<t;i++)
        for(j = 0;j<10000;j++);
}
//***********************************************************
//函数原型：void main(void)
//输      入：无
//输      出：无
```

```
//功能描述：主控制函数
//****************************************************************
void main(void)
{
    unsigned int T;
    initial();
    EUSART_Init();                          //串行通信初始化子程序
    Lm95_init();
    while(1)
    {
        T = Read_lm95();
        sent_ch(0xff);
        sent_ch(T);                         //通过串口发送温度数据
        sent_ch(T >> 8);
        Nop();
        Nop();
        wait(10);
    }
}
```

实验现象及分析

把C51RF-3-JX系统配置光盘中“\单片机实验\第8章\LM95”目录下的程序使用MPLAB IDE v7.60集成开发环境打开，并下载至实验板(详细操作过程请参阅第2章介绍)后，运行程序。

可以通过串口调试工具看到从LM采集的数据，为了让数据(温度)有明显的变化，可以用手摸着LM95可以看出数据在增大，如图8.11所示。

```
FF 8F 03 FF 8B 03 FF 88 03 FF 87 03 FF 86 03 FF 85 03 FF 84 03 FF 84
03 FF 83 03 FF 83 03 FF 82 03 FF 83 03 FF 82 03 FF 82 03 FF 82 03 FF
82 03 FF 82 03 FF 82 03 FF 81 03 FF 81 03 FF 82 03 FF 81 03 FF 81 03
FF 81 03 FF D3 03 FF E5 03 FF E1 03 FF FC 03 FF 07 04 FF 0C 04 FF 1C
04 FF 24 04 FF 2A 04 FF 2F 04 FF 32 04 FF 33 04 FF 44 04 FF 4B 04 FF
4E 04 FF 59 04 FF 62 04 FF 60 04 FF 61 04 FF 63 04 FF 65 04 FF 5A 04
FF 56 04 FF 59 04 FF 5A 04 FF 5A 04 FF 5A 04 FF 47 04 FF 3C 04 FF 34
04 FF 2E 04 FF 27 04 FF 21 04 FF 1B 04 FF 15 04 FF 11 04 FF 0C 04 FF
07 04 FF 03 04 FF 00 04
```

图8.11 LM95温度采集观察图

取两组数据分析计算当前的温度。

A：FF 83 03 (十六进制)

FF为数据包分界符(自定义)，83为温度传感器低8位数据，03为高位数据，组合起来就是0x0383，根据LM95的计算公式可以得出当前温度为0x0383(899)＊0.03125＝28.09375 ℃。

B：FF 61 04（十六进制）

同理可以得出当前温度为 0x0461(1121) ＊0.03125＝35.03125 ℃。

注意：在试验的时候一定要把相应插针插上，如图 8.12 所示，其中 JP8 为信号线，S2 为电源开关。

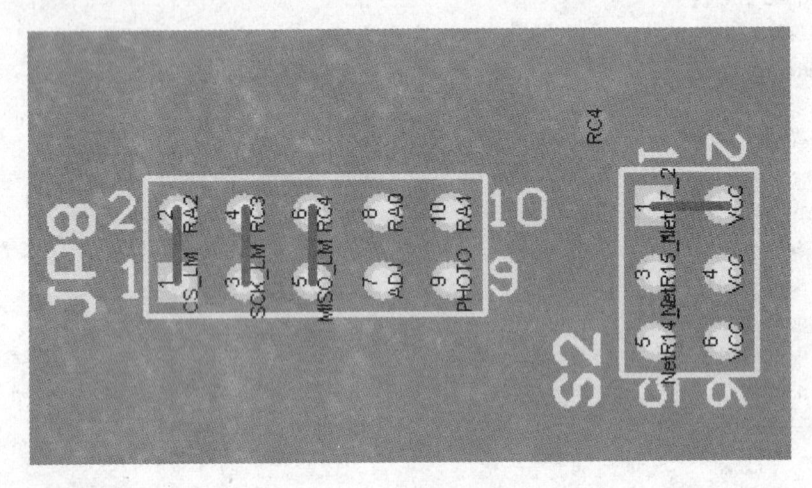

图 8.12　LM95 插针图

8.4.2　OLED 实验

1. 硬件原理图

实验所用的电路设计请参阅第 1.3.9 节的介绍。

2. 软件源代码

程序清单 8.2 如下：

```
#include<p18f4620.h>
//************************************************************
//  类型定义
//************************************************************
#define  INT8U unsigned char
#define  INT16U unsigned int
#define  INT32U unsigned long int
//************************************************************
//OLED引脚定义
```

```
//*************************************************************
#define  LCD_CS        LATAbits.LATA4
#define  LCD_RS        LATEbits.LATE0
#define  LCD_RST       LATEbits.LATE1
//*************************************************************
//SPI 初始化宏定义
//*************************************************************
#define LCD_CONFIG()\
{\
  TRISCbits.TRISC3 = 0;\                          //与 OLED 相关引脚为输出方向
  TRISCbits.TRISC5 = 0;\
  TRISAbits.TRISA4 = 0;\
  TRISEbits.TRISE0 = 0;\
  TRISEbits.TRISE1 = 0;\
  SSPSTAT = 0x80;\                                //SPI 初始化
  SSPCON1 = 0x30;\
  PIR1bits.SSPIF = 0;\
}
//*************************************************************
//  常量变量定义
//*************************************************************
#define RECALIB_TIMEOUT     12000                 //Every 2 minutes
#define  MSG_PING               0x00
#define  MSG_SEND               0x10
#define  MSG_RECIVE             0x20
#define  MSG_NEEDSEND           0x30
INT8U ContrastValue = 0x38;
//************************************************************/
//6*8 字符字模
//************************************************************/
rom INT8U FontSystem6x8[] = {
0x00,0x00,0x00,0x00,0x00,0x00,/*" " = 00H*/
0x00,0x5F,0x00,0x00,0x00,0x00,/*"!" = 01H*/
0x00,0x07,0x00,0x07,0x00,0x00,/*""" = 02h*/
0x14,0x7F,0x14,0x7F,0x14,0x00,/*"#" = 03h*/
          …………
0x00,0x00,0x77,0x00,0x00,0x00,/*"|" = 5Ch*/
0x00,0x41,0x36,0x08,0x00,0x00,/*"}" = 5Dh*/
0x02,0x01,0x02,0x04,0x02,0x00,/*"~" = 5Eh*/
```

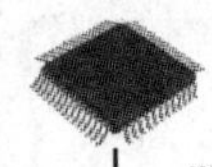


```
};
//**********************************************************
//图片
**********************************************************/
rom INT8U WXL112X64[] = {
0x00,0x00,0x00,0x00,0x00,0x00,0x00,0x00,
0x00,0x00,0x00,0x00,0x00,0x00,0x00,0x00,
           ………
0x00,0x00,0x80,0x90,0x90,0x90,0xFC,0xFC,
0xD0,0xF0,0xF0,0xF8,0xD8,0xF8,0xF8,0xF8,
0x88,0xE8,0x78,0x1C,0x08,0x00,0x00,0x80,
0x98,0x98,0x98,0x98,0x98,0x98,0xD8,0xF8,
           ………
0x00,0x00,0x00,0x00,0x00,0x00,0x00,0x00,
0x00,0x00,0x00,0x00,0x00,0x00,0x00,0x00,
0x00,0x00,0x00,0x00,0x00,0x00,0x00,0x00,
0x00,0x00,0x00,0x00,0x00,0x00,0x00,0x00,/*"C:\Documents and Settings\Administrator\桌面\11
_2_1_1.bmp",0*/
};
//**********************************************************
//函数原型：void delaylcd (int16u x)
//功    能：延时
//输    入：时间
//输    出：无
//**********************************************************
void delaylcd (INT16U x)
{
    INT8U j;
    while (x--)
    {  for (j = 0;j<115;j++);  }
}
/**********************************************************
//函数原型：void fdelay(unsigned int n)
//功    能：延时
//输    入：时间
//输    出：无
**********************************************************/
void fdelay(unsigned int n)                    //wait n seconds
{
```

```
    INT16U i;
    INT16U j;
    for (i = 0;i<5;i++)
        for (j = 0;j<n * 2;j++) ;
}
/***************************************************************
//函数原型：void Lcdwritecom(int8u com)
//功    能：lcd 写指令
//输    入：com 指令
//输    出：无
***************************************************************/
void Lcdwritecom(INT8U com)
{
    LCD_CS = 0;                                    //片选
    LCD_RS = 0;                                    //命令控制
    SSPBUF = com;                                  //写命令
    while(! PIR1bits.SSPIF);                       //等待完成
    PIR1bits.SSPIF = 0;                            //清 SPI 标志
    LCD_CS = 1;                                    //释放片选
}
//**************************************************************
//函数原型：void Lcdwritedata(int8u dat)
//功    能：lcd 写数据
//输    入：dat 数据
//输    出：无
//**************************************************************
void Lcdwritedata(INT8U dat)
{
    INT8U i, temp;
    LCD_CS = 0;                                    //片选
    LCD_RS = 1;                                    //数据控制
    SSPBUF = dat;
    while(! PIR1bits.SSPIF);
    PIR1bits.SSPIF = 0;
    LCD_CS = 1;
}
//**************************************************************
//函数原型：void Prog_Reset(void)
//功    能：lcd 复位
```

```
//输    入：无
//输    出：无
//*****************************************************************
void Prog_Reset(void)
{
    LCD_RST = 0;                               //复位
    delaylcd(100);
    LCD_RST = 1;
}
/*****************************************************************
//函数原型：void Resetchip(void)
//功    能：lcd 软件复位
//输    入：无
//输    出：无
*****************************************************************/
void Resetchip(void)
{   Prog_Reset();   }
/*****************************************************************
//函数原型：void SetRamAddr (INT8U Page, INT8U Col)
//功    能：lcd 位置选择
//输    入：Page -页，Col -列
//输    出：无
*****************************************************************/
void SetRamAddr (INT8U Page, INT8U Col)
{
    Lcdwritecom(0xB0 + Page);                  //设置页
    Lcdwritecom(Col & 0x0f);                   //设置低位列地址
    Lcdwritecom(0x10 | ((Col & 0xf0) >> 4));//设置高位列地址
}
/*****************************************************************
//函数原型：void LoadICO(INT8U y , INT8U x , INT8U Ico[])
//功    能：打开一个指定指针的图标
//输    入：x,y 坐标        Ico[]图片
//输    出：无
*****************************************************************/
void LoadICO(void)
{
    INT16U i,j;
    for(i = 0; i<8; i++)
```

```
    {
        SetRamAddr(i , 0);
        for(j = 0;j < 112;j ++ )
        {
            Lcdwritedata(WXL112X64[j + i * 112]);
        }
    }
    fdelay(50000);
}
/*********************************************************
//函数原型：void ClearScreen(void)
//功    能：清屏
//输    入：无
//输    出：无
*********************************************************/
void ClearScreen(void)
{
    INT8U i;
    INT8U j;
    for(i = 0; i<8;i ++ )
    {
        SetRamAddr(i,0);
        for(j = 0; j<128; j ++ )
        { Lcdwritedata(0x00);    }
    }
}
/*********************************************************
//函数原型：void Print6(INT8U xx, INT8U yy, INT8U ch1[], INT8U yn)
//功    能：显示 6 * 8 字符串
//输    入：xx ,yy  坐标,ch1 待显示的字符串,yn 是否反黑
//输    出：无
*********************************************************/
void Print6(INT8U xx, INT8U yy, INT8U ch1[], INT8U yn)
{
    INT8U ii = 0;
    INT8U bb = 0;
    unsigned int index = 0;
    SetRamAddr(xx , yy);
    while(ch1[bb] ! = '\0')
```

```
    {
        index = (unsigned int)(ch1[bb] - 0x20);
        index = (unsigned int)index * 6;
        for(ii = 0;ii<6;ii++)
        {
            if(yn)
            {   Lcdwritedata(FontSystem6x8[index]);    }
            else
            {   Lcdwritedata(~FontSystem6x8[index]);    }
            index += 1;
        }
        bb += 1;
    }
}
/**************************************************************
//函数原型：void Rectangle(INT8U x1,INT8U y1,INT8U x2,INT8U y2)
//功    能：画直线函数,本函数目前只能画水平和垂直线
//输    入：x1,y1(第一个点)   x2,y2 第二个点
//输    出：无
**************************************************************
void Rectangle(INT8U x1,INT8U y1,INT8U x2,INT8U y2)
{
    INT8U ii;
    for(ii = x1; ii<x2; ii++)
    {
        SetRamAddr(y1,ii);
        Lcdwritedata(0x08);
        SetRamAddr(y2,ii);
        Lcdwritedata(0x08);                    //画横线
    }
    SetRamAddr(y1,x1);
    Lcdwritedata(0xF0);
    SetRamAddr(y1,x2);
    Lcdwritedata(0xF0);
    for(ii = y1 + 1;ii<y2;ii++)
    {
        SetRamAddr(ii,x1);
        Lcdwritedata(0xff);
        SetRamAddr(ii,x2);
```

```
        Lcdwritedata(0xff);                    //画竖线
    }
    SetRamAddr(y2,x1);
    Lcdwritedata(0x0F);
    SetRamAddr(y2,x2);
    Lcdwritedata(0x0F);
}
/**********************************************************
//函数原型：void InitLcd(void)
//功    能：lcd 初始化
//输    入：无
//输    出：无
**********************************************************/
void InitLcd(void)
{
    LCD_CONFIG();
    LCD_CS = 1;
    LCD_RS = 1;
    LCD_RST = 1;
    Resetchip();
    Lcdwritecom(0xAE);
    Lcdwritecom(0xAD);                         //dc - dc off
    Lcdwritecom(0x8a);

    fdelay(2000);
    Lcdwritecom(0x00);
    Lcdwritecom(0x10);
    Lcdwritecom(0x40);
    Lcdwritecom(0x81);
    Lcdwritecom(ContrastValue);
    Lcdwritecom(0xA0);
    Lcdwritecom(0xA4);
    Lcdwritecom(0xA6);
    Lcdwritecom(0xA8);
    Lcdwritecom(0x3f);
    Lcdwritecom(0xD3);
    Lcdwritecom(0x00);
    Lcdwritecom(0xD5);
    Lcdwritecom(0x20);
```

```
    Lcdwritecom(0xD8);
    Lcdwritecom(0x00);
    Lcdwritecom(0xDA);
    Lcdwritecom(0x12);
    Lcdwritecom(0xDB);
    Lcdwritecom(0x00);
    Lcdwritecom(0xD9);
    Lcdwritecom(0x22);
    Lcdwritecom(0xc8);
    Lcdwritecom(0xAF);
    ClearScreen();
}
/******************************************************************
//函数原型：void main(void)
//功    能：主控制函数
//输    入：无
//输    出：无
******************************************************************/
unsigned char name1[] = "1) WXL communications";        //全局变量数组
unsigned char name2[] = "2) www.c51rf.com";
void main(void)
{
    InitLcd();
    LoadICO();                          //显示图片
    ClearScreen();                      //清屏
    Print6(2,0,name1,1);                //显示字符串
    Print6(4,0,name2,1);
    while(1);
}
```

3. 实验现象及分析

把C51RF-3-JX系统配置实验中“\单片机实验\第8章\LM95”目录下的程序使用MPLAB IDE v7.60集成开发环境打开，并下载至实验板(详细操作过程请参阅第2章介绍)，程序运行之后，先显示的是一个图片，几秒后显示定义的两个字符串"1) WXL communications"和"2) www.c51rf.com"，如图8.13所示，为显示两个字符串的OLED图。

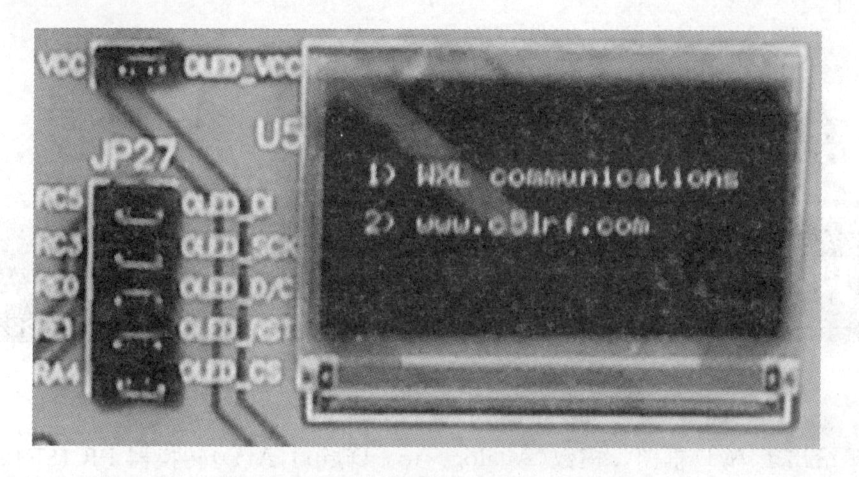

图 8.13　OLED 显示状态

第 9 章

PIC18F4620 模数转换器(A/D)

图 9.1 给出了 A/D 框图。模数(Analog - to - Digital,A/D)转换器 PIC18F4620 有 13 路输入。此模块能将一个模拟输入信号转换成相应的 10 位数字信号。

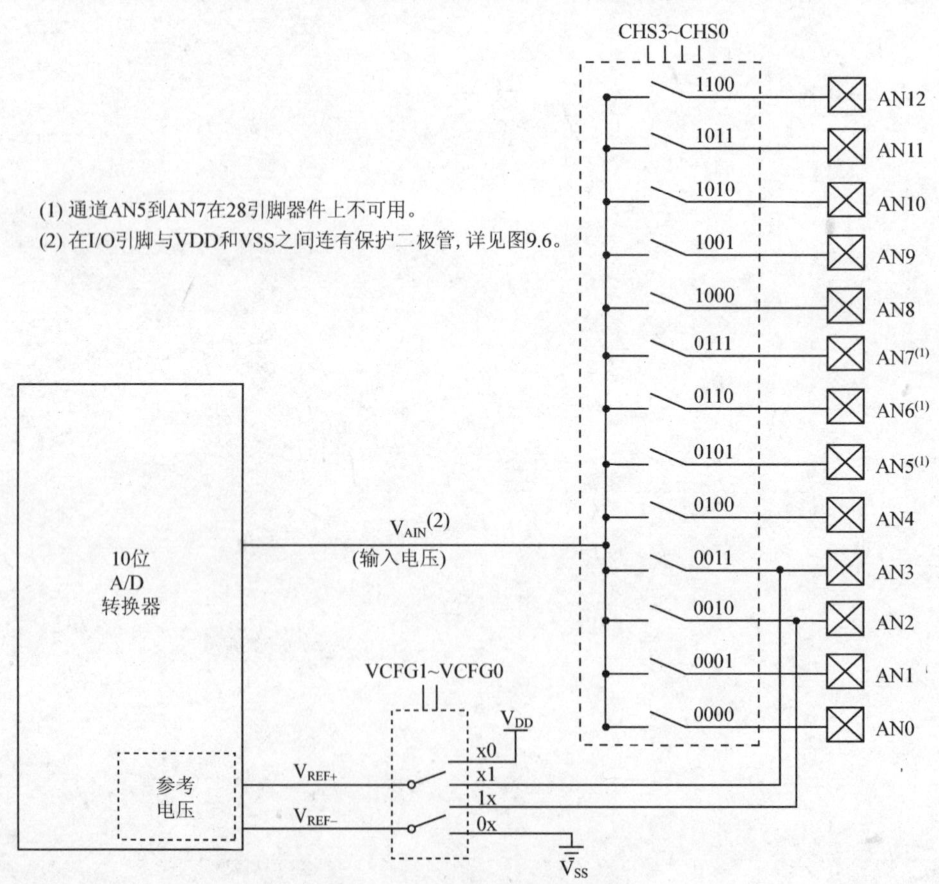

图 9.1　PIC18F4620AD 框图

可通过软件选择将器件的正电源电压和负电源电压(VDD 和 VSS)或 RA3/AN3/VREF+和 RA2/AN2/VREF-/CVREF 引脚上的电压作为 A/D 转换的模拟参考电压。

A/D 转换器具有可在休眠状态下工作的特性。要使 A/D 转换器在休眠状态下工作,A/D 转换时钟必须来自于 A/D 模块内部的 RC 振荡器。采样保持电路的输出是转换器的输入,A/D 转换器采用逐次逼近法得到转换结果。

器件复位将强制所有寄存器进入复位状态。这将迫使 A/D 模块关闭并中止正在进行的转换。

与 A/D 转换器相关的每个端口引脚都可以被配置为模拟输入或数字 I/O。ADRESH 和 ADRESL 寄存器保存 A/D 转换的结果。当 A/D 转换完成时,结果被装入 ADRESH : ADRESL 寄存器,GO/$\overline{\text{DONE}}$位(在 ADCON0 寄存器中)被清零且 A/D 中断标志位 ADIF 位被置 1。

9.1　A/D 寄存器

PIC18F4620 的 A/D 共有五个寄存器:

- A/D 转换结果高位寄存器(ADRESH);
- A/D 转换结果低位寄存器(ADRESL);
- A/D 转换控制寄存器 0(ADCON0);
- A/D 转换控制寄存器 1(ADCON1);
- A/D 转换控制寄存器 2(ADCON2)。

ADCON0 寄存器(如图 9.2 所示)控制 A/D 模块的工作。ADCON1 寄存器(如图 9.3 所示)配置端口引脚功能。ADCON2 寄存器(如图 9.4 所示)配置 A/D 时钟源、可编程采样时间和输出结果的对齐方式。

U-0	U-0	R/W-0	R/W-0	R/W-0	R/W-0	R/W-0	R/W-0
—	—	CHS3	CHS2	CHS1	CHS0	GO/$\overline{\text{DONE}}$	ADON

位7　　　　　　　　　　　　　　　　　　　　　　　　　位0

位7~6　未用: 读为0

位5~2　CHS3~CHS0: 模拟通道选择位

0000 = 通道0 (AN0)	1000 = 通道8 (AN8)
0001 = 通道1 (AN1)	1001 = 通道9 (AN9)
0010 = 通道2 (AN2)	1010 = 通道10 (AN10)
0011 = 通道3 (AN3)	1011 = 通道11 (AN11)
0100 = 通道4 (AN4)	1100 = 通道12(AN12)
0101 = 通道5(AN5) (1,2)	1101 = 未用通道(2)

0110 = 通道6 (AN6) (1,2)　　　　1110 = 未用通道(2)
0111 = 通道7 (AN7) (1,2)　　　　1111 = 未用通道(2)

注 (1) 这些通道在28引脚器件上不可用。
(2) 在未用通道上执行转换会返回不确定的输入值。

位1　GO/DONE: A/D转换状态位
当ADON =1 时:
1 = A/D转换正在进行　0 = A/D空闲

位0　ADON: A/D模块启用位
1 = 启用A/D转换器模块　0 = 禁止A/D转换器模块

R = 可读数
–n=POR值
W=可写位，
1=置1
U=未用位,读为0
0=清零
x=未知

图 9.2　ACCON0：A/D 控制寄存器

U–0	U–0	R/W–0	R/W–0	R/W–0(1)	R/W(1)	R/W(1)	R/W(1)
—	—	VCFG1	VCFG0	PCFG3	PCFG2	PCFG1	PCFG0
位7							位0

位7~6　未用: 读为0

位5　VCFG1: 参考电压配置位(V_{REF}负参考电压源):
1 = V_{REF-}(AN2)　0 = V_{SS}

位4　VCFG0: 参考电压配置位　(V_{REF}正参考电压源):
1 = V_{REF+}(AN3)　0 = V_{DD}

位3~0　PCFG3:PCFG0: A/D端口配置控制位:

FCFG3:PCFG0	AN12	AN11	AN10	AN9	AN8	AN7(2)	AN6(2)	AN5(2)	AN4	AN3	AN2	AN1	AN0
0000(1)	A	A	A	A	A	A	A	A	A	A	A	A	A
0001	A	A	A	A	A	A	A	A	A	A	A	A	A
0010	A	A	A	A	A	A	A	A	A	A	A	A	A
0011	D	A	A	A	A	A	A	A	A	A	A	A	A
0100	D	D	A	A	A	A	A	A	A	A	A	A	A
0101	D	D	D	A	A	A	A	A	A	A	A	A	A
0110	D	D	D	D	A	A	A	A	A	A	A	A	A
0111(1)	D	D	D	D	D	A	A	A	A	A	A	A	A
1000	D	D	D	D	D	D	A	A	A	A	A	A	A
1001	D	D	D	D	D	D	D	A	A	A	A	A	A
1010	D	D	D	D	D	D	D	D	A	A	A	A	A
1011	D	D	D	D	D	D	D	D	D	A	A	A	A
1100	D	D	D	D	D	D	D	D	D	D	A	A	A
1101	D	D	D	D	D	D	D	D	D	D	D	A	A
1110	D	D	D	D	D	D	D	D	D	D	D	D	A
1111	D	D	D	D	D	D	D	D	D	D	D	D	D

注: A = 模拟输入 D = 数字I/O
(1) PCFG位的POR值取决于PBADEN配置位的值。当PBADEN=1时,PCFG<3:0>=0000;当PBADEN=0时,PCFG<3:0>=0111。
(2) AN5到AN7仅在40/44引脚器件上可用。

图 9.3　ACCON1 寄存器

R/W–0	U–0	R/W–0	R/W–0	R/W–0	R/W–0	R/W–0	R/W–0
ADFM	—	ACQT2	ACQT1	ACQT0	ADCS2	ADCS1	ADCS0

位7　　　　　　　　　　　　　　　　　　　　　　　　位0

位7　ADFM:A/D结果格式选择位

1 = 右对齐　0 = 左对齐

位6　未用: 读为0

位5~3　ACQT2:ACQT0: A/D采样时间选择位

111 = 20个T_{AD}　011 = 6个T_{AD}

110 = 16个T_{AD}　010 = 4个T_{AD}

101 = 12个T_{AD}　001 = 2个T_{AD}

100 = 8个T_{AD}　000 = 0个T_{AD}(1)

位2~0　ADCS2~ADCS0: A/D转换时钟选择位

111 = f_{RC} (时钟来自A/D模块RC振荡器) (1)

110 = $f_{OSC}/64$　010 = $f_{OSC}/32$

101 = $f_{OSC}/16$　010 = $f_{OSC}/8$

100 = $f_{OSC}/4$　010 = $f_{OSC}/2$

100 = f_{RC}(时钟来自A/D模块RC振荡器) (1)

注:(1) 如果选择了FRC时钟源,在A/D时钟启动之前会加上一个TCY(指令周期)的延时。这可以保证在开始转换之前执行SLEEP指令。

图 9.4　ACCON2 寄存器

9.2　A/D 转换方式

A/D 转换方式如图 9.5 所示。

上电复位时,ADRESH~ADRESL 寄存器的值保持不变。

上电复位后,ADRESH~ADRESL 寄存器的值不确定。

按要求配置好 A/D 模块后,在开始转换之前必须采样选定的通道。模拟输入通道的相应 TRIS 位必须设置为输入。在采样完成之后,即可启动 A/D 转换。采集时间可以被编程置于 GO/$\overline{\text{DONE}}$ 位置 1 和启动转换之间。

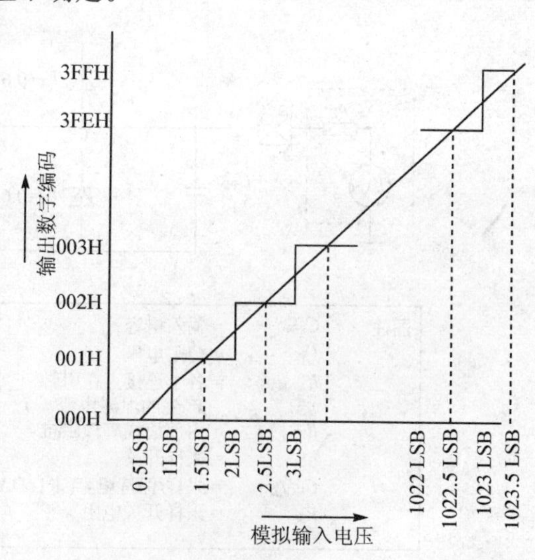

图 9.5　AD 转换方式

在执行 A/D 转换时应该遵循以下步骤。

1) 配置 A/D 模块:

- 配置模拟引脚、参考电压和数字 I/O(通过 ADCON1 寄存器);
- 选择 A/D 输入通道(通过 ADCON0 寄存器);
- 选择 A/D 采集时间(通过 ADCON2 寄存器);
- 选择 A/D 转换时钟(通过 ADCON2 寄存器);

- 使能 A/D 模块(通过 ADCON0 寄存器)。

2)需要时,配置 A/D 中断:

- ADIF 位清零;
- ADIE 位置 1;
- GIE 位置 1。

3)需要时,等待所需的采样时间。

4)启动转换:

- 将 GO/$\overline{\text{DONE}}$位置 1(通过 ADCON0 寄存器)

5)等待 A/D 转换完成,可通过以下两种方法之一来判断转换是否完成:查询 GO/$\overline{\text{DONE}}$位是否被清零;等待 A/D 中断。

6)读取 A/D 结果寄存器(ADRESH:ADRESL),需要时将 ADIF 位清零。

7)如需再次进行 A/D 转换,返回步骤 1 或步骤 2。每位的 A/D 转换时间定义为 TAD。在下一次采样开始前需要等待至少 2TAD 的时间。

9.3 A/D 采集要求

为了使 A/D 转换器达到规定的精度,必须使充电保持电容(C_{HOLD})充满至输入通道的电压电平。模拟输入模型见图 9.6 所示。电源阻抗(R_S)和内部采样开关阻抗(R_{SS})直接影响给电容 C_{HOLD} 充电所需要的时间。采样开关阻抗(R_{SS})值随器件电压(V_{DD})不同变化。

电源阻抗影响模拟输入的失调电压(由于引脚泄漏电流的原因)。模拟信号源的最大阻抗

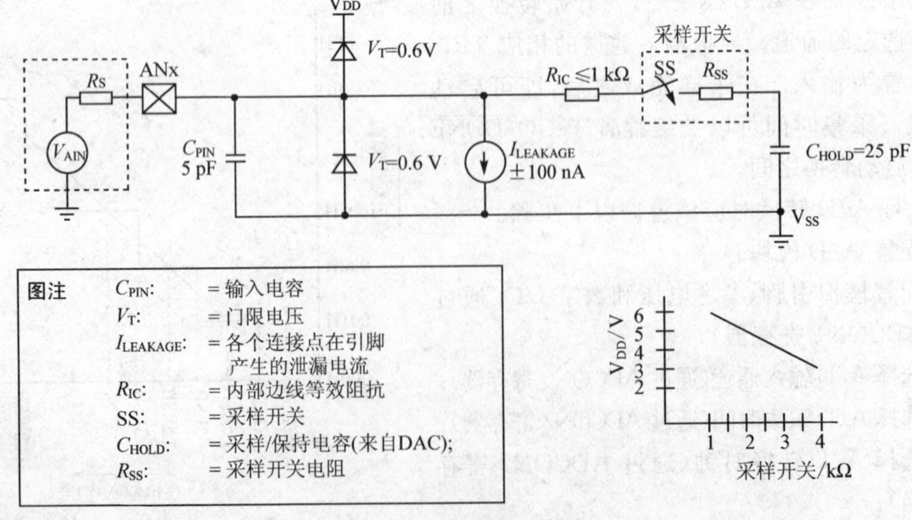

图 9.6 模拟输入模型

推荐值为2.5 kΩ。选择(改变)模拟输入通道后,必须对通道进行采样才能启动转换,采集时间必须大于最小采集时间。

A/D计算公式如下。

采集时间:

$$T_{ACQ} = 放大器稳定时间 + 保持电容充电时间 + 温度系数$$
$$= T_{AMP} + T_C + T_{COFF} \tag{9-1}$$

A/D最小充电时间:

$$V_{HOLD} = [V_{REF} - (V_{REF/2\,048})] \times (1 - e^{[-T_C/C_{HOLD(R_{IC}+R_{SS}+R_S)}]})$$

或

$$T_C = -(C_{HOLD})(R_{IC} + R_{SS} + R_S)\ln(1/2\,048) \tag{9-2}$$

计算所需要的最小采集时间:

$$\begin{aligned} T_{ACQ} &= T_{AMP} + T_C + T_{COFF} \\ T_{AMP} &= 0.2\ \mu s \\ T_{COFF} &= (T_{emp} - 25\ ℃)(0.02\ \mu s/℃) \\ &= (85\ ℃ - 25\ ℃)(0.02\ \mu s/℃) \\ &= 1.2\ \mu s \end{aligned} \tag{9-3}$$

只有在温度>25 ℃时才需要温度系数。当温度低于25 ℃时,$T_{COFF} = 0$ ms。

$$\begin{aligned} T_C &= -(C_{HOLD})(R_{IC} + R_{SS} + R_S)\ln(1/2\,047) \\ &= -(25\ pF)(1\ k\Omega + 2\ k\Omega + 2.5\ k\Omega)\ln(0.000\,488\,3) \\ &= 1.05\ \mu s \end{aligned}$$

$$\begin{aligned} T_{ACQ} &= 0.2\ \mu s + 1\ \mu s + 1.2\ \mu s \\ &= 2.4\ \mu s \end{aligned}$$

可以使用式(9-1)来计算最小采集时间。该公式假设误差为1/2 LSB(A/D转换需要1 024步)。1/2 LSB(最小有效位)误差是A/D达到规定分辨率所允许的最大误差。

式(9-3)中显示了所需的最小采集时间 T_{ACQ} 的计算过程。计算结果基于以下假设:

$C_{HOLD} = 25$ pF;

$R_S = 2.5$ kΩ;

转换误差 δ1/2 LSB;

$V_{DD} = 5$ V -> $R_{SS} = 2$ kΩ

温度=85 ℃(系统最大值)

9.4 选择和配置采集时间

用户可以利用ADCON2寄存器选择采集时间。该采集时间发生在每次GO/$\overline{DONE}$位置

1 之后。用户也可以使用自动决定的采集时间。

采集时间可由 ACQT2～ACQT0 位(ADCON2⟨5～3⟩)设置。它提供了 2～20 个 TAD 范围。当 GO/$\overline{\text{DONE}}$位被置 1 时,A/D 模块会继续在选定采集时间内采样输入,然后自动开始一次转换。由于采集时间是可编程的,因此没有必要在选择通道和将 GO/$\overline{\text{DONE}}$位置 1 之间等待一个采集时间。

当 ACQT2～ACQT0＝000 时选择手动采集。当 GO/$\overline{\text{DONE}}$位被置 1 时,采样停止并开始转换。用户必须确保在选择输入通道和将 GO/$\overline{\text{DONE}}$位置 1 之间已插入了所需的采集时间。此选项也是 ACQT2～ACQT0 位的默认复位状态,并且与不提供可编程采集时间的器件相兼容。

在这两种情况下,当转换完成时,GO/$\overline{\text{DONE}}$位均被清零,ADIF 标志位均被置 1 并且 A/D 开始再次对当前选择的通道进行采样。如果采集时间已经被编程,那么将不会有任何指示显示采集时间何时结束,转换何时开始。

9.5 选择 A/D 转换时钟

每位的 A/D 转换时间定义为 T_{AD}。每完成一次 10 位 A/D 转换需要 11 个 T_{AD}。可用软件选择 A/D 转换的时钟源。

T_{AD}可有以下 7 种选择:2 T_{OSC};4 T_{OSC};8 T_{OSC};16 T_{OSC};32 T_{OSC};64 T_{OSC};内部 RC 振荡器。

为了实现正确的 A/D 转换,A/D 转换时间(T_{AD})必须尽可能得小,但它必须大于最小 TAD。

不同器件工作频率下的 T_{AD}如表 9.1 所列。

表 9.1 不同频率下的 TAD

A/D 时钟源(T_{AD})		最高器件频率	
工作状态	ADCS2～ADCS0	PIC18F2X20/4X20/MHz	PIC18LF2X20/4X20[4]/MHz
$2T_{OSC}$	000	2.86	0.00143
$4T_{OSC}$	100	5.71	2.86
$8T_{OSC}$	001	11.43	5.72
$16T_{OSC}$	101	22.86	11.43
$32T_{OSC}$	010	40.0	22.86
$64T_{OSC}$	110	40.0	22.86
RC[3]	x11	1.00[1]	1.00[2]

注:(1) RC 源的典型 T_{AD}时间为 1.2 μs。(2) RC 源的典型 T_{AD}时间为 2.5 μs。(3) 当器件工作频率高于 1 MHz 时,整个转换过程必须在休眠模式下进行,否则 A/D 转换精度可能超出规范允许的范围。(4) 仅适用于低功耗器件(PIC18LFXXXX)。

表 9.1 显示了器件在不同的工作频率下和选择不同的 A/D 时钟源时得到的 TAD。

9.6 配置模拟端口引脚

ADCON1、TRISA、TRISB 和 TRISE 寄存器均可用于配置 A/D 端口引脚。如果希望端口引脚为模拟输入,则必须将相应的 TRIS 位置 1(输入)。如果将 TRIS 位清零(输出),则该引脚将输出数字电平(VOH 或 VOL)。

A/D 转换与 CHS3～CHS0 位及 TRIS 位的状态无关。

读取端口寄存器时,所有配置为模拟输入通道的引脚均读为 0(低电平)。配置为数字输入的引脚将按模拟输入进行转换。配置为数字输入的引脚将模拟输入电平精确转换为数字引脚电平。

定义为数字输入引脚上的模拟电平可能会导致数字输入缓冲器消耗的电流超出器件规范。

通过控制 ADCON1 中的 PCFG〈3～0〉位的复位方式,配置寄存器 3H 中的 PBADEN 位可将 PORTB 引脚配置成复位时为模拟或数字引脚。

9.7 A/D 转换

图 9.7 上图显示了在 GO 位置 1,且 ACQT2～ACQT0 位被清零后 A/D 转换器的工作状态。转换在下一条指令执行之后开始,以允许器件在转换开始之前进入休眠模式。

图 9.7 下图显示了在 GO 位置 1,ACQT2～ACQT0 位被设置为 010,且在转换开始之前选择 4 TAD 采集时间后 A/D 转换器的工作状态。

在转换期间将 GO/$\overline{\text{DONE}}$位清零将中止当前的 A/D 转换。不会用尚未完成的 A/D 转换结果更新 A/D 结果寄存器对。

这意味着 ADRESH～ADRESL 寄存器仍将保持上一次转换的结果(或上一次写入 ADRESH～ADRESL 寄存器的值)。

在 A/D 转换完成或停止以后,需要等待 2 个 T_{AD}才能开始下一次采集。等待时间一到,将自动开始对所选通道进行采集。

放电过程用于对电容阵列的值进行初始化。在每次采样之前都会对此阵列放电。这一特性有助于优化单位增益放大器,因为每次需要重新为电容阵列充电,而不是根据以前测量的值进行充放电。

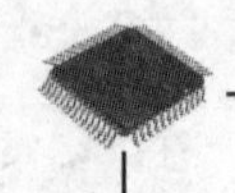

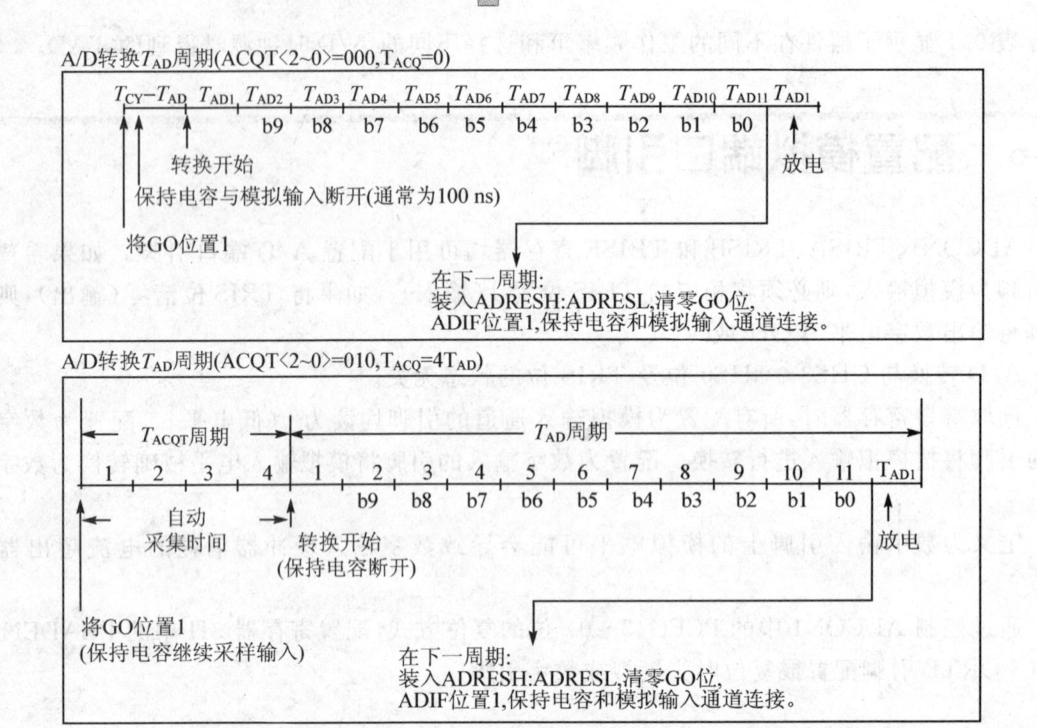

图 9.7　A/D 转换 TAD 周期

9.8　在功耗管理模式下的操作

在功耗管理模式中,自动采集时间和 A/D 转换时钟的选择一定程度上可由时钟源和频率决定。

如果希望器件处于功耗管理模式时进行 A/D 采集转换,就应该根据该模式下使用的时钟对 ADCON2 中的 ACQT2~ACQT0 和 ADCS2~ADCS0 位进行更新。在进入功耗管理模式之后,就可以开始 A/D 采集或转换。采集或转换开始以后,器件应继续使用相同的时钟源直到转换完成。

如果需要,在转换期间也可以将器件置于相应的空闲模式。如果器件的时钟频率小于 1MHz,就应该选择 A/D 模块的 RC 时钟源。

在休眠模式下工作需要选择 A/D 模块的 FRC 时钟。如果将 ACQT2~ACQT0 设置为 000 并启动 A~D 转换,转换将延时一个指令周期以允许执行 SLEEP 指令并进入休眠模式。IDLEN 位(OSCCON〈7〉)必须在转换开始之前被清零。

9.9　实　验

在这里采用电位器分压来测试 A/D 实验。

1. 硬件原理图

实验所用电路原理请参阅第 1.3.1 节介绍，其中 ADJ 引脚接 RA0(AN0)引脚，ADJ 最大输出电压为 3.3/2＝1.15 V。

实验之前，一定要把电位器的电源及 AD 引脚插针插上，如图 9.8 所示。

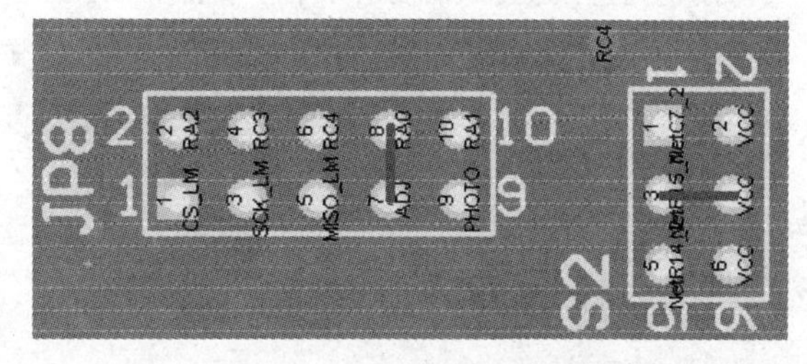

图 9.8　电位器的插针图示

2. 软件设计

程序清单 9.1 如下：

```
#include<p18f4620.h>
void initial()
{     INTCON = 0x00;                              //位 7～0：关总中断
    ADCON1 = 0X07;                               //设置数字输入输出口
    PIE1 = 0;
    PIE2 = 0;
}
//*************************************************************
//函数原型：void EUSART_Init()
//输      入：无
//输      出：无
//功能描述：初始化串口
//*************************************************************
void EUSART_Init()
{   TXSTA = 0xa4;                              //选择异步高速方式传输 8 位数据
    RCSTA = 0x90;                              //允许串行口工作使能，
    BAUDCON = 0x00;
    TRISC = TRISC|0X80;                        //将 RC7(RX)设置为输入方式
    TRISC = TRISC&0Xbf;                        //RC6(TX)设置为输出
    SPBRG = 25;                                //4 MHz 晶振时波特率为 25 b/s
}
```

```
//****************************************************************
//函数原型：void sent_ch(unsigned char d)
//输    入：数据
//输    出：无
//功能描述：通过串口发送一个字节数据
//****************************************************************
void sent_ch(unsigned char d)
{    PIR1bits.TXIF = 0;                        //清发送接收中断标志位
     TXREG = d;                                //返送接收到的数据
     Nop();
     while(TXSTAbits.TRMT == 0);               //等待发送完毕
}
//****************************************************************
//函数原型：void AD_Init()
//输    入：无
//输    出：无
//功能描述：初始化 AD
//****************************************************************
void AD_Init()
{    ADCON1 = 0x0d;                            //参考电压为 VCC～GND,配置 AN0 和 AN1
     ADCON2 = 0xA6;                            //AD 结果右对齐,8 个 TAD,Fos/64
     ADCON0 = 1;                               //启动 AD
     PIR1bits.ADIF = 0;                        //清标志
     TRISAbits.TRISA0 = 1;                     //RA0 和 RA1 模拟输入
     TRISAbits.TRISA1 = 1;
}
//****************************************************************
//函数原型：unsigned int Read_AD(unsigned char ch)
//输    入：AD 通道
//输    出：AD 数据
//功能描述：读取指定通道的 AD 采集
//****************************************************************
unsigned int Read_AD(unsigned char ch)
{    unsigned int adtemp;
     PIR1bits.ADIF = 0;
     ADCON0 = (ch << 2)|1;                     //选择转换通道
     ADCON0bits.GO = 1;                        //忙标志
     while(ADCON0bits.GO);                     //等待转换结束
     PIR1bits.ADIF = 0;                        //清标志
```

```
    adtemp = ADRESL + (ADRESH << 8);                    //读取AD数据
    return adtemp;
}
//***********************************************************
//函数原型：void wait(unsigned char t)
//输    入：时间
//输    出：无
//功能描述：软件延迟函数
//***********************************************************
void wait(unsigned int t)//ms
{     unsigned int i,j;
      for(i = 0;i<1000;i ++ )
        for(j = 0;j<t;t ++ );
}
//***********************************************************
//函数原型：void main()
//输    入：无
//输    出：无
//功能描述：主控制函数
//***********************************************************
void main()
{
    unsigned int adtempdat;
    initial();
    EUSART_Init();
    AD_Init();
    while(1)
    {
        sent_ch(0xff);
        adtempdat = Read_AD(0);                     //转换0通道
        sent_ch(adtempdat);                         //发送低8位到串口
        sent_ch(adtempdat >> 8);                    //发送高位到串口
        wait(100);
    }
}
```

3. 实验现象及分析

把C51RF-3-JX系统配置实验中"\单片机实验\第9章\AD"目录下的程序使用

MPLAB IDE v7.60 集成开发环境打开,并下载至实验板(详细操作过程请参阅第 2 章介绍)。

从软件设计可以看出,该实验是通过串口观察所采集的 AD 数据,其观察串口如图 9.9 所示。

```
FF F0 00 FF F1 00 FF FB 00 FF F9 00 FF F7 00 FF F7 00 FF F0 00 FF FE
00 FF FF 00 FF F7 00 00 E7 00 FF E6 00 FF F6 00 FF FE 00 FF FB 00 FF
F9 00 FF FD 00 FF E6 00 FF F6 00 FF F7 00 FF FE 00 FF FD 00 FF FF 00
FF FE 00 FF FB 00 FF FF 00 FF FF 00 FF FB 00 FF FE 00 FF FE 00 FF FD
00 FF FD 00 FF FF 00 FF FF 00 FF FD 00 FF FF 00 FF FC 00 FF FD 00 FF
FF 00 FF FE 00 FF F9 00 FF FE 00 FF FA 00 FF D8 00 FF DA 00 FF DB 00
FF D9 00 FF DA 00 FF D8 00 FF F0 00 FF EE 00 FF E4 00 FF D9 00 FF FC
00 FF FB 00 FF FA 00 FF FB 00 FF FF 00 FF FF 00
```

图 9.9　AD 采集数据观察窗口

取两组数据进行分析,第一组 FF F0 00,其中 FF 为分界符(自定),AD 数据为 0x00f0,所以该时的电压为 0x00f0/0x0400 * 3.3=0.7734375 V,同理取第二组数据 FF E6 00 计算出当时的电压为 0x00e6/0x0400 * 3.3=0.7412109375 V。

另外,还可以采集光电传感器的数据,只要把 adtempdat=Read_AD(0)语句里的参数 0 改为 1 即可,因为光电传感器接的是 RA1(AN1),并把相应的插针插上就可以从串口观察到从光电传感器采集到的数据。

第 10 章

捕捉/比较/PWM(CCP)

PIC18F4620 都有两个 CCP(捕捉/比较/PWM)模块。每个模块包含一个 16 位寄存器,可用作 16 位捕捉寄存器、16 位比较寄存器或 PWM 主/从占空比寄存器。

两个标准的 CCP 模块(CCP1 和 CCP2)。CCP1 实现为增强型 CCP,具有标准捕捉和比较模式以及增强型 PWM 模式(ECCP)。这些功能包括 2 或 4 路输出通道、用户可选择极性、死区控制和自动关闭以及重启。

ECCP 模块的捕捉、比较和单输出 PWM 功能与标准 CCP 模块的相同。

10.1 寄存器

对 CCP 模块的寄存器(如图 10.1 与图 10.2 所示)和位名称的引用,通常是在具体模块编号位置用“x”或“y”来表示。因此“CCPxCON”是指 CCP1、CCP2 或 ECCP1 的控制寄存器。“CCPxCON”在这些章节中用来指代模块控制寄存器,与 CCP 模块是标准还是增强型无关。

U–0	U–0	R/W–0	R/W–0	R/W–0	R/W–0	R/W–0	R/W–0
—	—	DCxB1	DCxB0	CCPxM3	CCPxM2	CCPxM1	CCPxM0
位7							位0

位7~6　未用:读为0

位5~4　DCxB1~DCxB0: CCPx模块的PWM占空比位1和位0

捕捉模式:
未使用。

比较模式:
未使用。

PWM模式:
这两位是10位PWM占空比的两个最低位(位1和位0)。占空比的高8位(DCx9:DCx2)在CCPRxL中。

位3~0　CCPxM3~CCPxM0: CCPx模块模式选择位

0000 = 禁止捕捉/比较/PWM(复位CCP模块)
0001 = 保留
0010 = 比较模式,匹配时输出电平翻转(CCPIF位置1)
0011 = 保留

R = 可读数
-n=POR值
W=可写位
1=置1
U=未用位,读为0

0100 = 捕捉模式,每个下降沿
0101 = 捕捉模式,每个上升沿
0110 = 捕捉模式,每4个上升沿
0111 = 捕捉模式,每16个上升沿
1000 = 比较模式:初始化CCP引脚为低电平:比较匹配时强制CCP引脚为高电平(CCPxIF位)置1)
1001 = 比较模式:初始化CCP引脚为高电平:比较匹配时强制CCP引脚为低电平(CCPxIF位)置1)
1010 = 比较模式:比较匹配时产生软件中断(CCPxIF)位置1,CCP引脚反映I/O状态)
1001 = 比较模式:当CCP2发生匹配时触发特殊事件、复位定时器或启动A/D转换(CCPxIF)位置1)
11xx = PWM模式

0=清零
x=未知

图 10.1　CCP×COM 寄存器

增强型 CCP 模块(ECCP)的控制寄存器如图 10.2 所示。它与 CCPxCON 寄存器的不同之处在于,它的高 2 位用来控制 PWM 功能。

R/W-0	R/W-0	R/W-0	R/W-0	R/W-0	R/W-0	R/W-0	R/W-0
P1M1	P1M0	DC1B1	DC1B0	CCP1M3	CCP1M2	CCP1M1	CCP1M0
位7							位0

位7~6　P1M1~P1M0: 增强型PWM输出配置位
如果CCP1M3~CCP1M2=00、01或10:
xx=P1A被配置为捕捉/比较输入/输出;P1B、P1C、P1D配置为端口引脚
如果CCP1M3~CCP1M2=11:
00 = 单输出: PA1被调制;P1B、P1C和P1D配置为端口引脚
01 = 全桥正向输出: P1D被调制;P1A有效:P1B和P1C无效
10 = 半桥输出:P1A和P1B被调制,带有死区控制:P1C和P1D配置为端口引脚
11 = 全桥反向输出:P1B被调制:P1C有效:P1A和P1D无效

位5~4　DC1B1~DC1B0:PWM占空比位1和位0
捕捉模式: 未使用　比较模式: 未使用
PWM模式: 这些位是10位PWM占空比的低2位。占空比的高8位在CCPR1L中

位3~0　CCP1M3~CCP1M0:增强型CCP模式选择位
0000 = 捕捉/比较/PWM关闭(复位ECCP模块)
0001 = 保留
0010 = 比较模式,匹配时输出翻转
0011 = 捕捉模式
0100 = 捕捉模式,每个下降沿
0101 = 捕捉模式,每个上升沿
0110 = 捕捉模式,每4个上升沿
0111 = 捕捉模式,每16个上升沿
1000 = 比较模式,初始化CCP1引脚为低电平,比较匹配时输出置1(CCP1IF置1)
1001 = 比较模式,初始化CCP1引脚为高电平,比较匹配时输出清零(CCP1IF置1)
1010 = 比较模式,仅产生软件中断,CCP1引脚回复到I/O状态
1010 = 比较模式,触发特殊事件(ECCP复位TMR1或TMR3,CC1IF位置1)
1100 = PWM模式,P1A和P1C高电平有效;P1B和P1D高电平有效
1101 = PWM模式,P1A和P1C高电平有效;P1B和P1D低电平有效
1110 = PWM模式,P1A和P1C低电平有效;P1B和P1D高电平有效
1111 = PWM模式,P1A和P1C低电平有效;P1B和P1D低电平有效

图 10.2　ECCP1CON 寄存器(ECCP1 模块)

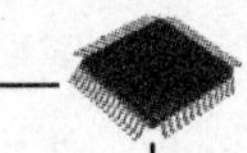

除了可使用 CCP1CON 和 ECCP1AS 寄存器提供的扩展模式外，ECCP 模块还有一个与增强型 PWM 操作和自动关闭功能相关的寄存器，它是 PWM1CON(死区延时)。

10.2　CCP 模块配置

每个捕捉/比较/PWM 模块均与一个控制寄存器(通常为 CCPxCON)和一个数据寄存器(CCPRx)相对应。

数据寄存器由两个 8 位寄存器组成：CCPRxL(低字节)和 CCPRxH(高字节)。所有寄存器都是可读写的。

CCP 模块根据选定的模式使用 Timer1、Timer2 或 Timer3。该模块在捕捉或比较模式下使用 Timer1 和 Timer3，而在 PWM 模式下使用 Timer2。

要将哪个特定的定时器分配给 CCP 模块由 T3CON 寄存器中的“Timer - to - CCP”启用位决定。

如果将两个 CCP 模块配置为同时工作在相同的模式(捕捉/比较或 PWM)下，那么这两个模块可在任何时候被激活并可共享相同的定时器资源。表 10.1 总结了这两个模块间的相互关系。在异步计数器模式下的 Timer1 中，捕捉操作将无法进行。

表 10.1　CCP1 和 CCP2 在使用定时器资源方面相互关系

CCP1 模式	CCP2 模式	相互关系
捕捉	捕捉	每个模块都可用 TMR1 或 TMR3 作为时基。每个 CCP 的时基也可以各不相同
捕捉	比较	可将 CCP2 配置为特殊事件触发器，用以复位 TMR1 或 TMR3(取决于所使用的时基)，也可用于自动触发 A/D 转换。如果 CCP1 使用与 CCP2 相同的定时器作为时基，上述操作可能会对 CCP1 产生影响
比较	捕捉	可将 CCP1 配置为特殊事件触发器用以复位 TMR1 或 TMR3(取决于所使用的时基)。如果 CCP2 使用与 CCP1 相同的定时器作为时基，上述操作可能会对 CCP2 产生影响
比较	比较	每个模块均可配置为特殊事件触发器，用以复位时基。CCP2 还可自动触发 A/D 转换。如果两个模块使用相同的时基，会发生冲突
捕捉	PWM(1)	无
比较	PWM(1)	无
PWM(1)	捕捉	无
PWM(1)	比较	无
PWM(1)	PWM	两个 PWM 具有相同的频率和更新速率(TMR2 中断)

注：(1) 包括标准和增强型 PWM 操作。

可根据器件配置改变CCP2(捕捉输入、比较和PWM输出)的引脚分配。CCP2MX配置位决定哪个引脚与CCP2复用。默认情况下,该引脚分配给RC1(CCP2MX=1)。如果清零该配置位,CCP2将与RB3复用。

改变CCP2的引脚分配并不会自动改变对端口引脚的配置。用户必须始终确认与CCP2操作相对应的TRIS寄存器配置正确,与其所在位置无关。

ECCP输出和配置取决于所选定的工作模式,增强型CCP模块最多有四路PWM输出。这些指定为P1A到P1D的输出,可以与PORTC和PORTD的I/O引脚复用。输出根据选定的CCP工作模式被激活。

表10.2中总结了引脚分配。若要将I/O引脚配置为PWM输出,必须通过设置P1M1:P1M0和CCP1M3~CCP1M0位来选择适当的PWM模式。端口引脚的相应TRISC和TRISD方向位也必须设置为输出。

表10.2 各种ECCP1模式的引脚分配

ECCP模式	CCP1CON配置	RC2	RD5	RD6	RD7
PIC18F4620					
兼容的CCP	00xx 11xx	CCP1	RD5/PSP5	RD6/PSP6	RD7/PSP7
双PWM	10xx 11xx	P1A	P1B	RD6/PSP6	RD7/PSP7
四PWM	x1xx 11xx	P1A	P1B	P1C	P1D

x=无关位。阴影单元表示在给定模式下ECCP1不使用的引脚分配。

像标准的CCP模块一样,ECCP模块根据选定的模式使用Timer1、Timer2或Timer3。该模块在捕捉或比较模式下使用Timer1和Timer3,而在PWM模式下使用Timer2。标准和增强型CCP模块之间的相互关系与标准CCP模块之间的相同。

10.3 捕捉模式

在捕捉模式下(如图10.3所示),当在相应的CCPx引脚上发生事件时,CCPRxH~CCPRxL寄存器对应捕捉TMR1或TMR3寄存器的16位值。事件定义为下列情况之一:每个下降沿;每个上升沿;每4个上升沿;每16个上升沿。

事件由模式选择位CCPxM3~CCPxM0(CCPxCON〈3~0〉)选择。当完成一次捕捉时,中断请求标志位CCPxIF置1;它必须用软件清零。如果在读取寄存器CCPRx值之前发生了另一次捕捉,那么原来的捕捉值会被新的捕捉值覆盖。

在捕捉模式下,应通过将相应的TRIS方向位置1把CCPx引脚配置为输入。

如果将RB3/CCP2或RC1/CCP2引脚配置为输出,则对该端口的写操作将会产生捕捉条件。

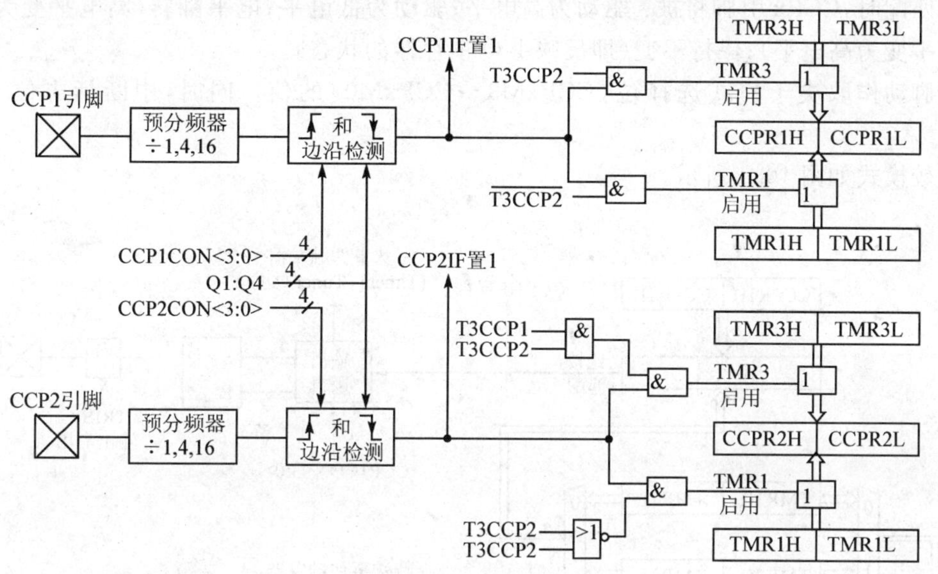

图10.3　捕捉模式

用于捕捉功能的定时器(Timer1 和/或 Timer3)必须运行在定时器模式或同步计数器模式下。在异步计数器模式下,捕捉操作将无法进行。可在 T3CON 寄存器中选择用于 CCP 模块的定时器。

当捕捉模式改变时,可能会产生错误的捕捉中断。用户应该保持 CCPxIE 中断允许位清零以避免错误中断。应在工作模式改变后清零中断标志位 CCPxIF。

在捕捉模式下有 4 种预分频比设置;它们可作为工作模式的一部分由模式选择位(CCPxM3～CCPxM0)选择。只要关闭 CCP 模块或禁止捕捉模式,预分频计数器就会被清零。这意味着任何复位都会将预分频计数器清零。

在两个预分频器之间切换会产生中断,而且预分频计数器不会被清零;因此第一次捕捉可能来自于一个非零的预分频器。

ECCP1 的特殊事件触发器输出会复位 TMR1 或 TMR3 寄存器对,具体复位哪一对寄存器,视当前选定的定时器资源而定。这使得 CCPR1 寄存器可有效地成为 Timer1 或 Timer3 的 16 位可编程周期寄存器。

10.4　比较模式

在比较模式下,16 位 CCPRx 寄存器的值不断与 TMR1 或 TMR3 寄存器对的值作比较。

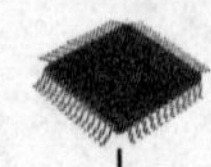

当两者匹配时，CCPx 引脚将被：驱动为高电平；驱动为低电平；电平翻转（高电平变为低电平或低电平变为高电平）；保持不变（即反映 I/O 锁存器的状态）。

引脚动作取决于模式选择位（CCPxM3～CCPxM0）的值。同时，中断标志位 CCPxIF 置 1。

比较模式如图 10.4 所示。

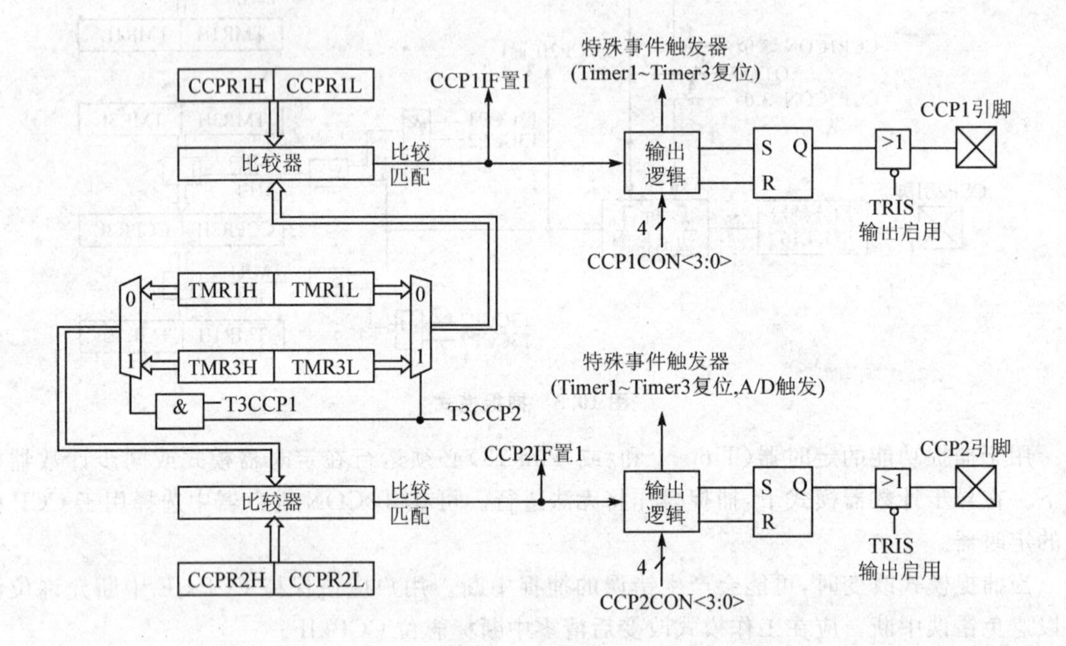

图 10.4 比较模式

用户必须通过将相应的 TRIS 位清零把 CCPx 引脚配置为输出。

清零 CCP2CON 寄存器将把 RB3 或 RC1 比较器输出锁存器（取决于器件配置）强制设为默认的低电平状态。这不是 PORTB 或 PORTCI/O 数据锁存器。

如果 CCP 模块使用比较功能，则 Timer1/Timer3 必须运行在定时器模式或同步计数器模式下。在异步计数器模式下，比较操作无法进行。

当选择生成软件中断模式时（CCPxM3～CCPxM0＝1010），相应的 CCPx 引脚不受影响。如果已经启用，将仅产生 CCP 中断并将 CCPxIE 位置 1。

两个 CCP 模块均配备了一个特殊事件触发器。在比较模式下可产生内部硬件信号以触发其他模块动作。通过选择比较特殊事件触发模式（CCPxM3～CCPxM0＝1011），启用特殊事件触发器。

对于任何一个 CCP 模块，无论当前使用哪个定时器资源作为模块的时基，特殊事件触发器将把对应的定时寄存器对复位。这样 CCPRx 寄存器可用作两个定时器的可编程周期寄

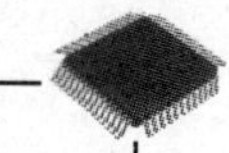

存器。

CCP2 的特殊事件触发器还能启动 A/D 转换。要实现此功能，必须首先启用 A/D 转换器。

表 10.3 为与捕捉和比较有关的特殊功能寄存器。

表 10.3 与捕捉比较 TIMER1 和 TIMER3 相关寄存器

名 称	位 7	位 6	位 5	位 4	位 3	位 2	位 1	位 0	复位值所在页
INTCON	GIE/GIEH	PEIE/GIEL	TMR0IE	INT0IE	RBIE	TMR0IF	INT0IF	RBIF	49
RCON	IPEN	SBOREN(1)	—	$\overline{RI}$	$\overline{TO}$	$\overline{PD}$	$\overline{POR}$	$\overline{BOR}$	48
PIR1	PSPIF(2)	ADIF	RCIF	TXIF	SSPIF	CCP1IF	TMR2IF	TMR1IF	52
PIE1	PSPIE(2)	ADIE	RCIE	TXIE	SSPIE	CCP1IE	TMR2IE	TMR1IE	52
PIR2	OSCFIF	CMIF	—	EEIF	BCLIF	HLVDIF	TMR3IF	CCP2IF	52
PIE2	OSCFIE	CMIE	—	EEIE	BCLIE	HLVDIE	TMR3IE	CCP2IE	52
IPR2	OSCFIP	CMIP	—	EEIP	BCLIP	HLVDIP	TMR3IP	CCP2IP	52
TRISB	PORTB 数据方向控制寄存器								52
TRISC	PORTC 数据方向控制寄存器								50
TMR1L	Timer1 寄存器的低字节								50
TMR1H	Timer1 寄存器的高字节								50
T1CON	RD16	T1RUN	T1CKPS1	T1CKPS0	T1OSCEN	$\overline{T1SYNC}$	TMR1CS	TMR1ON	50
TMR3H	Timer3 寄存器的高字节								51
TMR3L	Timer3 寄存器的低字节								51
T3CON	RD16	T3CCP2	T3CKPS1	T3CKPS0	T3CCP1	$\overline{T3SYNC}$	TMR3CS	TMR3ON	51
CCPR1L	捕捉/比较/PWM 寄存器 1 的低字节								51
CCPR1H	捕捉/比较/PWM 寄存器 1 的高字节								51
CCP1CON	P1M1(2)	P1M0(2)	DC1B1	DC1B0	CCP1M3	CCP1M2	CCP1M1	CCP1M0	51
CCPR2L	捕捉/比较/PWM 寄存器 2 的低字节								51
CCPR2H	捕捉/比较/PWM 寄存器 2 的高字节								51
CCP2CON	—	—	DC2B1	DC2B0	CCP2M3	CCP2M2	CCP2M1	CCP2M0	51

注："—"未用，读为 0。捕捉/比较、Timer1 或 Timer3 不使用阴影单元。

(1) SBOREN 位仅在 BOREN1～BOREN0 配置位＝01 时可用；否则，它被禁止且读为 0。

(2) 这些位在 28 引脚器件上未实现，读为 0。

10.5 PWM 模式

在脉宽调制(Pulse－Width Modulation,PWM)模式下,CCPx 引脚最多会产生 10 位分辨率的 PWM 输出信号。

由于 CCP2 引脚与 PORTB 或 PORTC 数据锁存器复用,因此必须清零,相应的 TRIS 位以使 CCP2 引脚为输出引脚。

清零 CCP2CON 寄存器将把 RB3 或 RC1 输出锁存器(取决于器件配置)强制设为默认的低电平状态。这不是 PORTB 或 PORTC I/O 数据锁存器。

图 10.5 给出了 PWM 模式下 CCP 模块的简化框图。PWM 输出(见图 10.6)有一个时基(周期)和一段输出保持为高电平的时间(占空比)。PWM 的频率是周期的倒数(1/周期)。

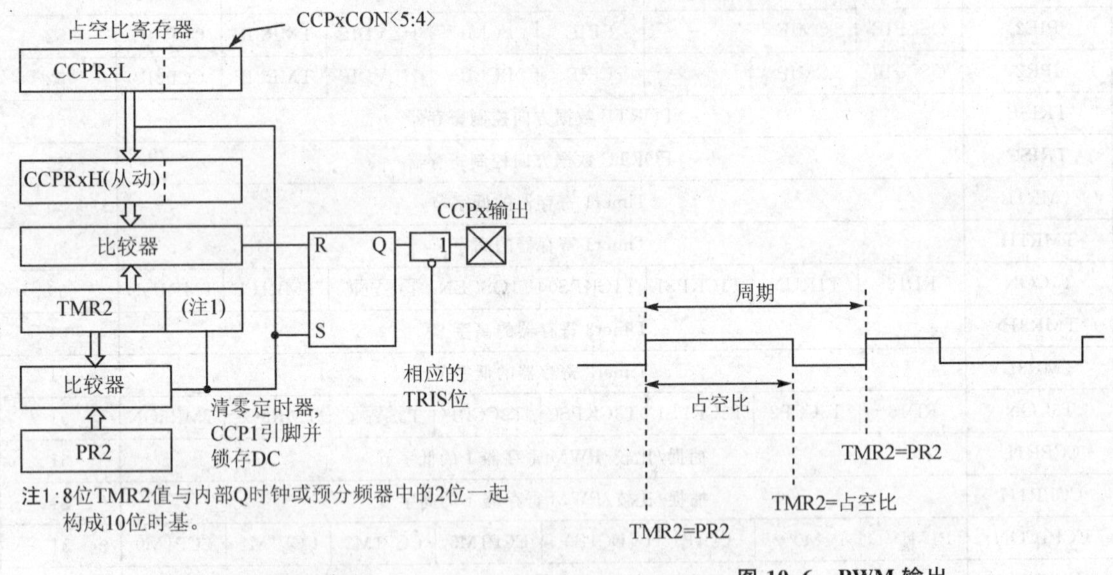

图 10.5 PWM 框图

图 10.6 PWM 输出

可通过写 PR2 寄存器指定 PWM 周期。PWM 周期可由以下公式计算：

$$\text{PWM 周期}=[(\text{PR2})+1]\times 4\times \text{TOSC}\times(\text{TMR2 预分频值})$$

PWM 频率定义为 1/[PWM 周期]。

当 TMR2 中的值与 PR2 中的值相等时,在下一个递增周期将发生以下 3 个事件：

- TMR2 被清零；
- CCPx 引脚置 1(例外：如果 PWM 占空比＝0％,CCPx 引脚将不会置 1)；

● PWM占空比从CCPRxL锁存到CCPRxH。

确定PWM频率时不会用到Timer2后分频器。后分频器可用不同于PWM输出频率的频率进行数据更新。

通过写CCPRxL寄存器和CCPxCON〈5：4〉位来指定PWM占空比。分辨率最高可达10位。CCPRxL包含占空比的高8位而CCPxCON〈5：4〉包含低2位。这10位值由CCPRxL：CCPxCON〈5：4〉表示。以下公式用于计算PWM的占空比时间：

PWM占空比＝(CCPRXL：CCPXCON〈5：4〉)・TOSC・(TMR2预分频值)

可以在任何时候写入CCPRxL和CCPxCON〈5：4〉,但是在PR2和TMR2发生匹配(即周期结束)前占空比值不会被锁存到CCPR2H中。在PWM模式下,CCPRxH是只读寄存器。

CCPR2H寄存器和一个2位的内部锁存器用于给PWM占空比提供双重缓冲。这种双重缓冲结构非常重要,它可以避免在PWM操作中产生毛刺。

当CCPRxH和2位锁存值与TMR2(连有内部2位Q时钟或TMR2预分频器中的2位)匹配时,CCP2引脚被清零。

在给定PWM频率的情况下,最大的PWM分辨率(位)由以下公式给出：

PWM分辨率(最大)＝(lg(FOSC/FPWM)/lg(2))位

如果PWM占空比的值大于PWM周期,则CCP2引脚将不会被清零。

当配置CCP模块使之工作于PWM模式时,应遵循以下步骤：

1) 通过写PR2寄存器设置PWM周期。

2) 通过写CCPRxL寄存器和CCPxCON〈5：4〉位设置PWM占空比。

3) 通过清零相应的TRIS位,将CCPx引脚设为输出引脚。

4) 通过写T2CON设置TMR2预分频值并随后使能Timer2。

5) 配置CCPx模块使之工作于PWM模式。

当配置为单输出模式时,ECCP模块的功能与PWM模式下的标准CCP模块相同。

增强型PWM模式提供了用于更广范围控制应用的更多PWM输出选项。该模块是标准CCP模块的后向兼容版本,可提供最多4路输出,指定为P1A～P1D。用户也可以选择信号的极性(高电平有效或低电平有效)。模块的输出模式和极性可通过设置CCP1CON寄存器的P1M1～P1M0和CCP1M3～CCP1M0位来进行配置。

图10.7给出了PWM工作原理的简化框图。所有控制寄存器都是双缓冲的,且在新的PWM周期(Timer2复位时的周期边界)开始时装入,以防止任何输出出现毛刺。PWM延时寄存器PWM1CON是个例外,它在占空比边界或者周期边界装入(取决于哪一个先到)。

由于缓冲作用,模块会一直等到指定的定时器复位,而不是立即开始。这意味着增强型PWM波形与标准PWM波形并不完全一致,而是偏移一个指令周期(4TOSC)。

像以前一样,用户必须手动将相应的TRIS位设置为输出。

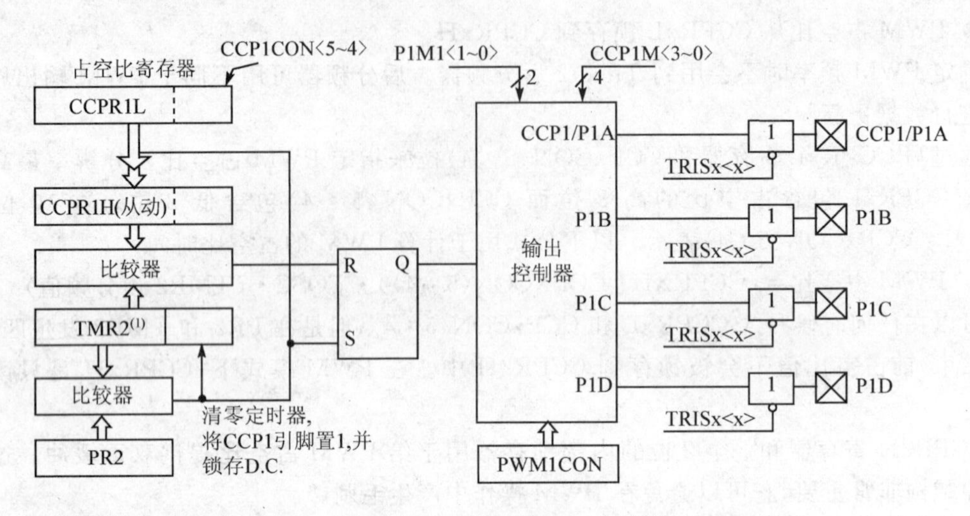

注: (1)8位TMR2寄存器的值与2位内部Q时钟或预分频器中的2位一起构成10位时基。

图 10.7 增强型 PWM

在半桥输出模式下,有两个引脚用作输出驱动推挽式负载。P1A引脚输出PWM输出信号,P1B引脚输出互补的PWM输出信号(图16-4)。这种模式可用于半桥应用(如图16-5所示),或者用于全桥应用——这种情况下使用两个PWM信号调制4个功率开关。

在半桥输出模式下,可编程死区延时可用来防止在半桥功率器件中流过直通(Shoot-through)电流。

PDC6~PDC0位的值对应输出被驱动为有效之前的指令周期数。如果这个值比占空比大,则在整个周期中相应的输出保持为无效。

由于P1A和P1B输出与PORTC〈2〉和PORTD〈5〉数据锁存是复用的,TRISC〈2〉和TRISD〈5〉位必须清零,从而将P1A和P1B配置为输出。

在全桥输出模式下,四个引脚都用作输出;但是,同一时间只有两个输出有效。在正向模式下,引脚P1A持续有效,引脚P1D被调制。在反向模式下,引脚P1C持续有效,引脚P1B被调制。

P1A、P1B、P1C和P1D输出与PORTC〈2〉和PORTD〈7~5〉数据锁存复用。TRISC〈2〉和TRISD〈7~5〉位必须清零,从而将P1A、P1B、P1C和P1D引脚配置为输出。

如果要将ECCP模块配置成工作于PWM模式,可采用以下步骤:

1) 通过将相应的TRIS位置1,配置PWM引脚P1A和P1B(以及P1C和P1D,如果使用的话)为输入。

2) 通过装载PR2寄存器设置PWM周期。

3) 如果需要自动关闭,执行以下步骤。

- 禁止自动关闭(ECCP1AS=0)。

- 配置源(FLT0、比较器 1 或比较器 2)。
- 等待非关闭条件。

4）通过装载恰当的值到 CCP1CON 寄存器将 ECCP 模块设置为需要的 PWM 模式和配置。

- 用 P1M1～P1M0 位选择输出配置和方向。
- 用 CCP1M3～CCP1M0 位选择 PWM 输出信号的极性。

5）通过装载 CCPR1L 寄存器和 CCP1CON〈5～4〉位设置 PWM 占空比。

6）对于半桥输出模式,通过装载恰当的值到 PWM1CON〈6～0〉设置死区延时。

7）如果需要自动关闭操作,装载 ECCP1AS 寄存器,则按下列方法进行。

- 使用 ECCPAS2～ECCPAS0 位选择自动关闭源。
- 使用 PSSAC1～PSSAC0 和 PSSBD1～PSSBD0 位选择 PWM 输出引脚在关闭时的状态。
- 将 ECCPASE 位置 1(ECCP1AS〈7〉)。
- 使用 CMCON 寄存器配置比较器。
- 将比较器输入配置为模拟输入。

8）如果需要自动重启,将 PRSEN 位置 1(PWM1CON〈7〉)。

9）配置及启动 TMR2 遵照下列方法。

- 通过清零 TMR2IF 位(PIR1〈1〉)清零 TMR2 中断标志位。
- 通过装载 T2CKPS 位(T2CON〈1～0〉)设置 TMR2 预分频值。
- 通过将 TMR2ON 位置 1 (T2CON〈2〉)启用 Timer2。

10）在新的 PWM 周期开始后启用 PWM 输出。

- 等待直到 TMRn 溢出(TMRnIF 位置 1)。
- 通过清零各 TRIS 位,启用 CCP1/P1A、P1B、P1C/P1D 引脚为输出。
- 清零 ECCPASE 位(ECCP1AS〈7〉)。

上电复位及以后的复位都将强制所有端口为输入模式,并强制 CCP 寄存器为复位状态。这将强制增强型 CCP 模块复位到与标准 CCP 模块兼容的状态。

10.6　实　验

10.6.1　蜂鸣器实验

1. 硬件电路

实验所用的电路原理图请参阅第 1.3.11 节介绍。

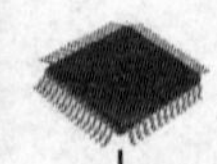

2. 软件设计

程序清单 10.1 如下：

```
#include<p18f4620.h>
//*************************************************************
//函数原型：void initial()
//输    入：无
//输    出：无
//功能描述：系统初始化子程序,放在程序首部
//*************************************************************
void initial()
{
    INTCON = 0x00;                //位 7～0：关总中断
    ADCON1 = 0X07;                //设置数字输入输出口
    PIE1 = 0;                     //PIE1 的中断不使能
    PIE2 = 0;                     //PIE2 的中断不使能
}
//*************************************************************
//函数原型：void PWMSet()
//输    入：无
//输    出：无
//功    能：CCP1 输出 PWM 设置,设置完成后即输出 PWM
//*************************************************************
void PWMSet()
{
    TRISCbits.TRISC2 = 0;         //设置 CCP1(RC2)引脚为输出方式
    PR2 = 0Xfc;                   //设置 PWM 工作周期 = ((PR2) + 1) * 4 * Tosc * (TMR2 前分频值)
    //CCPR1L = 0Xcc;              //CCP1 高电平值高 8 位为 01111111 = 7F,占空比 0.5
    CCPR1L = 0X3F;                //CCP1 高电平值高 8 位为 01111111 = 3F,占空比 0.25
    CCP1CON = 0X3C;               //CCP1 模块为 PWM 工作方式,高电平值低 2 位为 11
    T2CON = 0X04;                 //打开 TMR2,且使其前后分频为 1,同时开始输出 PWM 波形
    PIE1bits.CCP1IE = 0;          //CCP1 中断禁止
}
void main(void)
{
    initial();                    //系统初始化子程序
    PWMSet();                     //CCP1 输出 PWM 设置,设置完成后即输出 PWM
    while(1)
```

```
    {
        Nop();                              //可用作用户编程
    }
}
```

3. 实验现象

把 C51RF－3－JX 系统配置实验中“\单片机实验\第 10 章\PWM”目录下的程序使用 MPLAB IDE v7.60 集成开发环境打开，并下载至实验板（详细操作过程请参阅第 2 章介绍）。

程序运行之后，实验板上的蜂鸣器响。

10.6.2 电机驱动实验

1. 硬件原理

电机驱动原理见第 1.3.10 介绍，电机的两极由单片机的 RC1 和 RC2 控制，只要改变这两个引脚的状态就能实现电机的不同转动，如反转、正转、加速转动、减速转动等。

2. 软件设计

首先写一个简短的代码让电机转动起来，让 RC1 输出低电平，RC2 输出高电平，就可以实现顺时针转动；RC1 输出高电平，RC2 输出低电平，就可以实现逆时针转动。如程序清单 10.2 所示。

程序清单 10.2 如下：

```
#include<p18f4620.h>
void main()
{
    TRISCbits.TRISC2 = 0;                //设置 RC1 引脚为输出方式
    TRISCbits.TRISC1 = 0;                //设置 RC1 引脚为输出方式
    LATCbits.LATC1 = 0;                  //逆时针转动
    LATCbits.LATC2 = 1
    LATCbits.LATC1 = 1                   //顺时针转动
    LATCbits.LATC2 = 0
}
```

注意上面的程序逆时针和顺时针那两句代码只能选其一。

下面就介绍利用键盘和 PWM 控制电机的转动速度，如程序清单 10.3 所示。

程序清单 10.3 如下：

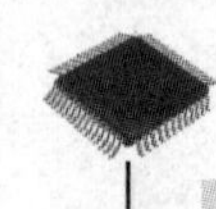


```
#include<p18f4620.h>
//电机速度表格
unsigned char MC[9] = {10,40,70,100,130,160,190,220,250};
//************************************************************
//函数原型：void initial()
//输    入：无
//输    出：无
//功能描述：系统初始化子程序，放在程序首部
//************************************************************
void initial()
{
    INTCON = 0x00;                  //位7～0：关总中断
    ADCON1 = 0X07;                  //设置数字输入输出口
    PIE1 = 0;                       //PIE1 的中断不使能
    PIE2 = 0;                       //PIE2 的中断不使能
}
//************************************************************
//函数原型：void PWMSet()
//输    入：无
//输    出：无
//功    能：CCP1 输出 PWM 设置，设置完成后即输出 PWM
//************************************************************
void PWMSet()
{
    TRISCbits.TRISC2 = 0;           //设置 CCP1(RC2)引脚为输出方式
    TRISCbits.TRISC1 = 0;
    LATCbits.LATC1 = 0;
    CCPR1L = MC[0];
    CCP1CON = 0X3C;                 //CCP1 模块为 PWM 工作方式，高电平值低 2 位为 11
    T2CON = 0X04;                   //打开 TMR2，且使其前后分频为 1，同时开始输出 PWM 波形
    PIE1bits.CCP1IE = 0;            //CCP1 中断禁止
}
//************************************************************
//函数原型：unsigned char Scan_key()
//输    入：无
//输    出：键值
//功能描述：扫描键盘并得到当前按下的键值
//************************************************************
unsigned char Scan_key()
```

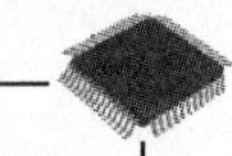


```
{
    unsigned char keyl,keyp,keydata;
    keydata = 0;                              //键值初始化为 0
    TRISD = 0x0f;                             //行输入,列输出,扫描行
    LATD& = 0x0f;                             //列输出为低
    keyl = (PORTD&0x0f);                      //检查行为低就有键按下
    keyl = ～(keyl|0xf0);
    if(keyl! = 0)                             //有键按下
    {
        TRISD = 0xf0;                         //扫描列
        LATD = 0x0f;
        keyp = PORTD >> 4;

        TRISD = 0x0f;
        LATD& = 0x0f;
        while((PORTD&0x0f)! = 0x0f);          //等待键释放
        switch(keyl)                          //计算行
        {
            case 1: keyl = 0;break;
            case 2: keyl = 1;break;
            case 4: keyl = 2;break;
            case 8: keyl = 3;break;
            default: keyl = 0;break;
        }
        switch(keyp)                          //计算列
        {
            case 1: keyp = 0;break;
            case 2: keyp = 1;break;
            case 4: keyp = 2;break;
            case 8: keyp = 3;break;
            default: keyp = 0;break;
        }
        keydata = 4 * keyl + keyp + 1;
    }
    return(keydata);                          //返回键值
}
//************************************************************
//函数原型: void main(void)
//输    入: 无
```

```
//输    出：无
//功能描述：主控制函数
//**********************************************************
void main(void)
{
    unsigned char keydata;
    initial();                          //系统初始化子程序
    PWMSet();                           //CCP1 输出 PWM 设置,设置完成后即输出 PWM
    while(1)
    {
        Nop();                          //可用作用户编程
        keydata = Scan_key();           //扫描按键
        if(keydata)
        {
            if(keydata>9)keydata = 9;
            CCPR1L = MC[keydata - 1];   //根据键值改变占空比
        }
    }
}
```

3. 实验现象

把 C51RF-3-JX 系统配置实验中"\单片机实验\第 10 章\MC"目录下的程序使用 MPLAB IDE v7.60 集成开发环境打开,并下载至实验板(详细操作过程请参阅第 2 章介绍)。

烧写进入程序后,一定要把相应插针 JP13、JP10 插上,电机才能正常运行。运行情况是:上电运行速度 1,可能 PWM 的占空比太小不能驱动电机转动;这时可以按键盘,按 2 运行速度 2,按 3 运行速度 3,依次类推,一共有 9 个速度档位;如果按大于 9 的按键,则运行速度 9。

按不同的按键(≤9),电机按不同的速度转动,其速度表格 MC[9]定义了不同的速度,及 PWM 输出不同的占空比。如果依次按键感受不明显,可以先按 2 号键,运行一段时间后,再按 9 号键,这是就能看到电机速度明显加快。

第11章 短距离无线数据通信基础

本章将介绍短距离无线数据通信的基础，包括ISM频段、无线通信网络、CSMA/CA无线协议等，还介绍目前比较流行的多种短距离无线数据网络技术，如ZigBee、Bluetooth、Wi-Fi等。

11.1 ZigBee无线网络使用的频谱和ISM开放频段

日常生活中，我们经常能够看到各式各样的天线。对于一个无线系统来说，能够正确地发送和接收信息是最基本的要求。天线作为无线通信中不可缺少的一部分，其基本功就能是接收和发送无线电波。发射时，把高频电流转换为电波；接收时，把电波转换为高频电流。这么多的电波在空气中如何传播，我们又是如何区分哪些是我们需要的电波呢？

频谱是我们区别各种电波的一个重要依据。无线通信的频谱在RF(Radio Frequency)这一段包括了常见的调频收音机、各种手机、无线电话、无线卫星电视等等，由于从几十兆到几千兆的频谱上，集中了各种不同的无线应用，而且这些无线电传播都使用同一个通信媒介——空气，所以为了保证各种无线通信之间不相互干扰，就需要对无线频道的使用进行必要的管理。

各国的无线电管理机构负责管理RF频道的使用。美国管理机构是美国联邦通讯委员会(FCC)，欧洲是欧洲电信标准化协会(ETSI)，中国是中国无线电管理委员会。频道管理最基本的规则是无线发送器的使用应获得许可。

各国的无线电管理部门也规定了某些频带不需许可就可以使用，以满足不同的需要。这些频带通常包括ISM(Industrial、Scientific and Medical 工业、科学、医疗)频带。各国的无线电管理不尽相同。

在美国，FCC管理无线电频谱的分配。可用的免许可证的频带(ISM频段)包括：27 MHz、260 MHz～470 MHz、902 MHz～928 MHz和最常用的2.4 GHz频带。其中

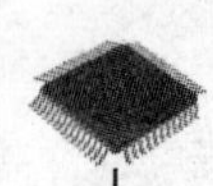

260 MHz～470 MHz 频带对数据传送的类型有所限制，而其他频带则没有这样的限制。ISM 频道在欧洲所分配到的频率为 433 MHz、868 MHz 和 2.4 GHz。中国目前可以使用的 ISM 频率是：433 MHZ 和 2.4 GHZ。可以看到全球通用的 ISM 频段为 2.4 GHz。

除了 ISM 频带以外，在中国整个低于 135 kHz，在北美、南美和日本低于 400 kHz，也都是可以使用的免费频段。各国对无线频谱资源的管理，不仅规定了相关的 ISM 开放频道的频率，同时也严格规定了在这些频率上所使用的发射功率。在实际使用这些频率时，需要查阅各国无线频谱管理机构的不同的具体技术要求。

中国的无线电管理要求的具体技术参数请查阅中国信息产业部发布的《微功率（短距离）无线电设备管理暂行规定》。

基于成本、方便等方面的考虑，短距离无线数据通信网络都尽量使用 ISM 频段，如 IEEE 802.15.4(ZigBee)工作在工业、科学、医疗(ISM)频段，定义了两个工作频段，即 2.4 GHz 频段和 868/915 MHz 频段。在 IEEE 802.15.4 中，总共分配了 27 个具有 3 种速率的信道：在 2.4 GHz频段有 16 个速率为 250 kb/s 的信道，在 915 MHz 频段有 10 个 40 kb/s 的信道，在 868 MHz 频段有 1 个 20 kb/s 的信道。其中 2.4 GHz 是全球通用的 ISM 频段，915 MHz 是北美的 ISM 频段，868 MHz 是欧洲的 ISM 频段。

11.2　无线数据通信网络

无线网络(Wireless Network)是由许多独立的无线节点通过无线电波相互通信而构成的无线通信网络。广义地说，凡是采用无线传输媒体的网络都可以称作无线网络，传输媒体可以是无线电波、光波或者红外线等等。

无线网络具有无需布线、一定区域内可漫游、运行费用低廉等优点。这些优点使得它在许多应用场合发挥出了不可替代的作用。无线网络在配制上分为“点到点”和“主从”两种。

“点到点”配置是两个节点之间进行连接和通信，一个无线节点可以在无线网络覆盖范围内自由移动并自动建立点到点的连接，在不同节点之间直接进行数据传输。

在“主从”配置中，所有无线节点都与“访问节点”连接，由访问节点承担无线通信的管理和与网络桥连接的工作。使用“主从”配置，无线用户在访问节点的覆盖范围内工作时，无需再为寻找其他节点耗费电量，从而节约了资源。“主从”配置是最理想的低耗电网络配制方式。

无线网络的传输技术主要分为“射频技术”和“红外线技术”两种。其中，红外线技术仅适用于近距离无线传输（一般低于 1 m）；射频技术的覆盖范围则较广。

11.3　无线 CSMA/CA 协议

以太网属于广播形式的网络。当一站点发送信息时，网络中的所有站点都能接收到，容易形成数据堵塞，导致网络速度变慢，甚至发生系统瘫痪。为了尽量减少数据的传输碰撞和重试发送，以太网中使用了 CSMA/CD(载波监听多路访问/冲突检测)工作机制，以防止各站点无序地争用信道。

无线数据通信网中采用了与 CSMA/CD 相类似的 CSMA/CA(载波监听多路访问/冲突防止)协议。当其中一个站点要发送信息时，首先监听系统信道空闲期间是否大于某一帧的间隔。若是，立即发送，否则暂不发送，继续监听。CSMA/CA 通信方式将时间域的划分与帧格式紧密联系起来，保证某一时刻只有一个站点发送，实现了网络系统的集中控制。

因为传输介质的不同，所以传统的 CSMA/CD 与无线局域网中的 CSMA/CA 在工作方式上存在着差异。CSMA/CD 的检测方式是通过电缆中电压的变化来测得，当数据传输发生碰撞时，电缆中的电压就随着发生变化，而 CSMA/CA 使用空气作为传输介质，必须采用其他的碰撞检测机制。CSMA/CA 采取了三种检测信道空闲的方式：能量检测(ED)、载波检测(CS)和能量载波混合检测。

能量检测(ED)接收端对接收到的信号进行能量大小的判断。当功率大于某一确定值时，表示有用户在占用信道，否则信道为空。

载波检测(CS)接收端将接收到的信号与本机的伪随机码(PN 码)进行运算比较，如果其值超过某一极限时，表示有用户在占用信道，否则认为信道为空。能量载波检测是能量检测和载波检测两种工作方式的结合。

11.4　典型的短距离无线数据网络技术

随着数字通信和计算机技术的发展，许多短距离无线通信的要求被提出。短距离无线通信和长距离无线通信有很多方面的区别，主要的特征如下：

- 无线发射功率在几微瓦到小于 100 μW；
- 通信距离范围在几厘米到几百米；
- 主要在室内使用；
- 使用全向天线和线路板天线；
- 不需要申请无线频道；
- 高频操作；

● 电池供电的无线发射器和无线接收器。

典型的短距离无线数据通信系统由一个无线发射器(包括数据源、调制器、RF 源、RF 功率放大器、天线、电源组成)和由一个无线接收器(包括数据接收电路、RF 解调器、译码器、RF 低噪声放大器、天线、电源)组成。

随着无线的发展,网络化、标准化要求逐渐出现在人们的面前。因此各种无线网络技术标准纷纷被制订出来。以下我们来看看目前比较热门的几种无线网络技术标准。

5 种短程无线连接技术正在成为业界谈论的焦点。它们分别是 ZigBee、无线局域网(Wi-Fi)、蓝牙(Bluetooth)、超宽频(Ultra Wide Band)和近距离无线传输(NFC)。

11.4.1　ZigBee

ZigBee 是一种新兴的短距离、低速率无线网络技术。它是一种介于无线标记技术和蓝牙之间的技术提案。它此前被称作"HomeRF Lite"或"FireFly"无线技术,主要用于近距离无线连接。它有自己的无线电标准,在数千个微小的传感器之间相互协调实现通信。这些传感器只需要很少的能量,以接力的方式通过无线电波将数据从一个传感器传到另一个传感器,所以它们的通信效率非常高。最后,这些数据就可以进入计算机用于分析或者被另外一种无线技术——WiMax 收集。

ZigBee 的基础是 IEEE 802.15.4。这是 IEEE 无线个人区域网(Personal Area Network, PAN)工作组的一项标准,被称作 IEEE 802.15.4(ZigBee)技术标准。

ZigBee 不仅只是 IEEE 802.15.4 的名字。IEEE 仅处理低级 MAC 层和物理层协议,因此 ZigBee 联盟对其网络层协议和 API 进行了标准化。完全协议用于一次可直接连接到一个设备的基本节点的 4 KB 或者作为 Hub 或路由器的协调器的 32 KB。每个协调器可连接多达 255 个节点,而几个协调器则可形成一个网络,对路由传输的数目则没有限制。ZigBee 联盟还开发了安全层,以保证这种便携设备不会意外泄漏其标识,而且这种利用网络的远距离传输不会被其他节点获得。

ZigBee 联盟成立于 2001 年 8 月。2002 年下半年,英国 Invensys 公司、日本三菱电气公司、美国摩托罗拉公司以及荷兰飞利浦半导体公司四大巨头共同宣布,它们将加盟"ZigBee 联盟",以研发名为"ZigBee"的下一代无线通信标准。这一事件成为该项技术发展过程中的里程碑。

到目前为止,除了 Invensys、三菱电子、摩托罗拉和飞利浦等国际知名的大公司外,该联盟大约已有 200 多家成员企业,并在迅速发展壮大。其中涵盖了半导体生产商、IP 服务提供商、消费类电子厂商及 OEM 商等,例如 Honeywell、Eaton 和 Invensys Metering Systems 等工业控制和家用自动化公司,甚至还有像 Mattel 之类的玩具公司。所有这些公司都参加了负责开发 ZigBee 物理和媒体控制层技术标准的 IEEE 802.15.4 工作组。

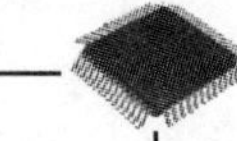

有关ZigBee的详细介绍,请查阅第13章的介绍。

尽管,国内不少人已经开始关注ZigBee这们新技术,而且也有不少单位开始涉足ZigBee技术的开发工作,然而,由于ZigBee本身是一种新的系统集成技术,应用软件的开发必须和网络传输、射频技术和底层软硬件控制技术结合在一起。因而深入理解这个来自国外的新技术,再组织一个在这几个方面都有丰富经验的配套的队伍,本身就不是一件容易的事情。因而到目前为止,国内目前除了成都无线龙等几家公司外,有关ZigBee开发的公司还是很少。但可喜的是随着无线龙的ZigBee的各个系列的实用开发系统推出市场(可通过www.c51rf.com查看最新的消息),目前各大高校以及公司相继加入ZigBee的开发行列中。

11.4.2 Wi-Fi

Wi-Fi为IEEE定义的一个无线网络通信的工业标准(IEEE802.11)。Wi-Fi第一个版本发表于1997年,其中定义了介质访问接入控制层(MAC层)和物理层。物理层定义了工作在2.4 GHz的ISM频段上的两种无线调频方式和一种红外传输的方式。总数据传输速率设计为2 Mb/s。两个设备之间的通信可以自由直接(ad hoc)的方式进行,也可以在基站(Base Station,BS)或者访问点(Access Point,AP)的协调下进行。

一个Wi-Fi联接点网络成员和结构站点(Station)是网络最基本的组成部分。

基本服务单元(Basic Service Set,BSS)。网络最基本的服务单元。最简单的服务单元可以只由两个站点组成。站点可以动态地连接(associate)到基本服务单元中。

分配系统(Distribution System,DS)。分配系统用于连接不同的基本服务单元。分配系统使用的媒介(medium)逻辑上和基本服务单元使用的媒介是截然分开的,尽管它们物理上可能会是同一个媒介,例如同一个无线频段。

接入点(Access Point,AP)。接入点即有普通站点的身份,又有接入到分配系统的功能。

扩展服务单元(Extended Service Set,ESS)。由分配系统和基本服务单元组合而成。这种组合是逻辑上,并非物理上的——不同的基本服务单元有可能在地理位置相去甚远,分配系统也可以使用各种各样的技术。

关口(portal)。也是一个逻辑成分,用于将无线局域网和有线局域网或其他网络联系起来。

这里有3种媒介:站点使用的无线的媒介、分配系统使用的媒介,以及和无线局域网集成一起的其他局域网使用的媒介。物理上它们可能互相重叠。IEEE802.11只负责在站点使用的无线的媒介上的寻址(addressing)。分配系统和其他局域网的寻址不属无线局域网的范围。

IEEE802.11没有具体定义分配系统,只是定义了分配系统应该提供的服务(service)。整个无线局域网定义了9种服务:5种服务属于分配系统的任务,分别为连接(association)、结束联接(diassociation)、分配(distribution)、集成(integration)、再联接(resuscitation)。4种服务属于站点的任务,分别为鉴权(authentication)、结束鉴权(deauthentication)、隐私(privacy)、MAC数据传输(MSDU delivery)。

1999年加上了两个补充版本IEEE 802.11a(可简写为802.11a),定义了一个在5 GHz ISM频段上的数据传输速率可达54 Mb/s的物理层,802.11b定义了一个在2.4 GHz的ISM频段上,但数据传输速率高达11 Mb/s的物理层。2.4 GHz的ISM频段为世界上绝大多数国家通用,因此802.11b得到了最为广泛的应用。苹果公司把自己开发的802.11标准起名叫Airport。

1999年工业界成立了Wi-Fi联盟,致力解决符合IEEE 802.11标准的产品的生产和设备兼容性问题。802.11标准和补充:802.11 ,1997年,原始标准(2 Mb/s工作在2.4 GHz);802.11a,1999年,物理层补充(54 Mb/s工作在5 GHz);802.11b,1999年,物理层补充(11 Mb/s工作在2.4 GHz);802.11c,符合802.1D的媒体接入控制层(MAC)桥接(MAC layer bridging);802.11d,根据各国无线电规定做的调整;802.11e,对服务等级(Quality of Service, QS)的支持;802.11f,基站的互连性(interoperability)。802.11g,物理层补充(54 Mb/s工作在2.4 GHz);802.11H,无线覆盖半径的调整,室内(indoor)和室外(outdoor)信道(5 GHz频段);802.11i,安全和鉴权(authentification)方面的补充;802.11n,导入多重输入输出(MIMO)技术,基本上是802.11a的延伸版。

除了上面的IEEE标准,另外有一个被称为IEEE802.11b+的技术,通过PBCC技术(Packet Binary Convolutional Code)在IEEE802.11b(2.4 GHz频段)基础上提供22 Mb/s的数据传输速率。但这事实上并不是一个IEEE的公开标准,而是一项产权私有的技术(产权属于美国德州仪器,Texas Instruments)。也有一些被称为802.11g+的技术,在IEEE802.11g的基础上提供108 Mb/s的传输速率,跟802.11b+一样,同样是非标准技术,由无线网络芯片生产商Atheros所提倡的则为SuperG。

Wi-Fi(wireless fidelity无线保真)实质上是一种商业认证,具有Wi-Fi认证的产品符合IEEE 802.11b无线网络规范。它是当前应用最为广泛的WLAN标准,采用波段是2.4 GHz。IEEE 802.11b无线网络规范是IEEE 802.11网络规范的变种,最高带宽为11 Mb/s,在信号较弱或有干扰的情况下,带宽可调整为5.5 Mb/s、2 Mb/s和1 Mb/s。带宽的自动调整,有效地保障了网络的稳定性和可靠性。

自从实行IEEE 802.11b以来,无线网络取得了长足的进步,因此基于此技术的产品也逐渐多了起来,解决各厂商产品之间的兼容性问题就显得非常必要。因为IEEE并不负责测试IEEE 802.11b无线产品的兼容性,所以这项工作就由厂商自发组成的非赢利性组织——Wi-Fi联盟来担任。这个联盟包括了最主要的无线局域网设备生产商,如Intel、Broadcom,以及大家熟悉的中国厂商华硕、BenQ等。凡是通过Wi-Fi联盟兼容性测试的产品,都被准予打上"Wi-Fi CERTIFIED"标记。因此,我们在选购IEEE 802.11b无线产品时,最好选购有Wi-Fi标记的产品,以保证产品之间的兼容性。

Wi-Fi技术突出的优势在于:

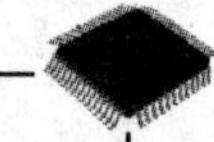

其一，无线电波的覆盖范围广，基于蓝牙技术的电波覆盖范围非常小，半径大约有15 m，而Wi－Fi的半径则可达100 m，办公室自不用说，就是在整栋大楼中也可使用。最近，由Vivato公司推出的一款新型交换机。据悉，该款产品能够把目前Wi－Fi无线网络100 m的通信距离扩大到约6.5 km。

其二，虽然由Wi－Fi技术传输的无线通信质量不是很好，数据安全性能比蓝牙差一些，传输质量也有待改进，但传输速度非常快，可以达到11 Mb/s，符合个人和社会信息化的需求。

其三，厂商进入该领域的门槛比较低。厂商只要在机场、车站、咖啡店、图书馆等人员较密集的地方设置"热点"，并通过高速线路将因特网接入上述场所，这样，由于"热点"所发射出的电波可以达到距接入点半径数十米至100 m的地方，用户只要将支持无线LAN的笔记本电脑或PDA拿到该区域内，即可高速接入因特网。也就是说，厂商不用耗费资金来进行网络布线接入，从而节省了大量的成本。

Wi－Fi的主要特点是传输速率高、可靠性高、建网快速、便捷、可移动性好、网络结构弹性化、组网灵活、组网价格较低等，因此他具有良好的发展前景。

IEEE 802.11规范是在1997年8月提出的，规定了3种物理层介质：红外线、光波和ISM 2.4～2.4835 GHz频段的无线电波。其中后者采用了两种扩频技术DSSS和FHSS。但是由于这个标准只能提供1～2 Mb/s的速率，远远低于当时有线以太网普遍提供的10 Mb/s的速率，所以没有引起足够的重视。

IEEE 802.11b发布于1999年9月。与IEEE802.111不同，它只采用2.4 GHz的ISM频段的无线电波，且采用加强版的DSSS，可以根据环境的变化在11 Mb/s，515 Mb/s，2 Mb/ s和1Mb/s之间动态切换。目前802.11b协议是当前最为广泛的WLAN标准。其缺点是速率还是不够高，且所在的2.4 GHz的ISM频段的带宽比较窄（仅有85 MHz），同时还要受微波、蓝牙等多种干扰源的干扰。

11.4.3　蓝牙（Bluetooth）

蓝牙（Bluetooth）是1994年由爱立信公司首先提出的一种短距离无线通信技术规范。这个技术规范是使用无线连接来替代已经广泛使用的有线连接。1999年12月1日，蓝牙特殊利益集团发布了"蓝牙"标准的最新版1.0B版。该最新版"蓝牙"标准主要定义的是底层协议，同时为保证和其他协议的兼容性，也定义了一些高层协议和相关接口。

就其工业实现而言，"蓝牙"标准可以分为硬件和软件两个部分。硬件部分包括射频/无线电协议、基带/ 链路控制器协议和链路管理器协议，一般是做成一个芯片。软件部分则包括逻辑链路控制与适配协议及其以上的所有部分。硬件和软件之间通过HCI进行连接，也就是说HCI在硬件和软件中都有，两者提供相同的接口进行通信。

蓝牙（Bluetooth）作为一种小范围无线连接技术，能够在设备间实现方便快捷、灵活安全、低成本、低功耗的数据和语音通信,是目前实现无线个域网的主流技术之一。同时,蓝牙系统以 Ad hoc 的方式工作,每个蓝牙设备都可以在网络中实现路由选择的功能,可以形成移动自组织网络。蓝牙的特性在许多方面正好符合 Ad hoc 和 WPAN 的概念,显示其真正的潜力所在。而且,将蓝牙与其他网络相连接可带来更广泛的应用,例如接入 Internet,PSTN 或公众移动通信网,可以使用户应用更方便或给用户带来更大的实惠。

蓝牙技术是一种尖端的开放式无线通信标准,能够在短距离范围内无线连接桌上型电脑与笔记本电脑、便携设备、PDA、移动电话、拍照手机、打印机、数码相机、耳麦、键盘甚至是电脑鼠标。蓝牙无线技术使用了全球通用的频带(2.4 GHz),以确保能在世界各地通行无阻。简言之,蓝牙技术让各种数码设备之间能够无线沟通,让散落各种连线的桌面成为历史。

蓝牙技术的应用范围相当广泛,目前已经进入到了许多主流消费性产品当中,比如在手机、PDA、笔记本电脑等方面应用。台式电脑基本都没有现成的蓝牙通信口。如果要实现手机等具备蓝牙功能的设备和电脑实现无线蓝牙通信,需要在电脑端配备蓝牙适配器,使其具有蓝牙通信功能,从而实现蓝牙无线通信。

蓝牙无线通信技术在欧美是一种比较成熟的技术,广泛应用于生活领域中。其工作频段是一个不受限制的自由频段,采用跳频工作方式和先进的加密技术,使蓝牙在传输文件时具有较高的安全性。使用时进行匹配,而后即可通过蓝牙手机进行数据交换,在电脑中实现网页浏览。

蓝牙是无线网络传输技术的一种,原本是用来取代红外的。与红外技术相比,蓝牙无须对准就能传输数据,传输距离小于 10 m(红外的传输距离在几米以内)。而在信号放大器的帮助下,通信距离甚至可达几十米。蓝芽系统一般由无线单元、链路控制(固件)单元、链路管理(软件)单元和蓝芽软件(协议栈)单元等 4 个功能单元组成。无线单元射频部分通过2.4 GHz ISM 频段的微波来实现数据位流的过滤和传输。蓝芽要求其天线部分体积十分小巧、重量轻。因此,蓝芽天线属于微型天线。

蓝牙系统主要有以下特点:

- 工作在 2.4 GHz 的 ISM 频段,工作频段无需申请许可;
- 当发射功率为 1 mW 时,通信距离可以达到 10 m,发射功率为 100 mW 时,通信距离不到 100 m;
- 使用 1Mb/s 速率以达到最大限制带宽;
- 使用快速调频(1 600 跳/s) 技术抗干扰;
- 在干扰下,使用短数据帧尽可能增大容量;
- 快速确认机制能在链路情况良好时实现较低的编码开销;
- 采用 CVSD 语言编码,可在高误码率下使用;
- 灵活帧方式支持广泛的应用领域;
- 宽松链路配置支持低价单芯片集成;
- 严格设计的空中接口使功耗最小;

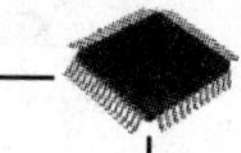

- 发射功率自适应，低干扰；
- 采用灵活的无基站组网方式，使得一个“蓝牙”单元最多同时可以与7个其他的“蓝牙”单元通信，同时支持点对点和一点对多点的连接。

“蓝牙”的几种典型应用如下：

三合一电话。“蓝牙”技术可以使一部移动电话手机能在多种场合内使用：在办公室里，这部手机是内部电话不计电话费；在家里是无绳电话，计固定电话费；出门在外，是一部移动电话，按移动电话的话费计费。

因特网桥“蓝牙”技术可以使便携式电脑在任何地方都能通过移动电话手机进入Internet，随时随地到Internet上去“冲浪”。

交互性会议。在会议中“蓝牙”技术可以迅速使自己的信息通过便携式电脑、手机、PDA等供其他与会者共享。

数码相机中图像的无线传输。“蓝牙”技术将数码相机中的图像发送给其他的数码相机或者PC机、PDA等。

各种家用设备的遥控和组成家电网络。

11.4.4 超宽频技术(UWB)

超宽频技术(UWB)的发展模式类似Wi-Fi一样，有一段很长的时间被归类为军事技术，但如今极有可能扩展至一般消费性产品领域。根据最新的美国联邦通讯委员会(FCC)的定义，超宽频(UWB)系统的中心频率大于2.5 GHz，并具备至少500 MHz的－10 dB频宽。频率较低的UWB系统必须具备至少20%的频宽比(fractional bandwidth)。这些特性让UWB明显异于传统的无线电系统，以往的无线电系统的频宽比不会超过1%或20 MHz，例如像2.4 GHz的IEEE 802.11无线局域网络。

UWB的历史可回溯至20世纪60年代，当时发展的主轴为研究微波网络在面对时域脉冲所产生的瞬间行为。在Harmuth、Ross、以及Robbins等研发先锋的努力下，UWB技术在20世纪70年代有重大的发展，其中大部分集中在雷达系统，包括穿地雷达系统。到20世纪80年代后期，该技术开始被称为无载波或脉冲无线电。美国国防部在1989年首次使用超频宽这个名词，在当时UWB的理论与技术已经发展将近30年之久。自从1994年开始，美国大部分的UWB研发工作都是在没有分类限制的状况下进行的。这种情况大幅加快了研发的速度，业界对其商业化发展的兴趣亦大幅提高。

其中有2项发展激发商业界对这项技术的兴趣，包括UWB系统可以与其他使用较高频谱密度的通信系统并存，而且不会对其他系统产生干扰；另外FCC于2002年2月14日发布的02-48号报告与规范，定义各项并存规则，其中包括针对各种类型的UWB装置制定电波发射限制。这套法律结构针对各种专利型UWB装置立即开拓市场商机，长期而言，市场对标准型产品也有更强烈的兴趣。

由于UWB种类众多,因此潜在的用途也相当广泛。其中包括无线局域网络(WLAN)、个人局域网络(PAN)、短距离雷达(例如汽车传感器、防撞系统、智能型高速公路感测系统、液态物体水位侦测系统)、穿地雷达,以及应用在医疗监视与运动员训练等领域的人体局域网络。

第一个被排除的主要障碍为美国联邦通讯委员会解除UWB传输在某些方面的限制。频谱发射上的解禁,尤其对高速PAN应用的发展特别有利。这类应用涉及影像与多媒体,并已透过IEEE工作小组制定的802.15.3a规格所标准化。工作小组已在2002年12月11日获IEEE标准委员会的核准,认定新标准符合5项审核准则,例如广泛的市场发展潜力、兼容性、明确的定位(代表它涵盖其他标准所没有具备的独特基础)、技术上的可行性,以及经济上的可行性。TG3a计划的时间蓝图已确定,约有20家厂商于2003年3月于达拉斯提出实体层方案。更新版的实体层方案在5月的802.15.3a会议中提出,并将在2005年7月于旧金山举行的IEEE会议中进行决选。如此紧凑的标准化时程反映出下一波支持高速无线功能的数字多媒体消费性装置,的确潜藏着极可观的市场商机。

尽管在无法预测的一段时间内,标准化程序是决定消费者是否会采纳UWB技术作为家庭多媒体联机机制的关键因素。但彼此未经协调的UWB piconet之间是否能并存运作同样也会产生决定性的影响。面临这种环境加上包括Philips在内各大厂商的投入,业界有相当大的动力去找寻一套方法,以能够吸引最终使用者的价位推出标准化的产品。

11.4.5 近短距无线传输(NFC)

NFC(Near Field Communication 近距离无线传输)是由Philips、NOKIA和Sony主推的一种类似于RFID(非接触式射频识别)的短距离无线通信技术标准。与RFID不同,NFC采用了双向的识别和连接,在20 cm距离内工作于13.56 MHz频率范围。

NFC最初仅仅是遥控识别和网络技术的合并,但现在已发展成无线连接技术。它能快速自动地建立无线网络,为蜂窝设备、蓝牙设备、Wi-Fi设备提供一个"虚拟连接",使电子设备可以在短距离范围进行通信。NFC的短距离交互大大简化了整个认证识别过程,使电子设备间互相访问更直接、更安全和更清楚,不用再听到各种电子杂音。

NFC通过在单一设备上组合所有的身份识别应用和服务,帮助解决记忆多个密码的麻烦,同时也保证了数据的安全保护。有了NFC,多个设备如数码相机、PDA、机顶盒、计算机、手机等之间的无线互联,彼此交换数据或服务都将有可能实现。

此外NFC还可以将其他类型无线通信(如Wi-Fi和蓝牙)"加速",实现更快和更远距离的数据传输。每个电子设备都有自己的专用应用菜单,而NFC可以创建快速安全的连接,而无需在众多接口的菜单中进行选择。与知名的蓝牙等短距离无线通信标准不同的是,NFC的作用距离进一步缩短,且不像蓝牙那样需要有对应的加密设备。

同样,构建 Wi-Fi 家族无线网络需要多台具有无线网卡的计算机、打印机和其他设备。除此之外,还得有一定技术的专业人员才能胜任这一工作。而 NFC 被置入接入点之后,只要将其中两个靠近就可以实现交流,比配置 Wi-Fi 连接容易得多。

NFC 有三种应用类型:

- 设备连接。除了无线局域网,NFC 也可以简化蓝牙连接。比如,手提电脑用户如果想在机场上网,他只需要走近一个 Wi-Fi 热点即可实现。
- 实时预定。比如,海报或展览信息背后贴有特定芯片,利用含 NFC 协议的手机或 PDA,便能取得详细信息,或是立即联机使用信用卡进行票卷购买。而且,这些芯片无需独立的能源。
- 移动商务。飞利浦 Mifare 技术支持了世界上几个大型交通系统及在银行业为客户提供 Visa 卡等各种服务。索尼的 FeliCa 非接触智能卡技术产品在中国香港及深圳、新加坡、日本的市场占有率非常高,主要应用在交通及金融机构。

总而言之,这项新技术正在改写无线网络连接的游戏规则,但 NFC 的目标并非是完全取代蓝牙、Wi-Fi 等其他无线技术,而是在不同的场合、不同的领域起到相互补充的作用。所以,如今后来居上的 NFC 发展态势相当迅速!

11.5　无线通信和无线数据网络广阔的应用前景

近年来,数字家庭、无线通信、无线控制、无线定位、无线组网和移动连接等词语频频映入我们的眼帘,灌入我们的耳朵。正是由于 IT 产业的高速发展、网络的普及、家电的智能化以及单片机强有力的功能拓展,才使得它们逐渐来到我们身边,进入我们的生活。有增无减的相关信息报道足以预测这些新玩艺儿必将具有强大生命力和广阔前景,眼前的事实是,随着一声声“真实用,太方便了”的赞叹,它们更受到人们的极大关注。

无线通信技术在医疗领域的应用出现很多情况,如跟踪治疗、移动观察、远程医疗、患者数据管理、药物跟踪、手机求救、病人数据收集、医疗垃圾跟踪和短信沟通等多方面的新应用。最近几年,无线通信技术在国内外医疗市场得到了广泛的应用,无线医疗设备应用迅猛增长。一篇报告指出,欧洲的无线医疗设备销售额将从 2003 年的 9 800 万美元增加到 2008 年的 4.458 亿美元,主要原因是医护人员希望改善工作流程、增加生产力和改善病人的满意度,还有增加新的应用,如电子病历、临床疗法决定等。

城市停车诱导系统随着经济的持续发展和产业调整,大批人口将向城市转移,城市人口将不断增加,同时,经济活动日趋频繁,商业活动将更加活跃,车的数量和使用频率也将大大增加,对中心城市的交通带来沉重的压力,交通"停车难"日益成为制约我国大中城市经济发展的"瓶颈"。修建新的停车场和交通设施,能部分解决问题,但费用高昂且建设周期长,还受土

地使用及城市规划的诸多方面因素的制约。只有在进行硬件设施建设的时候,充分利用现代科学技术,借助国外交通发展过程中的经验,引入城市停车诱导系统成,从而以软、硬结合的方式,在节省巨大建设费用的同时,更改善"停车难"的状况。

“索诺马溪谷,气温急剧上升。但这家位于吉克庄园的葡萄酒商正在通过每棵葡萄树上的小型无线 ZigBee 传感器密切地监控自己的田地。这些一枚硬币大小的机器可以跟踪土壤的温度和营养成分等数据。它们利用卫星无线发射机相互连接。”当解释 ZigBee 无线技术是怎样改变我们生活的时候,《商业周刊》如是描述。然而事实或许更加美妙。

尽管 21 世纪的人们并没有实现科幻小说中的某些预言。然而更为奇妙的场景很快便会成为现实:只需一台计算机,一切尽在掌控之中,可以一边从个人 PC 中调控欣赏在平面电视上播放的影片,一边控制烤箱的温度,等待享受美味的下午茶,同时密切地监控与了解一切需要关注的信息:工作室里机器的运行、实验室里研究的进度、家中饮用水的成分和空气中或许可能出现有毒物质的示警、酒窖里不同位置的温度与湿度、私家公路的灯光调控、各类仪表的数据变更……不会再有过火而败味的美食,更不会有《小鬼当家》中入室的匪徒、火灾和毒气泄漏都将最大程度地被防止,博物馆的馆长则不再担惊受怕地忧虑古董名画的命运。

如同计算机从单任务到多任务的跨越一般,人类将从事事亲历亲为却免不了顾此失彼的尴尬中解脱出来,同时兼顾生活与工作的方方面面,一切将变得从容而妥当。最为诱人的是,这样的效率不需要被烦冗杂乱的设备线路所缠绕,无线传感 ZigBee 将工作与生活的广阔空间浓缩于双手可以掌控的距离。

尽管在无线网络方面,同时存在着其他几种无线网络技术,比如 802.11b、Bluetooth,UWB、RFID、IrDA,可视光通信等等,但是 ZigBee 技术仍然以其独有的特性,在众多的无线网络技术中熠熠闪光。ZigBee 技术主要应用在短距离无线网络通信方面。不远的将来,在很多领域里都可以看到 ZigBee 的身影。

尽管智能家庭的概念已经提出很多年了,但是由于相应的通信技术及应用方面的发展速度缓慢,智能家庭一直没有走向实用化。随着 ZigBee 技术的出现,使得智能家庭可能在未来的 2~3 年内走入人们的生活中。可以应用于家庭的照明、温度、安全、控制等。ZigBee 模块可安装在电视、灯泡、遥控器、儿童玩具、游戏机、门禁系统、空调系统和其他家电产品等,例如在灯泡中装置 ZigBee 模块,则人们要开灯,就不需要走到墙壁开关处,直接通过遥控便可开灯。当打开电视机时,灯光会自动减弱;当电话铃响起时或你拿起话机准备打电话时,电视机会自动静音。通过 ZigBee 终端设备可以收集家庭各种信息,传送到中央控制设备,或是通过遥控达到远程控制的目的,提供家居生活自动化、网络化与智能化。韩国第三大移动手持设备制造商 Curitel Communications 公司已经开始研制世界上第一款 ZigBee 手机,该手机将可通过无线的方式将家中或是办公室内的个人电脑、家用设备和电动开关连接起来。这种手机融入了“ZigBee”技术,能够使手机用户在短距离内操纵电动开关和控制其他电子设备。

通过建立完备的 ZigBee 网络,智能建筑可以感知随处可能发生的火灾隐患,及早提供相

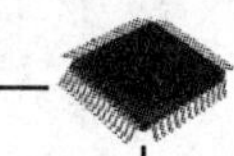

关信息；根据人员分布情况自动控制中央空调，实现能源的节约；及时掌握酒店客房内客人的出入信息，以便在突发事件时及时准确地发出通知。

在机场，持有ZigBee终端的乘客们可以随时得到导航信息，比如登机口的位置、航班的变动，甚至附近有什么商店等等。

在工业自动化领域，人们可以通过ZigBee网络实现厂房内不同区域温湿度的监控；及时得到机器运转状况的信息；结合RF标签，可以方便地统计库存量……在医院，ZigBee网络可以帮助医生及时准确地收集急诊病人的信息和检查结果，快速准确地做出诊断。戴有ZigBee终端的患者可以得到24小时的体温、脉搏监控；配有ZigBee终端的担架可以遥控电梯门的开关……在医院，时间就是生命，ZigBee网络可以帮助医生和患者争取每一秒的时间。

如果沿着街道、高速公路及其他地方分布式地装有大量ZigBee终端设备，就不再担心会迷路。安装在汽车里的器件将告诉你当前所处位置，正向何处去。全球定位系统(GPS)也能提供类似服务，但是这种新的分布式系统能够提供更精确更具体的信息。即使在GPS覆盖不到的楼内或隧道内，仍能继续使用此系统。从ZigBee无线网络系统能够得到比GPS多很多的信息，如限速、街道是单行线还是双行线、前面每条街的交通情况或事故信息等。使用这种系统，也可以跟踪公共交通情况，可以适时地赶上下一班车，而不至于在寒风中或烈日下在车站等上数十分钟。基于ZigBee技术的系统还可以开发出许多其他功能，例如在不同街道根据交通流量动态调节红绿灯、追踪超速的汽车或被盗的汽车等。

为了推动ZigBee技术的发展，Chipcon(已被TI收购)与Ember、Freescale、Honeywell、Mistubishi、Motorola、Philips和Samsung等公司共同成立了ZigBee联盟(ZigBee Alliance)，目前该联盟已经包含130多家会员。该联盟主席Robert F. Haile曾于2004年11月亲自造访中国，以免专利费的方式吸引中国本地企业加入。

据市场研究机构预测，低功耗、低成本的ZigBee技术将在未来两年内得到快速增长，2005年全球ZigBee器件的出货量达到100万个，2006年底超过8 000万个，2008年将超过1.5亿个。这一预言正在从ZigBee联盟及其成员近期的一系列活动和进展中得到验证。在标准林立的短距离无线通信领域，ZigBee的快速发展可以说是有些令人始料不及的，从2004年底标准确立，到2005年底相关芯片及终端设备总共卖出1 500亿美元，应该说比被业界"炒"了多年的蓝牙、Wi-Fi进展都要快。

ZigBee技术在ZigBee联盟和IEEE802.15.4的推动下，结合其他无线技术，可以实现无所不在的网络。它不仅在工业、农业、军事、环境、医疗等传统领域有具有巨大的运用价值，在未来其应用可以涉及到人类日常生活和社会生产活动的所有领域。由于各方面的制约，ZigBee技术的大规模商业应用还有待时日，但已经展示出了非凡的应用价值，相信随着相关技术的发展和推进，一定会得到更大的应用。但是，我们还应该清楚地认识到，基于ZigBee技术的无线网络才刚刚开始发展，它的技术、应用都谈不上很成熟，国内企业应该抓住商机，加大投入力度，推动整个行业的发展。

第 12 章

ZigBee 无线芯片 CC2420

CC2420 是 Chipcon 公司推出的一款符合 IEEE 802.15.4 规范的 2.4 GHz 射频芯片，用于开发工业无线传感及家庭组网等 PAN 网络的 ZigBee 设备和产品。

CC2420 是 Chipcon 公司推出的首款符合 2.4GHz IEEE802.15.4 标准的射频收发器。该器件包括众多额外功能，是第一款适用于 ZigBee 产品的 RF 器件。它基于 Chipcon 公司的 SmartRF 03 技术，以 0.18 μm CMOS 工艺制成只需极少外部元器件，性能稳定，且功耗极低。CC2420 的选择性和敏感性指数超过了 IEEE802.15.4 标准的要求，可确保短距离通信的有效性和可靠性。利用此芯片开发的无线通信设备支持数据传输率高达 250 kb/s，可以实现多点对多点的快速组网。

12.1 芯片主要性能特点

CC2420 的主要性能参数如下：

- 工作频带范围：2.400～2.483 5 GHz；
- 采用 IEEE802.15.4 规范要求的直接序列扩频通信；
- 数据速率达 250 kb/s；
- 采用 O－QPSK 调制方式；
- 超低电流消耗(RX：19.74 mA，TX：17.4 mA)；
- 高接收灵敏度(－94 dBm)；
- 抗邻频道干扰能力强(39 dB)；
- 内部集成有 VCO、LNA、PA 以及电源整流器；
- 采用低电压供电(2.1～3.6 V)；
- 输出功率编程可控；
- IEEE802.15.4 MAC 层硬件可支持自动帧格式生成、同步插入与检测、16 位的 CRC 校

验、电源检测、完全自动 MAC 层安全保护(CTR,CBC - MAC,CCM);

- 与控制微处理器的接口配置容易(4 总线 SPI 接口);
- 采用 QLP - 48 封装,外形尺寸只有(7×7) mm^2。

12.2　芯片 CC2420 内部结构

CC2420 内部功能模块如图 12.1 所示。芯片从天线接收到射频信号,首先经过低噪声放大器(LNA),然后正交下变频到 2 MHz 的中频上,经过中频信号的同相分量和正交分量。两路信号经过滤波和放大后,直接通过 A/D 转换器转换成数字信号。后继的处理,如自动增益控制、最终信道选择、解扩以及字节同步等,都是以数字信号的形式处理。

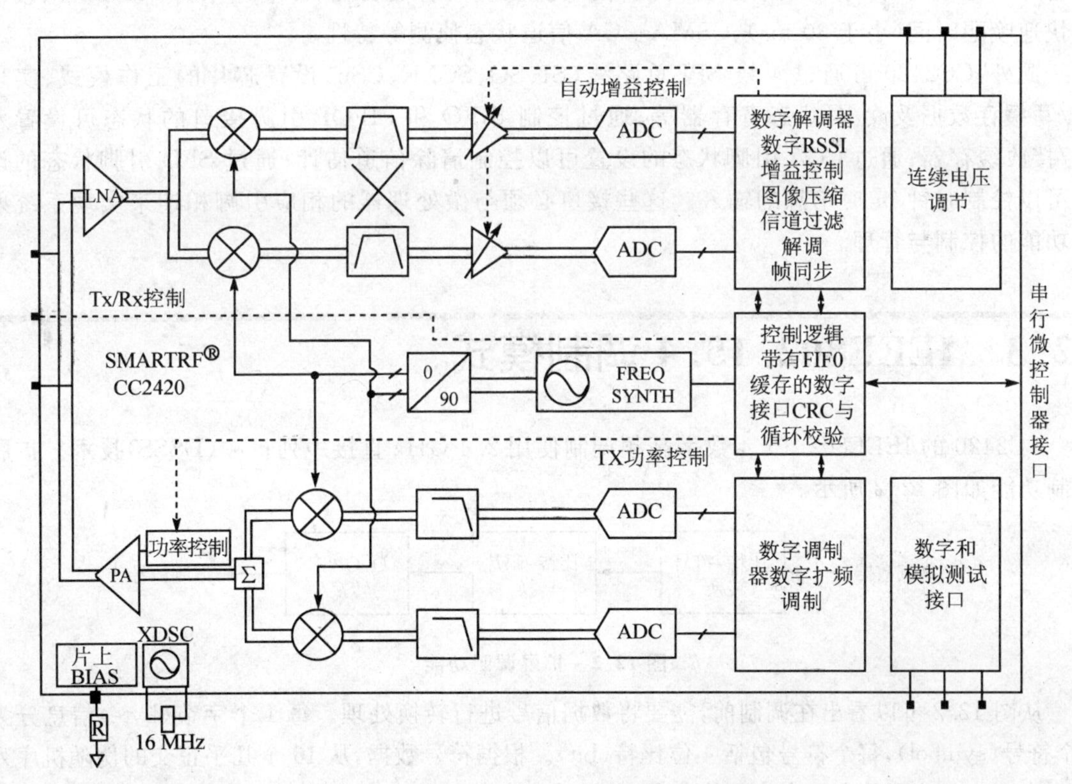

图 12.1　芯片内部结构

当 CC2420 的 SFD 引脚为低电平时,表示接收到物理帧的 SFD 字节。接收到的数据存放在 128 B 的接收 FIFO 缓冲区中,帧的 CRC 校验由硬件完成。

CC2420 的 FIFO 缓冲区保存 MAC 帧的长度、MAC 帧头和 MAC 帧负载数据三个部分,

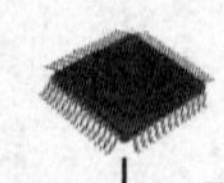

不保存帧校验码。CC2420 发送数据时，数据帧的前导序列、帧开始分隔符以及帧校验序列由硬件产生；接收数据时，这些部分只用于帧同步和 CRC 校验，而不会保存到接收 FIFO 缓冲区。

CC2420 发送数据时，使用直接正交上变频。基带信号的同相分量和正交分量直接被数模转换器转换为模拟信号，通过低频滤波器，直接变频到设定的信道上。

发射机部分基于直接上变频。要发送的数据先被送入 128 B 的发送缓存器中，头帧和起始帧是通过硬件自动产生的。根据 IEEE802.15.4 标准，所要发送的数据流的每 4 个比特被 32 码片的扩频序列扩频后送到 DA 变换器。然后经过低通滤波和上变频的混频后的射频信号最终被调制到 2.4 GHz，并经放大后送到天线发射出去。

CC2420 芯片射频收发器包含了物理层(PHY)及媒体访问控制器层(MAC)；可组建一个具备 65 000 个节点的无线网络，并可随时扩充；以及具有低功耗、传输速率为 250 kb/s、较低的快速唤醒时间(小于 30 ms)、CSMA－CA 信道状态侦测等特性。

此外，CC2420 可通过 4 线 SPI 总路线(SI、SO、SCLK、CSn)设置芯片的工作模式、实现读/写缓存数据及读/写状态寄存器等；通过控制 FIFO 和 FIFOP 引脚接口的状态可设置发射/接收缓存器；通过 CCA 引脚状态的设置可以控制清除信道估计；通过 SFD 引脚状态的设置可以控制时钟/定时信息的输入。这些接口必须与微处理器的相应引脚相连来实现系统射频功能的控制与管理。

12.3　IEEE802.15.4 调制模式

CC2420 的 IEEE802.15.4 数字高频调制使用 2.4 GHz 直接序列扩频(DSSS)技术。扩展调制功能如图 12.2 所示。

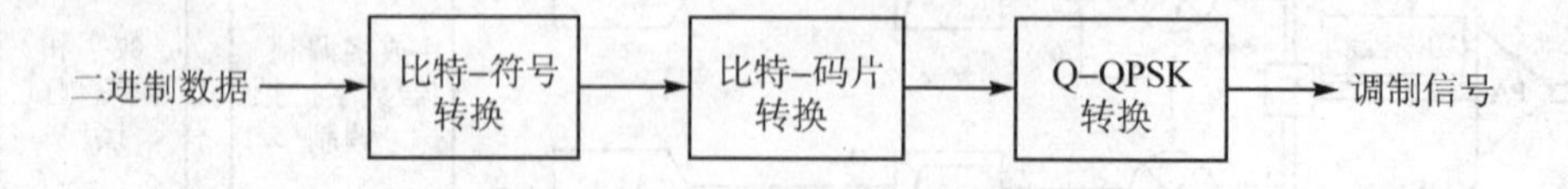

图 12.2　扩展调制功能

从图 12.2 可以看出在调制前，需要将数据信号进行转换处理。每 1 个字节(byte)信息分为 2 个符号(symbol)，每个符号包括 4 位比特(bit)。根据符号数据，从 16 个几乎正交的伪随机序列(PN 序列)中，选取其中一个序列作为传送序列。根据所发送连续的数据信息，将所选出的 PN 序列串接起来，并使用 Q－QFSK 的调制方法，将这些集合在一起的序列调制到载波上。

在比特-符号(bit－to－symbol)转换时，将每个字节(byte)中的低 4 位转换成一个符号(symbol)，高 4 位转换成另一个符号。每一个字节都要逐个进行处理，即从它的前同步码字段开始到最后一个字节。在每个字节处理过程中，优先处理低 4 位，随后处理高 4 位。

经过比特-符号(bit - to - symbol)转换得到的符号数据，将其进行扩展，即每个符号数据映射成一个 32 位的伪随机序列(PN 序列)，即是符号-码片(symbol - to - chip)转换，如图 12.3 所示。这些 PN 序列通过循环移位或相互结合(如奇数位取反)等相互关联。

Symbol(符号)	PN序列($C_0,C_1,C_2,\cdots,C_{31}$)
0	1 1 0 1 1 0 0 1 1 1 0 0 0 0 1 1 0 1 0 1 0 0 1 0 0 0 1 0 1 1 1 0
1	1 1 1 0 1 1 0 1 1 0 0 1 1 1 0 0 0 0 1 1 0 1 0 1 0 0 1 0 0 0 1 0
2	0 0 1 0 1 1 1 0 1 1 0 1 1 0 0 1 1 1 0 0 0 0 1 1 0 1 0 1 0 0 1 0
3	0 0 1 0 0 0 1 0 1 1 1 0 1 1 0 1 1 0 0 1 1 1 0 0 0 0 1 1 0 1 0 1
4	0 1 0 1 0 0 1 0 0 0 1 0 1 1 1 0 1 1 0 1 1 0 0 1 1 1 0 0 0 0 1 1
5	0 0 1 1 0 1 0 1 0 0 1 0 0 0 1 0 1 1 1 0 1 1 0 1 1 0 0 1 1 1 0 0
6	1 1 0 0 0 0 1 1 0 1 0 1 0 0 1 0 0 0 1 0 1 1 1 0 1 1 0 1 1 0 0 1
7	1 0 0 1 1 1 0 0 0 0 1 1 0 1 0 1 0 0 1 0 0 0 1 0 1 1 1 0 1 1 0 1
8	1 0 0 0 1 1 0 0 1 0 0 1 0 1 1 0 0 0 0 0 0 1 1 1 0 1 1 1 1 0 1 1
9	1 0 1 1 1 0 0 0 1 1 0 0 1 0 0 1 0 1 1 0 0 0 0 0 0 1 1 1 0 1 1 1
10	0 1 1 1 1 0 1 1 1 0 0 0 1 1 0 0 1 0 0 1 0 1 1 0 0 0 0 0 0 1 1 1
11	0 1 1 1 0 1 1 1 1 0 1 1 1 0 0 0 1 1 0 0 1 0 0 1 0 1 1 0 0 0 0 0
12	0 0 0 0 0 1 1 1 0 1 1 1 1 0 1 1 1 0 0 0 1 1 0 0 1 0 0 1 0 1 1 0
13	0 1 1 0 0 0 0 0 0 1 1 1 0 1 1 1 1 0 1 1 1 0 0 0 1 1 0 0 1 0 0 1
14	1 0 0 1 0 1 1 0 0 0 0 0 0 1 1 1 0 1 1 1 1 0 1 1 1 0 0 0 1 1 0 0
15	1 1 0 0 1 0 0 1 0 1 1 0 0 0 0 0 0 1 1 1 0 1 1 1 1 0 1 1 1 0 0 0

图 12.3 符号-码片映射

扩展后的码元序列通过采用半正弦脉冲形式的 O - QPSK 调制方法，将符号数据信号调制到载波信号上。其中编码为偶数的码元调制到 I 相位的载波上，编码为奇数的码元，调制到 Q 相位的载波上。为了使用 I 相位和 Q 相位的码元调制存在偏移，Q 相位的码元相对于 I 相位的码元要延迟 T_c 秒发送，T_c 是码元速率的倒数。图 12.4 为半正弦脉冲形式的基带码元序列的样图。

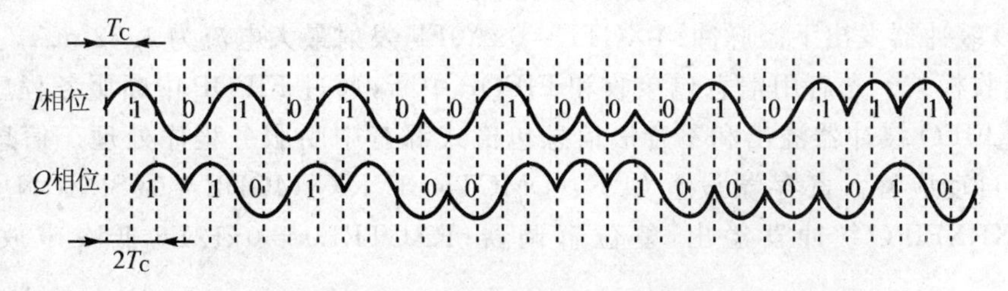

图 12.4 半正弦脉冲形式的基带码元序列

12.4 CC2420的RX与TX模式

CC2420射频输入/输出状态控制如图12.5所示。

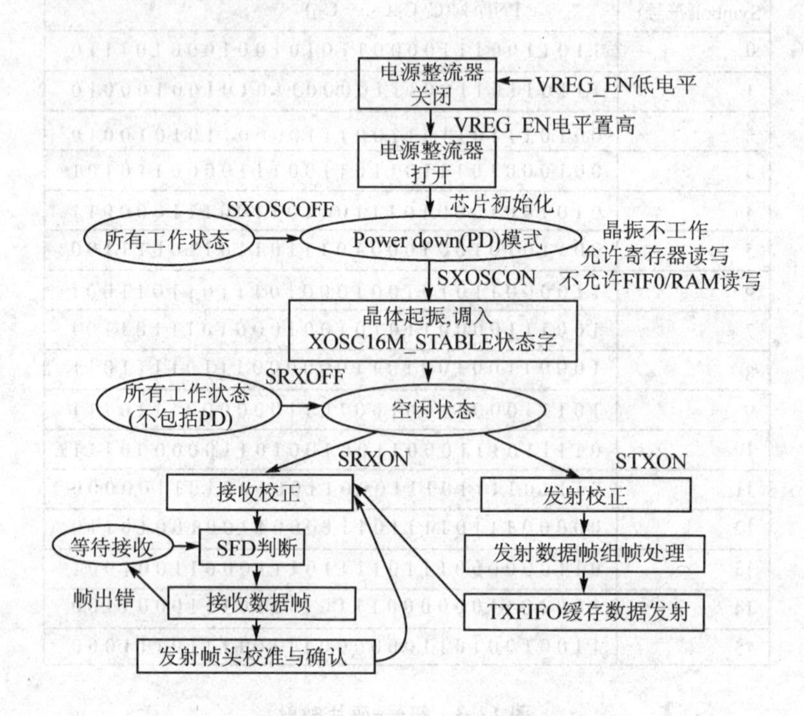

图12.5 CC2420RF状态控制

在进行无线数据收发前,需要对对应的收发寄存器作一些配置:

缓冲发送模式:使用IEEE802.15.4媒介访问控制层数字格式和短地址发送一个信息包。启用发送,当信道评估显示信道空闲时,启用校准然后发送;当没有字节写入,TXFIFO缓冲器发出下溢指示状态位和下溢脉冲,发送自动停止。CTRL1.TX_MODE=0;STXON启用发送;STXONCCA信道估计显示信道空闲,启用校准然后发送;SFLUSHTX当没有字节写入,TXFIFO缓冲器发出下溢脉冲;TXCTL=0xA0FF发射最大电流为1.72 mA。

缓冲接收模式:先启用信息包接收和FIFOP中断,通过FIFOP中断服务程序接收信息包,其中RXFIFO缓冲器溢出和不合法信息包格式都有中断服务程序处理。信息包接收采用CC2420自动应答。寄存器设置如下:DMCTRL1.RX_MODE=0;SRXON启用接收;SFLUSHRXRXFIFO缓冲器溢出,复位解调器;RXCTRL0=0x12E5低噪声放大器增益中等。

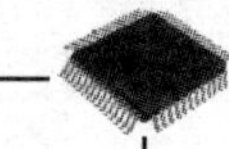

12.4.1 接收模式

在接收模式中，当开始帧分隔符被接收到后，中断标志 RFIF. IRQ_SFD 为高，同时产生射频(RF)中断。如果地址识别禁止或成功，仅当 MPDU 的最后一个字节接收到后，RFSTATUS. SFD 为低。如果在接收帧中没有地址识别，RFSTATUS. SFD 立即转为低。

当接收 RXFIFO 中有一个或多个字节数据时，RFSTATUS. FIFO 位为高。在 RXFIFO 中第一个字节表示接收帧的长度。当表示长度的字节写入 RXFIFO 后，RFSTATUS. FIFO 位将被设为高。直到 RXFIFO 为空，否则 RFSTATUS . FIFO 位一直为高。在 RXFIFO 中还有没读出数据时，RFSTATUS . FIFOP 位为高。当地址识别配置为启用时，RFSTATUS . FIFO 位为高。

在 RF 寄存器 RXFIFOCNT 中记录 RXFIFO 的现有字节数。

当接收到一个新的数据包时，RFSTATUS. FIFOP 位为高。只要有一个字节读出 RXFIFO 时，RFSTATUS. FIFOP 位将为低。

当地址识别使用时，数据在地址完成接收前将不被读出 RXFIFO。这是因为如果禁止地址识别，CC2430 会自动刷新帧。这将用 RFSTATUS. FIFOP 位来处理，因为 RFSTATUS. FIFOP 位直到帧通过地址识别，否则一直为低。

从图 12.6 和图 12.7 中可以看到在接收模式读 RFXFIFO 的状态情况。

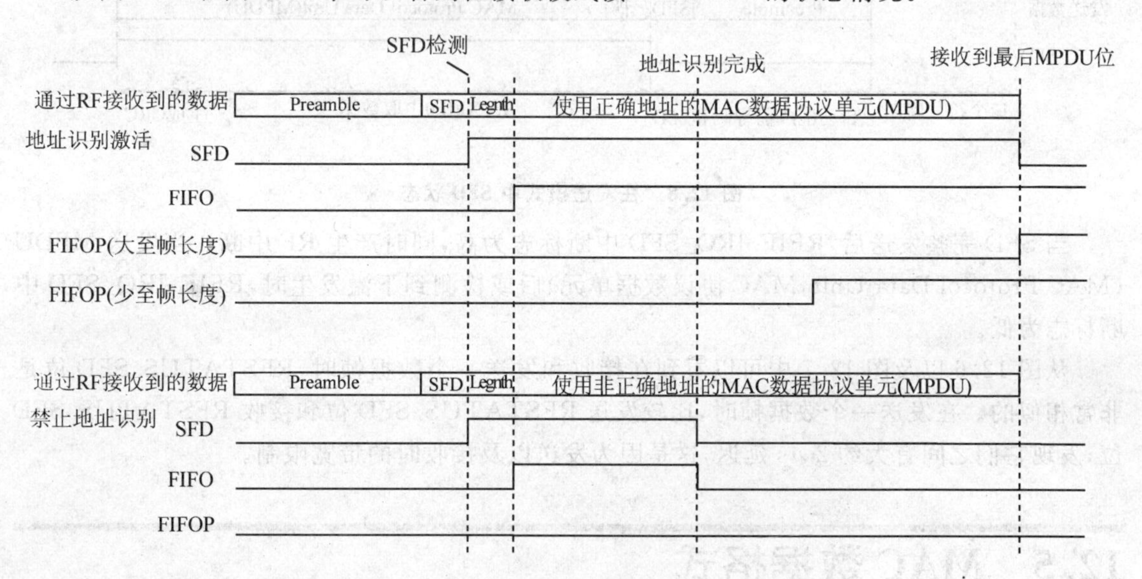

图 12.6 接收模式 SFD,FIFO 和 FIFOP 的状态展示

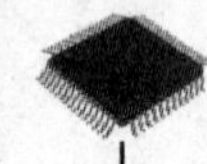

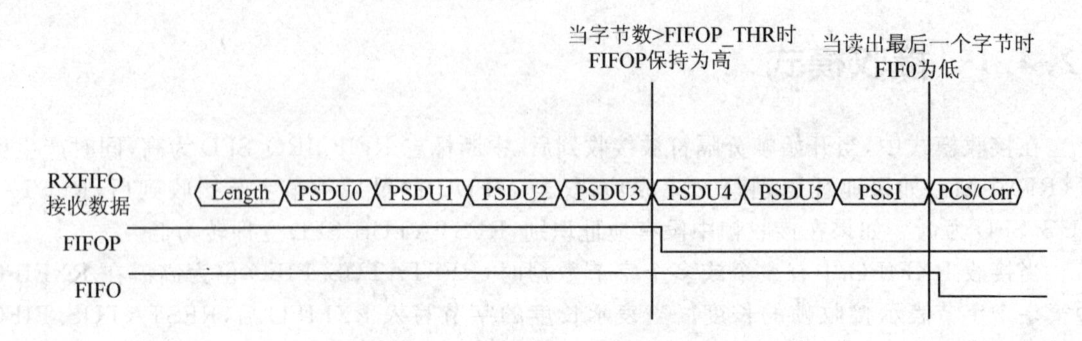

图 12.7　读 RXFIFO 时状态标志

12.4.2　发送模式

在发送模式中，RFSTATUS. FIFO 与 RFSTATUS. FIFOP 位仅与 RXFIFO 相关。如图 12.8所示，是 RFSTATUS. SFD 位在发送数据帧中状态。

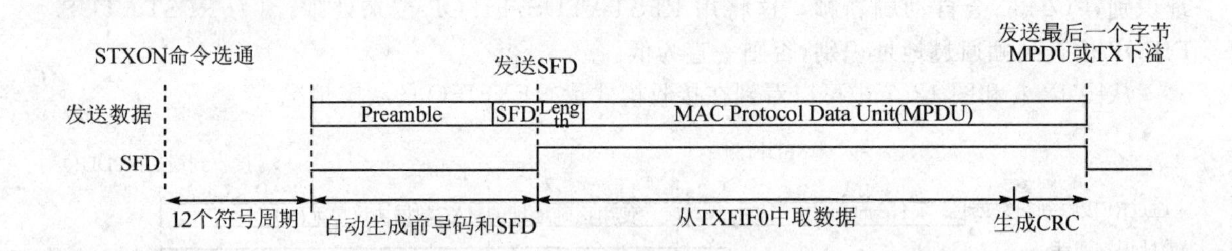

图 12.8　在发送模式中 SFD 状态

当 SFD 完整发送后，RFIF. IRQ_SFD 中断标志为高，同时产生 RF 中断。当发送 MPDU (MAC Protocol Data Unit，MAC 协议数据单元)后或检测到下溢发生时，RFIF. IRQ_SFD 中断标志为低。

从图 12.6 以及图 12.7 中可以看到在接收和发送一个数据帧时，RFSTATUS. SFD 位是非常相似的。在发送一个数据帧时，比较发送 RFSTATUS. SFD 位和接收 RFSTATUS. SFD 位，发现它们之间有大约 2 μs 延迟，这是因为发送以及接收时的带宽限制。

12.5　MAC 数据格式

从图 12.9 可以看到 IEEE802.15.4 定义了 CC2420 在 MAC 层以及物理层的通信数据格

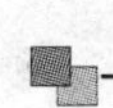

式。其中物理层的数据格式是在 MAC 层的数据格式前加上物理头以及同步头二部分就构成了物理层数据格式。

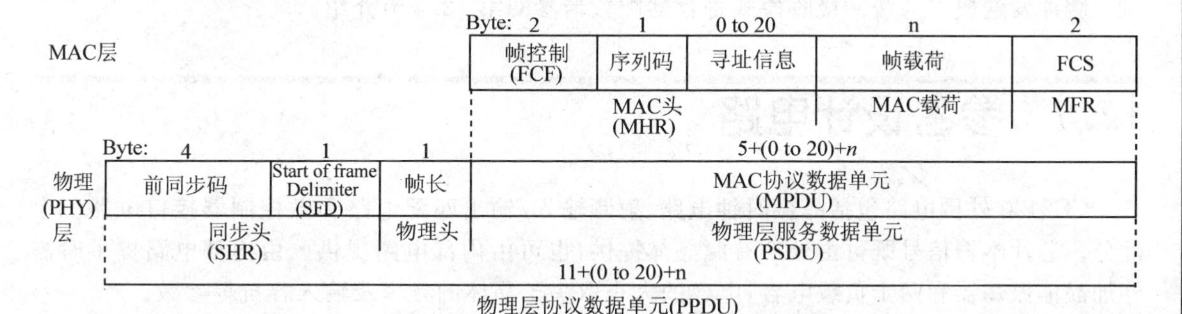

图 12.9　IEEE802.15.4 定义通信数据格式

下面看看，MAC 的数据是如何构成的。从图 12.9 可以看到，MAC 层的数据格式包括以下几部分：MAC 头、MAC 载荷以及 MFR 三大部分。其中 MAC 头由帧控制(FCF)、序列码和寻址信息组成。从图 12.10 可以看到帧控制(FCF)详细数据构成。序列码由软件配置而成，不支持硬件设置。

位: 0~2	3	4	5	6	7~9	10~11	12~13	14~15
帧类型	安全使能 (Security Enabled)	帧待决 (Frame Pending)	请求确认	PAN	保留	目的地址	保留	源地址

图 12.10　FCF 数据格式

12.6　配置寄存器

内部寄存器的设置：CC2420 内部有 33 个 16 位结构寄存器和 15 个命令脉冲寄存器以及 2 个 8 位访问独立的发射和接收缓冲器的 RXFIFO、TXFIFO 寄存器。这些寄存器在芯片复位时都已设置了一些初始值。例如，MDMCTRL0. AUTOCRC 自动循环冗余校验；IOCFG0. FIFOP_THR 设置 RXFIFO 缓冲器中字节门限值；BATTMON. BATTMON_E 电池监控启用；TXCTRL. PA_LEVEL 输出功率编程(输出功率单位为 dBm)；IN0. XOSC16M_BYPASS 启用外部晶体振荡器等。实际使用时，应根据需要对初始值进行修改。

初始化：定义信息包传输的基本格式；定义单片机和 CC2420 的端口；打开电压调节器，复位 CC2420，开启晶体振荡器，写入所有必须的寄存器和地址识别(为自动地址识别准备)，注意晶体振荡器应该一直处于工作状态。寄存器设置如下：SXOSCON 打开晶体振荡器；MD-

MCTRL0＝0x0AF2 打开自动应答；MDMCTRL1＝0x0500；设置关联门限值为20；IOCFG0＝0x007F 设置 FIFOP 门限至最大值128；SECCTRL0＝0x01C4 关闭安全使能。

缓冲发送模式与缓冲接收模式寄存器配置请参阅第12.4节介绍。

12.7 参考设计电路

CC2420外围电路包括晶振时钟电路、射频输入/输出匹配电路和微控制器接口电路三个部分。芯片本振信号既可由外部有源晶体提供，也可由内部电路提供。由内部电路提供时需外加晶体振荡器和两个负载电容，电容的大小取决于晶体的频率及输入容抗等参数。

CC2420外围电路如图12.11所示。CC2420内部使用1.8 V工作电压，适合于电池供电

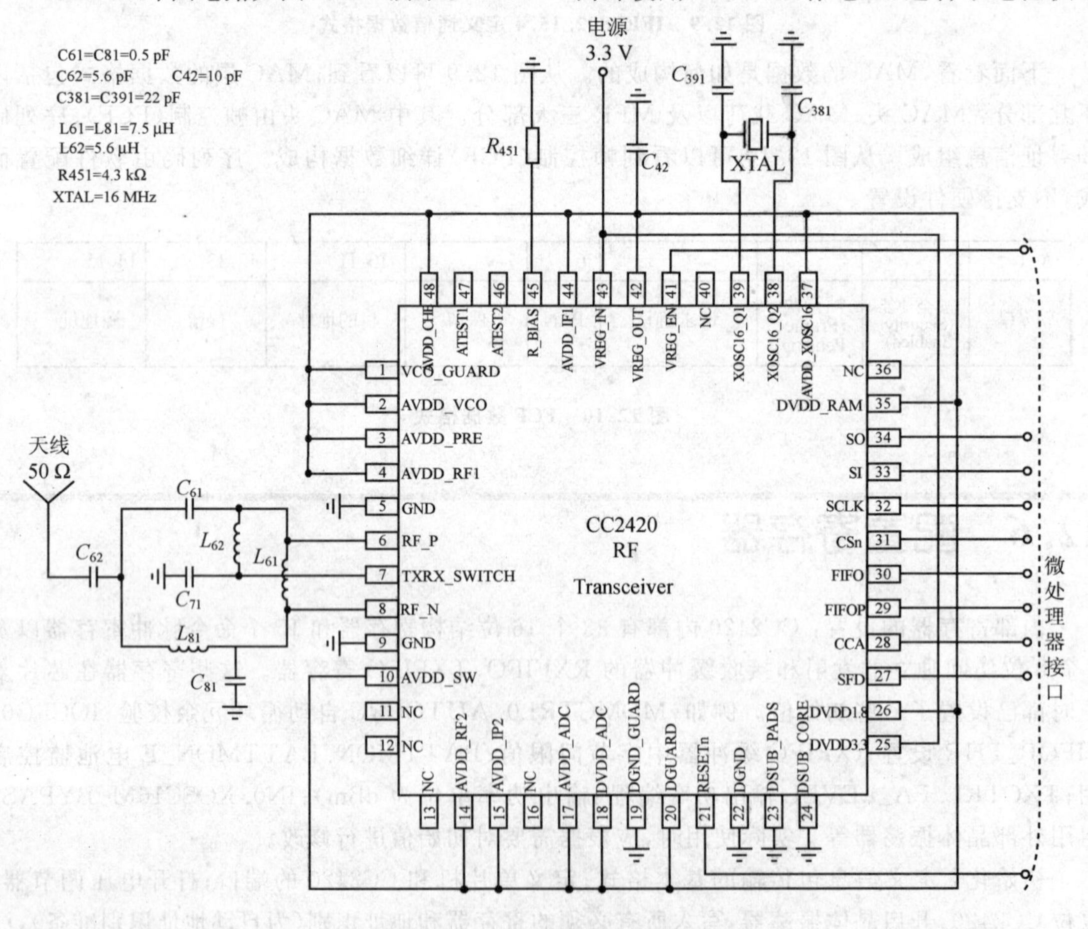

图12.11 参考设计电路

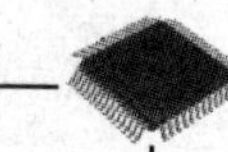

的设备；外部数字 I/O 接口使用 3.3 V 电压，这样可以保持和 3.3 V 逻辑器件的兼容型。它在片上集成了一个直流稳压器，能够把 3.3 V 电压转化成 1.8 V 电压。这样对于只有 3.3 V 电源的设备，不需要额外的电压转换电路就能正常工作。

CC2420 射频信号的收发采用差分方式进行传输，其最佳差分负载是 115 W+j180 W，阻抗匹配电路应该根据这个数值进行调整。如果使用单端天线则需要使用平衡/非平衡阻抗转换电路(BALUN，巴伦电路)，以达到最佳收发效果。

CC2420 需要有 16 MHz 的参考时钟用于 250 kb/s 数据的收发。这个参考时钟可以来自外部时钟源，也可以使用内部晶体振荡器产生。如果使用外部时钟，直接从 XOSC16 Q1 引脚引入，XOSC16 Q2 保持悬空；如果使用内部晶体振荡器，晶体接在 XOSC16 Q1 和 XOSC16 Q2 引脚之间。CC2420 要求时钟源的精度应该在±40×10 以内。

CC2420 射频输入/输出匹配电路主要用来匹配芯片的输入输出阻抗，使其输入输出阻抗为 50 Ω，同时为芯片内部的 PA 及 LAN 提供直流偏置。CC2420 可以通过 4 线 SPI 总线(SI、SO、SCLK、CSn)设置芯片的工作模式，并实现读/写缓存数据、读/写状态寄存器等。通过控制 FIFO 和 FIFOP 引脚接口的状态可设置发射/接收缓存器。

注意：在 SPI 总线接口上运行的地址和数据传输大多是 MSB 优先的。

CC2420 片内有 33 个 16 位状态设置寄存器。在每个寄存器的读/写周期中，SI 总线上共有 24 位数据，分别为：1 位 RAM/寄存器选择位(0：寄存器，1：RAM)，1 位读/写控制位(0：写，1：读)，6 位地址选择位、16 位数据位。在数据传输过程中 CSn 必须始终保持低电平。另外，通过 CCA 引脚状态的设置可以控制清除通道估计，通过 SFD 引脚状态的设置可以控制时钟/定时信息的输入。这些接口必须与微处理器的相应引脚相连来实现系统射频功能的控制与管理。

与 CC2420 连接可供选用的单片机种类较多，本书使用 PIC 处理器 PIC18F4620 控制 CC2420。有关 PIC18F4620 详细介绍请查阅本书第 3 章介绍。

要创建典型的 ZigBee 节点至少必须具备以下组件：一片带 SPI 接口的 PIC18F4620 单片机；一个带有所需外部元件的 RF 收发器 CC2420；一根天线，可以是 PCB 上的引线形成的天线或单极天线。ZigBee 节点控制器通过 SPI 总线和一些离散控制信号与 RF 收发器 CC2420 相连。控制器充当 SPI 主器件，而 RF 收发器充当从器件。控制器实现了 IEEE 802.15.4 MAC 层和 ZigBee 协议层。

12.8 控制实验

在进入 ZigBee 无线网络技术之前，有必要学会 CC2420 芯片的基本控制。本实验将 CC2420 当作普通的无线射频芯片，不考虑它的 ZigBee 硬件特性，完成点对点的无线数据通信。有关CC2420的ZigBee应用请查阅第14章以及后面章节的介绍。本实验目的：学会用PIC18F4620单片机控制CC2420无线芯片，完成简单的点对点无线数据通信。

限于篇幅，本书只介绍关键步骤及关键代码。

把C51RF-3-JX系统配置实验中"\单片机实验\CC2420收发实验"目录下"rf_rx\app"文件夹中工程文件(接收)和"rf_tx\app"文件夹中工程文件(发射)，使用MPLAB IDE v7.60集成开发环境打开，并下载至实验板(详细操作过程请参阅第2章介绍)后，即可开始无线射频收发实验测试，详细实验现象请查阅第12.8.1介绍。

12.8.1 实验现象分析

本实验仅仅作为CC2420无线控制的演示实验，在功能上很简单，只实现了点对点的数据传输，而且传输的有效数据仅仅10 B。由代码

```
for (n = 0; n<PAYLOAD_SIZE;n++)
    {
        pTxBuffer[n] = n + 0x10;
    }
```

可以知道发送的10个数据为0x10～0x19。但是在检测按键又对其pTxBuffer[0]重新赋值，这里称为小灯控制命令。由代码

```
if(! KEY1)                    //如果键1按下
    {
        while(! KEY1);
        YLED1 = 1;
        pTxBuffer[0] = 0x0f;
        ………………
    }
    if(! KEY2)                //如果键2按下
    {
        while(! KEY2);
        YLED2 = 1;
        pTxBuffer[0] = 0xf0;
        ………………
    }
```

可以知道，当键1(SW2)按下，pTxBuffer[0]=0x0f；当键2(SW3)按下，pTxBuffer[0]=0x f 0；这样可以控制接收模块的小灯闪亮。

表现形式为：当移动模块的SW2按下，移动模块闪亮LED1，对应接收模块接收到0X0F，

也闪亮 LED1；当移动模块的 SW3 按下，移动模块 LED2 闪亮，对应接收模块接收到 0XF0，也闪亮 LED2。SW2 和 SW3 任何一个按下，接收模块的 LED3 都改变状态，说明通信成功。

图 12.12 是接收模块接收到的数据，通过串口传到计算机上观察。

```
OF 11 12 13 14 15 16 17 18 19 FO 11 12 13 14 15 16 17 18 19 OF 11 12
13 14 15 16 17 18 19 FO 11 12 13 14 15 16 17 18 19
```

图 12.12 接收模块接收到的数据

0x0f 0x11 0x12 0x13 0x14 0x15 0x16 0x17 0x18 0x19 是按 SW1 收到到的数据；

0xf0 0x11 0x12 0x13 0x14 0x15 0x16 0x17 0x18 0x19 是按 SW2 收到到的数据，说明通信成功。

另外请注意：本章节的实验代码与后续章节的实验代码不完全兼容，这是为了方便更深如了解 CC2420 内部结构和控制方法。后续章节涉及到 ZigBee 协议，用户只需要在上层进行设计，不需要关心 CC2420 内部的工作状况，因为有很多现成的函数体可供使用。

12.8.2 SPI 相关宏定义

CC2420 与单片机的接口为 SPI 口。为了提高单片机执行效率，对 SPI 操作在头文件 include.h 里对其进行宏定义。其定义代码程序清单 12.1 所示。

程序清单 12.1 如下：

```
#define    SPI_WAITFOREOTx()    while (! SSPIF);SSPIF = 0     //
#define    SPI_WAITFOREORx()    while (! SSPIF);SSPIF = 0     //spi 读写操作定义
#define FASTSPI_TX(x)\                                        //SPI 发送一个字节
do {\
    SSPBUF = x;\
    SPI_WAITFOREOTx();\
} while(0)
#define FASTSPI_RX(x)\                                        //SPI 接收一个字节
    do {\
        SSPBUF = 0;\
        SPI_WAITFOREORx();\
        x = SSPBUF;\
    } while(0)
#define FASTSPI_RX_GARBAGE()\                                 //SPI 快速空接收
do {\
    SSPBUF = 0;\
```

```
        SPI_WAITFOREORx();\
        SSPBUF;\
    } while(0)
    #define FASTSPI_TX_MANY(p,c)\                              //SPI 发送多个字节
    do {\
        UINT8 spiCnt;\
        for (spiCnt = 0; spiCnt < (c); spiCnt ++ ) {\
            FASTSPI_TX(((BYTE * )(p))[spiCnt]);\
        }\
    } while(0)
    #define FASTSPI_RX_WORD(x)\                                //SPI 接收 16 位
      do {\
        SSPBUF = 0;\
        SPI_WAITFOREORx();\
        x = U1RXBUF << 8;\
        SSPBUF = 0;\
        SPI_WAITFOREORx();\
        x | = SSPBUF;\
        } while (0)
    #define FASTSPI_TX_ADDR(a)\                                //发送地址
      do {\
          SSPBUF = a;\
          SPI_WAITFOREOTx();\
      } while (0)
    #define FASTSPI_RX_ADDR(a)\                                //接收地址
      do {\
          SSPBUF = (a) | 0x40;\
          SPI_WAITFOREOTx();\
      } while (0)
    /*************************************************************
    //快速 SPI 操作读写 2420
    //参数介绍：s = 命令
    //           a = 寄存器地址
    //           v = 寄存器值
    *************************************************************/
    #define FASTSPI_STROBE(s) \
        do {\
            SPI_ENABLE();\
            FASTSPI_TX_ADDR(s);\
```

```
        SPI_DISABLE();\
    } while (0)
#define FASTSPI_SETREG(a,v)\
  do {\
        SPI_ENABLE();\
        FASTSPI_TX_ADDR(a);\
        FASTSPI_TX((BYTE) ((v) >> 8));\
        FASTSPI_TX((BYTE) (v));\
        SPI_DISABLE();\
  } while (0)
#define FASTSPI_GETREG(a,v)\
  do {\
        SPI_ENABLE();\
        FASTSPI_RX_ADDR(a);\
        v = (BYTE)U1RXBUF;\
        FASTSPI_RX_WORD(v);\
        halWait(1);\
        SPI_DISABLE();\
  } while (0)
//更新 SPI 状态字节
#define FASTSPI_UPD_STATUS(s)\
  do {\
        SPI_ENABLE();\
        SSPBUF = CC2420_SNOP;\
        SPI_WAITFOREOTx();\
        s = SSPBUF;\
        SPI_DISABLE();\
  } while (0)
/**************************************************************
//快速 SPI：CC2420 的 FIFO 操作
//参数介绍：p = pointer to the byte array to be read/written  指针
//          c = the number of bytes to read/write             字节数
//          b = single data byte                              单字节
**************************************************************/
#define FASTSPI_WRITE_FIFO(p,c)\
do {\
    UINT8 i;\
    SPI_ENABLE();\
    FASTSPI_TX_ADDR(CC2420_TXFIFO);\
```

```
    for (i = 0; i < (c); i++) {\
        FASTSPI_TX(((BYTE *)(p))[i]);\
    }\
    SPI_DISABLE();\
    } while (0)
#define FASTSPI_WRITE_FIFO_NOCE(p,c)\
do {\
    UINT8 spiCnt;\
    FASTSPI_TX_ADDR(CC2420_TXFIFO);\
    for (spiCnt = 0; spiCnt < (c); spiCnt++) {\
        FASTSPI_TX(((BYTE *)(p))[spiCnt]);\
    }\
   } while (0)
#define FASTSPI_READ_FIFO_BYTE(b)\
  do {\
      SPI_ENABLE();\
      FASTSPI_RX_ADDR(CC2420_RXFIFO);\
      SSPBUF;\
      FASTSPI_RX(b);\
          halWait(1);\
      SPI_DISABLE();\
  } while (0)
#define FASTSPI_READ_FIFO_NO_WAIT(p,c)\
  do {\
      UINT8 spiCnt;\
      SPI_ENABLE();\
      FASTSPI_RX_ADDR(CC2420_RXFIFO);\
      SSPBUF;\
      for (spiCnt = 0; spiCnt < (c); spiCnt++) {\
          FASTSPI_RX(((BYTE *)(p))[spiCnt]);\
      }\
      halWait(1);\
      SPI_DISABLE();\
  } while (0)
#define FASTSPI_READ_FIFO_GARBAGE(c)\
  do {\
      UINT8 spiCnt;\
      SPI_ENABLE();\
      FASTSPI_RX_ADDR(CC2420_RXFIFO);\
```

```
        SSPBUF;\
        for (spiCnt = 0; spiCnt < (c); spiCnt ++ ) {\
            FASTSPI_RX_GARBAGE();\
        }\
          halWait(1);\
        SPI_DISABLE();\
    } while (0)
/****************************************************************
//      快速  SPI：CC2420 RAM 操作
//      参数介绍：
//              p = pointer to the variable to be written   指针
//              a = the CC2420 RAM address   CC2420 RAM 地址
//              c = the number of bytes to write   字节数
//              n = counter variable which is used in for/while loops (UINT8)   变量计数
****************************************************************/
#define FASTSPI_WRITE_RAM_LE(p,a,c,n)\
    do {\
        SPI_ENABLE();\
        FASTSPI_TX(0x80 | (a & 0x7F));\
        FASTSPI_TX((a >> 1) & 0xC0);\
        for (n = 0; n < (c); n++ ) {\
            FASTSPI_TX(((BYTE * )(p))[n]);\
        }\
        SPI_DISABLE();\
    } while (0)
```

上面的代码可以实现对 CC2420 的全部控制。

12.8.3　CC2420 初始化函数

其功能函数如程序清单 12.2 所示。

程序清单 12.2 如下：

```
//***************************************************************
//函数原型：void basicRfInit(BASIC_RF_RX_INFO * pRRI, UINT8 channel, WORD panId, WORD myAddr)
//输    入：发送信息指针、频道、PANID、地址
//输    出：无
//功能描述：CC2420 芯片初始化
//***************************************************************
```

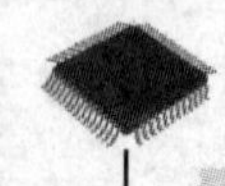


```
void basicRfInit(BASIC_RF_RX_INFO * pRRI, UINT8 channel, WORD panId, WORD myAddr)
{
    UINT8 n;
    //稳压器激活,复位
    SET_VREG_ACTIVE();
    halWait(1000);
    SET_RESET_ACTIVE();
    halWait(1000);
    SET_RESET_INACTIVE();
    halWait(500);
    //寄存器初始化
    FASTSPI_STROBE(CC2420_SXOSCON);
    halRfWaitForCrystalOscillator();                    //等待晶振稳定
    FASTSPI_SETREG(CC2420_MDMCTRL0, 0x0AF2);            //打开自动包应答
    FASTSPI_SETREG(CC2420_MDMCTRL1, 0x0500);            //设置相关极限值 = 20
    FASTSPI_SETREG(CC2420_IOCFG0, 0x007F);              //设置 FIFOP 最大极限值
    FASTSPI_SETREG(CC2420_SECCTRL0, 0x01C4);            //关安全性
    FASTSPI_SETREG(CC2420_TXCTRL, 0xA0EF);              //选择 TX 输出功率
    halRfSetChannel(channel);                           //设置频道
    ENABLE_GLOBAL_INT();                                //开中断
    //设置协议配置
    rfSettings.pRxInfo = pRRI;
    rfSettings.panId = panId;
    rfSettings.myAddr = myAddr;
    rfSettings.txSeqNumber = 0;
    rfSettings.receiveOn = FALSE;
    //写短地址和 PAN ID 到  CC2420 RAM
    DISABLE_GLOBAL_INT();
    FASTSPI_WRITE_RAM_LE(&myAddr, CC2420RAM_SHORTADDR, 2, n);
    FASTSPI_WRITE_RAM_LE(&panId, CC2420RAM_PANID, 2, n);
    ENABLE_GLOBAL_INT();
}
```

CC2420 的初始化在这里只进行了简单和必要的设置,相当于最小设置系统,能让 2420 正常通信工作的配置。

12.8.4 发送数据包函数

通过这个函数(见程序清单 12.3),PIC 单片机控制 CC2420 发送一个待发送的数据包。

在调用该函数之前，要对发送数据初始化。该函数是CC2420发送一个数据包函数，仅仅是发送用户指定的有效载荷数据，应答信号不通过该函数发送，而是由硬件自动发送(在CC2420寄存器已经配置)。

程序清单12.3如下：

```
//*******************************************************
//函数原型：    BOOL basicRfSendPacket(BASIC_RF_TX_INFO * pRTI)
//输    入：发送数据
//输    出：发送成功标志
//功能描述：RF发送数据包函数
//*******************************************************
BOOL basicRfSendPacket(BASIC_RF_TX_INFO * pRTI)
{
    WORD frameControlField;
    UINT8 packetLength;
    BOOL success;
    BYTE spiStatusByte;
    //等待发射机 IDLE
    while (FIFOP_IS_1 || SFD_IS_1);
    //关全局中断
    DISABLE_GLOBAL_INT();
    //激活  TX FIFO
    FASTSPI_STROBE(CC2420_SFLUSHTX);
    //如果需要打开接收
    if (! rfSettings.receiveOn) FASTSPI_STROBE(CC2420_SRXON);
        //等待  RSSI 正常
    do {
        FASTSPI_UPD_STATUS(spiStatusByte);
    } while (! (spiStatusByte & BM(CC2420_RSSI_VALID)));
    //写数据包到  TX FIFO
    packetLength = pRTI -> length + BASIC_RF_PACKET_OVERHEAD_SIZE;
    frameControlField = pRTI -> ackRequest? BASIC_RF_FCF_ACK : BASIC_RF_FCF_NOACK;
    FASTSPI_WRITE_FIFO((BYTE * )&packetLength, 1);                    //长度
    FASTSPI_WRITE_FIFO((BYTE * )&frameControlField, 2);               //帧控制
    FASTSPI_WRITE_FIFO((BYTE * )&rfSettings.txSeqNumber, 1);          //序号
    FASTSPI_WRITE_FIFO((BYTE * )&rfSettings.panId, 2);                //目的 PAN ID
    FASTSPI_WRITE_FIFO((BYTE * )&pRTI -> destAddr, 2);                //目的地址
    FASTSPI_WRITE_FIFO((BYTE * )&rfSettings.myAddr, 2);               //源地址 s
    FASTSPI_WRITE_FIFO((BYTE * )pRTI -> pPayload, pRTI -> length);    //载荷
```

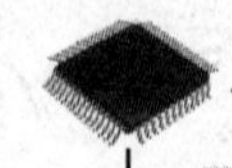


```
    FASTSPI_STROBE(CC2420_STXONCCA);
    while (! SFD);                                  //开始发送
    //while (SFD);                                  //发送完毕
    ENABLE_GLOBAL_INT();                            //开中断
    //等待应答
    if (pRTI -> ackRequest)                         //如果需要应答
    {
        rfSettings.ackReceived = FALSE;
        //等待 SFD 变低
        while (SFD_IS_1);
        halWait((12 * BASIC_RF_SYMBOL_DURATION) + (BASIC_RF_ACK_DURATION) + (2 * BASIC_RF
        _SYMBOL_DURATION) + 100);
        success = rfSettings.ackReceived;
    }
    else
    {
        success = TRUE;
    }
    //关接收
    DISABLE_GLOBAL_INT();
    if (! rfSettings.receiveOn) FASTSPI_STROBE(CC2420_SRFOFF);
    ENABLE_GLOBAL_INT();
    rfSettings.txSeqNumber ++ ;
    return success;
}
```

12.8.5 中断接收

接收采用的是中断接收(见程序清单 12.4 所示),由于 FIFOP 接单片机的 RB3 引脚,当有个完整的数据包被接收后,FIFOP 引脚变为高电平,可以用 PIC 单片机的 CCP2 来捕捉 FIFOP 的上升沿。

该中断不仅能接收数据包,也能接收节点发送的应答信号,从理论上说,该中断可以接收所有的有效的信号。有效是频段、地址等都匹配的信号。

程序清单 12.4 如下:

```
//**************************************************************
//函数原型:      void HighISR()
//输      入:无
```

```
//输    出：无
//功能描述：高优先级中断服务函数
//*************************************************************
void HighISR();                        //高优先级中断声明
#pragma code high_vector = 0x08        //入口
  void high_interrupt (void)           //跳转到高优先级中断
  {
    _asm GOTO HighISR _endasm
  }
#pragma code
#pragma interruptlow HighISR
void HighISR()                         //中断服务函数
{
    WORD frameControlField;
    INT8 length;
    BYTE pFooter[2];
    CLEAR_FIFOP_INT();
    //FIFOP = 1 和 FIFO = 0 指示 FIFO 溢出,请空 FIFO
    if((FIFOP_IS_1) && (! (FIFO_IS_1))) {
        FASTSPI_STROBE(CC2420_SFLUSHRX);
        FASTSPI_STROBE(CC2420_SFLUSHRX);
        return;
    }
    //接收载荷长度
    FASTSPI_READ_FIFO_BYTE(length);
    length &= BASIC_RF_LENGTH_MASK; //Ignore MSB
    //如果太短忽略
    if (length < BASIC_RF_ACK_PACKET_SIZE) {
        FASTSPI_READ_FIFO_GARBAGE(length);
    //如果长度有效,处理数据包
    }
      else
    {
        rfSettings.pRxInfo -> length = length - BASIC_RF_PACKET_OVERHEAD_SIZE;
        //读帧控制和其他数据域
        FASTSPI_READ_FIFO_NO_WAIT((BYTE * ) &frameControlField, 2);
        rfSettings.pRxInfo -> ackRequest = !! (frameControlField & BASIC_RF_FCF_ACK_BM);
        FASTSPI_READ_FIFO_BYTE(rfSettings.pRxInfo -> seqNumber);
        //如果是一个应答数据包
```

```
        if ((length == BASIC_RF_ACK_PACKET_SIZE) && (frameControlField == BASIC_RF_ACK_FCF)
        && (rfSettings.pRxInfo -> seqNumber == rfSettings.txSeqNumber))
        {
            //读检查 CRC OK
            FASTSPI_READ_FIFO_NO_WAIT((BYTE *) pFooter, 2);
            if (pFooter[1] & BASIC_RF_CRC_OK_BM) rfSettings.ackReceived = TRUE;
        }
        else if (length < BASIC_RF_PACKET_OVERHEAD_SIZE)
        {
            FASTSPI_READ_FIFO_GARBAGE(length - 3);
            return;
        //接收到测试数据包
        }
        else
        {
            //扫描地址
            FASTSPI_READ_FIFO_GARBAGE(4);
            //读源地址
            FASTSPI_READ_FIFO_NO_WAIT((BYTE *) &rfSettings.pRxInfo -> srcAddr, 2);
            //读数据载荷
            FASTSPI_READ_FIFO_NO_WAIT(rfSettings.pRxInfo -> pPayload, rfSettings.pRxInfo ->
            length);
            //读 RSSI
            FASTSPI_READ_FIFO_NO_WAIT((BYTE *) pFooter, 2);
            rfSettings.pRxInfo -> rssi = pFooter[0];
            //CRC 是  OK
            if (((frameControlField & (BASIC_RF_FCF_BM)) == BASIC_RF_FCF_NOACK) && (pFooter
            [1] & BASIC_RF_CRC_OK_BM))
            {
                rfSettings.pRxInfo = basicRfReceivePacket(rfSettings.pRxInfo);recive = 1;
            }
        }
    }
}
```

12.8.6　发送主函数——移动扩展模块

移动模块(发送)主控制函数(见程序清单 12.5 所示),对单片机和 CC2420 初始化完之

后，就检测按键，如果有按键就发送对应的数据包。并做相应的指示（闪灯）。

程序清单 12.5 如下：

```
//**************************************************************
//函数原型：    void main (void)
//输      入：无
//输      出：无
//功能描述：发送主控函数
//**************************************************************
void main (void)
{
    UINT8 n;
    UINT32 iLoopCount;
    //初始化
    port_init();
    halSpiInit();
    EUSART_Init();
    ccp2_init();
    halWait(1000);
    basicRfInit(&rfRxInfo, RF_CHANNEL, 0x2420, 0x5678);
    rfTxInfo.destAddr = 0x1234;
    //初始化命令
    rfTxInfo.length = PAYLOAD_SIZE;
    rfTxInfo.ackRequest = 1;
    rfTxInfo.pPayload = pTxBuffer;
    rfRxInfo.pPayload = pRxBuffer;
    for (n = 0; n < PAYLOAD_SIZE; n++) {
        pTxBuffer[n] = n + 0x10;
    }
    //开 RX mode
    basicRfReceiveOn();
    //主循环：
    while (TRUE)
    {
        YLED1 = 0;
        YLED2 = 0;
        if(! KEY1)                          //如果键 1 按下
        {
            while(! KEY1);
```

```
                YLED1 = 1;
                pTxBuffer[0] = 0x0f;
                if(CCA)
                {
                    basicRfSendPacket(&rfTxInfo);
                }
            }
            if(! KEY2)                                  //如果键 2 按下
            {
                while(! KEY2);
                YLED2 = 1;
                pTxBuffer[0] = 0xf0;
                if(CCA)
                {
                    basicRfSendPacket(&rfTxInfo);
                }
            }
            halWait(5000);
        }
    }
```

12.8.7 接收主函数——实验扩展板

该主函数(如程序清单 12.6 所示)用于实验板接收控制。首先对单片机进行初始化,特别是用到的 I/O 口初始化,还有 CCP2 初始化,然后通过 SPI 口对 CC2420 内部特殊功能寄存器初始化,最后进入等待接收中断循环,当检测到 recive=1 时,说明有中断接收,这时检测接收到载荷的第一个字节,判断发送模块是哪个键按下并做出相应的响应。

程序清单 12.6 如下:

```
//*************************************************************
//函数原型: void main (void)
//输      入: 无
//输      出: 无
//功能描述: 接收主控函数
//*************************************************************
void main (void) {
    UINT8 n;
    UINT32 iLoopCount;
```

```
    //初始化
    port_init();
    halSpiInit();
    EUSART_Init();
    ccp2_init();
    halWait(1000);
    basicRfInit(&rfRxInfo, RF_CHANNEL, 0x2420, 0x1234);
    rfTxInfo.destAddr = 0x5678;
    //Turn on RX mode
    basicRfReceiveOn();
    DLED3 = 1;
    //主循环
    while (TRUE)
    {
        DLED1 = 0;
        DLED2 = 0;
        if(recive)
        {
            DLED3 = ! DLED3;
            recive = 0;
            if(pRxBuffer[0] = = 0x0f)DLED1 = 1;
            if(pRxBuffer[0] = = 0xf0)DLED2 = 1;
            halWait(6000);
        }
    }
}
```

第 13 章

ZigBee 协议栈结构和原理

长期以来，低价、低传输率、短距离、低功率的无线通信市场一直存在着。自从 Bluetooth（蓝牙）出现以后，曾让工业控制、家用自动控制、玩具制造商等业者雀跃不已，但是 Bluetooth 的售价一直居高不下，严重影响了这些厂商的使用意愿。如今，这些业者都参加了 IEEE802.15.4 小组，负责制定 ZigBee 的物理层和媒体介入控制层。IEEE802.15.4 规范是一种经济、高效、低数据速率（<250 kb/s）、工作在 2.4 GHz 和 868/928 MHz 的无线技术，用于个人区域网和对等网状网络。它是 ZigBee 应用层和网络层协议的基础。ZigBee 是一种新兴的近距离、低复杂度、低功耗、低数据速率、低成本的无线网络技术，是一种介于无线标记技术和蓝牙技术之间的技术提案。主要用于近距离无线连接。它依据 802.15.4 标准，在数千个微小的传感器之间相互协调实现通信。这些传感器只需要很少的能量，以接力的方式通过无线电波将数据从一个传感器传到另一个传感器，所以它们的通信效率非常高。

一般而言，随着通信距离的增大，设备的复杂度、功耗以及系统成本都在增加。相对于现有的各种无线通信技术，ZigBee 技术将是最低功耗和成本的技术。同时由于 ZigBee 技术的低数据速率和通信范围较小的特点，也决定了 ZigBee 技术适合于承载数据流量较小的业务。所以 ZigBee 主要应用领域包括工业控制、消费性电子设备、汽车自动化、农业自动化和医用设备控制等。

ZigBee 是一组基于 IEEE 批准通过的 802.15.4 无线标准研制开发的，有关组网、安全和应用软件方面的技术标准。它不仅只是 802.15.4 的名字。IEEE 仅处理低级 MAC 层和物理层协议，ZigBee 联盟对其网络层协议和 API 进行了标准化。完全协议用于一次可直接连接到一个设备的基本节点的 4 KB 或者作为 Hub 或路由器的协调器的 32 KB。每个协调器可连接多达 255 个节点，而几个协调器则可形成一个网络，对路由传输的数目则没有限制。ZigBee 联盟还开发了安全层，以保证这种便携设备不会意外泄漏其标识，而且这种利用网络的远距离传输不会被其他节点获得。

完整的 ZigBee 协议套件由高层应用规范与应用会聚层、网络层、MAC 层和物理层（PHY 层）组成。网络层以上协议由 ZigBee 联盟制定，IEEE802.15.4 负责物理层（PHY 层）和 MAC

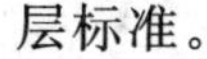

层标准。

13.1 ZigBee 协议栈概述

ZigBee 协议栈由一组子层构成。每层为其上层提供一组特定的服务：一个数据实体提供数据传输服务，一个管理实体提供全部其他服务。每个服务实体通过一个服务接入点(SAP)为其上层提供服务接口，并且每个 SAP 提供了一系列的基本服务指令来完成相应的功能。

ZigBee 协议栈的体系结构如图 13.1 所示。它虽然是基于标准的七层开放式系统互联(OSI)模型，但仅对那些涉及 ZigBee 的层予以定义。IEEE802.15.4－2003 标准定义了最下面的两层：物理层(PHY)和介质接入控制子层(MAC)。ZigBee 联盟提供了网络层和应用层(APL)框架的设计。其中应用层的框架包括了应用支持子层(APS)、ZigBee 设备对象(ZDO)和由制造商制定的应用对象。

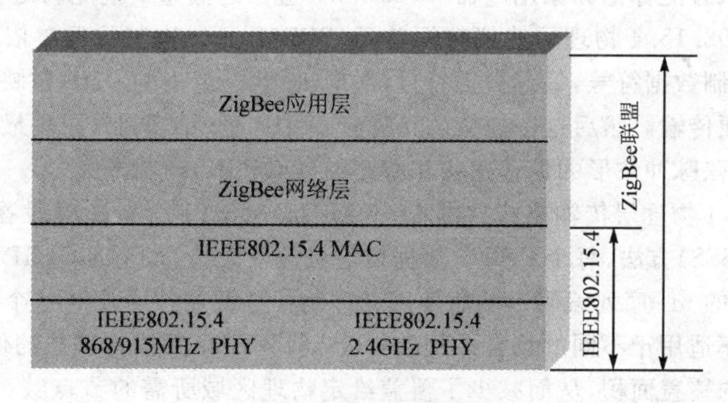

图 13.1 ZigBee 体系结构模型

相比于常见的无线通信标准，ZigBee 协议套件紧凑而简单，具体实现的要求很低。以下是 ZigBee 协议套件的需求估计：硬件需要 8 位处理器，如 80C51；软件需要 32 KB 的 ROM，最小软件需要 4 KB 的 ROM，如 CC2430 芯片是具有 8051 内核的内存从 32 KB～128 KB 的 ZigBee 无线单片机；网络主节点需要更多的 RAM 以容纳网络内所有节点的设备信息、数据包转发表、设备关联表、与安全有关的密钥存储等。

Zigbee 联盟希望建立一种可连接每个电子设备的无线网。它预言 ZigBee 将很快成为全球高端的无线技术，到 2007 年 ZigBee 节点将达到 30 亿个。具有几十亿个节点的网络将很快耗尽已不足的 IPv4 的地址空间。因此 IPv6 与 IEEE 802.15.4 结合是传感器网络的发展趋势。IPv6 采用 128 位地址长度，几乎可以不受限制地提供地址。按保守方法估算，IPv6 实际可为整个地球的每平方米面积分配 1 000 多个地址。IPv6 在设计过程中，除了一劳永逸地解决了地址短缺问题以外，还考虑了在 IPv4 中解决不好的其他问题，如端到端 IP 连接、服务质量(QoS)、安全性、多播、移动性、即插即用等。

IEEE 802.15.4 工作在工业、科学、医疗(ISM)频段,定义了两个工作频段,即 2.4 GHz 频段和 868/915 MHz 频段。在 IEEE 802.15.4 中,总共分配了 27 个具有 3 种速率的信道:在 2.4 GHz 频段有 16 个速率为 250 kb/s 的信道,在 915 MHz 频段有 10 个 40 kb/s 的信道,在 868 MHz 频段有 1 个 20 kb/s 的信道。

这些信道的中心频率按如下定义(k 为信道数):

$f_c = 868.3\ \text{MHz}, (k=0)$

$f_c = 906\ \text{MHz} + 2(k-1)\text{MHz}, (k=1,2,\cdots,10)$

$f_c = 2\ 405\ \text{MHz} + 5(k-11)\text{MHz}, (k=11,12,\cdots,26)$

一个 IEEE802.15.4 可以根据 ISM 频段、可用性、拥挤状况和数据速率在 27 个信道中选择一个工作信道。从能量和成本效率来看,不同的数据速率能为不同的应用提供较好的选择。例如,对于有些计算机外围设备与互动式玩具,可能需要 250 kb/s 速率,而对于其他许多应用,如各种传感器、智能标记和家用电器等,20 kb/s 这样的低速率就能满足要求。

来自 IEEE 802.15.4 物理层协议数据单元(PPDU)的二进制数据被依次(按字节从低到高)组成 4 位二进制数据符号,每种数据符号(对应 16 状态组中的一组)被映射成 32 位伪噪声码片(CHIP),以便传输。然后这个连续的伪噪音 CHIP 序列被调制(采用最小键控方式)到载波上,即采用半正弦脉冲波形的偏移正交相移键控(OQPSK)调制方式。

IEEE802.15.4 物理层传输格式如图 13.6 所示。868/915 MHz 频段物理层使用简单的直接序列扩频(DSSS)方法,每个 PPDU 数据传输位被最大长为 15 的 CHIP 序列所扩展(即被多组+1、-1 构成的 m -序列编码),然后使用二进制相移键控技术调制这个扩展的位元序列。不同的数据传输率适用于不同的场合。例如:868/915 MHz 频段物理层的低速率换取了较好的灵敏度和较大的覆盖面积,从而减少了覆盖给定物理区域所需的节点数。2.4 GHz 频段物理层的较高速率适用于较高的数据吞吐量、低延时或低作业周期的场合。

IEEE 802.15.4 MAC 层提供两种服务:MAC 层数据服务和 MAC 层管理服务。管理服务通过 MAC 层管理实体(MLME)服务接入点(SAP)访问高层。MAC 层数据服务使 MAC 层协议数据单元(MPDU)的收发可以通过物理层数据服务。IEEE 802.15.4 MAC 层的特征有信标管理、信道接入机制、保证时隙(GTS)管理、帧确认、确认帧传输、节点接入和分离。

ZigBee 的网络层主要用于 ZigBee 网络的组网连接、数据管理以及网络安全等。而应用层主要用于 ZigBee 技术的实际应用提供一些应用框架模型等,以便对 ZigBee 技术的开发应用在不同的场合,其开发应用架框不同。从目前来看,不同的厂商提供的应用框架是有差异的,应根据具体应用情况和所选择的产品来综合考虑其应用框架结构。现有比较著名的 ZigBee 芯片提供商包括 CHIPCON(已于 2006 年被 IT 公司收购)公司、FREESCALE 公司、EMBER 公司等等。

低速率的无线个域网允许使用超帧结构。超帧的格式由传感器网络的协调器定义。超帧

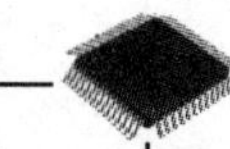

被分为16个大小相等的时隙，由协调器发送，如图13.2所示。每个超帧之间由网络信标分隔。信标帧在超帧的第一个时隙被传输。如果协调器不想使用超帧结构，它将会停止信标的传输。信标可用来使接入的设备同步，区分个域网，描述超帧结构。任何想要在竞争接入时段(CAP)通信的设备都要使用有时隙的载波监听多址接入-冲突避免(CSMA-CA)。所有的传输要在下一个信标到来之前结束。

超帧结构有活跃和非活跃两部分。在非活跃部分，协调器将不和网络联系，进入低能模式。

对于低延迟应用或需要特殊带宽的应用来说，网络协调器为它贡献出超帧的活跃部分。这部分叫做GTS。GTS由无竞争时段(CFP)组成。它总是紧跟着CAP，在活跃的超帧尾部，如图13.3所示。网络协调器可以分配7个GTS，每个GTS可以占用一个以上的时隙。而CAP有充足的时间留给基于竞争的接入的网络设备或想加入网络的设备。所有基于竞争的传输都要在CFP开始前结束，同样，GTS的传输也要确保在下个GTS开始前结束。

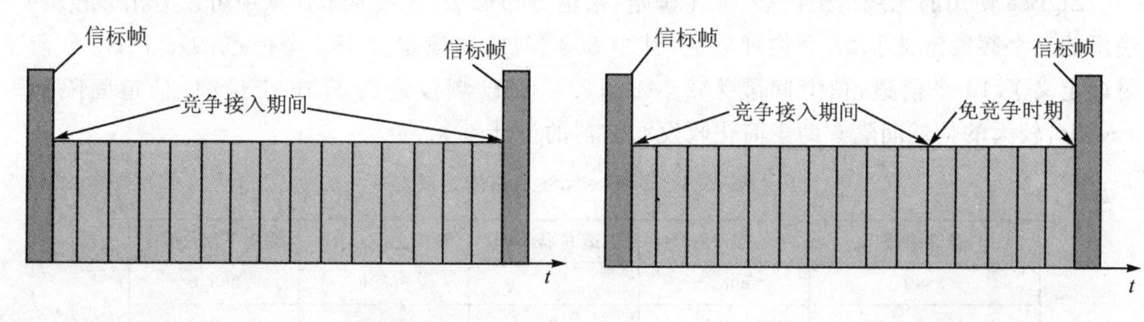

图13.2 无GTS的超帧结构

图13.3 有GTS的超帧结构

13.2 IEEE802.15.4通信层

ZigBee协议栈的体系结构如图13.1所示。IEEE802.15.4标准定义了最下面的两层：物理层(PHY)和介质接入控制子层(MAC)。而ZigBee直接使用了IEEE802.15.4所定义的物理层和介质接入控制子层来作为ZigBee的物理层和介质接入控制子层。下面介绍IEEE802.15.4的物理层和介质接入控制子层是怎样的结构以及它们是如何工作的。

13.2.1 PHY(物理)层

ZigBee的通信频率在物理层进行规范。ZigBee接不同的国家、地区为其提供不同的工作频率范围，ZigBee所使用的频率范围分别为2.4 GHz和868/915 MHz。因此IEEE 802.15.4定义了两个物理层标准，分别是2.4 GHz物理层和868/915 MHz物理层。两个物理层都基

于直接序列扩频(DSSS：Direct Sequence Spread Spectrum)技术，使用相同的物理层数据包格式，区别在于工作频率、调制技术、扩频码片长度和传输速率。

2.4 GHz 波段为全球统一，无需申请的 ISM 频段，有助于 ZigBee 设备的推广和生产成本的降低。2.4 GHz 的物理层通过采用 l6 相调制技术，能够提供 250 kb/s 的传输速率，从而提高了数据吞吐量，减小了通信时延，缩短了数据收发的时间，因此更加省电。

868 MHz 是欧洲附加的 ISM 频段，915 MHz 是美国附加的 ISM 频段，工作在这两个频段上的 ZigBee 设备避开了来自 2.4 GHz 频段中其他无线通信设备和家用电器的无线电干扰。868 MHz 上的传输速率为 20 kb/s，916 MHz 上的传输速率则是 40 kb/s。由于这两个频段上无线信号的传播损耗和所受到的无线电干扰均较小，因此可以降低对接收机灵敏度的要求，获得较大的有效通信距离，从而使用较少的设备即可覆盖整个区域。

ZigBee 使用的无线信道由表 13.1 确定，信道分布如图 13.4 所示。从中可以看出，ZigBee 使用的三个频段定义了 27 个物理信道，其中 868 MHz 频段定义了 1 个信道；915 MHz 频段附近定义了 10 个信道，信道间隔为 2 MHz；2.4 GHz 频段定义了 16 个信道，信道间隔为 5 MHz，较大的信道间隔有助于简化收发滤波器的设计。

表 13.1 ZigBee 无线信道的组成

信道编号	中心频率/MHz	信道间隔/MHz	频率上限/MHz	频率下限/MHz
$k=0$	868.3		868.6	868.0
$k=1,2,3,\cdots,10$	$906+2(k-1)$	2	928.0	902.0
$k=11,12,13,\cdots,26$	$2401+5(k-11)$	5	2483.5	2400.0

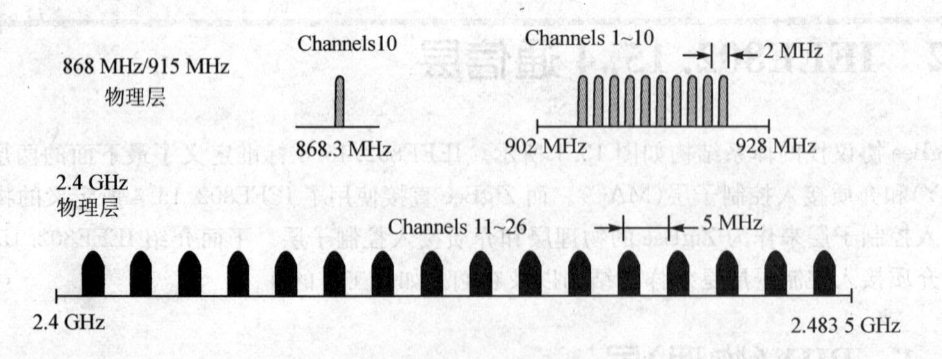

图 13.4 频率和信道分布

IEEE 在物理层还规范了传输速率以及调制方式等相关要求。在 2.4 GHz 的物理层的数据传输速率为 250 kb/s；数据传输速率精度为 $\pm 4\times 10^{-5}$ kb/s；接收灵敏度为 −85 dBm 或更高；最小抗干扰水平是邻近信道抗干扰电平，为 0 dB、交替信道抗干扰电平为 30 dB；采用的是

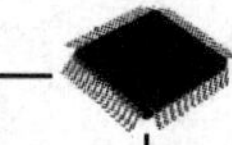

16 相位正交调制技术(O-QPSK)。在 915MHz 的物理层的数据传输速率为 40 kb/s;接收灵敏度为－92 dBm 或更高;最小抗干扰水平是邻近信道抗干扰电平,为 0 dB、交替信道抗干扰电平为 30 dB;采用的是带有二进制移相键控(BPSK)的直接序列扩频(DSSS)技术。在 868 MHz 的物理层的数据传输速率为 20 kb/s;接收灵敏度为－92 dBm 或更高;最小抗干扰水平是邻近信道抗干扰电平,为 0 dB、交替信道抗干扰电平为 30 dB;采用的是带有二进制移相键控(BPSK)的直接序列扩频(DSSS)技术。

同时 IEEE 还规范了以下技术要求。这些技术要求同时适用于 2.4 GHz 和 868/915 MHz。接收信号中心频率误差最大为 $\pm4\times10^{-5}$ kb/s。发射机的最小功率为－3 dBm,接收机最大输入电平≥－20 dBm。

物理层通过射频固件和射频硬件提供了一个从 MAC 层到物理层无线信道的接口。从图 13.5 可以看到,在物理层中存在有数据服务接入点和物理层管理实体服务的接入点。通过这两个服务接入点提供如下服务:通过物理层数据服务接入点(PD-SAP)为物理层数据提供服务。通过物理层管理实体(PLME)服务的接入点(PLME-SAP)为物理层管理提供服务。

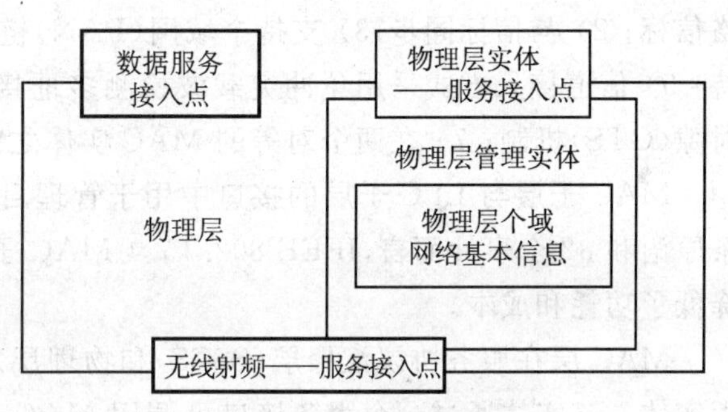

图 13.5 物理层结构模型

图 13.6 给出了物理层数据包的格式。ZigBee 物理层数据包由同步包头、物理层包头和物理层净荷三部分组成。同步包头由前同步码(前导码)和数据包(帧)定界符组成,用于获取符号同步、扩频码同步和帧同步,也有助于粗略的频率调整。物理层包头指示净荷部分的长度、净荷部分含有 MAC 层数据包、净荷部分最大长度是 127 B。如果数据包的长度类型为 5 B 或大于 8 B,那么,物理层服务数据单元(PSDU)携带 MAC 层的帧信息(即 MAC 层协议数据单元)。

4 B	1 B	1 B		变 量
前同步码	帧定界符	帧长度(7位)	预留位(1位)	PSDU
同步包头		物理层包头		物理层净荷

图 13.6 物理层数据包格式

13.2.2 MAC(介质接入控制子层)层

IEEE802 系列标准把数据链路层分成逻辑链路控制(LLC: Logical Link Control)和

MAC两个子层。LLC子层在IEEE 802.6标准中定义,为802标准系列所共用;而MAC子层协议则依赖于各自的物理层。IEEE 802.15.4的MAC子层能支持多种LLC标准,通过业务相关汇聚子层(SSCS: Service-Specific Convergence Sublayer)协议承载IEEE 802.2协议中第一种类型的LLC标准,同时也允许其他LLC标准直接使用IEEE 802.15.4 MAC子层的服务。

LLC子层的主要功能是进行数据包的分段与重组以及确保数据包按顺序传输。

IEEE 802.15.4 MAC子层实现包括设备间无线链路的建立、维护和断开、确认模式的帧传送与接收、信道接入与控制、帧校验与快速自动请求重发(ARQ)、预留时隙管理以及广播信息管理等。MAC子层处理所有物理层无线信道的接入。主要功能有:1) 网络协调器产生网络信标; 2) 与信标同步;3) 支持个域网(PAN)链路的建立和断开; 4) 为设备的安全提供支持; 5) 信道接入方式采用免冲突载波检测多址接入(CSMA-CA)机制;6) 处理和维护保护时隙(GTS)机制; 7) 在两个对等的MAC实体之间提供一个可靠的通信链路。

MAC子层与LLC子层的接口中用于管理目的的原语仅有26条,相对于蓝牙技术的131条原语和32个事件而言,IEEE 802.15.4 MAC子层的复杂度很低,不需要高速处理器,因此降低了功耗和成本。

MAC层在服务协议汇聚层(SSCS)和物理层之间提供了一个接口。MAC层包括一个管理实体。该实体通过一个服务接口可调用MAC层管理功能,还负责维护MAC层固有的管理对象的数据库。从图13.7可以看到在MAC层两个不同服务的接入点提供两不同MAC层服务。

MAC层通过它的公共部分子层服务接入点为它提供数据服务;MAC层通过它的管理实体服务接入点为它提供管理服务。

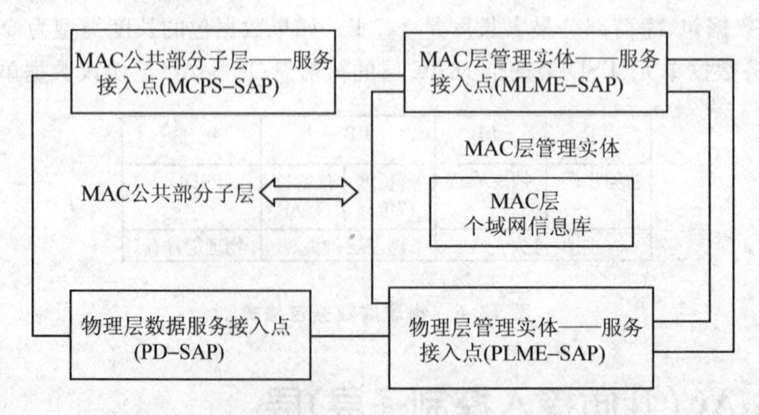

图13.7 MAC层参考模型

图13.8给出了MAC子层数据包格式。MAC子层数据包由MAC子层帧头(MHR:

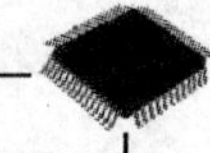

MAC Header)、MAC 子层载荷和 MAC 子层帧尾(MFR：MAC Footer)组成。MAC 子层帧头由 2B 的帧控制域、1B 帧序号域和最多 20B 的地址域组成。帧控制域指明了 MAC 帧的类型、地址域的格式以及是否需要接收方确认等控制信息；帧序号域包含了发送方对帧的顺序编号，用于匹配确认帧，实现 MAC 子层的可靠传输；地址域采用的寻址方式可以是 64 位的 1EEE MAC 地址或者 8 位的 ZigBee 网络地址。

2 B	1 B	0/2 B	0/2/8 B	0/2 B	0/2/8 B	可变	2 B
帧控制	序列号	目的 PAN 标识符	目的地址	源 PAN 标识符	源地址	帧载荷	FCS
MHR(MAC层帧头)						MAC 载荷	MFR

图 13.8　MAC 层数据包格式

MAC 子层载荷长度可变，不同的帧类型包含有不同的信息(如 MAC 子层业务数据单元(MSDU：MAC Service Data Unit))，但整个 MAC 帧的长度应该小于 127 B，其内容取决于帧类型。IEEE 802.15.4 的 MAC 子层定义了 4 种帧类型，即广播(信标)帧、数据帧、确认帧和 MAC 命令帧。只有广播帧和数据帧包含了高层控制命令或者数据，确认帧和 MAC 命令帧则用于 ZigBee 设备间 MAC 子层功能实体间控制信息的收发。

MAC 子层帧尾含有采用 16 位 CRC 算法计算出来的帧校验序列(FCS：Frame Check Sequence)，用于接收方判断该数据包是否正确，从而决定是否采用 ARQ 进行差错恢复。广播帧和确认帧不需要接收方的确认，数据帧和 MAC 命令帧的帧头包含帧控制域，指示收到的帧是否需要确认。如果需要确认，并且已经通过了 CRC 校验，接收方将立即发送确认帧。若发送方在一定时间内收不到确认帧，将自动重传该帧，这就是 MAC 子层可靠传输的基本过程。

IEEE 802.15.4 MAC 子层定义了两种基本的信道接入方法，分别用于两种 ZigBee 网络拓扑结构中。这两种网络结构分别是基于中心控制的星型网络和基于对等操作的网状网络。在星形网络中，中心设备承担网络的形成和维护、时隙的划分、信道接入控制和专用带宽分配等功能，其余设备根据中心设备的广播信息来决定如何接入和使用无线信道，这是一种时隙化的载波侦听和冲突避免(CSMA/CA：Carrier Sense Multiple Access with Collision Avoidance)信道接入算法。在对等网状方式的网络中，没有中心设备的控制，也没有广播信道和广播信息，而是使用标准的 CSMA/CA 信道接入算法接入网络。

13.3　ZigBee 协议结构体系

ZigBee 堆栈是在 IEEE 802.15.4 标准基础上建立的，而 IEEE 802.15.4 仅定义了协议的 MAC 和 PHY 层。ZigBee 设备应该包括 IEEE802.15.4 的 PHY 和 MAC 层以及 ZigBee 堆栈层：网络层(NWK)、应用层和安全服务管理。图 13.9 给出了协议结构的概况。

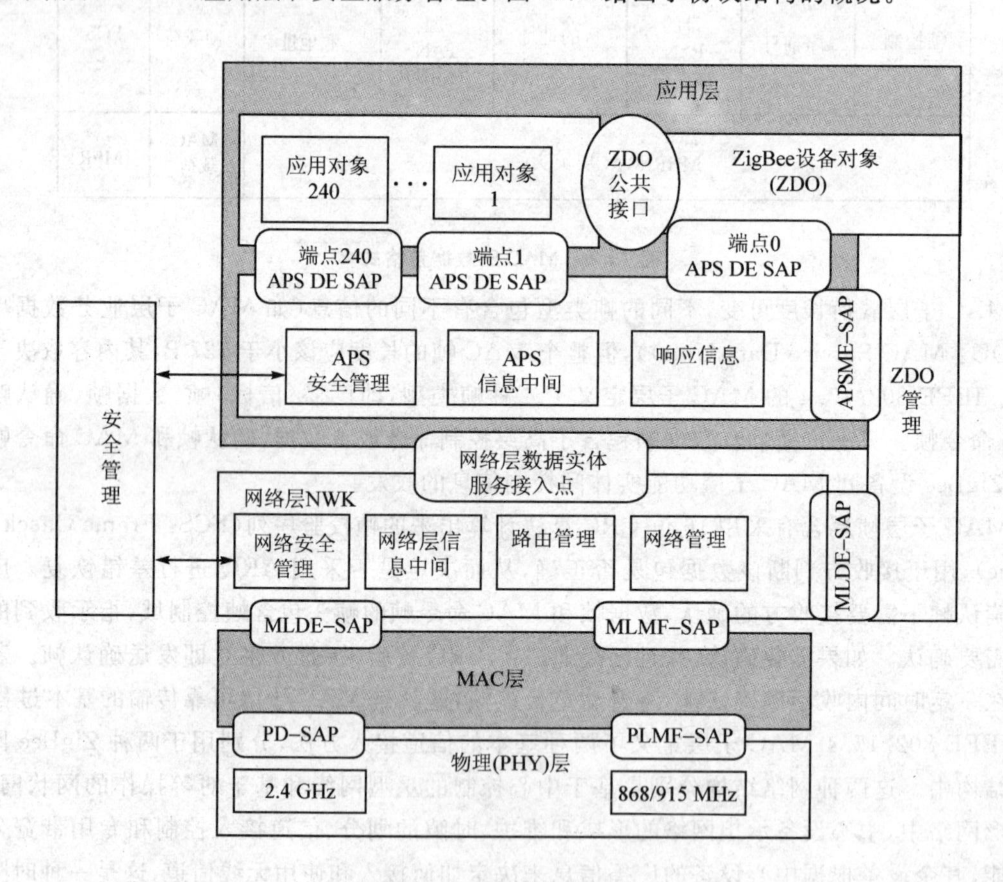

图 13.9　ZigBee 协议结构体系

每个 ZigBee 设备都与一个特定模板有关，可能是公共模板或私有模板。这些模板定义了设备的应用环境、设备类型以及用于设备间通信的簇。公共模板可以确保不同供应商的设备在相同应用领域中的互操作性。

设备是由模板定义的，并以应用对象(application objects)的形式实现。每个应用对象通过一个端点连接到 ZigBee 堆栈的余下部分，它们都是器件中可寻址的组件。

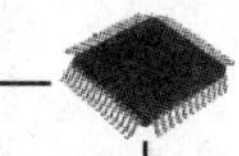

从应用角度看，通信的本质就是端点到端点的连接（例如，一个带开关组件的设备与带一个或多个灯组件的远端设备进行通信，目的是将这些灯点亮）。端点之间的通信是通过称之为簇的数据结构实现的。这些簇是应用对象之间共享信息所需的全部属性的容器，在特殊应用中使用的簇在模板中有定义。

每个接口都能接收（用于输入）或发送（用于输出）簇格式的数据。一共有两个特殊的端点，即端点 0 和端点 255。端点 0 用于整个 ZigBee 设备的配置和管理。应用程序可以通过端点 0 与 ZigBee 堆栈的其他层通信，从而实现对这些层的初始化和配置。附属在端点 0 的对象被称为 ZigBee 设备对象（ZD0）。端点 255 用于向所有端点的广播。端点 241 到 254 是保留端点。

所有端点都使用应用支持子层（APS）提供的服务。APS 通过网络层和安全服务提供层与端点相接，并为数据传送、安全和绑定提供服务，因此能够适配不同，但兼容的设备，比如带灯的开关。

APS 使用网络层（NWK）提供的服务。NWK 负责设备到设备的通信，并负责网络中设备初始化所包含的活动、消息路由和网络发现。应用层可以通过 ZigBee 设备对象（ZD0）对网络层参数进行配置和访问。

根据 ZigBee 堆栈规定的所有功能和支持，很容易推测 ZigBee 堆栈实现需要用到设备中的大量存储器资源。

不过 ZigBee 规范定义了三种类型的设备，每种都有自己的功能要求：ZigBee 协调器是启动和配置网络的一种设备。协调器可以保持间接寻址用的绑定表格，支持关联，同时还能设计信任中心和执行其他活动。协调器负责网络正常工作以及保持同网络其他设备的通信。一个 ZigBee 网络只允许有一个 ZigBee 协调器。

ZigBee 路由器是一种支持关联的设备，能够将消息转发到其他设备。ZigBee 网格或树型网络可以有多个 ZigBee 路由器。ZigBee 星型网络不支持 ZigBee 路由器。

ZigBee 终端设备可以执行它的相关功能，并使用 ZigBee 网络到达其他需要与其通信的设备。它的存储器容量要求最少。

上述的三种设备根据功能完整性可分为全功能（FFD）和半功能（RFD）设备。其中全功能设备可作为协调器、路由器和终端设备，而半功能设备只能用于终端设备。一个全功能设备可与多个 RFD 设备或多个其他 FFD 设备通信，而一个半功能设备只能与一个 FFD 通信。然而需要特别注意的是，网络的特定结构会戏剧性地影响设备所需的资源。NWK 支持的网络拓扑有星型、树（串）型和网格型。在这几种网络拓扑中，星型网络对资源的要求最低。

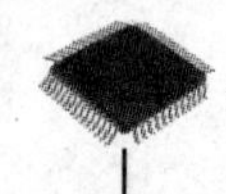

13.4　网络层

ZigBee网络层的主要功能就是提供一些必要的函数，确保ZigBee的MAC层(IEEE 802.15.4－2003)正常工作，并且为应用层提供合适的服务接口。为了向应用层提供其接口，网络层提供了两个必须的功能服务实体。它们分别为数据服务实体和管理服务实体。网络层数据实体(NLDE)通过网络层数据服务实体服务接入点(NLDE－SAP)提供数据传输服务；网络层管理实体(NLME)通过网络层管理实体服务接入点(NLME－SAP)提供网络管理服务。如图13.10是网络层的结构图。网络层管理实体利用网络层数据实体完成一些网络的管理工作，并且，网络层管理实体完成对网络信息库(NIB)的维护和管理。下面分别对它们的功能进行简单介绍。

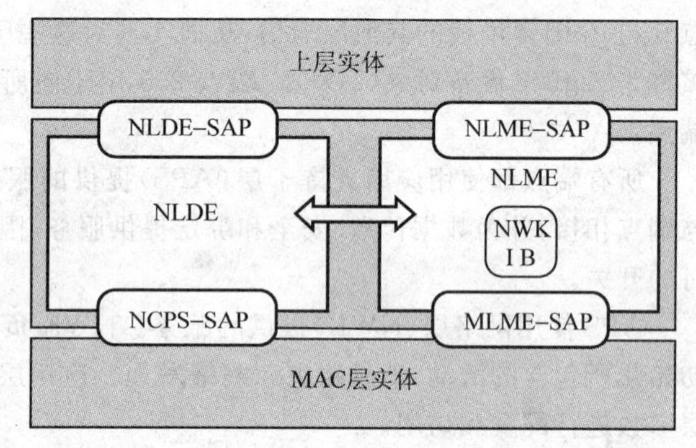

图13.10　网络层结构图

13.4.1　网络层数据实体(NLDE)

网络层数据实体为数据提供服务，在两个或者更多的设备之间传送数据时，将按照应用协议数据单元(APDU)的格式进行传送，并且这些设备必须在同一个网络中，即在同一个内部个域网中。

网络层数据实体提供如下服务。

- 生成网络层协议数据单元(NPDU)：网络层数据实体通过增加一个适当的协议头，从应用支持层协议数据单元中生成网络层的协议数据单元。
- 指定拓扑传输路由：网络层数据实体能够发送一个网络层的协议数据单元到一个合适的设备，该设备可能是最终目的通信设备，也可能是在通信链路中的一个中间通信设备。
- 安全：确保通信的真实性和机密性。

13.4.2 网络层管理实体(NLME)

网络层管理实体提供网络管理服务，允许应用与堆栈相互作用。网络层管理实体应该提供如下服务。

- 配置一个新的设备：为保证设备正常工作的需要，设备应具有足够的堆栈，以满足配置的需要。配置选项包括对一个ZigBee协调器或者连接一个现有网络设备的初始化的操作。
- 初始化一个网络：使之具有建立一个新网络的能力。
- 连接和断开网络：具有连接或者断开一个网络的能力，以及为建立一个ZigBee协调器或者路由器，具有要求设备同网络断开的能力。
- 寻址：ZigBee协调器和路由器具有为新加入网络的设备分配地址的能力。
- 邻居设备发现：具有发现、记录和汇报有关一跳邻居设备信息的能力。
- 路由发现：具有发现和记录有效地传送信息的网络路由的能力。
- 接收控制：具有控制设备接收状态的能力，即控制接收机什么时间接收、接收时间的长短，以保证MAC层的同步或正正常接收等。

13.4.3 网络层功能描述

所有的ZigBee设备都具有以下功能：

- 连接网络；
- 断开网络。

ZigBee协调器和路由器都具有以下附加功能：

- 允许设备用如下方式与网络连接：
  - ■ MAC层的连接命令；
  - ■ 应用层的连接请求命令。
- 允许设备以如下方式断开网络：
  - ■ MAC层的断开命令；
  - ■ 应用层的断开命令；
  - ■ 对逻辑网络地址进行分配；
  - ■ 维护邻居设备表。

ZigBee协调器应具有建立一个新网络的功能。

13.5 应用层

ZigBee 栈体系包含一系列的层元件，包含 IEEE802.15.4 2003 标准 MAC 层和 PHY 层，当然也包括 ZigBee 的 NWK 层。每个层的元件提供相关的服务功能。本节主要介绍 ZigBee 栈的 APL 层，图 13.9 为 ZigBee 栈结构框图。

图 13.9 所示，ZigBee 应用层由三个部分组成，APS 子层、ZDO(包含 ZDO 管理平台)和制造商定义的应用对象。

13.5.1 应用支持子层

APS 提供了这样的接口：在 NWK 层和 APL 层之间，从 ZDO 到供应商的应用对象的通用服务集。这种服务由两个实体实现：APS 数据实体(APSDE)和 APS 管理实体(APSME)。

1) APSDE 通过 APSDE 服务接入点(APSDE - SAP)；

2) APSME 通过 APSME 服务接入点(APSME - SAP)。

APSDE 提供在同一个网络中的两个或者更多的应用实体之间的数据通信。

APSME 提供多种服务给应用对象。这些服务包含安全服务和绑定设备，并维护管理对象的数据库，也就是我们常说的 AIB。

应用支持子层给网络层和应用层通过 ZigBee 设备对象和制造商定义的应用对象使用的一组服务提供了接口。该接口提供了 ZigBee 设备对象和制造商定义的应用对象使用的一组服务。通过两个实体提供这些服务——数据服务和管理服务，APS 数据实体(APSDE)通过与之连接的 SAP，即 APSDE - SAP 提供数据传输服务。APS 管理实体(APSME)通过与之连接的 SAP，即 APSME - SAP 提供管理服务，并且维护一个管理实体数据库，即 APS 信息库(NIB)。

13.5.2 应用层框架

ZigBee 中的应用框架是为驻扎在 ZigBee 设备中的应用对象提供活动的环境。在应用框架内，应用对象通过 APSDE - SAP 发送和接收数据，通过 ZDO 公共接口控制和管理应用对象。

由 APSDE - SAP 提供被数据服务，数据传输包括请求、确认、应答和指示原语。请求原语支持在同等的应用实体之间数据的传输。确认原语报告一个请求原语被调用后的结果。指示原语用于指示从 APS 到应用实体目的地的传输数据。

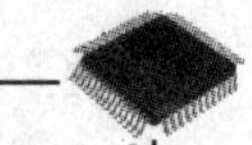

最多可以定义240个相对独立的应用程序对象，任何一个对象的端点编号从1到240。还有两个附加的终端节点为APSDE－SAP使用：端点号0固定用于ZDO数据接口；另外一个端点255固定用于所有应用对象广播数据的数据接口功能。端点241～254保留（给扩展使用）。

利用APSDE－SAP提供的服务，应用框架为一个应用对象提供两种数据服务：一个是关键值服务，一个是一般的数据服务。

13.5.3　应用通信基本概念

1. 应用Profiles

应用profiles是一组统一的消息、消息格式和处理方法，允许开发者建立一个可以共同使用的、分布式应用程序。这些应用是使用驻扎在独立设备中的应用实体。这些应用profiles允许应用程序发送命令、请求数据和处理命令和请求。

2. 簇

簇标识符可用来区分不同的簇。簇标识符联系着数据从设备流出、和向设备流入。在特殊的应用profiles范围内，簇标识符是唯一的。

13.5.4　ZigBee设备对象

ZigBee设备对象（ZDO），描述了一个基本的功能函数。这个功能函数在应用对象、设备profile和APS之间的提供了一个接口。ZDO位于应用框架和应用支持子层之间。它满足所有在ZigBee协议栈中应用操作的一般需要。ZDO还有以下作用：

1）初始化应用支持子层（APS）、网络层（NWK）、安全服务规范（SSS）；

2）从终端应用中，集合配置信息来确定和执行发现、安全管理、网络管理、以及绑定管理。

ZDO描述了应用框架层的应用对象的公用接口以控制设备和应用对象的网络功能。在终端节点0，ZDO提供了与协议栈中低一层相接的接口。如果是数据，则通过APSDE－SAP；如果是控制信息，则通过APSME－SAP。在ZigBee协议栈的应用框架中，ZDO公用接口提供设备、发现、绑定以及安全等功能的地址管理。

1. 设备发现

设备发现是ZigBee设备为什么能发现其他设备的过程。这有两种形式的设备发现请求：IEEE地址请求和网络地址请求。IEEE地址请求是单播到一个特殊的设备，且假定网络地址已经知道。网络地址请求是广播，且携带一个已知的 IEEE 地址作为负载。

设备发现特性：

- 以 ZigBee 协调器或者路由器 IEEE 地址的一个单播询问为基础，被请求设备的 IEEE 地址，以及随机的、所有联合设备的网络地址将被返回。
- 以 ZigBee 终端设备的 IEEE 地址的一个单播询问为基础，被请求的设备的 IEEE 地址被返回。
- 以 ZigBee 协调器或者带有一个已经提供的 IEEE 地址的路由器网络地址的一个多播询问（任何广播地址类型）为基础，被请求的设备的网络地址以及随机的、所有联合设备的网络地址将被返回。
- 以带有已经提供的 IEEE 地址的 ZigBee 终端设备的网络地址的广播查询（任何广播地址类型）为基础，被请求设备的网络地址被返回。响应的设备将使用 APS 层为单播响应已知的服务来广播查询。

2. 服务发现

服务发现是一个已给设备被其他设备发现的能力的过程。服务发现通过在一个已给设备的每一个端点发送询问或通过使用一个匹配服务性质（广播或者单播）实现。服务发现方便定义和使用各种描述来概述一个设备的能力。

服务发现信息在网络中也许被隐藏，在这种情况下，设备提供的特殊服务可能不好到达在发现操作发生的时候。

以如下的输入为基础，相应的响应被提供：

- 网络层地址加上活动的端点查询类型——指定设备将返回在那个设备里的所有应用的端点数。
- 网络层地址或广播地址（任何广播地址类型）加上服务匹配，这些匹配包括 Profile ID 和随意的，输入和输出簇——指定的设备匹配带有所有活动的端点的 Profile ID 来确定一个匹配。如果没有输入或者输出簇被规定，匹配请求的端点被返回。如果那些匹配的输入/输出簇在请求里被提供，且任何匹配在带有提供匹配的设备上的端点列表的响应里被提供。响应的设备应该使用 APS 层已知的服务，这服务是为了单播响应到广播查询的。万一应用 profiles 想列举输入簇和它们的带有相同簇标识符的响应输出簇，应用 profile 将仅仅在为服务发现目的的简单标识符里列出输入簇。在这些情况下它将被采用，应用 profile 提供关于输入和响应输出的簇标识符的使用的细节。
- 网络层地址加上节点标识符或标识符查询类型——指定的地址将为设备返回联合端点的简单标识符。
- 随意的，网络层地址加上复杂或者使用者标识符查询类型——如果支持，指定的地址将为设备返回复杂或者使用者标识符。

第 14 章 ZigBee 网络实现实验

这一章将介绍 ZigBee 设备实现网络的过程，包括 ZigBee 设备是如何实现建立网络、允许设备与网络连接、连接网络、断开网络等。

14.1 建立网络

首先协调器将会检测自己是否已经形成了网络。如果没有形成网络，它就会启动建立一个新网络的流程。

协调器如果发现自己没有形成网络，就将通过 NLME_NETWORK_FORMATION. request 原语来启动一个新网络的建立过程。

网络层首先请求 MAC 层对协议所规定的信道或者物理层所默认的有效信道进行能量检测扫描。为了实现这个过程，网络层就会通过发送扫描类型参数设置为能量检测扫描的 MLME_SCAN. request 原语到 MAC 层进行信道能量检测扫描，扫描结果通过 MLME_SCAN. confirm 原语返回。

网络层管理实体当收到成功的能量检测扫描结果后，将以递增的方式对所检测的能量值进行信道排序，并且丢弃那些能量值超出了可允许能量水平的信道，选择可允许能量的信道准备进一步的处理。此后，网络层管理实体将通过发送 MLME_SCAN. request 原语执行主动扫描。其中该原语的 ScanType 参数设置为主动扫描，ChannelList 参数设置为可允许信道的列表，搜索其他的 ZigBee 设备。为了决定建立一个新网络的最佳通道，网络层管理实体将检测 PAN 描述符，并且将所查找到的第一个信道设置为网络的最小编号。

网络层管理实体如果没有找到合适的信道，就会终止建网过程，并通过参数状态为 STARTUP_FAILURE 的 NLME_NETWORK_FORMATION. confirm 原语向应用层报告。

网络层管理实体如果找到合适的信道，就将为这个新网络选择一个 PAN 标识符 PANId。在选择 PANId 时，网络层管理实体将检测在 NLME_NETWORK_FORMATION. request 原

语中是否已经指定。如果选定的 PANId 值与存在的 PANId 值不产生冲突，这个值就会成为新网络的 PANId；如果选定的 PANId 值与存在的 PANId 值产生冲突，设备就将选择一个除广播 PAN 标识符(0xFFFF)之外，并在选择的信道中唯一的随机的 PANId。网络层管理实体通过 NLME_SET. request 原语将 PANId 写入 macPANId 属性。

网络层管理实体如果不能够选择出一个唯一的 PANId，就将终止程序，并通过通过参数状态为 STARTUP_FAILURE 的 NLME_NETWORK_FORMATION. confirm 原语向应用层报告。

网络层管理实体如果完成了 PANId 的选择，就为该 PAN 分配一个 16 位的网络地址，并写入 MAC 层的 macShortAddressPIB 属性。

网络层管理实体在选定了 PAN 网络地址后，就通过 MLME_START. request 原语开始运行新的个域网。MAC 层将运行结果通过 MLME_START. confirm 原语返回到网络层。

网络层管理实体在收到 MLME_START. confirm 原语后就通过 NLME_NETWORK_FORMATION. confirm 原语向应用层报告。

成功建立一个新网络的信息流程图如图 14.1 所示。

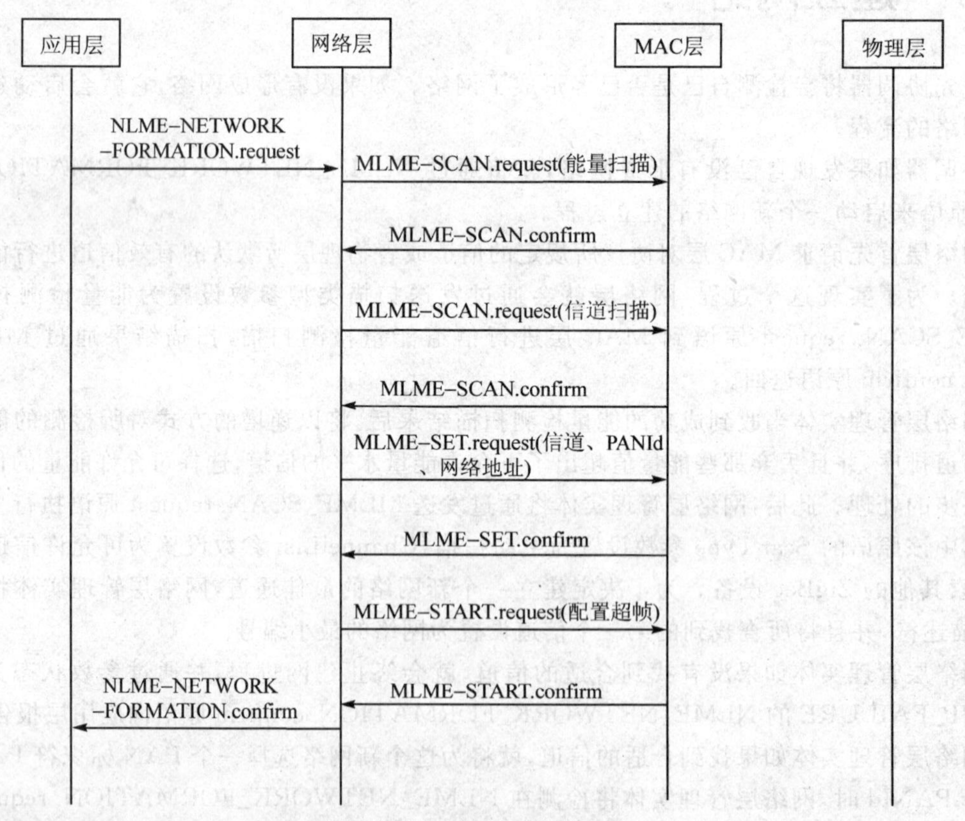

图 14.1　建立新网络流程图

14.2 连接网络

在协调器建立好了一个新的网络之后，为了实现通信，终端设备需要连接网络。在终端设备连接网络之前，需要检测其父设备是否允许子设备加入网络。

14.2.1 允许连接网络

协调器或者路由器通过 NLME_PERMIT_JOINING. request 原语来允许设备与网络连接。

如果 PermitDuration 参数为 0x00，网络层管理实体就会通过 NLME_SET. request 原语把 MAC 层中的 macAssociationPermitPIB 设为 FALSE，并启动允许设备与网络连接过程。

如果 PermitDuration 参数为 0x01 和 0xFE 或者这个值之间的值，网络层管理实体就把 MAC 层的 macAssociationPermitPIB 设为 TRUE，并启动一个定时器。该定时器用于对一个特定的持续时间进行计时，如达到该时间，定时器就停止。在定时器停止计时时，网络层管理实体就把 MAC 层的 macAssociationPermitPIB 设为 FALSE。

如果 PermitDuration 参数为 0xFF，网络层管理实体就把 MAC 层的 macAssociationPermitPIB 设为 TURE，表示在另一个 NLME_PERMIT_JOINING. request 原语执行之前不限定时间，如图 14.2 所示。

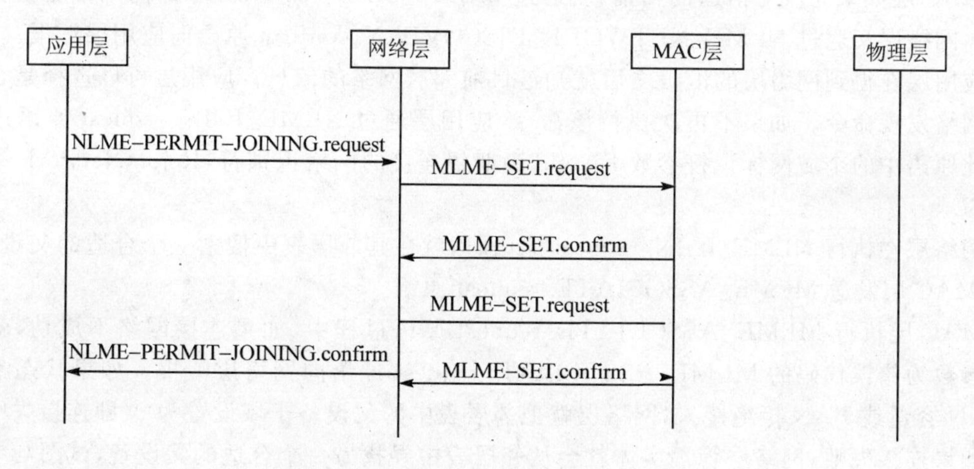

图 14.2 允许连接流程图

14.2.2 连接网络

要加入已经存在的网络的设备通常被称为子设备，已经建立了网络，并被要求加入其网络的设备通常被称为父设备。

一个子设备加入网络的方法有以下两种：子设备用 MAC 层连接原语来加入网络；子设备直接加入一个已经预先指定的父设备的网络。

1. 利用连接原语连接网络

由于加入网络这个过程涉及到父设备与子设备之间的相互联系，本节将子设备和父设备分开介绍。

(1) 子设备流程

一个没有同网络连接的子设备应用层通过带有扫描信道参数 ScanChannels、扫描持续时间 ScanDuration 等参数的 NLME_NETWORK_DISCOVERY. request 原语要求网络层请求 MAC 层执行一个主动扫描 MLME_SCAN. request。

子设备在扫描过程中，如果接收到有效长度不为 0 的信标时，就立即向其网络层发送 NLME_NETWORK_DISCOVERY. confirm 原语。网络层将检测信标载荷中的协议标识符域的值，验证是否与 ZigBee 协议识别符匹配。如果不匹配，网络层将会忽略该信标；如果匹配，网络层将从所接收到的信标中的相关信息复制到它的邻居表中。

MAC 层如果完成对信道的扫描，就通过 MLME_SCAN. confirm 原语向网络层报告扫描结果。网络层又通过 NLME_NETWORK_DISCOVERY. confirm 原语向应用层汇报。

应用层在得到网络层的汇报之后就知道目前邻居网络的信息。应用层可以选择是否再次执行网络发现命令。如果不再次执行该命令，应用层通过 NLME_JOIN. request 原语进行连接。此原语中的个域网标识符参数 PANId 为期望连接的网络识别符，RejoinNetwork 参数为 FALSE。

网络层在执行 NLME_JOIN. request 原语时，就在其邻居表中搜索一个合适的父设备，最后向 MAC 层发送 MLME_ASSOCIATE. request 原语。

MAC 层执行 MLME_ASSOCIATE. request 原语过程中，如果连接网络不成功，就会用状态参数为错误代码的 MLME_ASSOCIATE. request 原语向网络层汇报。如果状态参数表明 PAN 容量或 PAN 拒绝接入，网络层就把邻居表中的父设备子域设置为 0(即连接失败)。

如果连接失败，网络层管理实体就会从邻居表中寻找另一个合适的父设备，试图与寻找到的父设备的网络进行连接。如果还是没有连接成功，网络管理层就会再次从邻居表中寻找合适的父设备进行连接，直到成功地与选择的网络连接，或者已尝试所有的可能的网络。

如果设备不能成功地与应用层所指定的网络连接，网络管理层就通过带有状态参数为最

后接收到 MLME_ASSOCIATE. confirm 原语返回的值的 NLME_JOIN. confirm 原语向应用层报告 NLME_JOIN. request 原语的结果。

如果设备成功地与应用层指定的网络连接,网络层就会收到包括1个16位的逻辑地址的 MLME_ASSOCIATE. confirm 原语,设置相对应的邻居表的关系域(同时,父设备也会把子设备增加到它的邻居表中)。

其流程图如图14.3所示。

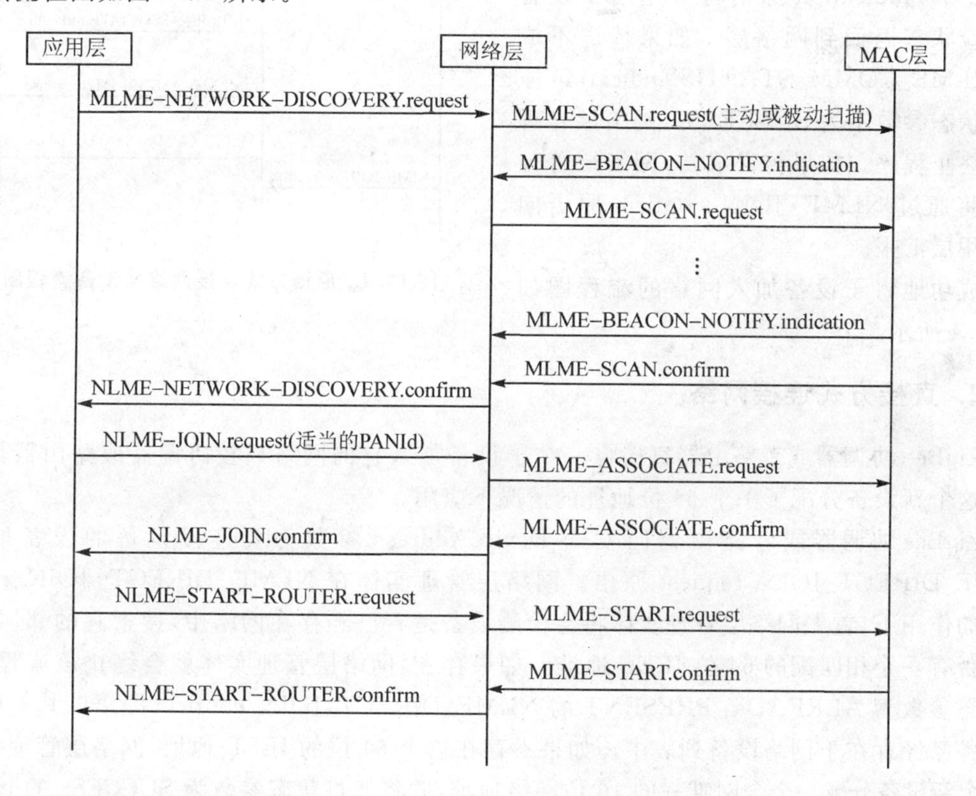

图14.3 原语方式连接网络子设备流程图

(2) 父设备流程

只有允许子设备连接的协调器或者路由器才能够与请求连接的子设备进行连接。

父设备的网络层在接收到来自 MAC 层的 MLME_ASSOCIATE. indication 后确定子设备是否能够与已经存在的网络进行连接。在这个过程中,网络层管理实体会搜索它的邻居表,确定是否能够找到一个相匹配的64位扩展地址。如果没有搜索到一个匹配的地址,网络层管理实体在可能的情况下将分配一个在此网络中唯一的16位网络地址给这个新设备,并向 MAC 层发送 MLME_ASSOCIATE. confirm 原语。如果搜索到一个相匹配的地址,网络层管理实体就会得到一个相应的16位网络地址,并向 MAC 层发送 MLME_ASSOCIATE. con-

firm 原语。网络层管理实体如果用尽了它的分配地址的空间，就向 MAC 层发送带有 PAN 能力的 MLME_ASSOCIATE. confirm 原语。

如果同意连接请求，父设备网络层管理实体就使用子设备所提供的信息在它的邻居表中为其创建一个新的入口，并随后向 MAC 层发送表明连接成功的 MLME_ASSOCIATE. confirm 原语。MAC 层通过 MLME_COMM_STATUS. indication 原语将传送给子设备的响应状态返回到网络层。如果传送不成功(MLME_COMM_STATUS. indication 原语的状态参数不为 SUCCESS)，网络层管理实体终止程序。如果传送成功，网络层管理实体将通过 NLME_JOIN. confirm 原语向其应用层汇报。

成功地将子设备加入网络的流程图如图 14. 4 所示。

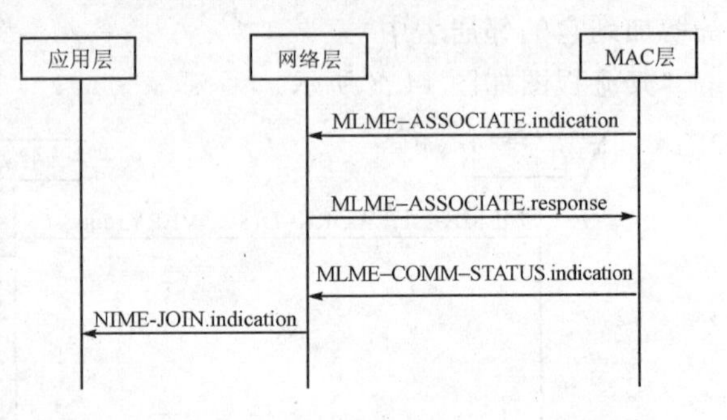

图 14. 4　原语方式连接网络父设备流程图

2. 直接方式连接网络

ZigBee 协调器或者路由器直接将一个子设备加入它的网络只在协调器或路由器预先已经为这个新设备分配了一个 64 位地址的情况下应用。

ZigBee 协调器或者路由器向发送 DeviceAddress 参数为要连接设备的设备地址的 NLME_DIRECT_JOIN. request 原语。网络层管理实体在 NLME_DIRECT_JOIN. request 原语的作用下，首先网络层管理实体将会检测设备是否已经存在网络中，搜索它的邻居表，确定是否有一个相匹配的 64 位 IEEE 地址。如果存在，网络层管理实体就会终止该流程，并通过状态参数为 ALREADY_PRESENT 的 NLME_DIRECT_JOIN. confirm 原语向其上层汇报该设备已经存在于网络设备列表中。如果不存在这个 64 位的 IEEE 地址，网络层管理实体就为这个新设备分配一个全网唯一的 16 位网络地址，并将通过状态参数为 SUCCESS 的 NLME_DIRECT_JOIN. confirm 原语向应用层汇报该设备已经连接入网络。

通过直接方式成功连接网络的流程图如图 14. 5 所示。

3. 孤点方式连接网络

一个已经直接与网络连接的或者一个以前已经同网络连接的，但后来却又与其父设备失去联系的设备将会通过孤点方式与网络再次建立连接。

(1) 子设备连接流程

子设备通过 RejoinNetwork 参数为 TRUE 的 NLME_JOIN. request 原语来启动孤点方式与网络连接。

首先，网络层通过 MLME_SCAN. request 原语开始对 PHY 层所规定的所有信道进行孤点扫描。如果扫描成功，网络层就通过状态参数为 SUCCESS 的 NLME_SCAN. confirm 原语向应用层报告，否则，网络层就通过状态参数为 NO_NETWORKS 的 NLME_SCAN. confirm 原语向应用层报告。

其流程图如图 14.6 所示。

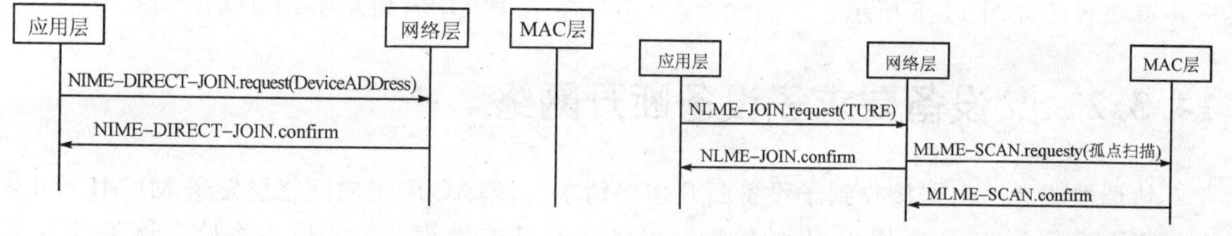

图 14.5　直接方式加入网络流程图　　　图 14.6　孤点方式连接网络子设备流程图

（2）父设备连接流程

设备收到来自于 MAC 层的 MLME_ORPHAN. indication 原语得知存在一个孤点设备。这时网络层管理实体需要判断该孤点设备是否是在自己的网络中，比较设备的扩展地址和在邻居表中的子设备地址。如果找到相匹配的地址（子设备），网络层管理实体就通过 MLME_ORPHAN. response 原语对其孤点进行响应，并通过 MLME_COMM_STATUS . indication 原语得到其传输状态。如果没有找到相匹配的地址，网络层管理实体就将在对 MAC 层的 MLME_ORPHAN. response 原语中指明在网络中不存在该子设备。

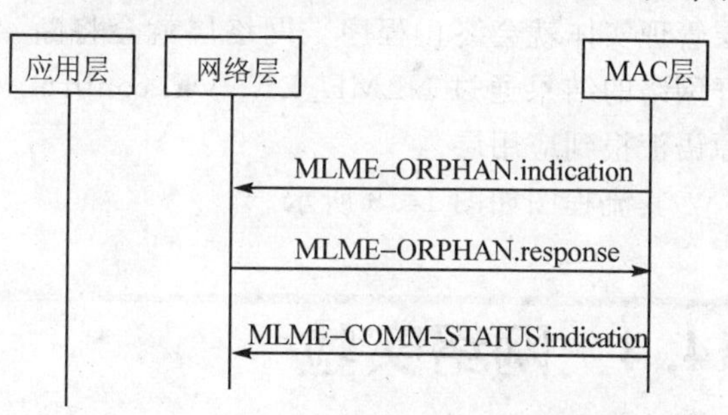

图 14.7　孤点方式连接网络父设备流程图

其流程图如图 14.7 所示。

14.3　断开网络

断开连接根据发起设备的不同主要可分为两种，即子设备发起断开请求和父设备发起断开请求。

14.3.1　子设备请求断开网络

子设备通过 DeviceAddress 参数为 NULL 的 NLME_LEAVE. request 原语开始启动断

开网络的流程。网络层管理实体向MAC层发送MLME_DISASSOCIATE. request原语，MAC层在执行原语后向网络层返回MLME_DISASSOCIATE. confirm原语。之后网络又向应用层汇报断开连接的状态。

其流程图如图14.8所示。

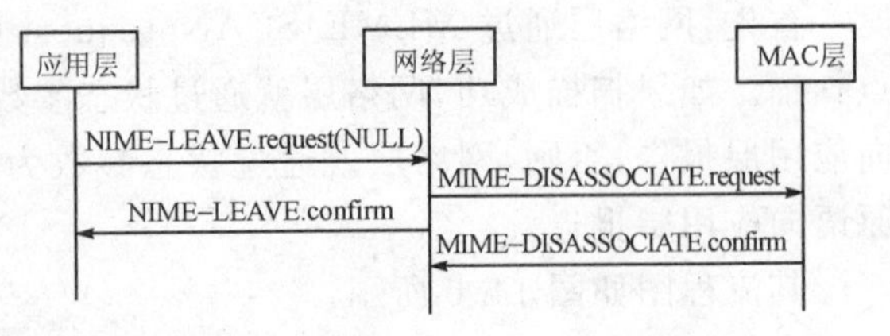

图14.8 断开网络子设备流程图

14.3.2 父设备要求子设备断开网络

协调器或者路由器接收到子设备断开连接请求后，MAC层将向网络层发送MLME_DISASSOCIATE. indication原语，开始执行父设备的断开连接程序。父设备将检查该子设备是否存在其网络中，网络层将搜索其邻居表，查找相匹配的64位扩展地址。如果找到相匹配的地址，网络管理层就会删除邻居表中的对应信息。如果未找到相匹配的地址，网络层管理实体就会终止程序。网络层就会将断开网络的结果通过NLME_LEAVE. confirm原语汇报到应用层。

其流程图如图14.9所示。

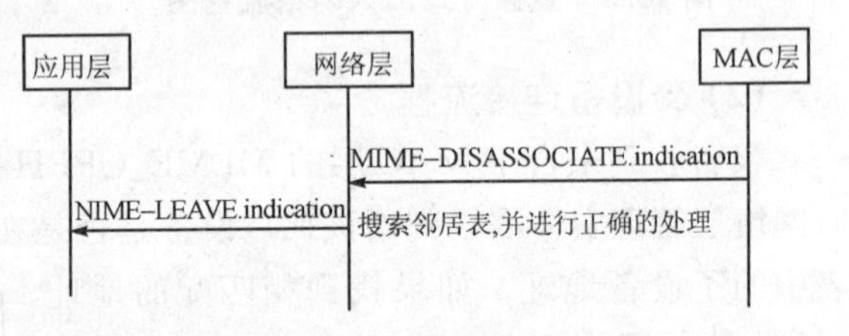

图14.9 断开网络父设备流程图

14.4 网络实验

本节将通过一个简单的ZigBee实验网络，介绍加入和断开的问题，其示意图如图14.10所示。本实验在成都无线龙通讯科技有限公司的ZigBee教学平台C51RF-3-JX上通过测试，因此本实验的显示结果也是基于C51RF-3-JX系统的。

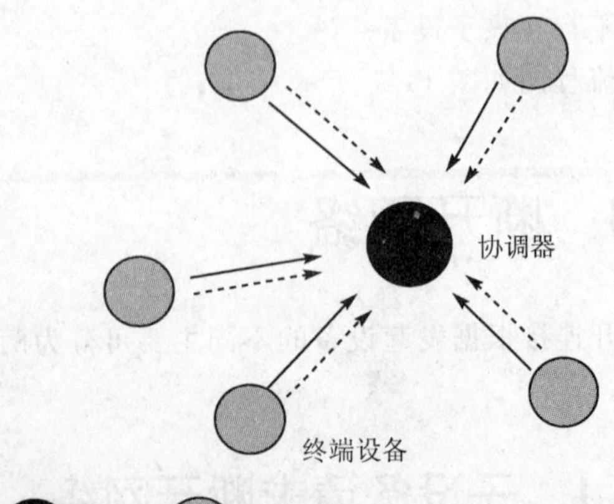

图14.10 加入、退出网络示意图

实验使用实验板作为协调器，移动扩展板作为终端设备。有关实验板以及移动扩展板的硬件功能介绍，请查阅第1章。

ZigBee协调器在设备初始化后就自动地建立网络，并允许设备加入网络。Zig-

Bee 终端设备在初始化后自动地检测网络，并加入网络。在按下 SW2 键后，子设备就断开网络，在串口调试程序窗口中会提示“Unhandled primitive.”。

协调器程序对应实验“\ZigBee 无线网络实验\第 14 章”中的 DemoCoordinator 文件夹下的工程项目，终端设备程序对应光盘“\ZigBee 无线网络实验\第 14 章”中的 DemoRFD 文件夹下的工程项目。

终端设备使用键盘来触发终端设备的断开网络过程，需要使用到键盘扫描函数 unsigned char KeyScan(void)，源程序如下：

```
//*****************************************************************
//函数名称：unsigned char KeyScan( void )
//输入：无
//输出：按键值
//*****************************************************************
unsigned char KeyScan( void )
{
    unsigned char key = 0;
    if (! KEY1)
    {
        while(! KEY1);
        key = 1;
    }
    if (! KEY2)
    {
        while(! KEY2);
        key = 2;
    }
    return key;
}
```

协调器的应用程序如程序清单 14.1 所示。

程序清单 14.1 如下：

```
#include "zAPL.h"
#include "console.h"
#pragma romdata CONFIG1H = 0x300001
const rom unsigned char config1H = 0b00000110;
#pragma romdata CONFIG2L = 0x300002
const rom unsigned char config2L = 0b00011111;
#pragma romdata CONFIG2H = 0x300003
```

```
const rom unsigned char config2H = 0b00010010;
#pragma romdata CONFIG3H = 0x300005
const rom unsigned char config3H = 0b10000000;
#pragma romdata CONFIG4L = 0x300006
const rom unsigned char config4L = 0b10000001;
#pragma romdata
static union
{
    struct
    {
        BYTE    bTryingToLeavedNetWork     : 1;
    } bits;
    BYTE Val;
} myStatusFlags;
void HardwareInit( void );
ZIGBEE_PRIMITIVE    currentPrimitive;
//****************************************************
//*************************主函数*************************
//****************************************************
void main(void)
{
    CLRWDT();
    ENABLE_WDT();
    currentPrimitive = NO_PRIMITIVE;
    ConsoleInit();
    ConsolePutROMString( (ROM char * )"**********************\r\n" );
    ConsolePutROMString( (ROM char * )"Microchip ZigBee(TM) Stack - v1.0 - 3.5\r\n" );
    ConsolePutROMString( (ROM char * )"ZigBee Coordinator\r\n" );
    ConsolePutROMString( (ROM char * )"Initializing the hardware\r\n" );
    HardwareInit();
    ConsolePutROMString( (ROM char * )"Initializing the ZigBee Stack\r\n" );
    ZigBeeInit();                        //ZigBee 初始化
    IPEN = 1;
    GIEH = 1;
    while (1)
    {
        CLRWDT();
```

```
ZigBeeTasks( &currentPrimitive );            //ZigBee 任务函数
switch (currentPrimitive)
{
    case NLME_NETWORK_FORMATION_confirm:
        if (! params.NLME_NETWORK_FORMATION_confirm.Status)
        {
            ZigBeeStatus.flags.bits.bNetworkFormed = 1;
            ConsolePutROMString( (ROM char * )"PAN " );
            PrintChar( macPIB.macPANId.byte.MSB );
            PrintChar( macPIB.macPANId.byte.LSB );
            ConsolePutROMString( (ROM char * )" started successfully.\r\n" );
            params.NLME_PERMIT_JOINING_request.PermitDuration = 0xFF;
            currentPrimitive = NLME_PERMIT_JOINING_request;
        }
        else
        {
            PrintChar( params.NLME_NETWORK_FORMATION_confirm.Status );
            ConsolePutROMString( (ROM char * )" Error forming network.  Trying again...\r\n" );
            currentPrimitive = NO_PRIMITIVE;
        }
        break;
    case NLME_PERMIT_JOINING_confirm:
        currentPrimitive = NO_PRIMITIVE;
        if (! params.NLME_PERMIT_JOINING_confirm.Status)  //允许终端设备加入请求成功
        {
            ConsolePutROMString( (ROM char * )"Joining permitted.\r\n" );
        }
        else
        {
            PrintChar( params.NLME_PERMIT_JOINING_confirm.Status );
            ConsolePutROMString( (ROM char * )" Join permission unsuccessful. We cannot al-
            low joins.\r\n" );
        }
        break;
    case NLME_JOIN_indication:                  //有节点加入
        currentPrimitive = NO_PRIMITIVE;
        ConsolePutROMString( (ROM char * )"Node " );
```

```
            PrintChar( params.NLME_JOIN_indication.ShortAddress.byte.MSB );
            PrintChar( params.NLME_JOIN_indication.ShortAddress.byte.LSB );
            ConsolePutROMString( (ROM char * )" just joined.\r\n" );      //节点 MAC 层地址
            PrintChar( params.NLME_JOIN_indication.ShortAddress.byte.MSB );
            PrintChar( params.NLME_JOIN_indication.ShortAddress.byte.LSB );
            ConsolePutROMString( (ROM char * )"'s MACAddress is " );
            PrintChar( params.NLME_JOIN_indication.ExtendedAddress.v[7] );
            PrintChar( params.NLME_JOIN_indication.ExtendedAddress.v[6] );
            PrintChar( params.NLME_JOIN_indication.ExtendedAddress.v[5] );
            PrintChar( params.NLME_JOIN_indication.ExtendedAddress.v[4] );
            PrintChar( params.NLME_JOIN_indication.ExtendedAddress.v[3] );
            PrintChar( params.NLME_JOIN_indication.ExtendedAddress.v[2] );
            PrintChar( params.NLME_JOIN_indication.ExtendedAddress.v[1] );
            PrintChar( params.NLME_JOIN_indication.ExtendedAddress.v[0] );
            ConsolePutROMString( (ROM char * )"\r\n" );
            break;
        case NLME_LEAVE_indication:
            if (! memcmppgm2ram( &params.NLME_LEAVE_indication.DeviceAddress, (ROM void * )
            &macLongAddr, 8 ))
            {
                ConsolePutROMString( (ROM char * )"We have left the network.\r\n" );
            }
            else
            {
                ConsolePutROMString( (ROM char * )"Another node has left the network.\r\n" );
            }
            currentPrimitive = NO_PRIMITIVE;
            break;
        case NLME_RESET_confirm:                        //ZigBee 重置确认
            ConsolePutROMString( (ROM char * )"ZigBee Stack has been reset.\r\n" );
            currentPrimitive = NO_PRIMITIVE;
            break;
        case NO_PRIMITIVE:
            if (! ZigBeeStatus.flags.bits.bNetworkFormed)   //ZigBee 没有形成网络
            {
                if (! ZigBeeStatus.flags.bits.bTryingToFormNetwork)
                {
```

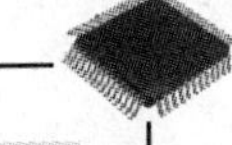


```
                    ConsolePutROMString( (ROM char * )"Trying to start network...\r\n" );
                    params.NLME_NETWORK_FORMATION_request.ScanDuration      = 8;
                    params.NLME_NETWORK_FORMATION_request.ScanChannels.Val = ALLOWED_CHAN-
                    NELS;
                    params.NLME_NETWORK_FORMATION_request.PANId.Val = 0xFFFF;
                    params.NLME_NETWORK_FORMATION_request.BeaconOrder = MAC_PIB_macBeaconOr-
                    der;
                    params.NLME_NETWORK_FORMATION_request.SuperframeOrder = MAC_PIB_macSuper-
                    frameOrder;
                    params.NLME_NETWORK_FORMATION_request.BatteryLifeExtension = MAC_PIB_mac-
                    BattLifeExt;
                    currentPrimitive = NLME_NETWORK_FORMATION_request;
                }
            }
            break;
        default:
            PrintChar( currentPrimitive );
            ConsolePutROMString( (ROM char * )" Unhandled primitive.\r\n" );
            currentPrimitive = NO_PRIMITIVE;
            break;
        }
    }
}
void HardwareInit(void)                         //硬件初始化
{
    SPIInit();
    PHY_CSn             = 1;
    PHY_VREG_EN         = 0;
    PHY_RESETn          = 1;
    PHY_FIFO_TRIS       = 1;
    PHY_SFD_TRIS        = 1;
    PHY_FIFOP_TRIS      = 1;
    PHY_CSn_TRIS        = 0;
    PHY_VREG_EN_TRIS    = 0;
    PHY_RESETn_TRIS     = 0;
    LATC3               = 1;
    LATC5               = 1;
```

```
    TRISC3          = 0;
    TRISC4          = 1;
    TRISC5          = 0;
    SSPSTAT = 0xC0;
    SSPCON1 = 0x20;
    ADCON1 = 0x0F;
    LATA = 0x01;
    TRISA = 0xE0;
    RBIF = 0;
    RBPU = 0;
    TRISB = 0xff;
}
```

协调器端结果如图 14.11 所示。

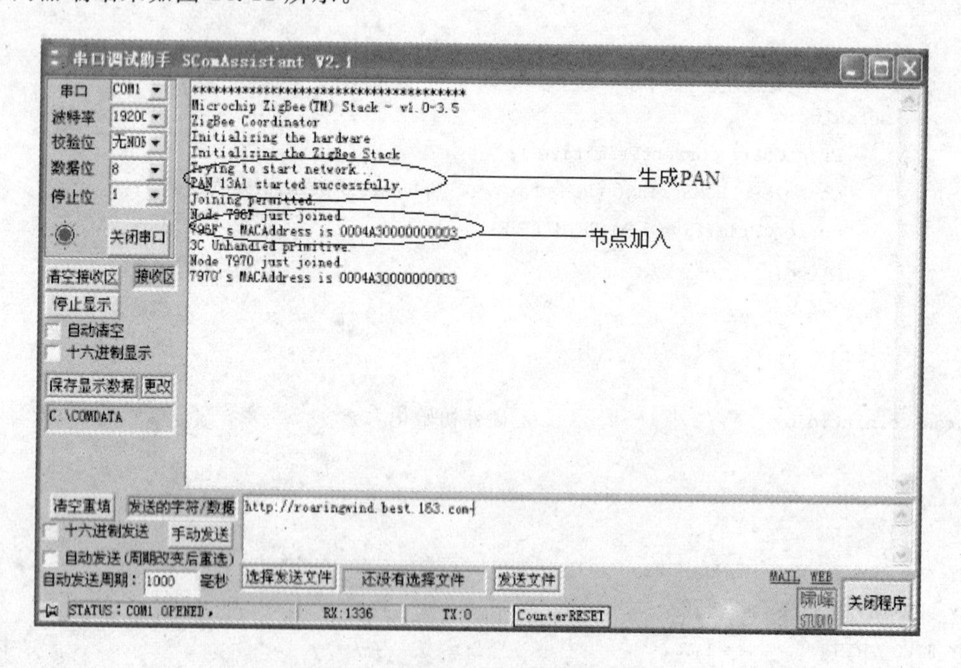

图 14.11 串口显示协调器端结果

终端设备程序流程图如图 14.12 所示。

终端设备的应用程序如程序清单 14.2 所示。

程序清单 14.2 如下：

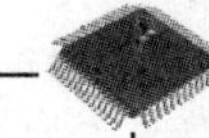

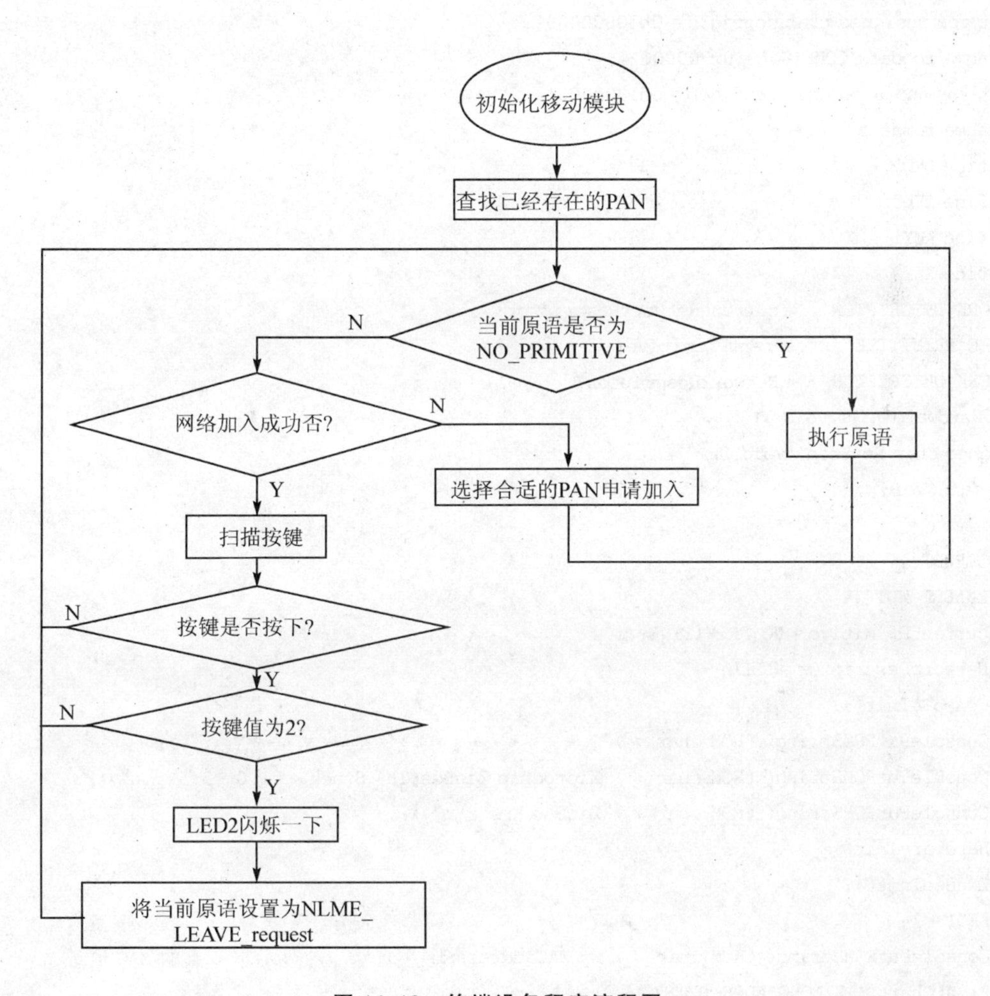

图 14.12　终端设备程序流程图

```
#include "zAPL.h"
#include "console.h"
#pragma romdata CONFIG1H = 0x300001
const rom unsigned char config1H = 0b00000110;
#pragma romdata CONFIG2L = 0x300002
const rom unsigned char config2L = 0b00011111;
#pragma romdata CONFIG2H = 0x300003
const rom unsigned char config2H = 0b00010010;
#pragma romdata CONFIG3H = 0x300005
```

```
const rom unsigned char config3H = 0b10000000;
#pragma romdata CONFIG4L = 0x300006
const rom unsigned char config4L = 0b10000001;
#pragma romdata
#define LED1                    RD6
#define LED2                    RD7
#define KEY1                    RD0
#define KEY2                    RD1
NETWORK_DESCRIPTOR    *currentNetworkDescriptor;
ZIGBEE_PRIMITIVE    currentPrimitive;
NETWORK_DESCRIPTOR    *NetworkDescriptor;
void HardwareInit( void );
unsigned char KeyScan( void );
void main(void)
{
    CLRWDT();
    ENABLE_WDT();
    currentPrimitive = NO_PRIMITIVE;
    NetworkDescriptor = NULL;
    ConsoleInit();
    ConsolePutROMString( (ROM char *)"*********************\r\n" );
    ConsolePutROMString( (ROM char *)"Microchip ZigBee(TM) Stack - v1.0 - 3.5\r\n" );
    ConsolePutROMString( (ROM char *)"ZigBee RFD\r\n" );
    HardwareInit();
    ZigBeeInit();
    LED1 = 1;
    ConsolePutROMString( (ROM char *)"My MACaddress is " );     //显示本节点的 MAC 地址
    PrintChar( MAC_LONG_ADDR_BYTE7 );
    PrintChar( MAC_LONG_ADDR_BYTE6 );
    PrintChar( MAC_LONG_ADDR_BYTE5 );
    PrintChar( MAC_LONG_ADDR_BYTE4 );
    PrintChar( MAC_LONG_ADDR_BYTE3 );
    PrintChar( MAC_LONG_ADDR_BYTE2 );
    PrintChar( MAC_LONG_ADDR_BYTE1 );
    PrintChar( MAC_LONG_ADDR_BYTE0 );
    ConsolePutROMString( (ROM char *)".\r\n" );
    IPEN = 1;
    RBIE = 1;
    GIEH = 1;
```

```
while (1)
{
    CLRWDT();
    ZigBeeTasks( &currentPrimitive );
    switch (currentPrimitive)
    {
        case NLME_NETWORK_DISCOVERY_confirm:
            currentPrimitive = NO_PRIMITIVE;
            if (! params.NLME_NETWORK_DISCOVERY_confirm.Status)
            {
                if (! params.NLME_NETWORK_DISCOVERY_confirm.NetworkCount)
                {
                    ConsolePutROMString( (ROM char * )"No networks found. Trying again...\r\n" );
                }
                else
                {
                    NetworkDescriptor = params.NLME_NETWORK_DISCOVERY_confirm.NetworkDe-
                    scriptor;
                    currentNetworkDescriptor = NetworkDescriptor;
                    params.NLME_JOIN_request.PANId = currentNetworkDescriptor -> PanID;
                    params.NLME_JOIN_request.JoinAsRouter = FALSE;
                    params.NLME_JOIN_request.RejoinNetwork    = FALSE;
                    params.NLME_JOIN_request.PowerSource      = NOT_MAINS_POWERED;
                    params.NLME_JOIN_request.RxOnWhenIdle = FALSE;
                    params.NLME_JOIN_request.MACSecurity      = FALSE;
                        ConsolePutROMString( (ROM char * )"Discoveried network count: " );
                        PrintChar( params.NLME_NETWORK_DISCOVERY_confirm.NetworkCount );
                        ConsolePutROMString( (ROM char * )"\r\n" );
                    ConsolePutROMString( (ROM char * )"Network(s) found. Trying to join " );
                    PrintChar( params.NLME_JOIN_request.PANId.byte.MSB );
                    PrintChar( params.NLME_JOIN_request.PANId.byte.LSB );
                    ConsolePutROMString( (ROM char * )"...\r\n" );
                        currentPrimitive = NLME_JOIN_request;
                }
            }
            else
            {
                PrintChar( params.NLME_NETWORK_DISCOVERY_confirm.Status );
                ConsolePutROMString( (ROM char * )" Error finding network. Trying again...\r\n" );
```

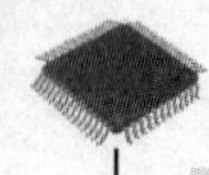


```
            }
            break;
        case NLME_JOIN_confirm:
            currentPrimitive = NO_PRIMITIVE;
            if (! params.NLME_JOIN_confirm.Status)
            {
                    ConsolePutROMString( (ROM char * )"Join successful " );
                    PrintChar( params.NLME_JOIN_confirm.PANId.byte.MSB );
                PrintChar( params.NLME_JOIN_confirm.PANId.byte.LSB );
                ConsolePutROMString( (ROM char * )"! \r\n" );
                if (NetworkDescriptor)
                {
                    free( NetworkDescriptor );
                }
            }
            else
            {
                PrintChar( params.NLME_JOIN_confirm.Status );
                ConsolePutROMString( (ROM char * )" Could not join. Trying again as new de-
                vice..." );
            }
            break;
        case NLME_LEAVE_indication:
            if (! memcmppgm2ram( &params.NLME_LEAVE_indication.DeviceAddress, (ROM void * )
            &macLongAddr, 8 ))
            {
                ConsolePutROMString( (ROM char * )"We have left the network.\r\n" );
            }
            else
            {
                ConsolePutROMString( (ROM char * )"Another node has left the network.\r\n" );
            }
            currentPrimitive = NO_PRIMITIVE;
            break;
        case NLME_LEAVE_confirm:
            currentPrimitive = NO_PRIMITIVE;
            switch(params.NLME_LEAVE_confirm.Status)
            {
                case NWK_SUCCESS:
```

```
                PrintChar( params.NLME_LEAVE_confirm.DeviceAddress.v[7] );
                PrintChar( params.NLME_LEAVE_confirm.DeviceAddress.v[6] );
                PrintChar( params.NLME_LEAVE_confirm.DeviceAddress.v[5] );
                PrintChar( params.NLME_LEAVE_confirm.DeviceAddress.v[4] );
                PrintChar( params.NLME_LEAVE_confirm.DeviceAddress.v[3] );
                PrintChar( params.NLME_LEAVE_confirm.DeviceAddress.v[2] );
                PrintChar( params.NLME_LEAVE_confirm.DeviceAddress.v[1] );
                PrintChar( params.NLME_LEAVE_confirm.DeviceAddress.v[0] );
                ConsolePutROMString( (ROM char * )" have left the network\r\n" );
                break;
            case NWK_UNKNOWN_DEVICE:
                ConsolePutROMString( (ROM char * )"Unknown device! \r\n " );
                break;
            case NWK_INVALID_REQUEST:
                ConsolePutROMString( (ROM char * )"Invalid request! \r\n " );
                break;
            case NWK_INVALID_PARAMETER:
                ConsolePutROMString( (ROM char * )"Invalid parameter! \r\n " );
                break;
            case NWK_LEAVE_UNCONFIRMED:
                ConsolePutROMString( (ROM char * )"Leave unconfiged! \r\n " );
                break;
        }
        break;
    case NLME_RESET_confirm:
        ConsolePutROMString( (ROM char * )"ZigBee Stack has been reset.\r\n" );
        currentPrimitive = NO_PRIMITIVE;
        break;
    case NLME_SYNC_confirm:
        currentPrimitive = NO_PRIMITIVE;
                switch (params.NLME_SYNC_confirm.Status)
        {
            case SUCCESS:
                ConsolePutROMString( (ROM char * )"No data available.\r\n" );
                break;
            case NWK_SYNC_FAILURE:
                ConsolePutROMString( (ROM char * )"I cannot communicate with my parent.\r\n" );
                break;
            case NWK_INVALID_PARAMETER:
```

```
                ConsolePutROMString( (ROM char * )"Invalid sync parameter.\r\n" );
                break;
            }
            break;
        case NO_PRIMITIVE:
            if (! ZigBeeStatus.flags.bits.bNetworkJoined)
            {
                if (! ZigBeeStatus.flags.bits.bTryingToJoinNetwork)
                {
                    if (ZigBeeStatus.flags.bits.bTryOrphanJoin)
                    {
                        ConsolePutROMString( (ROM char * )"Trying to join network as an orphan...\r\n" );
                        params.NLME_JOIN_request.ScanDuration          = 8;
                        params.NLME_JOIN_request.ScanChannels.Val      = ALLOWED_CHANNELS;
                        params.NLME_JOIN_request.JoinAsRouter          = FALSE;
                        params.NLME_JOIN_request.RejoinNetwork         = TRUE;
                        params.NLME_JOIN_request.PowerSource           = NOT_MAINS_POWERED;
                        params.NLME_JOIN_request.RxOnWhenIdle          = FALSE;
                        params.NLME_JOIN_request.MACSecurity           = FALSE;
                        currentPrimitive = NLME_JOIN_request;
                    }
                    else
                    { ConsolePutROMString( (ROM char * )"Trying to join network as a new device...\r\n" );
                        params.NLME_NETWORK_DISCOVERY_request.ScanDuration = 8;
                        params.NLME_NETWORK_DISCOVERY_request.ScanChannels.Val = ALLOWED_CHAN-
                        NELS;
                        currentPrimitive = NLME_NETWORK_DISCOVERY_request;
                    }
                }
            }
            else
                {   if(KeyScan() == 2)
                    {   LED2      = 1;           //LED2 灯亮
                        params.NLME_LEAVE_request.DeviceAddress.v[7] = MAC_LONG_ADDR_BYTE7;
                        params.NLME_LEAVE_request.DeviceAddress.v[6] = MAC_LONG_ADDR_BYTE6;
                        params.NLME_LEAVE_request.DeviceAddress.v[5] = MAC_LONG_ADDR_BYTE5;
                        params.NLME_LEAVE_request.DeviceAddress.v[4] = MAC_LONG_ADDR_BYTE4;
                        params.NLME_LEAVE_request.DeviceAddress.v[3] = MAC_LONG_ADDR_BYTE3;
                        params.NLME_LEAVE_request.DeviceAddress.v[2] = MAC_LONG_ADDR_BYTE2;
```

```
                    params.NLME_LEAVE_request.DeviceAddress.v[1] = MAC_LONG_ADDR_BYTE1;
                    params.NLME_LEAVE_request.DeviceAddress.v[0] = MAC_LONG_ADDR_BYTE0;
                    ConsolePutROMString( (ROM char * )"Leaving the network " );
                    PrintChar( macPIB.macPANId.byte.MSB );
                    PrintChar( macPIB.macPANId.byte.LSB );
                    ConsolePutROMString( (ROM char * )".\r\n" );
                    LED2                        = 0;
                    currentPrimitive = NLME_LEAVE_request;
                    break;
                }
            }
            break;
        default:
            PrintChar( currentPrimitive );
            ConsolePutROMString( (ROM char * )" Unhandled primitive.\r\n" );
            currentPrimitive = NO_PRIMITIVE;
            break;
        }
    }
}
void HardwareInit(void)                         //硬件初始化函数
{   SPIInit();
    PHY_CSn                 = 1;
    PHY_VREG_EN             = 0;
    PHY_RESETn              = 1;
    PHY_FIFO_TRIS           = 1;
    PHY_SFD_TRIS            = 1;
    PHY_FIFOP_TRIS          = 1;
    PHY_CSn_TRIS            = 0;
    PHY_VREG_EN_TRIS        = 0;
    PHY_RESETn_TRIS         = 0;
    LATC3                   = 1;
    LATC5                   = 1;
    TRISC3                  = 0;
    TRISC4                  = 1;
    TRISC5                  = 0;
    SSPSTAT = 0xC0;
    SSPCON1 = 0x20;
    ADCON1                  = 0x0F;
```

```
    TRISD      = 0x3F;           //RD0、RD1 为输入,RD6、RD7 为输出
    LATD = 0x00;
}
unsigned char KeyScan( void )     //终端设备键盘扫描函数
{    unsigned char key = 0;
    if (!KEY1)
    {    while(!KEY1);
         key = 1;
    }
    if (!KEY2)
    {    while(!KEY2);
         key = 2;
    }
    return key;
}
```

终端设备串口显示结果如图 14.13 所示。

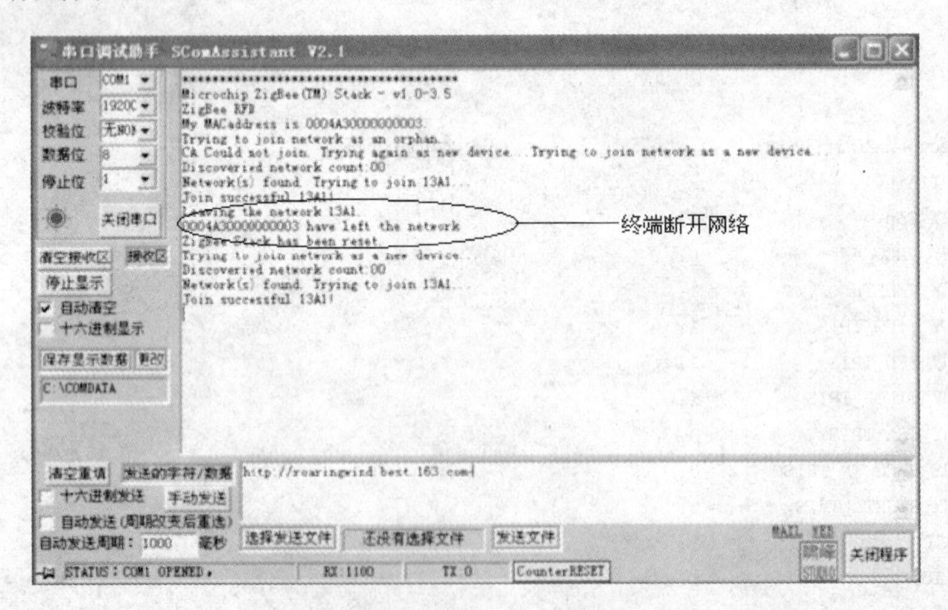

图 14.13　终端设备串口显示结果

第 15 章

ZigBee 网络拓扑介绍

本章将介绍基本的几种网络的概念和基本区别，以及怎样实现这些网络。

在 ZigBee 技术网络中，可同时存在两种不同类型的设备：一种是具有完整功能的设备(FFD)；一种是简化功能设备(RFD)。在网络中，FFD 通常有 3 个基本组成部分：PAN 主协调器、协调器、中断设备。一个 FFD 可以同时与多个 FFD 或多个 RFD 通信。而一个 RFD 只能和一个 FFD 进行通信。RFD 仅需要较小的资源和存储空间。

在 ZigBee 网络拓扑结构中，最基本的组成单元是设备。这个设备可以是一个 RFD，也可以是 FFD；在同一个物理信道的 POS(个人工作范围)通信范围内，两个或者两个以上的设备可构成一个无线个域网。但在一个网络中至少有一个 FFD 作为 PAN 主协调器。

15.1 ZigBee 技术体系结构

ZigBee 技术是一种可靠性高、功耗低的无限通信技术。在 ZigBee 网络拓扑结构中，其体系结构通常由层来量化它的各个简化标准。每一层负责完成所规定的任务，并向上层提供服务。各层之间的接口通过所定义的逻辑链路来提供服务。ZigBee 技术的体系结构主要由物理层(PHY)、媒体介入控制层(MAC)、网络/安全层以及应用框架层组成。其各层之间分布如图 15.1 所示。

在 ZigBee 技术中，PYH 层和 MAC 层采用 IEEE802.15.4 协议标准。

PHY 层提供了两种类型的服务：即通过物理层管理实体接口(PLME)和对 PHY 层数据和 PHY 层提供管理服务。PHY 层数据服务可以通过无线媒介进行数据包的发送和接收。该层的功能是启动和关闭无线收发器、检测能量、保证链路质量、选择信道、清除信道评估(CCA)，以及通过物理媒介进行数据包的发送和接收。

MAC 层也提供两种类型的服务：通过 MAC 层管理实体服务接入点(MLME_SAP)和对 MAC 层数据和 MAC 层管理提供服务。MAC 层数据服务可以通过 PHY 层数据服务发送和

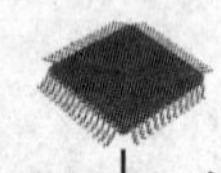

接收 MAC 层协议数据单元(MPDU)。该层功能是：信标管理、信道接入、时隙管理、发送确认帧、发送连接及断开连接请求。MAC 层还为应用层提供合适的安全机制。

ZigBee 技术的网络/安全层主要用于 ZigBee 的组网连接、数据管理以及网络安全等。

ZigBee 技术的应用框架层主要为 ZigBee 技术的实际应用提供一些应用框架模型等，以便对 ZigBee 技术的开发应用。在不同的应用场合，其开发应用框架不同。

在使用 ZigBee 协议组建一个网络时，需要根据实际情况来确定网络拓扑结构，因为网络拓扑结构将关系到网络成本、网络维护难易、网络的可靠性以及网络的稳定性。

根据应用的需求，ZigBee 技术网络有两种网络拓扑结构：星型拓扑结构和对等拓扑结构。

星型拓扑结构示意图如图 15.2 所示。

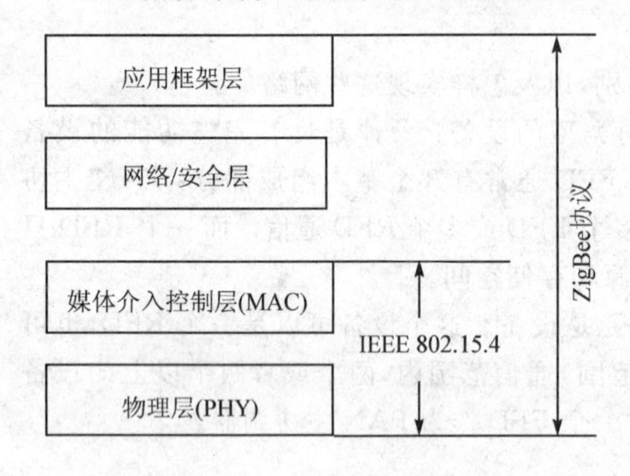

图 15.1 ZigBee 体系结构图

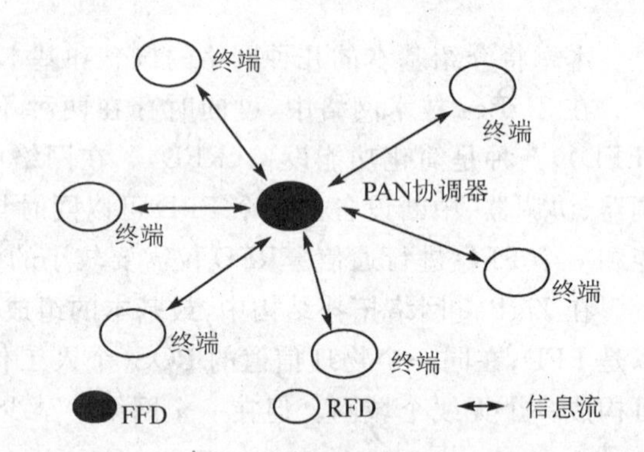

图 15.2 星型拓扑结构示意图

星型拓扑结构有一个叫做 PAN 主协调器的中央控制器和多个从设备组成。主协调器必须是一个具有完整功能的设备，从设备既可以是完整功能设备，也可以是简化功能设备。在实际应用中，通常应根据具体情况采用不同功能的设备，合理地构造通信网络。

在网络通信中，常将这些设备分为起始设备和终端设备。PAN 主协调器既可以作为起始设备、终端设备，也可以作为路由器，它是 PAN 网络的主要控制器。

在任何一个拓扑结构上，所有设备都有一个唯一的 64 位的长地址码。该地址码可以在 PAN 中用于直接通信或者在设备之间已经存在连接时，可以将其转换为 16 位的短地址码分配给 PAN 设备。在设备发起连接时，应采用 64 位的短地址码进行连接，只有在连接成功系统给 PAN 分配了标志符之后，才使用 16 位的短地址进行通信。因此，短地址是一个相对地址码，长地址码是一个绝对地址码。

这种星型拓扑结构通常使用在家庭自动化、PC 外围设备、玩具、游戏以及个人健康检查等方面得到应用。

对等拓扑结构(也称网状拓扑或树簇拓扑)示意图如图 15.3 所示。

在对等网络拓扑结构中，也存在一个 PAN 主设备。在该网络中的任何一个设备只要在

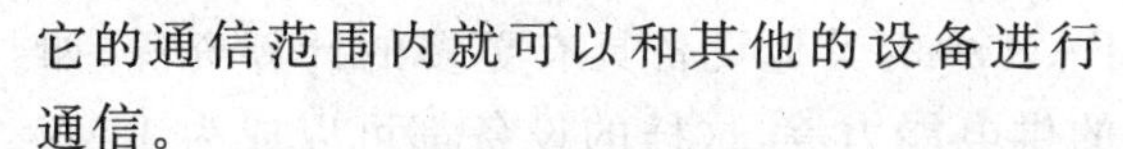

它的通信范围内就可以和其他的设备进行通信。

对等拓扑网络结构能够构成较为复杂的网络结构，例如在工业监测和控制、无线传感器网络、物资供应跟踪、农业智能化以及安全监控等领域有非常广泛的应用。

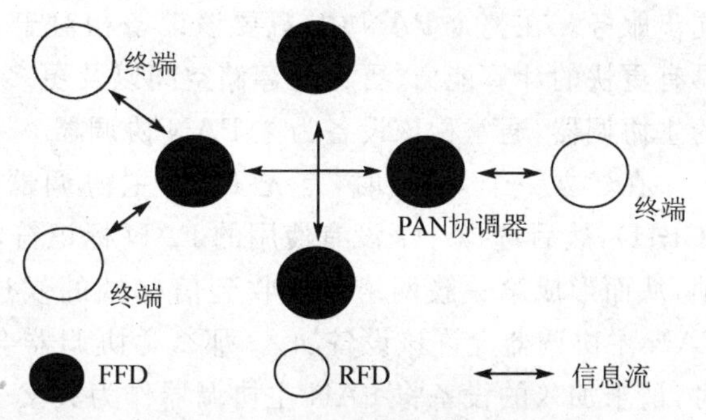

图 15.3　对等拓扑结构示意图

一个对等网络的路由协议可以是基于 Ad hoc 技术的，也可以是自组织的和自恢复的，且网络中各个设备之间发送消息时，可通过多个中间设备中继的传输方式进行传输，即通常称为多跳的传输方式，以增大网络的覆盖范围。在 ZigBee 网络层中没有给出组网的路由协议，这样为用户的使用提供了更为灵活的组网方式。无论是星型拓扑网络结构，还是对等拓扑网络结构，每个独立的 PAN 都有一个唯一的标志符，可采用 16 位的短地址码进行网络设备间的通信，并且可激活 PAN 网络设备之间的通信。

15.2　网络拓扑结构形成

15.2.1　星型网络拓扑结构的形成

当一个具有完整功能的设备第一次被激活后，它就会建立一个自己的网络，自身成为一个 PAN 主协调器。所有星型网络的操作独立于当前其他星型网络的操作。一旦选定了一个 PAN 标识符，PAN 主协调器就会允许其他设备加入到其网络中，无论是具有完整功能的设备，还是简化功能的设备都可以加入到这个网络中。

15.2.2　对等网络拓扑结构的形成

在对等网络中，每个设备都可以与在无线通信范围内的其他任何设备进行通信。任何一个设备都可定义协调器、主协调器，如可将信道中第一个通信的设备定义为主协调器。

树簇拓扑结构就是对等拓扑网络结构的一种应用形式。在对等网络中的设备可以是完整功能设备，也可以是简化功能设备。

在树簇拓扑结构中大部分设备为 FFD。RFD 由于每次只能与一个 FFD 通信，只能作为完整功能设备的叶节点。任何一个 FFD 都可以作为主协调器，并为其他从设备或主设备提供同步服务。在整个 PAN 中，只要该设备相对于 PAN 中的其他设备具有更多的计算资源，如具有更快的计算能力、更大的存储空间以及更多的供电能力等，这样的设备都可以成为 PAN 的主协调器，通常称该设备为主 PAN 协调器。

在建立一个 PAN 时，首先 PAN 主协调器将其自身设置为一个簇标识符为 0 的簇头(CLH)，然后选择一个没有使用的 PAN 标识符，并向邻近的其他设备以广播的方式发送信标帧，从而形成第一簇网络。接收到信标帧的候选设备可以在簇头中请求加入该网络。如果 PAN 主协调器允许该设备加入，那么主协调器会将该设备作为子节点加到它的邻近表中，同时，请求加入的设备将 PAN 主协调器作为其父节点加入到邻近表中，成为该网络的一个从设备。同样，其他的所有候选设备都按照同样的方式可请求加入到该网络中作为网络的从设备。如果原始的候选设备不能加入到该网络中，那么它将寻找其他的父节点。

最简单的树簇网络结构是只有一个簇的网络，但是多数网络结构由多个相邻的网络组成。一旦第一簇网络满足预定的应用或网络需求时，PAN 主协调器将会指定一个从设备为另一个簇新网络的簇头，使得该从设备成为另一个 PAN 的主协调器，随后其他的从设备将逐个加入，并形成一个多簇网络。

多簇网络结构的优点在于可以增加网络的覆盖范围，缺点是增加了传输信息的延迟时间。

有关网络拓扑的实验请参阅第 16 章～第 19 章的应用项目实验。

15.3　ZigBee 绑定实验

本节将介绍 ZigBee 无线网络中一个重要的设备绑定实验(如图 15.4 所示)。本实验所使用的是成都无线龙通信科技有限公司提供的 ZigBee 教学实验系统 C51RF-3-JX。详细介绍请参阅第 1 章介绍。

绑定是为了使两个设备之间能够直接通信而将两个设备联系起来的一种 ZigBee 应用。

把 C51RF-3-JX 系统配置实验中“\ZigBee 无线网络实验\第 15 章”目录下的程序使用 MPLAB IDE v7.60 集成开发环境打开，并分别下载至实验板和移动扩展板(详细操作过程请参阅第 2 章介绍)，按本章第 15.3.1 节介绍操作，实验结果显示如图 15.5 与图 15.6 所示。

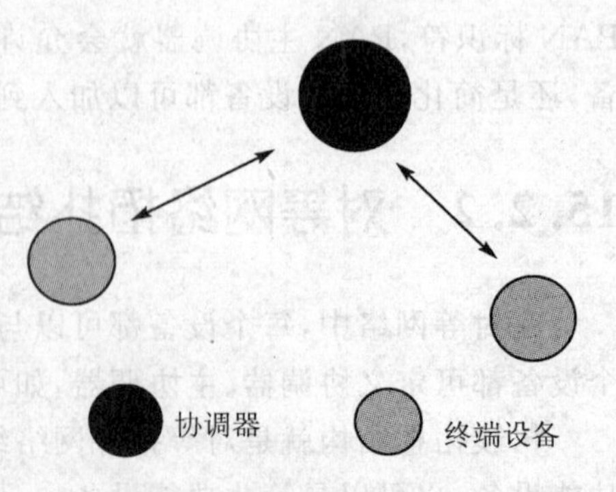

图 15.4　绑定实验示意图

在本章实验中使用 C51RF-3-JX 系统的实验板来当作协调器，移动扩展板当作终端节点来使用。

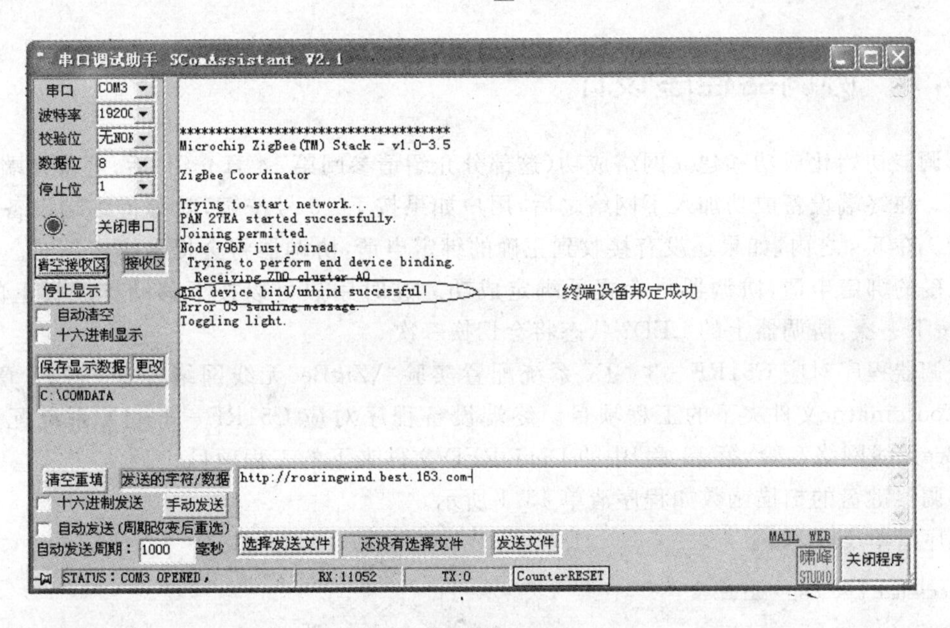

图 15.5 协调器实验结果图

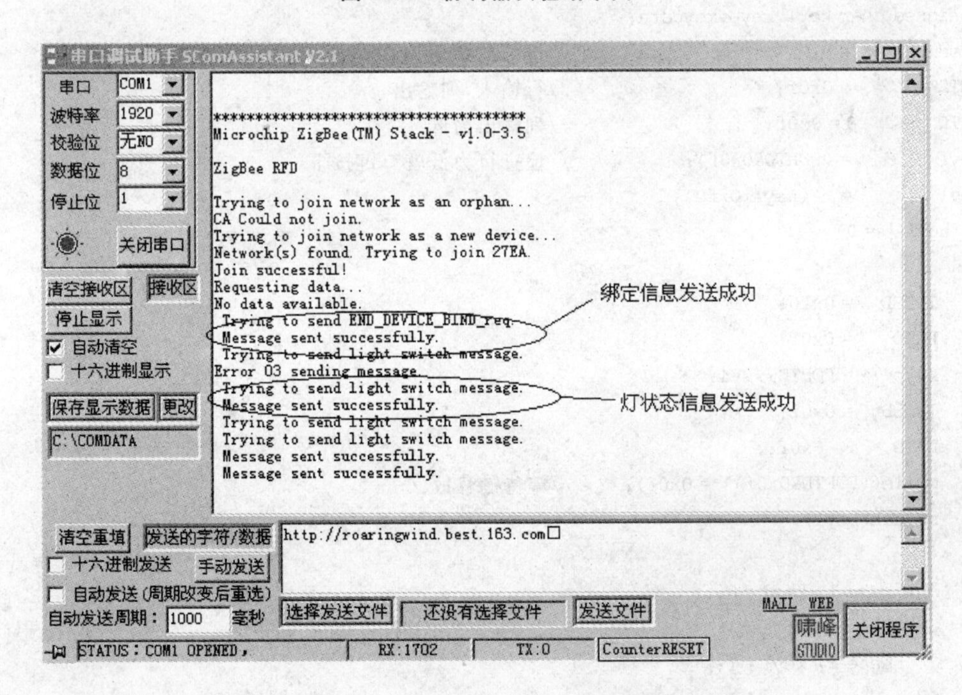

图 15.6 终端设备绑定实验结果图

15.3.1 协调器程序设计

协调器初始化成功和建立网络成功(这部分介绍请参阅第 14 章介绍)后，等待终端设备加入网络。在终端设备成功加入了网络之后，用户如果按下 16 号按键，就等待终端设备发出绑定申请。在 5 s 之内，如果还没有接收到正确的绑定申请，协调器将会提示绑定超时。如果接收到正确的绑定申请，协调器将会提示绑定成功。这时用户可以按下移动扩展板上的 SW3 键，每按下一次，协调器上的 LED2 状态将会切换一次。

协调器程序对应 C51RF－3－JX 系统配置实验"\ZigBee无线网络实验\第 15 章"中的 DemoCoordinator文件夹下的工程项目。终端设备程序对应 C51RF－3－JX 系统配置实验"\ZigBee无线网络实验\第 15 章"中的 DemoRFD 文件夹下的工程项目。

协调器键盘的扫描函数如程序清单 15.1 所示。

程序清单 15.1 如下：

```
unsigned char KeyScan (void)
{
    unsigned char keyl,keyp,keydata;
    keydata     = 0;                      //键值初始化为 0
    TRISD       = 0x0f;                   //行输入,列输出
    LATD       &= 0x0f;                   //列输出为低
    keyl        = (PORTD&0x0f);           //检查行为低就有键按下
    keyl        = ~(keyl|0xf0);
    if(keyl ! = 0)
    {
        TRISD  = 0xf0;
        LATD   = 0x0f;
        keyp   = PORTD >> 4;
        TRISD  = 0x0f;
        LATD  &= 0x0f;
        while((PORTD&0x0f)! = 0x0f);      //等待键释放
        switch(keyl)
        {
            case 1: keyl = 0;
                    break;
            case 2: keyl = 1;
                    break;
            case 4: keyl = 2;
                    break;
```

```
        case 8: keyl = 3;
                break;
        default: keyl = 0;
                break;
    }
    switch(keyp)
    {
        case 1: keyp = 0;
                break;
        case 2: keyp = 1;
                break;
        case 4: keyp = 2;
                break;
        case 8: keyp = 3;
                break;
        default: keyp = 0;
                break;
    }
    keydata = 4 * keyl + keyp + 1;
  }
  return(keydata);                              //返回键值
}
```

协调器程序流程图如图 15.7 所示，程序设计如程序清单 15.2 所示。

程序清单 15.2 如下：

```
#include "zAPL.h"
#include "console.h"
#pragma romdata CONFIG1H = 0x300001
const rom unsigned char config1H = 0b00000110;
#pragma romdata CONFIG2L = 0x300002
const rom unsigned char config2L = 0b00011111;
#pragma romdata CONFIG2H = 0x300003
const rom unsigned char config2H = 0b00010010;
#pragma romdata CONFIG3H = 0x300005
const rom unsigned char config3H = 0b10000000;
#pragma romdata CONFIG4L = 0x300006
const rom unsigned char config4L = 0b10000001;
#pragma romdata
```

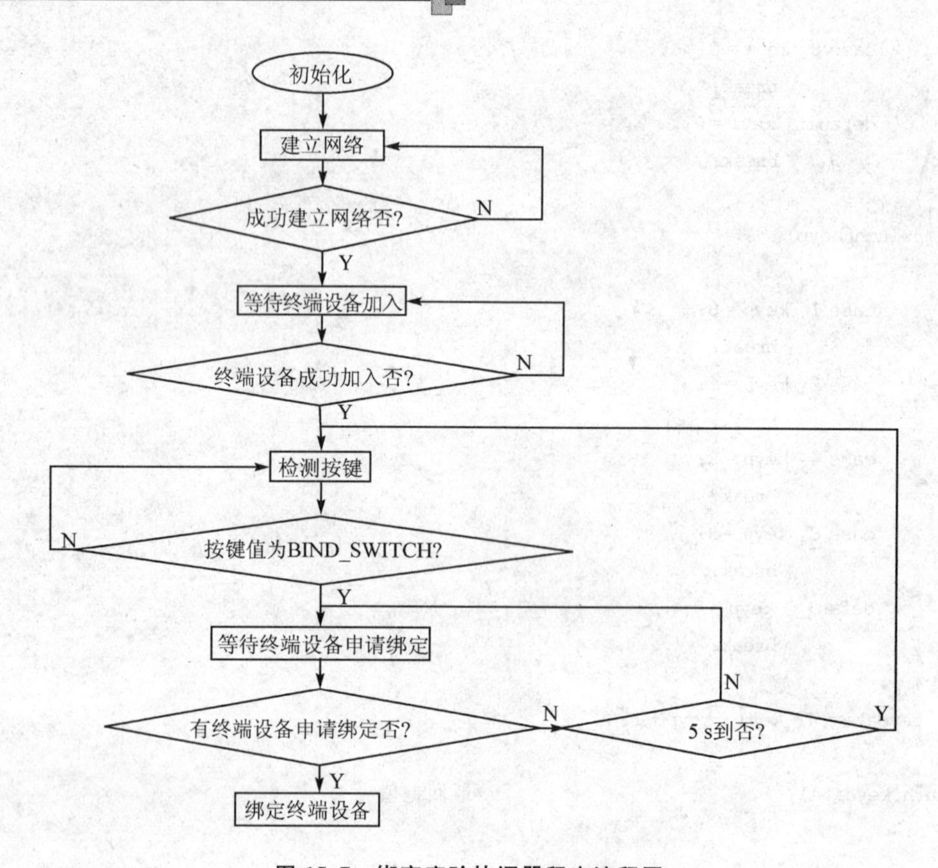

图15.7　绑定实验协调器程序流程图

```
#define BIND_SWITCH            16                 //定义绑定开关
#define LIGHT_SWITCH           15                 //定义灯开关
#define BIND_INDICATION        LATA3              //定义绑定指示灯
#define MESSAGE_INDICATION     LATA5              //定义信息指示灯
#define BIND_STATE_BOUND       0
#define BIND_STATE_TOGGLE      1
#define BIND_STATE_UNBOUND     1
#define BIND_WAIT_DURATION     (5 * ONE_SECOND)   //绑定持续时间
#define LIGHT_OFF              0x00               //定义灯状态
#define LIGHT_ON               0xFF
#define LIGHT_TOGGLE           0xF0
void HardwareInit( void );
unsigned char KeyScan(void);
ZIGBEE_PRIMITIVE    currentPrimitive;
SHORT_ADDR          destinationAddress;
```

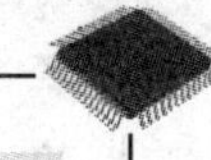


```
static union
{
    struct
    {
        BYTE    bBroadcastSwitchToggled     : 1;
        BYTE    bLightSwitchToggled         : 1;
        BYTE    bTryingToBind               : 1;
        BYTE    bIsBound                    : 1;
        BYTE    bDestinationAddressKnown    : 1;
    } bits;
    BYTE Val;
} myStatusFlags;
#define STATUS_FLAGS_INIT           0x00
#define TOGGLE_BOUND_FLAG           0x08
#define bBindSwitchToggled          bBroadcastSwitchToggled
void main(void)
{
    CLRWDT();
    ENABLE_WDT();
    currentPrimitive = NO_PRIMITIVE;
    ConsoleInit();
    ConsolePutROMString((ROMchar *)"\r\n\r\n\r\n****************\r\n" );
    ConsolePutROMString( (ROM char *)"Microchip ZigBee(TM) Stack - v1.0 - 3.5\r\n\r\n" );
    ConsolePutROMString( (ROM char *)"ZigBee Coordinator\r\n\r\n" );
    HardwareInit();
    ZigBeeInit();
    myStatusFlags.Val = STATUS_FLAGS_INIT;
    destinationAddress.Val = 0x796F;      //默认的分配给第一个终端设备的地址
    BIND_INDICATION = ! myStatusFlags.bits.bIsBound;
    LATA4 = 0;
    MESSAGE_INDICATION = 0;               //信息指示灯和绑定指示灯均熄灭
    BIND_INDICATION = 0;
    IPEN = 1;
    GIEH = 1;
    while (1)
    {
        CLRWDT();
        ZigBeeTasks( &currentPrimitive );
        switch (currentPrimitive)
```

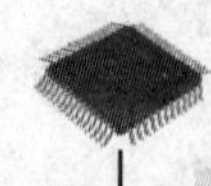


```
    {
        case NLME_NETWORK_FORMATION_confirm:
            if (! params.NLME_NETWORK_FORMATION_confirm.Status)
            {
                ConsolePutROMString( (ROM char * )"PAN " );
                PrintChar( macPIB.macPANId.byte.MSB );
                PrintChar( macPIB.macPANId.byte.LSB );
                ConsolePutROMString( (ROM char * )" started successfully.\r\n" );
                params.NLME_PERMIT_JOINING_request.PermitDuration = 0xFF;    //No Timeout
                currentPrimitive = NLME_PERMIT_JOINING_request;
            }
            else
            {
                PrintChar( params.NLME_NETWORK_FORMATION_confirm.Status );
                ConsolePutROMString( (ROM char * )" Error forming network.   Trying again...\r\
                n" );
                currentPrimitive = NO_PRIMITIVE;
            }
            break;
        case NLME_PERMIT_JOINING_confirm:
            if (! params.NLME_PERMIT_JOINING_confirm.Status)
            {
                ConsolePutROMString( (ROM char * )"Joining permitted.\r\n" );
                currentPrimitive = NO_PRIMITIVE;
            }
            else
            {
                PrintChar( params.NLME_PERMIT_JOINING_confirm.Status );
                ConsolePutROMString( (ROM char * )" Join permission unsuccessful. We cannot al-
                low joins.\r\n" );
                currentPrimitive = NO_PRIMITIVE;
            }
            break;
        case NLME_JOIN_indication:
            ConsolePutROMString( (ROM char * )"Node " );
            PrintChar( params.NLME_JOIN_indication.ShortAddress.byte.MSB );
            PrintChar( params.NLME_JOIN_indication.ShortAddress.byte.LSB );
            ConsolePutROMString( (ROM char * )" just joined.\r\n" );
            currentPrimitive = NO_PRIMITIVE;
```

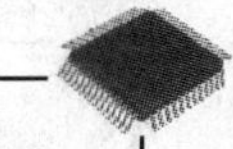


```
        break;
    case NLME_LEAVE_indication:
        if (! memcmppgm2ram( &params. NLME_LEAVE_ indication. DeviceAddress, (ROM void * )
        &macLongAddr, 8 ))
        {
            ConsolePutROMString( (ROM char * )"We have left the network.\r\n" );
        }
        else
        {
            ConsolePutROMString( (ROM char * )"Another node has left the network.\r\n" );
        }
        currentPrimitive = NO_PRIMITIVE;
        break;
    case NLME_RESET_confirm:
        ConsolePutROMString( (ROM char * )"ZigBee Stack has been reset.\r\n" );
        currentPrimitive = NO_PRIMITIVE;
        break;
    case APSDE_DATA_confirm:
        if (params.APSDE_DATA_confirm.Status)
        {
            ConsolePutROMString( (ROM char * )"Error " );
            PrintChar( params.APSDE_DATA_confirm.Status );
            ConsolePutROMString( (ROM char * )" sending message.\r\n" );
        }
        else
        {
            ConsolePutROMString( (ROM char * )" Message sent successfully.\r\n" );
        }
        currentPrimitive = NO_PRIMITIVE;
        break;
    case APSDE_DATA_indication:
        {
            WORD_VAL    attributeId;
            BYTE        command;
            BYTE        data;
            BYTE        dataLength;
            BYTE        frameHeader;
            BYTE        sequenceNumber;
            BYTE        transaction;
```

```
BYTE          transByte;
currentPrimitive = NO_PRIMITIVE;
frameHeader = APLGet();
switch (params.APSDE_DATA_indication.DstEndpoint)
{
    case EP_ZDO:
        ConsolePutROMString( (ROM char * )"  Receiving ZDO cluster " );
        PrintChar( params.APSDE_DATA_indication.ClusterId );
        ConsolePutROMString( (ROM char * )"\r\n" );
        if ((frameHeader & APL_FRAME_TYPE_MASK) == APL_FRAME_TYPE_MSG)
        {
            frameHeader &= APL_FRAME_COUNT_MASK;
            for (transaction = 0; transaction<frameHeader; transaction++)
            {
                sequenceNumber          = APLGet();
                dataLength              = APLGet();
                transByte               = 1;     //Account for status byte
                switch( params.APSDE_DATA_indication.ClusterId )
                {
                    case END_DEVICE_BIND_rsp:
                        switch( APLGet() )
                        {
                            case SUCCESS:
                                ConsolePutROMString( (ROM char * )"End de-
                                vice bind/unbind successful! \r\n" );
                                myStatusFlags.bits.bIsBound ^= 1;
                                BIND_INDICATION = ! myStatusFlags.bits.bIs-
                                Bound;
                                break;
                            case ZDO_NOT_SUPPORTED:
                                ConsolePutROMString( (ROM char * )"End de-
                                vice bind/unbind not supported.\r\n" );
                                break;
                            case END_DEVICE_BIND_TIMEOUT:
                                ConsolePutROMString( (ROM char * )"End de-
                                vice bind/unbind time out.\r\n" );
                                break;
                            case END_DEVICE_BIND_NO_MATCH:
```

```
                            ConsolePutROMString( (ROM char * )"End de-
                            vice bind/unbind failed - no match.\r\n" );
                            break;
                        default:
                            ConsolePutROMString( (ROM char * )"End de-
                            vice bind/unbind invalid response.\r\n" );
                            break;
                    }
                    myStatusFlags.bits.bTryingToBind = 0;
                    break;
                default:
                    break;
            }
            for (; transByte<dataLength; transByte ++ )
            {
                APLGet();
            }
        }
    }
    break;
case EP_LIGHT:
    if ((frameHeader & APL_FRAME_TYPE_MASK) == APL_FRAME_TYPE_KVP)
    {
        frameHeader &= APL_FRAME_COUNT_MASK;
        for (transaction = 0; transaction < frameHeader; transaction ++ )
        {
            sequenceNumber          = APLGet();
            command                 = APLGet();
            attributeId.byte.LSB    = APLGet();
            attributeId.byte.MSB    = APLGet();
            command &= APL_FRAME_COMMAND_MASK;
            if ((params.APSDE_DATA_indication.ClusterId == OnOffSRC_
            CLUSTER) &&
                (attributeId.Val == OnOffSRC_OnOff))
            {
                if ((command == APL_FRAME_COMMAND_SET) ||
                    (command == APL_FRAME_COMMAND_SETACK))
                {
```

```
                    TxBuffer[TxData++] = APL_FRAME_TYPE_KVP | 1;     //
                    KVP, 1 transaction
                    TxBuffer[TxData++] = sequenceNumber;
                    TxBuffer[TxData++] = APL_FRAME_COMMAND_SET_RES |
                    (APL_FRAME_DATA_TYPE_UINT8 << 4);
                    TxBuffer[TxData++] = attributeId.byte.LSB;
                    TxBuffer[TxData++] = attributeId.byte.MSB;
                    data = APLGet();
                    switch (data)
                    {
                        case LIGHT_OFF:
                            ConsolePutROMString( (ROM char * )"Turning
                            light off.\r\n" );
                            MESSAGE_INDICATION = 0;
                            TxBuffer[TxData++] = SUCCESS;
                            break;
                        case LIGHT_ON:
                            ConsolePutROMString( (ROM char * )"Turning
                            light on.\r\n" );
                            MESSAGE_INDICATION = 1;
                            TxBuffer[TxData++] = SUCCESS;
                            break;
                        case LIGHT_TOGGLE:
                            ConsolePutROMString( (ROM char * )"Toggling
                            light.\r\n" );
                            MESSAGE_INDICATION ^= 1;
                            TxBuffer[TxData++] = SUCCESS;
                            break;
                        default:
                            PrintChar( data );
                            ConsolePutROMString( (ROM char * )" Invalid
                            light message.\r\n" );
                            TxBuffer[TxData++] = KVP_INVALID_ATTRIBUTE
                            _DATA;
                            break;
                    }
                }
                if (command == APL_FRAME_COMMAND_SETACK)
                {
```

```
                                ZigBeeBlockTx();
                                params.APSDE_DATA_request.DstAddrMode = params.APSDE
                                _DATA_indication.SrcAddrMode;
                                params.APSDE_DATA_request.DstEndpoint = params.APSDE
                                _DATA_indication.SrcEndpoint;
                                params.APSDE_DATA_request.DstAddress.ShortAddr = pa-
                                rams.APSDE_DATA_indication.SrcAddress.ShortAddr;
                                params.APSDE_DATA_request.RadiusCounter = DEFAULT_
                                RADIUS;
                                params.APSDE_DATA_request.DiscoverRoute = ROUTE_DIS-
                                COVERY_ENABLE;
                                params.APSDE_DATA_request.TxOptions.Val = 0;
                                params.APSDE_DATA_request.SrcEndpoint = EP_LIGHT;
                                currentPrimitive = APSDE_DATA_request;
                            }
                            else
                            {
                                TxData = TX_DATA_START;
                            }
                        }
                    }
                }
                break;
            default:
                break;
        }
        APLDiscardRx();
    }
    break;
case NO_PRIMITIVE:
    if (! ZigBeeStatus.flags.bits.bNetworkFormed)
    {
        if (! ZigBeeStatus.flags.bits.bTryingToFormNetwork)
        {
            ConsolePutROMString( (ROM char * )"Trying to start network...\r\n" );
            params.NLME_NETWORK_FORMATION_request.ScanDuration          = 8;
            params.NLME_NETWORK_FORMATION_request.ScanChannels.Val      = ALLOWED_
            CHANNELS;
            params.NLME_NETWORK_FORMATION_request.PANId.Val    = 0xFFFF;
```

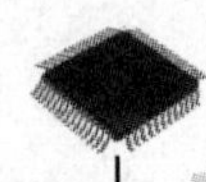


```
                params.NLME_NETWORK_FORMATION_request.BeaconOrder    = MAC_PIB_macBea-
                conOrder;
                params.NLME_NETWORK_FORMATION_request.SuperframeOrder          = MAC_PIB_
                macSuperframeOrder;
                params.NLME_NETWORK_FORMATION_request.BatteryLifeExtension    = MAC_PIB_
                macBattLifeExt;
                currentPrimitive = NLME_NETWORK_FORMATION_request;
            }
        }
        else
        {
                unsigned char datakey = 0;
                datakey = KeyScan();            //扫描键盘
            if (ZigBeeReady())
            {
                if (datakey == LIGHT_SWITCH)//判断按键是 LIGHT_SWITCH
                {
                    TxBuffer[TxData++] = APL_FRAME_TYPE_KVP | 1; //KVP, 1 transaction
                    TxBuffer[TxData++] = APLGetTransId();
                    TxBuffer[TxData++] = APL_FRAME_COMMAND_SET| (APL_FRAME_DATA_TYPE_
                    UINT8 << 4);
                    TxBuffer[TxData++] = OnOffSRC_OnOff & 0xFF;    //Attribute ID LSB
                    TxBuffer[TxData++] = (OnOffSRC_OnOff >> 8) & 0xFF;//Attribute ID MSB
                    TxBuffer[TxData++] = LIGHT_TOGGLE;
                    params.APSDE_DATA_request.DstAddrMode = APS_ADDRESS_NOT_PRESENT;
                    params.APSDE_DATA_request.ProfileId.Val = MY_PROFILE_ID;
                    params.APSDE_DATA_request.RadiusCounter = DEFAULT_RADIUS;
                    params.APSDE_DATA_request.DiscoverRoute = ROUTE_DISCOVERY_ENABLE;
                    params.APSDE_DATA_request.TxOptions.Val = 0;
                    params.APSDE_DATA_request.SrcEndpoint = EP_LIGHT;
                    params.APSDE_DATA_request.ClusterId = OnOffSRC_CLUSTER;
                    ConsolePutROMString( (ROM char * )" Trying to send light switch mes-
                    sage.\r\n" );
                    currentPrimitive = APSDE_DATA_request;
                }
                if (datakey == BIND_SWITCH)                //判断按键是 BIND_SWITCH
                {
                    if (myStatusFlags.bits.bTryingToBind)
                    {
```

```
        ConsolePutROMString( (ROM char * )" End Device Binding already in
        progress.\r\n" );
    }
    else
    {
        myStatusFlags.bits.bTryingToBind = 1;
        ConsolePutROMString( (ROM char * )" Trying to perform end device
        binding.\r\n" );
        currentPrimitive = ZDO_END_DEVICE_BIND_req;
        params.ZDO_END_DEVICE_BIND_req.ProfileID.Val = MY_PROFILE_ID;
        params.ZDO_END_DEVICE_BIND_req.NumInClusters = 1;
        if ((params.ZDO_END_DEVICE_BIND_req.InClusterList = SRAMalloc(1))
        ! = NULL)
        {
            * params.ZDO_END_DEVICE_BIND_req.InClusterList = OnOffSRC_
            CLUSTER;
        }
        else
        {
            myStatusFlags.bits.bTryingToBind = 0;
            ConsolePutROMString( (ROM char * )" Could not send down ZDO_
            END_DEVICE_BIND_req.\r\n" );
            currentPrimitive = NO_PRIMITIVE;
        }
        params.ZDO_END_DEVICE_BIND_req.NumOutClusters = 1;
        if ((params.ZDO_END_DEVICE_BIND_req.OutClusterList = SRAMalloc
        (1)) ! = NULL)
        {
            * params.ZDO_END_DEVICE_BIND_req.OutClusterList = OnOffSRC_
            CLUSTER;
        }
        else
        {
            myStatusFlags.bits.bTryingToBind = 0;
            ConsolePutROMString( (ROM char * )" Could not send down ZDO_END
            _DEVICE_BIND_req.\r\n" );
            currentPrimitive = NO_PRIMITIVE;
        }
        params.ZDO_END_DEVICE_BIND_req.LocalCoordinator = macPIB.macShor-
        tAddress;
```

```
                                params.ZDO_END_DEVICE_BIND_req.endpoint = EP_LIGHT;
                            }
                        }
                    }
                }
                break;
            default:
                PrintChar( currentPrimitive );
                ConsolePutROMString( (ROM char * )" Unhandled primitive.\r\n" );
                currentPrimitive = NO_PRIMITIVE;
                break;
        }
    }
}
void HardwareInit(void)
{
    SPIInit();
    PHY_CSn             = 1;
    PHY_VREG_EN         = 0;
    PHY_RESETn          = 1;
    PHY_FIFO_TRIS       = 1;
    PHY_SFD_TRIS        = 1;
    PHY_FIFOP_TRIS      = 1;
    PHY_CSn_TRIS        = 0;
    PHY_VREG_EN_TRIS        = 0;
    PHY_RESETn_TRIS         = 0;
    LATC3                   = 1;
    LATC5                   = 1;
    TRISC3                  = 0;
    TRISC4                  = 1;
    TRISC5                  = 0;
    SSPSTAT = 0xC0;
    SSPCON1 = 0x20;
    ADCON1 = 0x0F;
    TRISA                  = 0xC3;     //RA0、RA1 模拟输入,RA2～RA5 为输出
}
unsigned char KeyScan(void)
{
    unsigned char keyl,keyp,keydata;
    keydata     = 0;                   //键值初始化为 0
    TRISD       = 0x0f;                //行输入,列输出
```

```
LATD        &= 0x0f;                    //列输出为低
keyl        = (PORTD&0x0f);             //检查行为低就有键按下
keyl        = ~(keyl|0xf0);
if(keyl != 0)
{
    TRISD   = 0xf0;
    LATD    = 0x0f;
    keyp    = PORTD >> 4;
    TRISD   = 0x0f;
    LATD   &= 0x0f;
    while((PORTD&0x0f) != 0x0f); //等待键释放
    switch(keyl)
    {
        case 1: keyl = 0;
                break;
        case 2: keyl = 1;
                break;
        case 4: keyl = 2;
                break;
        case 8: keyl = 3;
                break;
        default: keyl = 0;
                break;
    }
    switch(keyp)
    {
        case 1: keyp = 0;
                break;
        case 2: keyp = 1;
                break;
        case 4: keyp = 2;
                break;
        case 8: keyp = 3;
                break;
        default: keyp = 0;
                break;
    }
    keydata = 4 * keyl + keyp + 1;
}
return(keydata);                            //返回键值
}
```

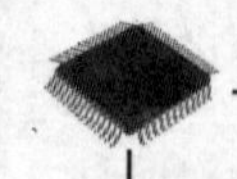

15.3.2 终端设备程序设计

终端设备的运行过程是：初始化完成之后，检测是否已经存在的PAN。如果有多个PAN存在，则从中选择一个PAN加入并检测按键。如果按下SW2键，则设备将申请绑定，按下SW3键后，则设备发送灯的开关信息。

其程序流程图如图15.8所示，程序设计如程序清单15.3所示。

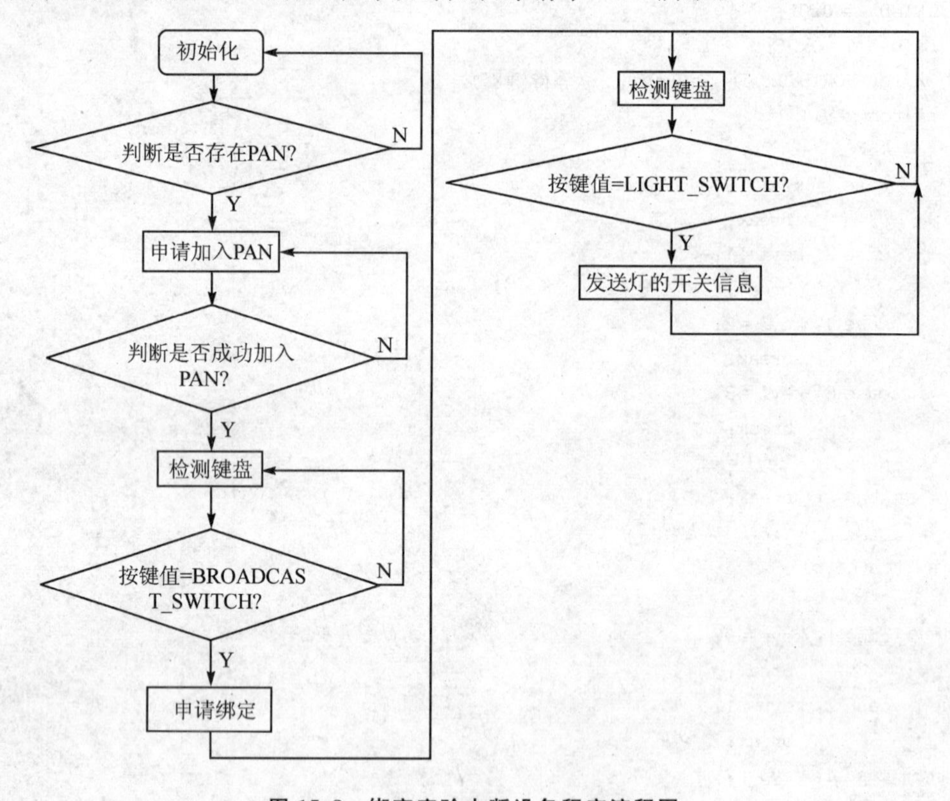

图15.8 绑定实验中断设备程序流程图

程序清单15.3如下：

```
#include "zAPL.h"
#include "console.h"
#pragma romdata CONFIG1H = 0x300001
const rom unsigned char config1H = 0b00000110;
#pragma romdata CONFIG2L = 0x300002
const rom unsigned char config2L = 0b00011111;
```

```
#pragma romdata CONFIG2H = 0x300003
const rom unsigned char config2H = 0b00010010;
#pragma romdata CONFIG3H = 0x300005
const rom unsigned char config3H = 0b10000000;
#pragma romdata CONFIG4L = 0x300006
const rom unsigned char config4L = 0b10000001;
#pragma romdata
#define BROADCAST_SWITCH              1
#define LIGHT_SWITCH                  2
#define KEY1                          RD0
#define KEY2                          RD1
#define MESSAGE_INDICATION            LATD6
#define BIND_INDICATION               LATD7
#define BIND_STATE_BOUND              0
#define BIND_STATE_TOGGLE             1
#define BIND_STATE_UNBOUND            1
#define BIND_WAIT_DURATION            (6 * ONE_SECOND)
#define LIGHT_OFF                     0x00
#define LIGHT_ON                      0xFF
#define LIGHT_TOGGLE                  0xF0
static union
{
    struct
    {
        BYTE    bBroadcastSwitchToggled     : 1;
        BYTE    bLightSwitchToggled         : 1;
        BYTE    bTryingToBind               : 1;
        BYTE    bIsBound                    : 1;
        BYTE    bDestinationAddressKnown    : 1;
    } bits;
    BYTE Val;
} myStatusFlags;
#define STATUS_FLAGS_INIT         0x00
#define TOGGLE_BOUND_FLAG         0x08
NETWORK_DESCRIPTOR    * currentNetworkDescriptor;
ZIGBEE_PRIMITIVE      currentPrimitive;
SHORT_ADDR            destinationAddress;
NETWORK_DESCRIPTOR    * NetworkDescriptor;
void HardwareInit( void );
```

```
unsigned char KeyScan( void );
BOOL myProcessesAreDone( void );
void main(void)
{
    CLRWDT();
    ENABLE_WDT();
    currentPrimitive = NO_PRIMITIVE;
    NetworkDescriptor = NULL;
    ConsoleInit();
    ConsolePutROMString((ROMchar * )"\r\n\r\n\r\n****************\r\n" );
    ConsolePutROMString( (ROM char * )"Microchip ZigBee(TM) Stack - v1.0-3.5\r\n\r\n" );
    ConsolePutROMString( (ROM char * )"ZigBee RFD\r\n\r\n" );
    HardwareInit();
    ZigBeeInit();
    myStatusFlags.Val = STATUS_FLAGS_INIT;
    destinationAddress.Val = 0x0000;
    BIND_INDICATION = ! myStatusFlags.bits.bIsBound;
    MESSAGE_INDICATION = 0;
    BIND_INDICATION = 0;
    RBIE = 1;
    IPEN = 1;
    GIEH = 1;
    while (1)
    {
        CLRWDT();
        ZigBeeTasks( &currentPrimitive );
        switch (currentPrimitive)
        {
            case NLME_NETWORK_DISCOVERY_confirm:
                currentPrimitive = NO_PRIMITIVE;
                if (! params.NLME_NETWORK_DISCOVERY_confirm.Status)
                {
                    if (! params.NLME_NETWORK_DISCOVERY_confirm.NetworkCount)
                    {
                        ConsolePutROMString( (ROM char * )"No networks found.   Trying again...\r
                        \n" );
                    }
                    else
                    {
```

```
            NetworkDescriptor = params. NLME _ NETWORK _ DISCOVERY _ confirm. NetworkDe-
            scriptor;
            currentNetworkDescriptor = NetworkDescriptor;
            params.NLME_JOIN_request.PANId    = currentNetworkDescriptor -> PanID;
            ConsolePutROMString( (ROM char * )"Network(s) found. Trying to join ");
            PrintChar( params.NLME_JOIN_request.PANId.byte.MSB );
            PrintChar( params.NLME_JOIN_request.PANId.byte.LSB );
            ConsolePutROMString( (ROM char * )".\r\n" );
            params.NLME_JOIN_request.JoinAsRouter = FALSE;
            params.NLME_JOIN_request.RejoinNetwork    = FALSE;
            params.NLME_JOIN_request.PowerSource      = NOT_MAINS_POWERED;
            params.NLME_JOIN_request.RxOnWhenIdle = FALSE;
            params.NLME_JOIN_request.MACSecurity      = FALSE;
            currentPrimitive = NLME_JOIN_request;
        }
    }
    else
    {
        PrintChar( params.NLME_NETWORK_DISCOVERY_confirm.Status );
        ConsolePutROMString( (ROM char * )" Error finding network.  Trying again...\
        r\n" );
    }
    break;
case NLME_JOIN_confirm:
    if (! params.NLME_JOIN_confirm.Status)
    {
        ConsolePutROMString( (ROM char * )"Join successful! \r\n" );
        if (NetworkDescriptor)
        {
            free( NetworkDescriptor );
        }
        currentPrimitive = NO_PRIMITIVE;
    }
    else
    {
        PrintChar( params.NLME_JOIN_confirm.Status );
        ConsolePutROMString( (ROM char * )" Could not join.\r\n" );
        currentPrimitive = NO_PRIMITIVE;
    }
```

```
            break;
        case NLME_LEAVE_indication:
            if (! memcmppgm2ram( &params.NLME_LEAVE_indication.DeviceAddress, (ROM void * )
            &macLongAddr, 8 ))
            {
                ConsolePutROMString( (ROM char * )"We have left the network.\r\n" );
            }
            else
            {
                ConsolePutROMString( (ROM char * )"Another node has left the network.\r\n" );
            }
            currentPrimitive = NO_PRIMITIVE;
            break;
        case NLME_RESET_confirm:
            ConsolePutROMString( (ROM char * )"ZigBee Stack has been reset.\r\n" );
            currentPrimitive = NO_PRIMITIVE;
            break;
        case NLME_SYNC_confirm:
            switch (params.NLME_SYNC_confirm.Status)
            {
                case SUCCESS:
                    ConsolePutROMString( (ROM char * )"No data available.\r\n" );
                    break;
                case NWK_SYNC_FAILURE:
                    ConsolePutROMString( (ROM char * )"I cannot communicate with my parent.\r
                    \n" );
                    break;
                case NWK_INVALID_PARAMETER:
                    ConsolePutROMString( (ROM char * )"Invalid sync parameter.\r\n" );
                    break;
            }
            currentPrimitive = NO_PRIMITIVE;
            break;
        case APSDE_DATA_indication:
            {
                WORD_VAL    attributeId;
                BYTE        command;
                BYTE        data;
                BYTE        dataLength;
```

```
BYTE        frameHeader;
BYTE        sequenceNumber;
BYTE        transaction;
BYTE        transByte;
currentPrimitive = NO_PRIMITIVE;
frameHeader = APLGet();
switch (params.APSDE_DATA_indication.DstEndpoint)
{
    case EP_ZDO:
        ConsolePutROMString( (ROM char * )"  Receiving ZDO cluster " );
        PrintChar( params.APSDE_DATA_indication.ClusterId );
        ConsolePutROMString( (ROM char * )"\r\n" );
        if ((frameHeader & APL_FRAME_TYPE_MASK) == APL_FRAME_TYPE_MSG)
        {
            frameHeader &= APL_FRAME_COUNT_MASK;
            for (transaction = 0; transaction<frameHeader; transaction++)
            {
                sequenceNumber        = APLGet();
                dataLength            = APLGet();
                transByte             = 1;  //Account for status byte
                switch( params.APSDE_DATA_indication.ClusterId )
                {
                    case NWK_ADDR_rsp:
                        if (APLGet() == SUCCESS)
                        {
                            ConsolePutROMString( (ROM char * )"  Receiv-
                            ing NWK_ADDR_rsp.\r\n" );
                            for (data = 0; data<8; data++)
                            {
                                APLGet();
                                transByte++;
                            }
                            destinationAddress.byte.LSB = APLGet();
                            destinationAddress.byte.MSB = APLGet();
                            transByte += 2;
                            myStatusFlags.bits.bDestinationAddressKnown = 1;
                        }
                        break;
                   case END_DEVICE_BIND_rsp:
```

```
                    switch( APLGet() )
                    {
                        case SUCCESS:
                            ConsolePutROMString( (ROM char * )" End
                            device bind/unbind successful! \r\n" );
                            myStatusFlags. bits. bIsBound ^ = TOGGLE _
                            BOUND_FLAG;
                            BIND _ INDICATION = ! myStatusFlags. bits.
                            bIsBound;
                            break;
                        case ZDO_NOT_SUPPORTED:
                            ConsolePutROMString( (ROM char * )" End
                            device bind/unbind not supported.\r\n" );
                            break;
                        case END_DEVICE_BIND_TIMEOUT:
                            ConsolePutROMString( (ROM char * )" End
                            device bind/unbind time out.\r\n" );
                            break;
                        case END_DEVICE_BIND_NO_MATCH:
                            ConsolePutROMString( (ROM char * )" End
                            device bind/unbind failed - no match.\r\n"
                            );
                            break;
                        default:
                            ConsolePutROMString( (ROM char * )" End
                            device bind/unbind invalid response.\r\n"
                            );
                            break;
                    }
                    myStatusFlags.bits.bTryingToBind = 0;
                    break;
                default:
                    break;
            }
            for (; transByte<dataLength; transByte ++ )
            {
                APLGet();
            }
        }
```

```
        }
        break;
    case EP_LIGHT:
        if ((frameHeader & APL_FRAME_TYPE_MASK) == APL_FRAME_TYPE_KVP)
        {
            frameHeader &= APL_FRAME_COUNT_MASK;
            for (transaction = 0; transaction<frameHeader; transaction++)
            {
                sequenceNumber          = APLGet();
                command                 = APLGet();
                attributeId.byte.LSB    = APLGet();
                attributeId.byte.MSB    = APLGet();
                command &= APL_FRAME_COMMAND_MASK;
                if ((params.APSDE_DATA_indication.ClusterId == OnOffSRC_
                CLUSTER) &&
                    (attributeId.Val == OnOffSRC_OnOff))
                {
                    if ((command == APL_FRAME_COMMAND_SET) ||
                        (command == APL_FRAME_COMMAND_SETACK))
                    {
                        TxBuffer[TxData++] = APL_FRAME_TYPE_KVP | 1;
                                //KVP, 1 transaction
                        TxBuffer[TxData++] = sequenceNumber;
                        TxBuffer[TxData++] = APL_FRAME_COMMAND_SET_RES |
                        (APL_FRAME_DATA_TYPE_UINT8 << 4);
                        TxBuffer[TxData++] = attributeId.byte.LSB;
                        TxBuffer[TxData++] = attributeId.byte.MSB;
                        data = APLGet();
                        switch (data)
                        {
                            case LIGHT_OFF:
                                ConsolePutROMString( (ROM char * )" Turn-
                                ing light off.\r\n" );
                                MESSAGE_INDICATION = 0;
                                TxBuffer[TxData++] = SUCCESS;
                                break;
                            case LIGHT_ON:
                                ConsolePutROMString( (ROM char * )" Turn-
                                ing light on.\r\n" );
```

```
                    MESSAGE_INDICATION = 1;
                    TxBuffer[TxData ++ ] = SUCCESS;
                    break;
                case LIGHT_TOGGLE:
                    ConsolePutROMString( (ROM char * )" Togg-
                    ling light.\r\n" );
                    MESSAGE_INDICATION ^= 1;
                    TxBuffer[TxData ++ ] = SUCCESS;
                    break;
                default:
                    PrintChar( data );
                    ConsolePutROMString( (ROM char * )" Inva-
                    lid light message.\r\n" );
                    TxBuffer[TxData ++ ] = KVP_INVALID_ATTRIB-
                    UTE_DATA;
                    break;
            }
        }
        if (command == APL_FRAME_COMMAND_SETACK)
        {
            ZigBeeBlockTx();
            params.APSDE_DATA_request.DstAddrMode = params.
            APSDE_DATA_indication.SrcAddrMode;
            params.APSDE_DATA_request.DstEndpoint = params.
            APSDE_DATA_indication.SrcEndpoint;
            params.APSDE_DATA_request.DstAddress.ShortAddr =
            params.APSDE_DATA_indication.SrcAddress.ShortAd-
            dr;
            params.APSDE_DATA_request.RadiusCounter = DEFAULT
            _RADIUS;
            params.APSDE_DATA_request.DiscoverRoute = ROUTE_
            DISCOVERY_ENABLE;
            params.APSDE_DATA_request.TxOptions.Val = 0;
            params.APSDE_DATA_request.SrcEndpoint = EP_LIGHT;
            currentPrimitive = APSDE_DATA_request;
        }
        else
        {
            TxData = TX_DATA_START;
```

```
                                }
                            }
                        }
                    }
                    break;
                default:
                    break;
            }
            APLDiscardRx();
        }
        break;
    case APSDE_DATA_confirm:
        if (params.APSDE_DATA_confirm.Status)
        {
            ConsolePutROMString( (ROM char *)"Error " );
            PrintChar( params.APSDE_DATA_confirm.Status );
            ConsolePutROMString( (ROM char *)" sending message.\r\n" );
        }
        else
        {
            ConsolePutROMString( (ROM char *)" Message sent successfully.\r\n" );
        }
        currentPrimitive = NO_PRIMITIVE;
        break;
    case NO_PRIMITIVE:
        if (! ZigBeeStatus.flags.bits.bNetworkJoined)
        {
            if (! ZigBeeStatus.flags.bits.bTryingToJoinNetwork)
            {
                if (ZigBeeStatus.flags.bits.bTryOrphanJoin)
                {
                    ConsolePutROMString( (ROM char *)"Trying to join network as an or-
                    phan...\r\n" );
                    params.NLME_JOIN_request.JoinAsRouter          = FALSE;
                    params.NLME_JOIN_request.RejoinNetwork         = TRUE;
                    params.NLME_JOIN_request.PowerSource           = NOT_MAINS_POWERED;
                    params.NLME_JOIN_request.RxOnWhenIdle          = FALSE;
                    params.NLME_JOIN_request.MACSecurity           = FALSE;
                    params.NLME_JOIN_request.ScanDuration          = 8;
```

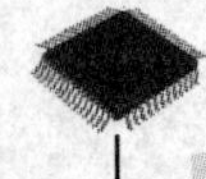


```
                params.NLME_JOIN_request.ScanChannels.Val      = ALLOWED_CHANNELS;
                currentPrimitive = NLME_JOIN_request;
            }
            else
            {
                ConsolePutROMString( (ROM char * )"Trying to join network as a new de-
                vice...\r\n" );
                params.NLME_NETWORK_DISCOVERY_request.ScanDuration      = 8;
                params.NLME_NETWORK_DISCOVERY_request.ScanChannels.Val  = ALLOWED_
                CHANNELS;
                currentPrimitive = NLME_NETWORK_DISCOVERY_request;
            }
        }
    }
    else
    {
            unsigned char datakey = 0;
            datakey = KeyScan();
        if (ZigBeeStatus.flags.bits.bDataRequestComplete & ZigBeeReady())
        {
            if (datakey == LIGHT_SWITCH)
            {
                TxBuffer[TxData++] = APL_FRAME_TYPE_KVP | 1;        //KVP, 1 trans-
                action
                TxBuffer[TxData++] = APLGetTransId();
                TxBuffer[TxData++] = APL_FRAME_COMMAND_SET | (APL_FRAME_DATA_TYPE
                _UINT8 << 4);
                TxBuffer[TxData++] = OnOffSRC_OnOff & 0xFF;        //Attribute ID
                LSB
                TxBuffer[TxData++] = (OnOffSRC_OnOff >> 8) & 0xFF; //Attribute ID
                MSB
                TxBuffer[TxData++] = LIGHT_TOGGLE;
                params.APSDE_DATA_request.DstAddrMode = APS_ADDRESS_NOT_PRESENT;
                params.APSDE_DATA_request.ProfileId.Val = MY_PROFILE_ID;
                params.APSDE_DATA_request.RadiusCounter = DEFAULT_RADIUS;
                params.APSDE_DATA_request.DiscoverRoute = ROUTE_DISCOVERY_ENABLE;
                params.APSDE_DATA_request.TxOptions.Val = 0;
                params.APSDE_DATA_request.SrcEndpoint = EP_LIGHT;
                params.APSDE_DATA_request.ClusterId = OnOffSRC_CLUSTER;
```

```
            ConsolePutROMString( (ROM char * )" Trying to send light switch mes-
            sage.\r\n" );
            currentPrimitive = APSDE_DATA_request;
        }
        if (datakey == BROADCAST_SWITCH)
        {
            TxBuffer[TxData ++ ] = APL_FRAME_TYPE_MSG | 1;     //KVP, 1 transac-
            tion
            TxBuffer[TxData ++ ] = APLGetTransId();
            TxBuffer[TxData ++ ] = 9;
            TxBuffer[TxData ++ ] = 0x00;
            TxBuffer[TxData ++ ] = 0x00;
            TxBuffer[TxData ++ ] = EP_LIGHT;
            TxBuffer[TxData ++ ] = MY_PROFILE_ID_LSB;
            TxBuffer[TxData ++ ] = MY_PROFILE_ID_MSB;
            TxBuffer[TxData ++ ] = 1;       //Input clusters
            TxBuffer[TxData ++ ] = OnOffSRC_CLUSTER;
            TxBuffer[TxData ++ ] = 1;       //Output clusters
            TxBuffer[TxData ++ ] = OnOffSRC_CLUSTER;
            params.APSDE_DATA_request.DstAddrMode = APS_ADDRESS_16_BIT;
            params.APSDE_DATA_request.DstEndpoint = EP_ZDO;
            params.APSDE_DATA_request.DstAddress.ShortAddr.Val = 0x0000;
            params.APSDE_DATA_request.ProfileId.Val = MY_PROFILE_ID;
            params.APSDE_DATA_request.RadiusCounter = DEFAULT_RADIUS;
            params.APSDE_DATA_request.DiscoverRoute = ROUTE_DISCOVERY_ENABLE;
            params.APSDE_DATA_request.TxOptions.Val = 0;
            params.APSDE_DATA_request.SrcEndpoint = EP_ZDO;
            params.APSDE_DATA_request.ClusterId = END_DEVICE_BIND_req;
            ConsolePutROMString( (ROM char * )" Trying to send END_DEVICE_BIND_
            req.\r\n" );
            currentPrimitive = APSDE_DATA_request;
        }
        RBIE = 1;
        }
    if (currentPrimitive == NO_PRIMITIVE)
    {
        if (! ZigBeeStatus.flags.bits.bDataRequestComplete)
        {
            if (! ZigBeeStatus.flags.bits.bRequestingData)
```

```
                                        {
                                            if (ZigBeeReady())
                                            {
                                                params.NLME_SYNC_request.Track = FALSE;
                                                currentPrimitive = NLME_SYNC_request;
                                                ConsolePutROMString( (ROM char * )"Requesting data...\r\n" );
                                            }
                                        }
                                    }
                                }
                            }
                            break;
                        default:
                            PrintChar( currentPrimitive );
                            ConsolePutROMString( (ROM char * )" Unhandled primitive.\r\n" );
                            currentPrimitive = NO_PRIMITIVE;
                    }
                }
}
BOOL myProcessesAreDone( void )
{
    return(myStatusFlags.bits.bBroadcastSwitchToggled == FALSE) && (myStatusFlags.bits.bLightS-
    witchToggled == FALSE);
}
void HardwareInit(void)
{
    SPIInit();
    PHY_CSn             = 1;
    PHY_VREG_EN         = 0;
    PHY_RESETn          = 1;
    PHY_FIFO_TRIS       = 1;
    PHY_SFD_TRIS        = 1;
    PHY_FIFOP_TRIS      = 1;
    PHY_CSn_TRIS        = 0;
    PHY_VREG_EN_TRIS    = 0;
    PHY_RESETn_TRIS     = 0;
    LATC3               = 1;
    LATC5               = 1;
    TRISC3              = 0;
```

```
    TRISC4            = 1;
    TRISC5            = 0;
    SSPSTAT           = 0xC0;
    SSPCON1           = 0x20;
    ADCON1            = 0x0F;
    TRISD             = 0x3F;        //RD0、RD1 为输入,RD6、RD7 为输出
}
unsigned char KeyScan( void )
{
    unsigned char key = 0;
    if (!KEY1)
    {
        while(!KEY1);
        key = 1;
    }
    if (!KEY2)
    {
        while(!KEY2);
        key = 2;
    }
    return key;
}
```

第 16 章

ZigBee 网络路由实验

本章将介绍 ZigBee 设备路由的基本知识、工作原理和工作流程。

16.1 路由基本知识

16.1.1 路由器功能

ZigBee 路由器和 ZigBee 协调器主要提供以下功能：

- 中继设备上层的数据帧；
- 中继其他 ZigBee 设备数据帧；
- 路由选择；
- 端到端路由修复；
- 本地路由修复；
- 在路由选择和修复过程中，对 ZigBee 路由成本进行度量。
- ZigBee 路由器或者 ZigBee 协调器应该具有以下的功能：
- 维护路由表，便于选择最佳的有效的路由路径；
- 在上层的作用下初始化路由；
- 初始化端到端的路由修复；
- 在其他路由器的作用下初始化本地路由修复。
- 路由的相关的基本知识包括：路由成本、路由表等。

16.1.2 路由成本

在路由选择和维护时，ZigBee 路由算法使用路由成本比较算法来度量路由的好坏。路由

成本也称为链路成本，与路由中的每一条链路都有关系。组成路由的链路成本的总和即为路由成本。

如果一个长度为 L 的路由 P，由一系列的设备$[D_1, D_2, \cdots, D_i]$组成，每一个链路$[D_i, D_{i+1}]$长度为 2，则路由 P 的成本为

$$C\{\mathrm{P}\} = \sum_{i=1}^{L-1} C\{[D_i, D_{i+1}]\}$$

其中，$C\{[D_i, D_{i+1}]\}$为链路成本。链路成本 $C\{l\}$ 为链路 l 的函数，且其值为集合[0,1,…,7]，函数表达式为：

$$C\{l\} = \min\left(7, \mathrm{round}\left(\frac{1}{p_l^4}\right)\right)$$

其中，p_l 为链路 l 中发送数据包的概率，可通过实际计算收到的信标和数据帧来进行估计，即通过观察帧的相应序号来检测丢失的帧，这是通常被认为最准确地测量接收概率的方法。但是在所有的方法中，最直接最有效的方法就是基于 IEEE802.15.4 的 MAC 层和 PHY 层所提供的每一帧的 LQI 通过平均计算的值。即使使用其他方法，最初的成本估计值也是基于平均的 LQI 值。

16.1.3　路由表

ZigBee 路由器或协调器会维持一个路由表。存储在路由表中的信息如表 16.1 所列。

表 16.1　路由表

域　名	大　小	描　述
Destination address	2 B	16 位网络地址号或者路由组 ID
Status	3 b	路由状态
Next-hop address	2 B	在到达目的地址路由中下一跳的 16 位网络地址

表 16.2 列举出了路由状态的对应值。

表 16.2　路由状态表

数字值	状　态	数字值	状　态
0x0	ACTIVE	0x3	INACTIVE
0x1	DISCOVERY_UNDERWAY	0x4	VALIDATION_UNDERWAY
0x2	DISCOVERY_FAILED	0x5～0x7	RESERVED

16.1.4　路由选择表

路由表能力是用来描述一个设备能够使用其路由表来建立一个到达指定目的地址设备的路由的术语。设备如果能满足以下条件，就具有路由表能力：

设备为路由器或者协调器；

设备能够维护路由表；

设备有一个空闲的路由表入口或者已经存在一个到达目的地址的路由表入口；

设备可以进行路由修复，并为此保留了路由表入口。

如果 ZigBee 协调器或者路由器维护一个路由表，就应该维护一个路由选择表。这个表包含的信息如表 16.3 所列。

表 16.3　路由选择表

域　名	大小/B	描　述
Route request ID	1	路由请求命令帧的序列号
Source address	2	路由请求发起设备的 16 位网络地址
Sender address	2	入口的路由请求标志符和源地址
Forward cost	1	源设备到当前设备所积累的路由成本
Residual cost	1	当前设备到路由设备所积累的路由成本
Expiration time	2	路由选择中止计数器

如果设备能够维护路由选择表能力并在它的路由选择表中有一个空闲的入口，称为具有路由选择表能力。

16.2　路由器工作原理

16.2.1　路由选择

路由选择的工作原理可分为路由搜索初始化、接收到路由命令帧、接收到路由应答命令帧等 3 个过程。下面就每个过程进行讲解。

1. 路由搜索的初始化

在收到其上层发送来 DiscoverRoute 参数为 TRUE 的 NLME_DATA. request 原语后，网络层开始对路由进行路由搜索。

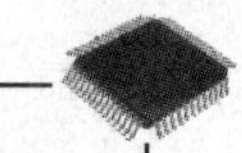

设备如果具有路由选择能力，就建立一个路由选择表入口和路由搜索表入口，并将入口的状态参数设置为 DISCOVERT_UNDERWAY。如果已经存在一个与目的地址相对应的路由选择表入口，就将使用这个路由表入口，并将入口参数设置为 ACTIVE，但不发送路由请求帧。

每一个发送路由请求命令帧的设备维护一个生成路由请求标识符的计数器。当生成一个新的路由请求命令帧时，该计数器就会加 1，并将该值保存在设备路由搜索表的路由请求标识符中。当定时器终止时，设备将从路由搜索表中删除请求的路由入口。

网络层可缓存所接受到的待处理路由搜索帧，此外，将网络层帧头中帧控制域的路由选择子域设置为 0，然后沿树向前发送数据帧。

一旦设备创建了路由搜索表和路由选择表入口，就会创建一个载有有效载荷的路由请求命令帧。

2. 接收到路由请求命令帧

在接收到路由请求命令帧后，设备将判断其是否具有路由选择能力。

设备如果没有路由选择能力，就判断接收到的帧是否来自于有效的路由。有效路由是指所接收的帧来自于设备的子设备，且源设备为该设备的后裔设备，或者来自于设备的父设备，且源设备不是设备的子设备。如果路由请求帧不是来自于有效路由，设备就丢弃该帧。如果路由请求帧命令来自于有效路由，设备将检查设备是否为预期的设备。

通过路由请求命令帧有效载荷中的目的地址与它的每一个终端子设备地址比较，检查命令帧的目的地址是否为设备的一个终端子设备。如果路由请求命令帧的目的地址为设备本身或者为设备的一个子设备，它将用一个路由应答命令帧进行应答。当设备用一个路由应答命令帧应答路由请求时，将构造一个类型域为 0x01 的帧。

路由请求应答的源地址应设置为创建请求应答设备的 16 位网络地址，且在考虑到路由请求的发起者为最终目的地址的情况下，将帧的目的地址域设置为所需要计算出来的下一跳的地址。通过发送 MCPS_DATA. request 原语，将路由应答命令帧单播到下一跳设备。

如果设备不是路由请求命令帧的目的地址，就计算从前一个设备到设备传送帧的链路成本。然后通过发送 MCPS_DATA. request 原语向目的地址单播该路由应答命令帧。

设备如果有路由选择能力，就通过将本身的地址与路由请求命令帧的有效载荷中的目的地址相比较，判断设备是否为该帧的目的设备。同样，与该设备的子设备地址相比较，判断目的设备是否为它的子设备。如果设备本身或者设备的一个终端设备为该路由请求命令帧的目的设备，设备就判断在路由设备选择表中是否存在具有相同路由请求标识和源地址的入口。如果不存在该入口，设备就创建一个新的入口。

当一个具有路由选择能力的设备不是接受到的路由请求命令帧的目的设备时，就将判断在路由选择表中是否存在一个相同的路由请求标识符和源地址域入口。如果入口不存在，设

备就建立一个入口。路由请求定时器终止时间设置为nwkRouteDiscoveryTime(ms)。如果nwkSymLink属性为TRUE,设备也将建立一个路由器入口,且它的目的地址设为路由请求命令帧的源地址,下一跳的地址设置为上一个传送该命令帧设备的网络地址,状态域设置为ACTIVE。

当路由请求定时器终止时,设备将从路由选择表中删除该路由请求入口。如果在路由请求定时器终止时,没有接受到路由应答,就删除入口表地址。如果存在一个路由选择表入口,路由请求命令帧中的路由成本将与路由选择表入口的前向成本相比较。如果路由成本高,就丢弃该路由请求命令帧,不处理该帧。否则,路由选择表中的前向成本和发送者地址域的值更新为路由请求命令帧中的新的成本和上一个发送该帧的设备地址。

此外,路由请求设备命令帧中的路由成本域的值为新的计算结果。如果nwkSymLink属性为TRUE,设备就将更新其路由表入口,目的地址更新为路由请求命令帧的源地址,下一跳的地址将更新为上一个传送该命令帧的设备网络地址,状态域设置为ACTIVE。然后设备使用MCPS_DATA.request原语重新广播该路由请求命令帧。

3. 接收到路由应答命令帧

设备在接收到路由应答命令帧后,就判断其是否具有路由选择能力。

接收设备如果不具有路由选择能力,就利用树型路由转发路由应答。在转发路由应答命令之前会计算从下一跳到设备本身的链路成本,并用该链路成本与载荷中的路由成本域的值相加,将结果更新到载荷的路由成本域得到新的路由成本。

接收设备如果具有路由选择能力,就将设备地址同路由应答命令帧载荷的始发者地址域的内容进行比较,以判断设备是否为路由应答命令帧的设备。实验系统框图如图16.1所示。

如果接收到路由应答设备是应答命令帧的目的设备,设备就在路由搜索表中搜索与路由应答命令帧载荷中的路由请求标识符相对应的入口。如果对应的入口不存在,设备就丢弃该路由应答命令帧,并终止对路由应答命令帧的处理。如果对应入口存在,设备就会搜索路由应答命令帧中响应地址相对应的路由选择表入口。如果搜索到路由选择表入口,设备就丢弃该路由应答命令帧,终止路由应答帧的处理流程。

如果接收到路由应答帧的设备不是应答命令帧的目的设备,设备将搜索与路由应答命令帧载荷中的始发者的地址和路由请求标识符相对应的路由搜索表入口。如果对应的路由搜索表入口不存在,设备就丢弃该路由应答命令帧。如果对应的路由搜索表入口存在,设备就对路由应答命令帧中的路由成本与路由搜索表中的剩余路由成本进行比较。如果路由搜索表入口的值更小,就丢弃路由应答命令帧。否则,设备将搜索与设备路由应答命令帧中的发送者地址相对应的路由选择表入口。如果路由搜索表入口存在,但没有相对应的路由选择表入口,也丢弃该路由应答命令帧。

设备利用向前发送该路由应答命令帧设备地址替代下一跳地址的方法对路由选择表入口

进行更新，并利用路由应答命令帧中的成本替代剩余成本的方法，更新路由搜索表入口。在更新设备本身的路由入口后，设备将向目的地址发送路由应答命令帧。发送设备通过在路由搜索表中搜索与路由请求标识符、源地址以及与发送设备相对应入口的方法，找到下一跳到路由应答的目的地址。设备利用下一跳地址计算链路成本，将该成本加到路由应答的路由成本域中，在命令帧网络层头中的目的地址应设置为下一跳地址，并通过 MCPS_DATA. request 原语向下一跳设备单播发送。

16.2.2 路由维护

每一个设备网络层都会为每一个邻居设备维护一个失效计数器。该邻居设备具有一条输出链路，即要求发送一个数据帧。如果输出链路失效计数器的值超过了 nwkcRepairThreshold，设备将根据如下所述方法开始路由维护。

1. 网格拓扑结构的路由修复

在网格拓扑结构中的设备或者链路失效时，则上传设备开始对路由进行修复。由于上传设备缺乏路由选择能力或受其他限制，而不能进行路由修复，则设备将向源设备返回一个路由错误命令帧，其错误代码表示失败的原因。

如果上传设备具有路由修复能力，则将广播一个路由请求命令帧，其中源地址设置为设备自身地址，目的地址设为传输失败帧的目的地址。该路由应答命令帧使路由请求命令帧载荷中的路由修复子域为1，以表示该路由修复命令帧。

如果该路由节点为路由请求命令帧的目的地址，或者目的地址为该节点的一个终端设备，则使用一个路由应答命令帧进行应答。该路由应答命令帧使路由请求命令帧载荷中的路由修复子域为1，以表明该路由请求命令帧为路由修复命令帧。

如果路由应答命令帧没有在 nwkcRouteDiscoveryTime(ms)内到达上传设备，则上传设备将源设备发送一个路由错误命令帧。如果上传设备在指定的时间内接收到了路由应答命令帧，则将向目的地址传送任何已经缓存的未处理修复数据。

如果接收到路由错误命令帧的源设备没有路由选择能力，就构造一个路由请求命令帧，并使用分级路由方法，沿树向目的地址单播该命令帧。如果源设备具有路由选择能力，开始进行普通的路由搜索。

如果终端设备为一个简化功能设备，不具有向父设备传送信息的能力，则终端设备将开始执行孤点流程。如果孤点流程成功，则终端设备重新建立了它与父设备之间的通信，终端设备恢复以前对网络的操作功能。如果孤点流程执行失败，设备将尝试通过一个新的父设备重新接入网络。在这种情况下，用户必须对其进行干涉，才能使终端设备重新接入。

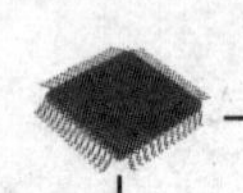

2. 树状拓扑结构的路由修复

当下传设备与父设备信标失去同步，通过 MLME_SYNC_LOSS.indication 原语表示同步丢失，或者设备不能向其父设备传送消息时，开始执行孤点流程，搜索其父设备或者执行连接流程搜索一个新的设备，下传设备将从新的父设备那里接收到一个新的16位网络地址，并恢复在网络中的操作，允许网络在真正的树型结构上继续运行。

设备在尝试重新接入网络并获得新的16位地址之前，会使用MAC层的断开流程来断开与所有子设备的连接。如果不能搜索它的一个或多个子设备，设备会认为其子设备已同网络断开连接，并删除邻居表中子设备的16位地址。同样，如果一个断开连接的子设备还有它自己的子设备在重新连接之前，将其子设备同网络断开连接。若该设备能够通过新的父设备或者原来的父设备重新连接，这个子设备将得到一个新的16位网络地址，原来的网络可能因为连接失败而分离开来。

上传设备如果不能向它的某一个子设备传送信息，就会丢弃该信息，并向原始设备发送一个路由错误命令帧，以通告信息没有成功发送。

16.3 ZigBee路由实验

本节介绍终端设备怎样通过路由器发送数据到协调器。

在本章实验中使用实验板作为协调器，一个移动扩展板作为路由器，另一个移动扩展板作为终端设备。实验系统框图如图16.1所示。

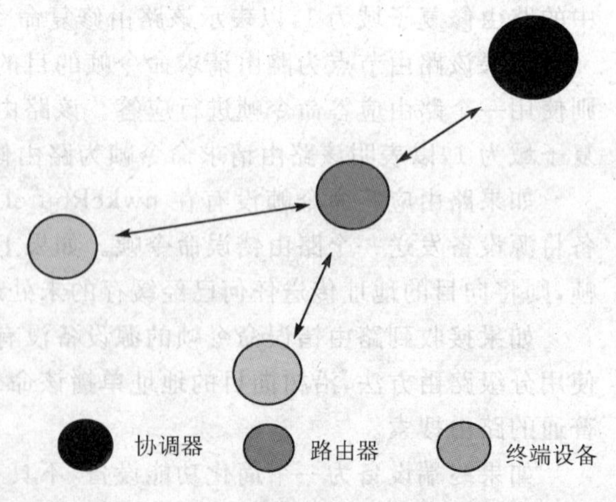

图16.1 路由实验系统框图

首先应该打开协调器等建立网络并允许节点加入时，打开路由器。这时路由器将会初始化后加入协调器产生的网络，待路由器加入网络成功后，打开终端设备。这时，终端设备应该加入路由器。在路由器端有串口监视，将会看到新的节点加入。如果终端设备成功加入网络之后，再按下终端设备的按键，会将预先准备好的数据通过路由器发送到协调器。

协调器程序对应 C51RF－3－JX 系统配置实验“\ZigBee 无线网络实验\第16章”中的 DemoCoordinator 文件夹下的工程项目，路由器程序对应 C51RF－3－JX 系统配置实验“\ZigBee无线网络实验\第16章”中的 DemoRouter 文件夹下的工程项目，终端设备程序对应

C51RF-3-JX 系统配置实验"\ZigBee 无线网络实验\第 16 章"中的 DemoRFD 文件夹下的工程项目。

在本设计中,协调器除了完成正常的对网络进行管理外,还将接收到的数据通过 PC 机显示出来。其程序如程序清单 16.1 所示。

程序清单 16.1 如下:

```
#include "zAPL.h"
#include "console.h"
#pragma romdata CONFIG1H = 0x300001
const rom unsigned char config1H = 0b00000110;
#pragma romdata CONFIG2L = 0x300002
const rom unsigned char config2L = 0b00011111;
#pragma romdata CONFIG2H = 0x300003
const rom unsigned char config2H = 0b00010010;
#pragma romdata CONFIG3H = 0x300005
const rom unsigned char config3H = 0b10000000;
#pragma romdata CONFIG4L = 0x300006
const rom unsigned char config4L = 0b10000001;
#pragma romdata
#define LED1            LATA3           //定义 LED 灯引脚
#define LED2            LATA5
void HardwareInit( void );
ZIGBEE_PRIMITIVE    currentPrimitive;
void main(void)
{
    CLRWDT();
    ENABLE_WDT();
    currentPrimitive = NO_PRIMITIVE;
    ConsoleInit();
    ConsolePutROMString( (ROM char *)"******************\r\n" );
    ConsolePutROMString( (ROM char *)"Microchip ZigBee(TM) Stack - v1.0-3.5\r\n" );
    ConsolePutROMString( (ROM char *)"ZigBee Coordinator\r\n" );
    HardwareInit();
    ZigBeeInit();
    IPEN = 1;
    GIEH = 1;
    while (1)
    {
        CLRWDT();
```

```
ZigBeeTasks( &currentPrimitive );
switch (currentPrimitive)
{
    case NLME_NETWORK_FORMATION_confirm:                        //生成网络确认
        if (! params.NLME_NETWORK_FORMATION_confirm.Status)
        {
            ConsolePutROMString( (ROM char * )"PAN " );
            PrintChar( macPIB.macPANId.byte.MSB );
            PrintChar( macPIB.macPANId.byte.LSB );
            ConsolePutROMString( (ROM char * )" started successfully.\r\n" );
            params.NLME_PERMIT_JOINING_request.PermitDuration = 0xFF;    //No Timeout
            currentPrimitive = NLME_PERMIT_JOINING_request;
        }
        else
        {
            PrintChar( params.NLME_NETWORK_FORMATION_confirm.Status );
            ConsolePutROMString( (ROM char * )" Error forming network.   Trying again...\
            r\n" );
            currentPrimitive = NO_PRIMITIVE;
        }
        break;
    case NLME_PERMIT_JOINING_confirm:                           //允许设备加入网络
        if (! params.NLME_PERMIT_JOINING_confirm.Status)
        {
            ConsolePutROMString( (ROM char * )"Joining permitted.\r\n" );
            currentPrimitive = NO_PRIMITIVE;
        }
        else
        {
            PrintChar( params.NLME_PERMIT_JOINING_confirm.Status );
            ConsolePutROMString( (ROM char * )" Join permission unsuccessful. We cannot
            allow joins.\r\n" );
            currentPrimitive = NO_PRIMITIVE;
        }
        break;
    case NLME_JOIN_indication:                                  //加入网络指示原语
        LED2 = 1;
        ConsolePutROMString( (ROM char * )"Node " );            //显示加入节点号
        PrintChar( params.NLME_JOIN_indication.ShortAddress.byte.MSB );
```

```
        PrintChar( params.NLME_JOIN_indication.ShortAddress.byte.LSB );
        ConsolePutROMString( (ROM char * )" just joined.\r\n" );
        currentPrimitive = NO_PRIMITIVE;
        break;
    case NLME_LEAVE_indication:                         //断开网络指示
        if (! memcmppgm2ram( &params.NLME_LEAVE_indication.DeviceAddress, (ROM void * )
        &macLongAddr, 8 ))                              //本设备断开网络
        {
            ConsolePutROMString( (ROM char * )"We have left the network.\r\n" );
        }
        else                                            //其他设备断开网络
        {
            ConsolePutROMString( (ROM char * )"Another node has left the network.\r\n" );
        }
        currentPrimitive = NO_PRIMITIVE;
        break;
    case NLME_RESET_confirm:                            //重置网络
        ConsolePutROMString( (ROM char * )"ZigBee Stack has been reset.\r\n" );
        currentPrimitive = NO_PRIMITIVE;
        break;
    case APSDE_DATA_indication:                         //应用层数据指示
        {
            WORD_VAL    attributeId;
            BYTE        command;
            BYTE        data;
            BYTE        dataLength;
            BYTE        frameHeader;
            BYTE        sequenceNumber;
            BYTE        transaction;
            BYTE        transByte;
            BYTE        data1[5];
            currentPrimitive = NO_PRIMITIVE;
            frameHeader = APLGet();
            ConsolePutROMString( (ROM char * )"Received Data.\r\n" );
            PrintChar( params.APSDE_DATA_indication.DstEndpoint );
                                                    //显示出接收到的数据
            data1[0] = APLGet();                    //读取缓存数据包中数据
            data1[1] = APLGet();
            data1[2] = APLGet();
            data1[3] = APLGet();
```

```
            data1[4] = APLGet();
            PrintChar(data1[0]);                        //显示缓存中的数据
            PrintChar(data1[1]);
            PrintChar(data1[2]);
            PrintChar(data1[3]);
            PrintChar(data1[4]);
            ConsolePutROMString( (ROM char * )"\r\n" );
            APLDiscardRx();
        }
        break;
    case APSDE_DATA_confirm:                            //应用层数据确认
        if (params.APSDE_DATA_confirm.Status)
        {
            ConsolePutROMString( (ROM char * )"Error " );
            PrintChar( params.APSDE_DATA_confirm.Status );
            ConsolePutROMString( (ROM char * )" sending message.\r\n" );
        }
        else
        {
            ConsolePutROMString( (ROM char * )" Message sent successfully.\r\n" );
        }
        currentPrimitive = NO_PRIMITIVE;
        break;
    case NO_PRIMITIVE:
        if (! ZigBeeStatus.flags.bits.bNetworkFormed)
        {
            if (! ZigBeeStatus.flags.bits.bTryingToFormNetwork)
            {
                ConsolePutROMString( (ROM char * )"Trying to start network...\r\n" );
                params.NLME_NETWORK_FORMATION_request.ScanDuration          = 8;
                params.NLME_NETWORK_FORMATION_request.ScanChannels.Val      = ALLOWED
                _CHANNELS;
                params.NLME_NETWORK_FORMATION_request.PANId.Val    = 0xFFFF;
                params.NLME_NETWORK_FORMATION_request.BeaconOrder = MAC_PIB_macBea-
                conOrder;
                params.NLME_NETWORK_FORMATION_request.SuperframeOrder = MAC_PIB_macSu-
                perframeOrder;
                params.NLME_NETWORK_FORMATION_request.BatteryLifeExtension    = MAC_PIB
                _macBattLifeExt;
                currentPrimitive = NLME_NETWORK_FORMATION_request;
            }
```

```
                }
                else
                {
                    if (ZigBeeReady())
                    {
                    }
                }
                break;
            default:
                PrintChar( currentPrimitive );
                ConsolePutROMString( (ROM char * )" Unhandled primitive.\r\n" );
                currentPrimitive = NO_PRIMITIVE;
                break;
        }
    }
}
void HardwareInit(void)
{
    SPIInit();
    PHY_CSn             = 1;
    PHY_VREG_EN         = 0;
    PHY_RESETn          = 1;
    PHY_FIFO_TRIS       = 1;
    PHY_SFD_TRIS        = 1;
    PHY_FIFOP_TRIS      = 1;
    PHY_CSn_TRIS        = 0;
    PHY_VREG_EN_TRIS    = 0;
    PHY_RESETn_TRIS     = 0;
    LATC3               = 1;
    LATC5               = 1;
    TRISC3              = 0;
    TRISC4              = 1;
    TRISC5              = 0;
    SSPSTAT = 0xC0;
    SSPCON1 = 0x20;
    ADCON0 = 0x04;                  //AIN1 通道
    ADCON1 = 0x0d;                  //参考电压为 VCC～GND,配置 IN0 和 IN1
    ADCON2 = 0xA6;                  //AD 结果右对齐,8 个 TAD,Fos/64
    PIR1bits.ADIF = 0;              //清标志
```

```
    TRISA                  = 0xC3;                    //RA0、RA1 模拟输入，RA2～RA5 为输出
}
void UserInterruptHandler(void)
{
}
```

协调器结果如图 16.2 所示。

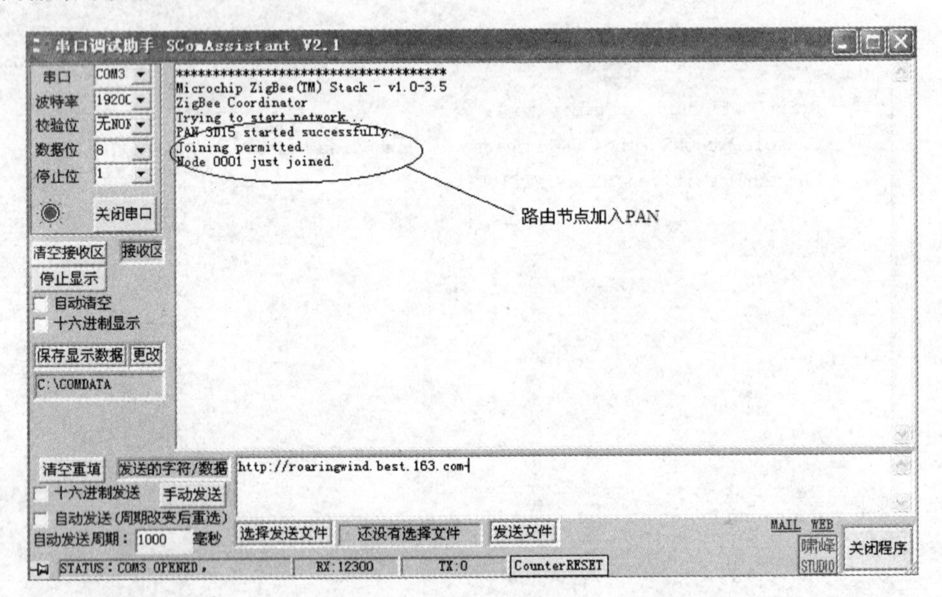

图 16.2　协调器结果

路由器程序如程序清单 16.2 所示。

程序清单 16.2 如下：

```
#include "zAPL.h"
#include "console.h"
#pragma romdata CONFIG1H = 0x300001
const rom unsigned char config1H = 0b00000110;
#pragma romdata CONFIG2L = 0x300002
const rom unsigned char config2L = 0b00011111;
#pragma romdata CONFIG2H = 0x300003
const rom unsigned char config2H = 0b00010010;
#pragma romdata CONFIG3H = 0x300005
const rom unsigned char config3H = 0b10000000;
#pragma romdata CONFIG4L = 0x300006
const rom unsigned char config4L = 0b10000001;
```

```
#pragma romdata
#define LED1                    RD6                     //定义 LED 灯
#define LED2                    RD7
#define KEY1                    RD0                     //定义按键
#define KEY2                    RD1
void HardwareInit( void );
NETWORK_DESCRIPTOR    *currentNetworkDescriptor;
ZIGBEE_PRIMITIVE     currentPrimitive;
NETWORK_DESCRIPTOR    *NetworkDescriptor;
void main(void)
{
    CLRWDT();
    ENABLE_WDT();
    currentPrimitive = NO_PRIMITIVE;
    NetworkDescriptor = NULL;
    ConsoleInit();
    ConsolePutROMString( (ROM char *)"********************\r\n" );
    ConsolePutROMString( (ROM char *)"ZigBee Router ! \r\n" );
    HardwareInit();
    ZigBeeInit();
    IPEN = 1;
    GIEH = 1;
    while (1)
    {
        CLRWDT();
        ZigBeeTasks( &currentPrimitive );
        switch (currentPrimitive)
        {
            case NLME_NETWORK_DISCOVERY_confirm:        //发现网络确认
                currentPrimitive = NO_PRIMITIVE;
                if (! params.NLME_NETWORK_DISCOVERY_confirm.Status)   //成功查找到存在 PAN
                {
                    if (! params.NLME_NETWORK_DISCOVERY_confirm.NetworkCount)
                    {
                        ConsolePutROMString( (ROM char *)"No networks found.  Trying again...\r\n" );
                    }
                    else
                    {
                        NetworkDescriptor = params.NLME_NETWORK_DISCOVERY_confirm.NetworkDescriptor;
```

```
                currentNetworkDescriptor = NetworkDescriptor;
                params.NLME_JOIN_request.PANId = currentNetworkDescriptor -> PanID;
                params.NLME_JOIN_request.JoinAsRouter = TRUE; //作为路由器加入 PAN
                params.NLME_JOIN_request.RejoinNetwork     = FALSE;
                params.NLME_JOIN_request.PowerSource       = MAINS_POWERED;
                params.NLME_JOIN_request.RxOnWhenIdle = TRUE;
                params.NLME_JOIN_request.MACSecurity       = FALSE;
                ConsolePutROMString( (ROM char * )"Network(s) found. Trying to join " );
                                                          //提示加入网络的 PANId 号
                PrintChar( params.NLME_JOIN_request.PANId.byte.MSB );
                PrintChar( params.NLME_JOIN_request.PANId.byte.LSB );
                ConsolePutROMString( (ROM char * )".\r\n" );
                currentPrimitive = NLME_JOIN_request;     //加入 PAN 请求
            }
        }
        else                                              //没有查找到 PAN
        {
            PrintChar( params.NLME_NETWORK_DISCOVERY_confirm.Status );
            ConsolePutROMString( (ROM char * )" Error finding network.  Trying again...\r\n" );
        }
        break;
    case NLME_JOIN_confirm:                               //加入网络确认
        if (! params.NLME_JOIN_confirm.Status)            //网络加入成功,开始路由功能
        {
            ConsolePutROMString( (ROM char * )"Join successful! \r\n" );
            if (NetworkDescriptor)
            {
                free( NetworkDescriptor );
            }
            params.NLME_START_ROUTER_request.BeaconOrder = MAC_PIB_macBeaconOrder;
            params.NLME_START_ROUTER_request.SuperframeOrder = MAC_PIB_macSuperframeOrder;
            params.NLME_START_ROUTER_request.BatteryLifeExtension = FALSE;
            currentPrimitive = NLME_START_ROUTER_request;
        }
        else                                              //加入网络失败
        {
            PrintChar( params.NLME_JOIN_confirm.Status );
            ConsolePutROMString( (ROM char * )" Could not join. Trying again as new de-
            vice..." );
```

```
            currentPrimitive = NO_PRIMITIVE;
        }
        break;
    case NLME_START_ROUTER_confirm:                          //开始路由信息确认
        if (! params.NLME_START_ROUTER_confirm.Status)       //成功开始路由功能
        {
            ConsolePutROMString( (ROM char * )"Router Started! Enabling joins...\r\n" );
            params.NLME_PERMIT_JOINING_request.PermitDuration = 0xFF;    //无延时
            currentPrimitive = NLME_PERMIT_JOINING_request;
        }
        else                                                 //开始路由功能失败
        {
            PrintChar( params.NLME_JOIN_confirm.Status );
            ConsolePutROMString( (ROM char * )" Router start unsuccessful. We cannot
            route frames.\r\n" );
            currentPrimitive = NO_PRIMITIVE;
        }
        break;
    case NLME_PERMIT_JOINING_confirm:                        //允许终端设备加入确认
        if (! params.NLME_PERMIT_JOINING_confirm.Status)     //允许中断设备加入成功
        {
            ConsolePutROMString( (ROM char * )"Joining permitted.\r\n" );
            currentPrimitive = NO_PRIMITIVE;
        }
        else                                                 //允许中断设备加入失败
        {
            PrintChar( params.NLME_PERMIT_JOINING_confirm.Status );
            ConsolePutROMString( (ROM char * )" Join permission unsuccessful. We cannot
            allow joins.\r\n" );
            currentPrimitive = NO_PRIMITIVE;
        }
        break;
    case NLME_JOIN_indication:                               //设备加入指示原语
        ConsolePutROMString( (ROM char * )"Node " );          //显示加入节点的 16 位地址
        PrintChar( params.NLME_JOIN_indication.ShortAddress.byte.MSB );
        PrintChar( params.NLME_JOIN_indication.ShortAddress.byte.LSB );
        ConsolePutROMString( (ROM char * )" just joined.\r\n" );
        currentPrimitive = NO_PRIMITIVE;
        break;
```

```
case NLME_LEAVE_indication:                                    //断开网络指示原语
    if (! memcmppgm2ram( &params.NLME_LEAVE_indication.DeviceAddress, (ROM void * )
    &macLongAddr, 8 ))
    {
        ConsolePutROMString( (ROM char * )"We have left the network.\r\n" );
    }
    else
    {
        ConsolePutROMString( (ROM char * )"Another node has left the network.\r\n" );
    }
    currentPrimitive = NO_PRIMITIVE;
    break;
case NLME_RESET_confirm:                                       //重置网络确认
    ConsolePutROMString( (ROM char * )"ZigBee Stack has been reset.\r\n" );
    currentPrimitive = NO_PRIMITIVE;
    break;
case NO_PRIMITIVE:
    if (! ZigBeeStatus.flags.bits.bNetworkJoined)              //是否已经加入网络
    {
        if (! ZigBeeStatus.flags.bits.bTryingToJoinNetwork)//是否正在尝试加入网络
        {
            if (ZigBeeStatus.flags.bits.bTryOrphanJoin)     //是否试图孤点加入网络
            {
                ConsolePutROMString( (ROM char * )"Trying to join network as an or-
                phan...\r\n" );
                params.NLME_JOIN_request.ScanDuration       = 8;
                params.NLME_JOIN_request.ScanChannels.Val = ALLOWED_CHANNELS;
                params.NLME_JOIN_request.JoinAsRouter       = TRUE;
                params.NLME_JOIN_request.RejoinNetwork      = TRUE;
                params.NLME_JOIN_request.PowerSource        = MAINS_POWERED;
                params.NLME_JOIN_request.RxOnWhenIdle       = TRUE;
                params.NLME_JOIN_request.MACSecurity        = FALSE;
                currentPrimitive = NLME_JOIN_request;
            }
            else
            {
                ConsolePutROMString( (ROM char * )"Trying to join network as a new de-
                vice...\r\n" );
                params.NLME_NETWORK_DISCOVERY_request.ScanDuration          = 8;
```

```
                        params.NLME_NETWORK_DISCOVERY_request.ScanChannels.Val        = AL-
                        LOWED_CHANNELS;
                        currentPrimitive = NLME_NETWORK_DISCOVERY_request;//发现网络请求
                    }
                }
            }
            else
            {
                if (ZigBeeReady())
                {
                }
            }
            break;
        default:
            PrintChar( currentPrimitive );
            ConsolePutROMString( (ROM char * )" Unhandled primitive.\r\n" );
            currentPrimitive = NO_PRIMITIVE;
            break;
    }
  }
}
void HardwareInit(void)
{
    SPIInit();
    PHY_CSn              = 1;
    PHY_VREG_EN          = 0;
    PHY_RESETn           = 1;
    PHY_FIFO_TRIS        = 1;
    PHY_SFD_TRIS         = 1;
    PHY_FIFOP_TRIS       = 1;
    PHY_CSn_TRIS         = 0;
    PHY_VREG_EN_TRIS     = 0;
    PHY_RESETn_TRIS      = 0;
    LATC3                = 1;
    LATC5                = 1;
    TRISC3               = 0;
    TRISC4               = 1;
    TRISC5               = 0;
    SSPSTAT = 0xC0;
```

```
    SSPCON1 = 0x20;
    ADCON1 = 0x0F;
    LATA = 0x04;
    TRISA = 0xE0;
    RBIF = 0;
    RBPU = 0;
    TRISB4 = 1;
    TRISB5 = 1;
}
void UserInterruptHandler(void)
{
}
```

路由器结果如图 16.3 所示。

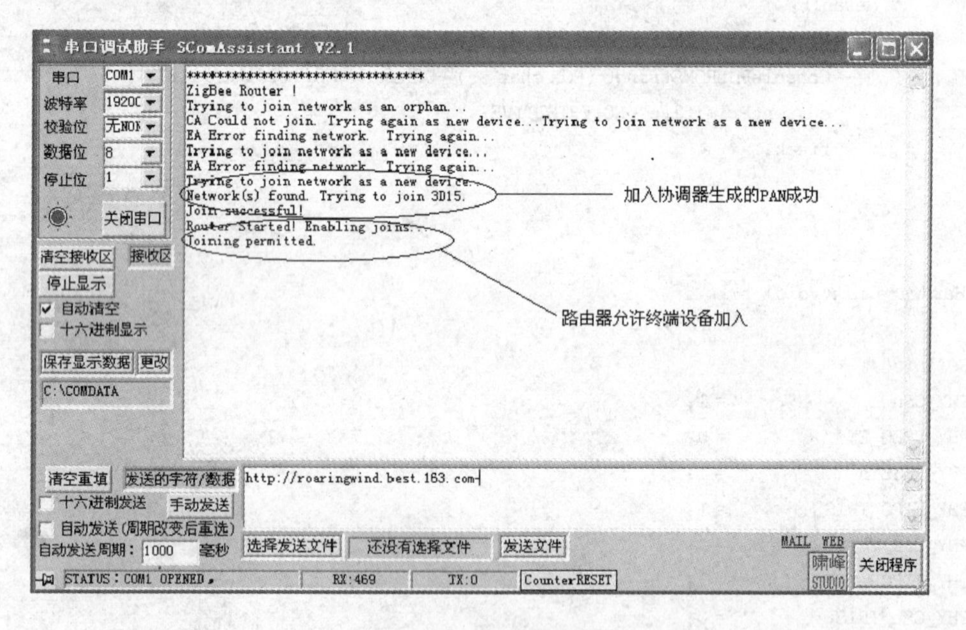

图 16.3　路由器结果

终端设备在加入网络后，按下模块上的 SW3 键，就发送数据到协调器。其程序如程序清单 16.3 所示。

程序清单 16.3 如下：

```
#include "zAPL.h"
#include "console.h"
#pragma romdata CONFIG1H = 0x300001
```

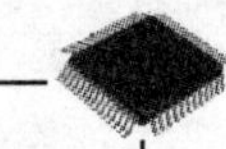


```
const rom unsigned char config1H = 0b00000110;
#pragma romdata CONFIG2L = 0x300002
const rom unsigned char config2L = 0b00011111;
#pragma romdata CONFIG2H = 0x300003
const rom unsigned char config2H = 0b00010010;
#pragma romdata CONFIG3H = 0x300005
const rom unsigned char config3H = 0b10000000;
#pragma romdata CONFIG4L = 0x300006
const rom unsigned char config4L = 0b10000001;
#pragma romdata
#define LED1                RD6         //定义 LED 灯
#define LED2                RD7
#define KEY1                RD0         //定义按键
#define KEY2                RD1
#define TX_DATA_LENGTH      5           //发送数据最大长度
NETWORK_DESCRIPTOR    *currentNetworkDescriptor;
ZIGBEE_PRIMITIVE     currentPrimitive;
SHORT_ADDR     destinationAddress;
NETWORK_DESCRIPTOR    *NetworkDescriptor;
void HardwareInit( void );
unsigned char KeyScan( void );
void main(void)
{
    CLRWDT();
    ENABLE_WDT();
    currentPrimitive = NO_PRIMITIVE;
    NetworkDescriptor = NULL;
    ConsoleInit();
    ConsolePutROMString( (ROM char *)"********************\r\n" );
    ConsolePutROMString( (ROM char *)"Microchip ZigBee(TM) Stack - v1.0-3.5\r\n" );
    ConsolePutROMString( (ROM char *)"ZigBee RFD\r\n" );
    HardwareInit();
    ZigBeeInit();
    LED1 = 1;                           //LED1 亮
    destinationAddress.Val = 0x0000;
    IPEN = 1;
    GIEH = 1;
    while (1)
    {
```

```
CLRWDT();
ZigBeeTasks( &currentPrimitive );
switch (currentPrimitive)
{
    case NLME_NETWORK_DISCOVERY_confirm:        //网络发现确认
        currentPrimitive = NO_PRIMITIVE;
        if (! params.NLME_NETWORK_DISCOVERY_confirm.Status)
        {
            if (! params.NLME_NETWORK_DISCOVERY_confirm.NetworkCount)
            {
                ConsolePutROMString( (ROM char * )"No networks found.  Trying again...\r\n" );
            }
            else
            {
                NetworkDescriptor = params.NLME_NETWORK_DISCOVERY_confirm.NetworkDescriptor;
                currentNetworkDescriptor = NetworkDescriptor;
                params.NLME_JOIN_request.PANId      = currentNetworkDescriptor -> PanID;
                ConsolePutROMString( (ROM char * )"Network(s) found. Trying to join " );
                PrintChar( params.NLME_JOIN_request.PANId.byte.MSB );
                PrintChar( params.NLME_JOIN_request.PANId.byte.LSB );
                ConsolePutROMString( (ROM char * )".\r\n" );
                params.NLME_JOIN_request.JoinAsRouter      = FALSE;
                params.NLME_JOIN_request.RejoinNetwork     = FALSE;
                params.NLME_JOIN_request.PowerSource       = NOT_MAINS_POWERED;
                params.NLME_JOIN_request.RxOnWhenIdle      = FALSE;
                params.NLME_JOIN_request.MACSecurity       = FALSE;
                currentPrimitive = NLME_JOIN_request;
            }
        }
        else
        {
            PrintChar( params.NLME_NETWORK_DISCOVERY_confirm.Status );
            ConsolePutROMString( (ROM char * )" Error finding network.  Trying again...\r\n" );
        }
        break;
    case NLME_JOIN_confirm:                     //网络加入确认
        if (! params.NLME_JOIN_confirm.Status)
        {
            ConsolePutROMString( (ROM char * )"Join successful in " );
```

```
            PrintChar( params.NLME_JOIN_confirm.PANId.byte.MSB );
            PrintChar( params.NLME_JOIN_confirm.PANId.byte.LSB );
            ConsolePutROMString( (ROM char * )"! \r\n" );
            if (NetworkDescriptor)
            {
                free( NetworkDescriptor );
            }
            currentPrimitive = NO_PRIMITIVE;
        }
        else
        {
            PrintChar( params.NLME_JOIN_confirm.Status );
            ConsolePutROMString( (ROM char * )" Could not join.\r\n" );
            currentPrimitive = NO_PRIMITIVE;
        }
        break;
    case NLME_LEAVE_indication:                    //网络断开指示
        if (! memcmppgm2ram( &params.NLME_LEAVE_indication.DeviceAddress, (ROM void * )
        &macLongAddr, 8 ))
        {
            ConsolePutROMString( (ROM char * )"We have left the network.\r\n" );
        }
        else
        {
            ConsolePutROMString( (ROM char * )"Another node has left the network.\r\n" );
        }
        currentPrimitive = NO_PRIMITIVE;
        break;
    case NLME_RESET_confirm:                       //重置确认
        ConsolePutROMString( (ROM char * )"ZigBee Stack has been reset.\r\n" );
        currentPrimitive = NO_PRIMITIVE;
        break;
    case NLME_SYNC_confirm:                        //网络同步确认
        switch (params.NLME_SYNC_confirm.Status)  //网络同步状态
        {
            case SUCCESS:
                ConsolePutROMString( (ROM char * )"No data available.\r\n" );
                break;
            case NWK_SYNC_FAILURE:
```

```
                ConsolePutROMString( (ROM char * )"I cannot communicate with my parent.\r\n" );
                break;
            case NWK_INVALID_PARAMETER:
                ConsolePutROMString( (ROM char * )"Invalid sync parameter.\r\n" );
                break;
        }
        currentPrimitive = NO_PRIMITIVE;
        break;
    case APSDE_DATA_confirm:                                          //应用层数据确认
        if (params.APSDE_DATA_confirm.Status)
        {
            ConsolePutROMString( (ROM char * )"Error " );
            PrintChar( params.APSDE_DATA_confirm.Status );
            ConsolePutROMString( (ROM char * )" sending message.\r\n" );
        }
        else
        {
            ConsolePutROMString( (ROM char * )" Message sent successfully.\r\n" );
        }
        currentPrimitive = NO_PRIMITIVE;
        break;
    case NO_PRIMITIVE:
        if (! ZigBeeStatus.flags.bits.bNetworkJoined)          //未加入网络
        {
            if (! ZigBeeStatus.flags.bits.bTryingToJoinNetwork)
            {
                if (ZigBeeStatus.flags.bits.bTryOrphanJoin)
                {
                    ConsolePutROMString( (ROM char * )"Trying to join network as an or-
                    phan...\r\n" );
                    params.NLME_JOIN_request.JoinAsRouter          = FALSE;
                    params.NLME_JOIN_request.RejoinNetwork         = TRUE;
                    params.NLME_JOIN_request.PowerSource           = NOT_MAINS_POWERED;
                    params.NLME_JOIN_request.RxOnWhenIdle          = FALSE;
                    params.NLME_JOIN_request.MACSecurity           = FALSE;
                    params.NLME_JOIN_request.ScanDuration          = 8;
                    params.NLME_JOIN_request.ScanChannels.Val      = ALLOWED_CHANNELS;
                    currentPrimitive = NLME_JOIN_request;      //网络加入请求
                }
```

```
                else
                {
                    ConsolePutROMString( (ROM char * )"Trying to join network as a new de-
                    vice...\r\n" );
                    params.NLME_NETWORK_DISCOVERY_request.ScanDuration          = 8;
                    params.NLME_NETWORK_DISCOVERY_request.ScanChannels.Val = ALLOWED_
                    CHANNELS;
                    currentPrimitive = NLME_NETWORK_DISCOVERY_request;   //发现网络请求
                }
            }
        }
                else                                       //已经加入网络
        {
            if (ZigBeeStatus.flags.bits.bDataRequestComplete & ZigBeeReady())
            {
              if(KeyScan() == 2)
                {
                    LED2                    = 1;            //LED2 亮
                    TxBuffer[TxData++]      = 0xAB;         //发送数据
                    TxBuffer[TxData++]      = 0x55;
                    TxBuffer[TxData++]      = 0x01;
                    TxBuffer[TxData++]      = 0x02;
                    TxBuffer[TxData++]      = 0x03;
                    TxBuffer[TxData++]      = 0x04;
                    params.APSDE_DATA_request.DstAddrMode = APS_ADDRESS_16_BIT;
                    params.APSDE_DATA_request.DstEndpoint = 0x01;
                    params.APSDE_DATA_request.DstAddress.ShortAddr = destinationAddress;
                    params.APSDE_DATA_request.ProfileId.Val = MY_PROFILE_ID;
                                                                      //模式  ID 号
                    params.APSDE_DATA_request.RadiusCounter = DEFAULT_RADIUS;
                    params.APSDE_DATA_request.DiscoverRoute = ROUTE_DISCOVERY_ENABLE;
                                                                      //路由发现启用
                    params.APSDE_DATA_request.TxOptions.Val = 0;
                    params.APSDE_DATA_request.SrcEndpoint = 0x00;
                    params.APSDE_DATA_request.ClusterId = OnOffSRC_CLUSTER;
                    ConsolePutROMString( (ROM char * )" Trying to send menu data message.\r\n" );
                    LED2                            = 0;              //LED2 灭
                    currentPrimitive = APSDE_DATA_request;            //应用层数据请求
                }
```

```
                    }
                    if (currentPrimitive == NO_PRIMITIVE)
                    {
                        if (! ZigBeeStatus.flags.bits.bDataRequestComplete)
                        {
                            if (! ZigBeeStatus.flags.bits.bRequestingData)
                            {
                                if (ZigBeeReady())
                                {
                                    params.NLME_SYNC_request.Track = FALSE;
                                    currentPrimitive = NLME_SYNC_request;  //同步请求
                                    ConsolePutROMString( (ROM char * )"Requesting data...\r\n" );
                                }
                            }
                        }
                    }
                }
                break;
            default:
                PrintChar( currentPrimitive );
                ConsolePutROMString( (ROM char * )" Unhandled primitive.\r\n" );
                currentPrimitive = NO_PRIMITIVE;
        }
    }
}
void HardwareInit(void)          //硬件初始化函数
{
    SPIInit();
    PHY_CSn             = 1;
    PHY_VREG_EN         = 0;
    PHY_RESETn          = 1;
    PHY_FIFO_TRIS       = 1;
    PHY_SFD_TRIS        = 1;
    PHY_FIFOP_TRIS      = 1;
    PHY_CSn_TRIS        = 0;
    PHY_VREG_EN_TRIS    = 0;
    PHY_RESETn_TRIS     = 0;
    LATC3               = 1;
    LATC5               = 1;
```

```
    TRISC3                    = 0;
    TRISC4                    = 1;
    TRISC5                    = 0;
    SSPSTAT                   = 0xC0;
    SSPCON1                   = 0x20;
    ADCON1                    = 0x0F;
    LATA                      = 0x04;
    TRISA                     = 0xE0;
    RBIF                      = 0;
    RBPU                      = 0;
    TRISB                     = 0xff;
}
unsigned char KeyScan( void )          //按键扫描函数
{
    unsigned char key = 0;
    if (! KEY1)
    {
        while(! KEY1);
        key = 1;
    }
    if (! KEY2)
    {
        while(! KEY2);
        key = 2;
    }
    return key;
}
```

第 17 章

ZigBee 无线测温系统

本章将设计一个多节点的无线测温系统。

温度与人们的生活、生产息息相关。在工厂的生产过程中，温度的变化会影响到产品的质量和产量，过冷过热都可能导致产品品质的下降。

传统的测温系统都是通过有线方式组成网络传送数据。如在森林防火系统等实时检测系统中由于线路老化、自然灾害、连线成本高等因素，系统的缺点逐渐体现出来了。

基于 ZigBee 协议的无线测温系统，能够自动检测网络的存在、自动加入和离开网络，具有低功耗、减少人为干扰等特点，克服了传统测温系统的缺点。

17.1 无线测温系统原理与实现

本章设计的无线测温系统结构如图 17.1 所示。

无线测温系统的目的就是将分布在各个不同的地方的温度值通过 ZigBee 通信协议发送到 PC 机，为 PC 机处理信息提供数据。

终端探测器由带有温度传感器的 ZigBee 模块组成。其功能是在指定的按键按下之后，探测器就去检测温度，随后将检测到的温度值通过 ZigBee 通信协议发送到路由器或者是协调器。

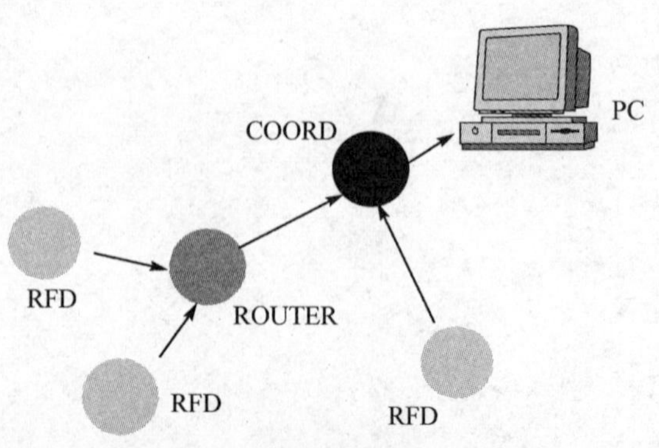

图 17.1 无线测温系统结构图

多个独立的终端探测器(RFD)按实际需要分布在不同的地方，将采集到的温度值发送到协调器。协调器在得到数据后就可以由用户自己编写程序进行处理。

无线测温系统串口原理图如图 17.2 所示。

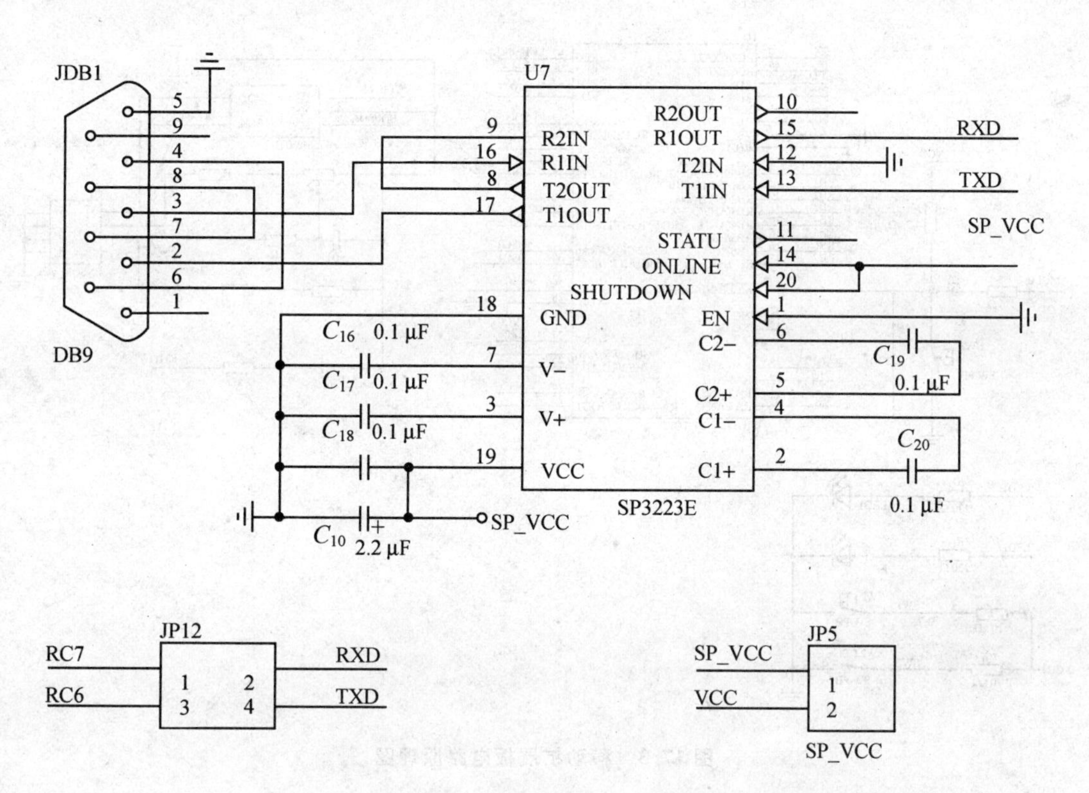

图 17.2　无线测温系统串口原理图

移动扩展板电路原理图如图 17.3 所示。

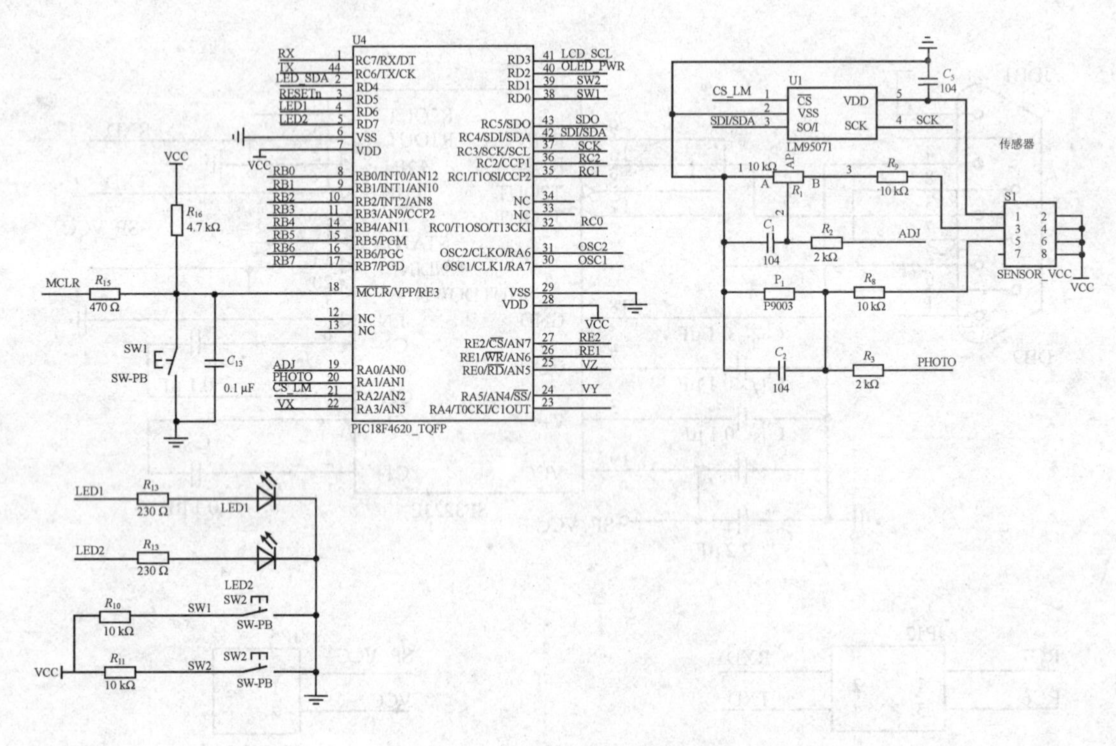

图 17.3　移动扩展板电路原理图

17.2　无线测温系统程序设计

在本章实验中使用 C51RF－3－JX 系统的实验板来当作协调器，移动扩展板当作终端节点来使用。

协调器程序对应 C51RF－3－JX 系统配置光盘"\ZigBee 无线网络实验\第 17 章"中的 DemoCoordinator 文件夹下的工程项目。终端设备程序对应 C51RF－3－JX 系统配置光盘"\ZigBee无线网络实验\第 17 章"中的 DemoRFD 文件夹下的工程项目。

17.2.1　协调器程序设计

协调器在完成网络的生成以及加入管理之后，就接收来自各个节点的温度数据，并将数据通过串口显示到 PC 机上。程序流程图如图 17.4 所示,协调器程序设计如程序清单 17.1 所示。

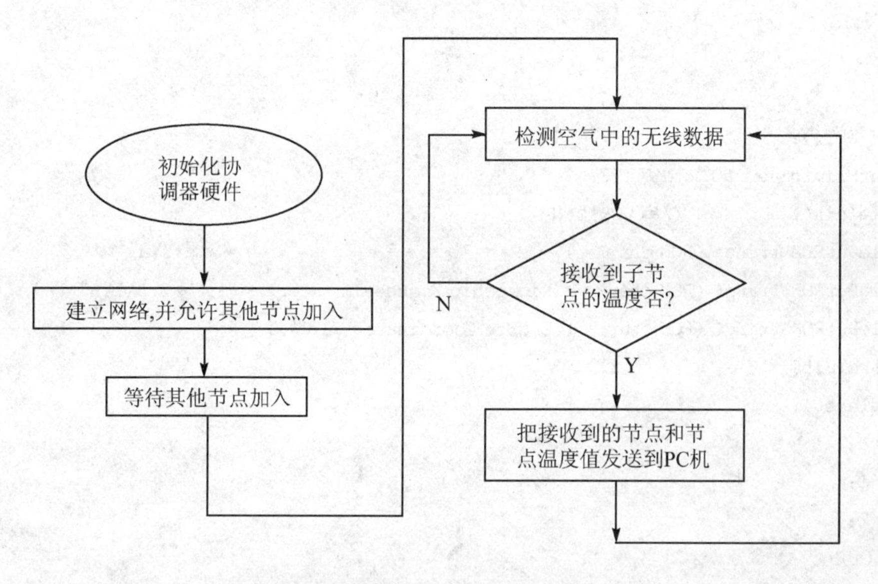

图 17.4　无线测温系统协调器程序流程图

程序清单 17.1 如下:

```
#include "zAPL.h"
#include "console.h"
#pragma romdata CONFIG1H = 0x300001
const rom unsigned char config1H = 0b00000110;
#pragma romdata CONFIG2L = 0x300002
const rom unsigned char config2L = 0b00011111;
#pragma romdata CONFIG2H = 0x300003
const rom unsigned char config2H = 0b00010010;
#pragma romdata CONFIG3H = 0x300005
const rom unsigned char config3H = 0b10000000;
#pragma romdata CONFIG4L = 0x300006
const rom unsigned char config4L = 0b10000001;
#pragma romdata
#define EP_TEMPERATURE              4           //温度终点
#define LED2                        LATA5       //定义 LED
#define LED1                        LATA3
```

```
void HardwareInit( void );
ZIGBEE_PRIMITIVE     currentPrimitive;
void main(void)
{
    CLRWDT();
    ENABLE_WDT();
    currentPrimitive = NO_PRIMITIVE;
    ConsoleInit();          //串口初始化
    ConsolePutROMString( (ROM char * )"**********************\r\n" );
    ConsolePutROMString( (ROM char * )"Microchip ZigBee(TM) Stack - v1.0 - 3.5\r\n" );
    ConsolePutROMString( (ROM char * )"ZigBee Coordinator\r\n" );
    HardwareInit();
    ZigBeeInit();
    LED1 = 1;
    IPEN = 1;
    GIEH = 1;
    while (1)
    {
        CLRWDT();
        ZigBeeTasks( &currentPrimitive );
        switch (currentPrimitive)
        {
            case NLME_NETWORK_FORMATION_confirm:                        //网络形成确认
                if (! params.NLME_NETWORK_FORMATION_confirm.Status)     //网络形成成功
                {
                    ConsolePutROMString( (ROM char * )"PAN " );
                    PrintChar( macPIB.macPANId.byte.MSB );
                    PrintChar( macPIB.macPANId.byte.LSB );
                    ConsolePutROMString( (ROM char * )" started successfully.\r\n" );
                    params.NLME_PERMIT_JOINING_request.PermitDuration = 0xFF;    //无延时
                    currentPrimitive = NLME_PERMIT_JOINING_request;
                }
                else                                                    //网络形成失败
                {
                    PrintChar( params.NLME_NETWORK_FORMATION_confirm.Status );
                    ConsolePutROMString( (ROM char * )" Error forming network.  Trying again...\r\n" );
```

```
            currentPrimitive = NO_PRIMITIVE;
        }
        break;
    case NLME_PERMIT_JOINING_confirm:          //允许终端设备或路由器设备加入确认
        if (! params.NLME_PERMIT_JOINING_confirm.Status)                    //允许加入成功
        {
            ConsolePutROMString( (ROM char * )"Joining permitted.\r\n" );
            currentPrimitive = NO_PRIMITIVE;
        }
        else                                   //允许加入失败
        {
            PrintChar( params.NLME_PERMIT_JOINING_confirm.Status );
            ConsolePutROMString( (ROM char * )" Join permission unsuccessful. We cannot al-
            low joins.\r\n" );
            currentPrimitive = NO_PRIMITIVE;
        }
        break;
    case NLME_JOIN_indication:                 //设备加入指示
        ConsolePutROMString( (ROM char * )"Node " );
        PrintChar( params.NLME_JOIN_indication.ShortAddress.byte.MSB );
        PrintChar( params.NLME_JOIN_indication.ShortAddress.byte.LSB );
        ConsolePutROMString( (ROM char * )" just joined.\r\n" );
        currentPrimitive = NO_PRIMITIVE;
        break;
    case NLME_LEAVE_indication:                //网络断开指示
        if (! memcmppgm2ram( &params.NLME_LEAVE_indication.DeviceAddress, (ROM void * )
        &macLongAddr, 8 ))
        {
            ConsolePutROMString( (ROM char * )"We have left the network.\r\n" );
        }
        else
        {
            ConsolePutROMString( (ROM char * )"Another node has left the network.\r\n" );
        }
        currentPrimitive = NO_PRIMITIVE;
        break;
    case NLME_RESET_confirm:                   //网络重置确认
        ConsolePutROMString( (ROM char * )"ZigBee Stack has been reset.\r\n" );
        currentPrimitive = NO_PRIMITIVE;
```

```
        break;
    case APSDE_DATA_indication:                                   //应用层数据指示
        {
            BYTE        dataLength;
            BYTE        frameHeader;
            BYTE        data1[2];
            BYTE        i;
            currentPrimitive = NO_PRIMITIVE;
            frameHeader = APLGet();
            switch (params.APSDE_DATA_indication.DstEndpoint)  //应用层接收到数据指示目的终点
            {
                case EP_TEMPERATURE:
                LED2 = 1;                                         //LED2 亮
                ConsolePutROMString((ROM char *)"Node ");
                PrintChar(frameHeader);
                ConsolePutROMString((ROM char *)"'s temperature as follows: \r\n" );
                dataLength = APLGet();                            //读取数据长度
                for (i = 0;i < dataLength; i ++ )                 //读取数据,并显示出来
                {
                    data1[i] = APLGet();
                    PrintChar(data1[i]);
                    ConsolePutROMString( (ROM char * )"\r\n" );     //换行
                }
                LED2 = 0;
                break;
            default:
                break;
            }
        }
    break;
    case NO_PRIMITIVE:
        if (! ZigBeeStatus.flags.bits.bNetworkFormed)
        {
            if (! ZigBeeStatus.flags.bits.bTryingToFormNetwork)
            {
                ConsolePutROMString( (ROM char * )"Trying to start network...\r\n" );
                params.NLME_NETWORK_FORMATION_request.ScanDuration          = 8;
                params.NLME_NETWORK_FORMATION_request.ScanChannels.Val      = ALLOWED_
                CHANNELS;
```

```
                    params.NLME_NETWORK_FORMATION_request.PANId.Val                    = 0xFFFF;
                    params.NLME_NETWORK_FORMATION_request.BeaconOrder                  = MAC_PIB_
                    macBeaconOrder;
                    params.NLME_NETWORK_FORMATION_request.SuperframeOrder              = MAC_PIB_
                    macSuperframeOrder;
                    params.NLME_NETWORK_FORMATION_request.BatteryLifeExtension         = MAC_PIB_
                    macBattLifeExt;
                    currentPrimitive = NLME_NETWORK_FORMATION_request;
                }
            }
            else
            {   if (ZigBeeReady())
                {}
            }
            break;
        default:
            PrintChar( currentPrimitive );
            ConsolePutROMString( (ROM char * )" Unhandled primitive.\r\n" );
            currentPrimitive = NO_PRIMITIVE;
            break;
    }
  }
}
void HardwareInit(void)                          //硬件初始化函数
{
    SPIInit();
    PHY_CSn              = 1;
    PHY_VREG_EN          = 0;
    PHY_RESETn           = 1;
    PHY_FIFO_TRIS        = 1;
    PHY_SFD_TRIS         = 1;
    PHY_FIFOP_TRIS       = 1;
    PHY_CSn_TRIS         = 0;
    PHY_VREG_EN_TRIS     = 0;
    PHY_RESETn_TRIS      = 0;
    LATC3                = 1;
    LATC5                = 1;
    TRISC3               = 0;
    TRISC4               = 1;
```

```
    TRISC5              = 0;
    SSPSTAT             = 0xC0;
    SSPCON1             = 0x20;
    ADCON1              = 0x0F;
    TRISA               = 0xC3;        //RA0、RA1 模拟输入,RA2～RA5 为输出
}
```

无线测温系统协调器结果如图17.5所示。

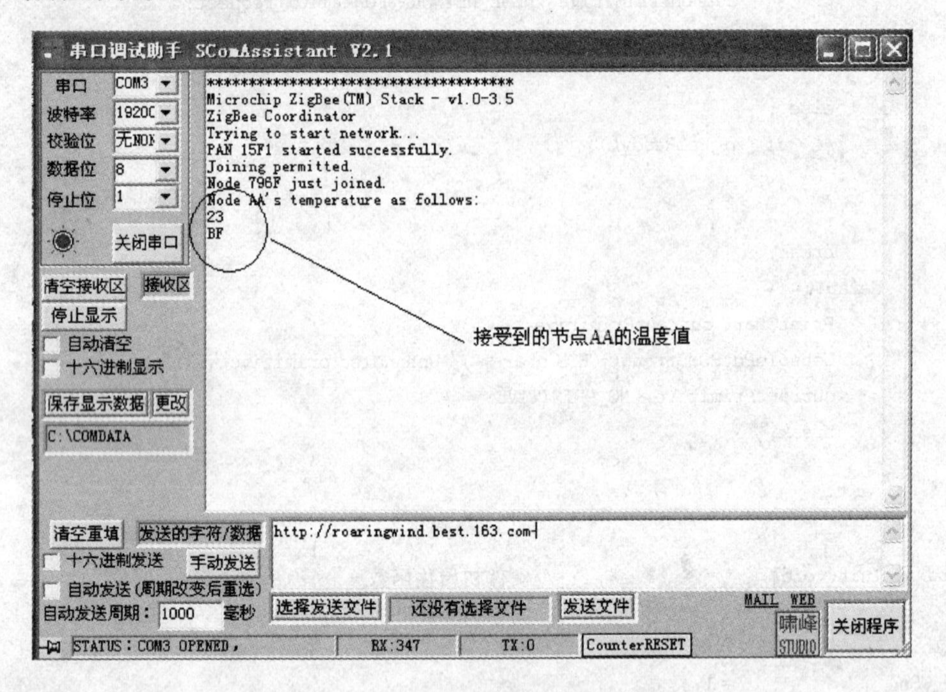

图17.5 无线测温系统协调器结果图

17.2.2 终端设备程序设计

终端设备程序流程图如图17.6所示。本设计中使用移动模块的LM95传感器。其初始化程序如程序清单17.2所示。

程序清单17.2如下:

```
//********************************************************
//函数名称：void Lm95Init(void)
//函数输入：无
//函数输出：无
//函数功能：初始化 LM95
//********************************************************
void Lm95Init(void)
{
    TRISC    & = 0xf7;
    TRISC    | = 0x10;
    TRISA    & = ~0x04;
    SSPSTAT    = 0xC0;
    SSPCON1    = 0x20;
    PIR1     & = 0xf7;
}
```

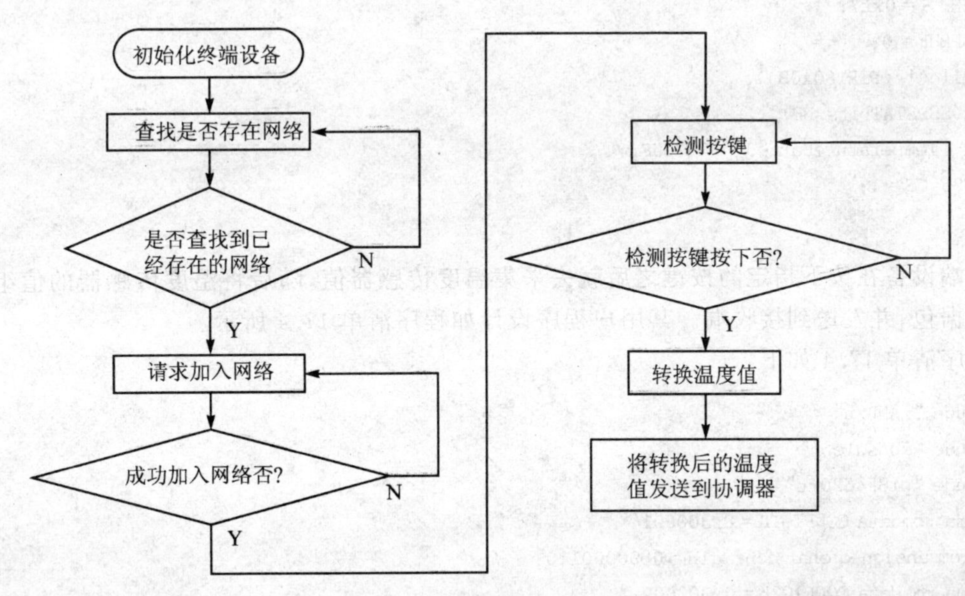

图 17.6　终端设备程序流程图

从 LM95 中读取温度值函数如程序清单 17.3 所示。

程序清单 17.3 如下：

```
//************************************************************
//函数名称：void ReadLm95(void)
//函数输入：无
//函数输出：无
//函数功能：读取 LM95 中的值
//************************************************************
void ReadLm95(void)
{
    unsigned char temH,temL;
    LM95_CS = 0;        //片选
    PIR1 & = 0xf7;
    SSPBUF = 0;
    while(! (PIR1&0x08));
    if( SSPSTATbits.BF)
        TemperatureData[1] = SSPBUF;
    PIR1 & = 0xf7;
    SSPBUF = 0;
    while(! (PIR1&0x08));
    if(SSPSTATbits.BF)
        TemperatureData[0] = SSPBUF;
    LM95_CS = 1;
}
```

终端设备在按下指定的按键之后就去采集温度传感器值，随后将温度传感器的值组成合理的数据包，并发送到接收端。其用户程序设计如程序清单17.4所示。

程序清单17.4如下：

```
#include "zAPL.h"
#include "console.h"
#include "p18F4620.h"
#pragma romdata CONFIG1H = 0x300001
const rom unsigned char config1H = 0b00000110;
#pragma romdata CONFIG2L = 0x300002
const rom unsigned char config2L = 0b00011111;
#pragma romdata CONFIG2H = 0x300003
const rom unsigned char config2H = 0b00010010;
#pragma romdata CONFIG3H = 0x300005
const rom unsigned char config3H = 0b10000000;
#pragma romdata CONFIG4L = 0x300006
const rom unsigned char config4L = 0b10000001;
```

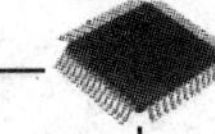


```
#pragma romdata
#define LM95_CS    LATA2                        //定义 LM95 片选
#define EP_TEMPERATURE   4
#define KEY1   RD0                              //定义按键
#define KEY2   RD1
#define LED1   LATD6                            //定义 LED
#define LED2   LATD7
#define Max_Temperature_Length   2              //温度数据最长数据
ram unsigned char  TemperatureData[Max_Temperature_Length] = {0,0};  //温度缓冲区
NETWORK_DESCRIPTOR    * currentNetworkDescriptor;
ZIGBEE_PRIMITIVE      currentPrimitive;
SHORT_ADDR            destinationAddress;
NETWORK_DESCRIPTOR    * NetworkDescriptor;
void HardwareInit( void );
void Lm95Init( void );
void ReadLm95( void );
unsigned char KeyScan( void );
BOOL myProcessesAreDone( void );
void main(void)
{
    CLRWDT();
    ENABLE_WDT();
    currentPrimitive = NO_PRIMITIVE;
    NetworkDescriptor = NULL;
    ConsoleInit();
    ConsolePutROMString( (ROM char * )"************************\r\n" );
    ConsolePutROMString( (ROM char * )"Microchip ZigBee(TM) Stack - v1.0 - 3.5\r\n" );
    ConsolePutROMString( (ROM char * )"ZigBee RFD\r\n" );
    HardwareInit();
    ZigBeeInit();
    Lm95Init();
    destinationAddress.Val = 0x0000;
    LED1 = 1;
    IPEN = 1;
    GIEH = 1;
    while (1)
    {
        CLRWDT();
        ZigBeeTasks( &currentPrimitive );
```

```
switch (currentPrimitive)
{
    case NLME_NETWORK_DISCOVERY_confirm:        //发现网络确认
        currentPrimitive = NO_PRIMITIVE;
        if (! params.NLME_NETWORK_DISCOVERY_confirm.Status)
        {
            if (! params.NLME_NETWORK_DISCOVERY_confirm.NetworkCount)
            {
                ConsolePutROMString( (ROM char * )"No networks found.  Trying again...\r\n" );
            }
            else
            {
                NetworkDescriptor = params.NLME_NETWORK_DISCOVERY_confirm.NetworkDescriptor;
                currentNetworkDescriptor = NetworkDescriptor;
                params.NLME_JOIN_request.PANId = currentNetworkDescriptor -> PanID;
                ConsolePutROMString( (ROM char * )"Network(s) found. Trying to join " );
                PrintChar( params.NLME_JOIN_request.PANId.byte.MSB );
                PrintChar( params.NLME_JOIN_request.PANId.byte.LSB );
                ConsolePutROMString( (ROM char * )".\r\n" );
                params.NLME_JOIN_request.JoinAsRouter      = FALSE;
                params.NLME_JOIN_request.RejoinNetwork     = FALSE;
                params.NLME_JOIN_request.PowerSource       = NOT_MAINS_POWERED;
                params.NLME_JOIN_request.RxOnWhenIdle      = FALSE;
                params.NLME_JOIN_request.MACSecurity       = FALSE;
                currentPrimitive = NLME_JOIN_request;
            }
        }
        else
        {
            PrintChar( params.NLME_NETWORK_DISCOVERY_confirm.Status );
            ConsolePutROMString( (ROM char * )" Error finding network. Trying again...\r\n" );
        }
        break;
    case NLME_JOIN_confirm:                  //设备加入网络确认
        if (! params.NLME_JOIN_confirm.Status)
        {
            ConsolePutROMString( (ROM char * )"Join successful in " );
            PrintChar( params.NLME_JOIN_confirm.PANId.byte.MSB );
            PrintChar( params.NLME_JOIN_confirm.PANId.byte.LSB );
```

```
            ConsolePutROMString( (ROM char * )"! \r\n" );
            if (NetworkDescriptor)
            {
                free( NetworkDescriptor );
            }
            currentPrimitive = NO_PRIMITIVE;
        }
        else
        {
            PrintChar( params.NLME_JOIN_confirm.Status );
            ConsolePutROMString( (ROM char * )" Could not join.\r\n" );
            currentPrimitive = NO_PRIMITIVE;
        }
        break;
    case NLME_LEAVE_indication:              //断开网络确认
        if (! memcmppgm2ram( &params.NLME_LEAVE_indication.DeviceAddress, (ROM void * )
        &macLongAddr, 8 ))
        {
            ConsolePutROMString( (ROM char * )"We have left the network.\r\n" );
        }
        else
        {
            ConsolePutROMString( (ROM char * )"Another node has left the network.\r\n" );
        }
        currentPrimitive = NO_PRIMITIVE;
        break;
    case NLME_RESET_confirm:                 //网络重置确认
        ConsolePutROMString( (ROM char * )"ZigBee Stack has been reset.\r\n" );
        currentPrimitive = NO_PRIMITIVE;
        break;
    case NLME_SYNC_confirm:                  //网络同步确认
        switch (params.NLME_SYNC_confirm.Status)
        {
            case SUCCESS:
                ConsolePutROMString( (ROM char * )"No data available.\r\n" );
                break;
            case NWK_SYNC_FAILURE:
                ConsolePutROMString( (ROM char * )"I cannot communicate with my parent.\r\n" );
                break;
```

```
            case NWK_INVALID_PARAMETER:
                ConsolePutROMString( (ROM char * )"Invalid sync parameter.\r\n" );
                break;
        }
        currentPrimitive = NO_PRIMITIVE;
        break;
    case APSDE_DATA_confirm:                                    //应用层数据确认
        if (params.APSDE_DATA_confirm.Status)
        {
            ConsolePutROMString( (ROM char * )"Error " );
            PrintChar( params.APSDE_DATA_confirm.Status );
            ConsolePutROMString( (ROM char * )" sending message.\r\n" );
        }
        else
        {
            ConsolePutROMString( (ROM char * )" Message sent successfully.\r\n" );
        }
        currentPrimitive = NO_PRIMITIVE;
        break;
    case NO_PRIMITIVE:
        if (! ZigBeeStatus.flags.bits.bNetworkJoined)          //未加入网络
        {
            if (! ZigBeeStatus.flags.bits.bTryingToJoinNetwork)
            {
                if (ZigBeeStatus.flags.bits.bTryOrphanJoin)
                {
                    ConsolePutROMString( (ROM char * )"Trying to join network as an or-
                    phan...\r\n" );
                    params.NLME_JOIN_request.JoinAsRouter      = FALSE;
                    params.NLME_JOIN_request.RejoinNetwork     = TRUE;
                    params.NLME_JOIN_request.PowerSource       = NOT_MAINS_POWERED;
                    params.NLME_JOIN_request.RxOnWhenIdle      = FALSE;
                    params.NLME_JOIN_request.MACSecurity       = FALSE;
                    params.NLME_JOIN_request.ScanDuration      = 8;
                    params.NLME_JOIN_request.ScanChannels.Val  = ALLOWED_CHANNELS;
                    currentPrimitive = NLME_JOIN_request;
                }
                else
                {
```

```
                ConsolePutROMString( (ROM char * )"Trying to join network as a new de-
                vice...\r\n" );
                params.NLME_NETWORK_DISCOVERY_request.ScanDuration              = 8;
                params.NLME_NETWORK_DISCOVERY_request.ScanChannels.Val          = AL-
                LOWED_CHANNELS;
                currentPrimitive = NLME_NETWORK_DISCOVERY_request;//发现网络请求
            }
        }
    }
    else                                                           //已经加入网络
    {
        if (ZigBeeStatus.flags.bits.bDataRequestComplete & ZigBeeReady())
        {
            if ( KeyScan()>0 )                                     //有键按下
            {
                unsigned char i                                    = 0;
                unsigned char TxDataLength                         = 0;
                LED2 = 1;
                ReadLm95();                                        //读取 LM95 的 A/D 值
                TxBuffer[TxData++] = 0xAA;                         //地址
                TxBuffer[TxData++] = Max_Temperature_Length;       //数据包长度
                for(i = 0;i<Max_Temperature_Length;i++)            //数据包
                {
                    TxBuffer[TxData++]    = TemperatureData[i];
                }
                params.APSDE_DATA_request.DstAddrMode = APS_ADDRESS_16_BIT;
                params.APSDE_DATA_request.DstEndpoint = EP_TEMPERATURE;
                params.APSDE_DATA_request.DstAddress.ShortAddr = destinationAddress;
                params.APSDE_DATA_request.ProfileId.Val = MY_PROFILE_ID;
                params.APSDE_DATA_request.RadiusCounter    = DEFAULT_RADIUS;
                params.APSDE_DATA_request.DiscoverRoute = ROUTE_DISCOVERY_ENABLE;
                params.APSDE_DATA_request.TxOptions.Val    = 0;
                params.APSDE_DATA_request.SrcEndpoint = EP_TEMPERATURE;
                params.APSDE_DATA_request.ClusterId = OnOffSRC_CLUSTER;
                ConsolePutROMString( (ROM char * )" Trying to send temperature message.
                \r\n" );
                LED2 = 0;
                currentPrimitive = APSDE_DATA_request;      //应用层发送数据请求
            }
```

```
                    }
                    if (currentPrimitive == NO_PRIMITIVE)
                    {
                        if (! ZigBeeStatus.flags.bits.bDataRequestComplete)
                        {
                            if (! ZigBeeStatus.flags.bits.bRequestingData)
                            {
                                if (ZigBeeReady())
                                {
                                    params.NLME_SYNC_request.Track = FALSE;
                                    currentPrimitive = NLME_SYNC_request;
                                    ConsolePutROMString((ROM char * )"Requesting data...\r\n" );
                                }
                            }
                        }
                    }
                }
                break;
            default:
                PrintChar( currentPrimitive );
                ConsolePutROMString( (ROM char * )" Unhandled primitive.\r\n" );
                currentPrimitive = NO_PRIMITIVE;
        }
    }
}
void HardwareInit(void)
{
    SPIInit();
    PHY_CSn             = 1;
    PHY_VREG_EN         = 0;
    PHY_RESETn          = 1;
    PHY_FIFO_TRIS       = 1;
    PHY_SFD_TRIS        = 1;
    PHY_FIFOP_TRIS      = 1;
    PHY_CSn_TRIS        = 0;
    PHY_VREG_EN_TRIS    = 0;
    PHY_RESETn_TRIS     = 0;
    LATC3               = 1;
    LATC5               = 1;
```

```
    TRISC3              = 0;
    TRISC4              = 1;
    TRISC5              = 0;
    SSPSTAT             = 0xC0;
    SSPCON1             = 0x20;
    ADCON1              = 0x0F;
    TRISD               = 0x3F;                     //RD0、RD1 为输入,RD6、RD7 为输出
}
void Lm95Init(void)                                 //LM95 初始化函数
{
    TRISC   &= 0xf7;
    TRISC   |= 0x10;
    TRISA   &= ~0x04;
    SSPSTAT     = 0xC0;
    SSPCON1     = 0x20;
    PIR1    &= 0xf7;
}
void ReadLm95(void)                         //读 LM95 函数
{
    unsigned char temH,temL;
    LM95_CS = 0;
    PIR1 &= 0xf7;
    SSPBUF = 0;
    while(! (PIR1&0x08));
    if( SSPSTATbits.BF )
        TemperatureData[1] = SSPBUF;
    PIR1 &= 0xf7;
    SSPBUF = 0;
    while(! (PIR1&0x08));
    if(SSPSTATbits.BF)
        TemperatureData[0] = SSPBUF;
    LM95_CS = 1;
}
unsigned char KeyScan( void )               //键盘扫描函数
{
    unsigned char key = 0;
    if (! KEY1)
    {
        while(! KEY1);
```

```
        key = 1;
    }
    if (! KEY2)
    {
        while(! KEY2);
        key = 2;
    }
    return key;
}
```

无线测温系统终端设备结果如图 17.7 所示。

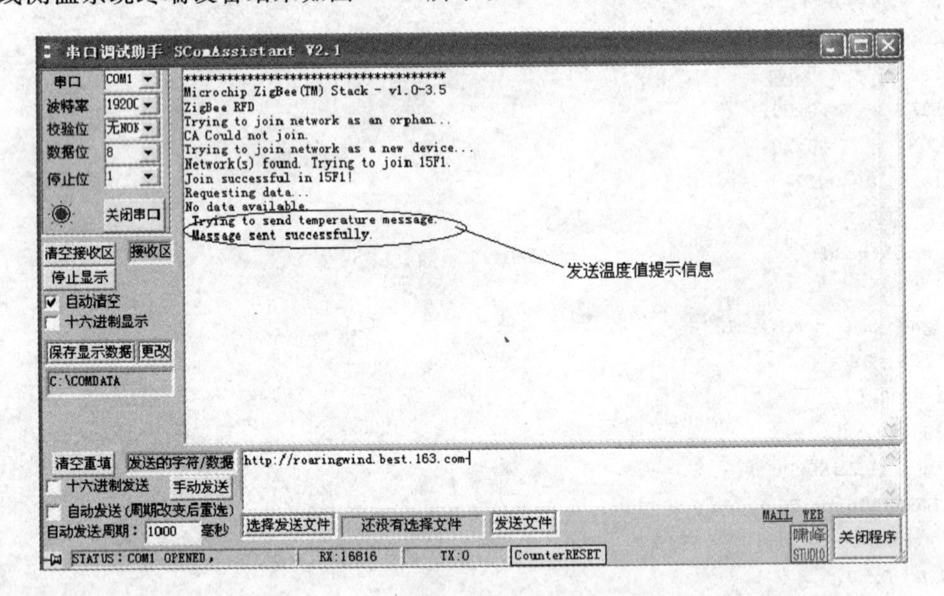

图 17.7　无线测温系统终端设备结果图

第 18 章

基于 ZigBee 节能型路灯控制系统

本章将设计一个节能型路灯自动控制系统。

随着经济的发展,能源将制约我国经济的发展。因此,节能的意义巨大。

目前在各大城市的路灯存在着能源利用率不高这个普遍的问题。特别是在午夜过后,交通路上的车辆与行人较少,路灯可以关闭一部分以节省电能。

对于路灯的开关的控制,人们一直在寻找一个既方便又可靠的方法。以前人们采用人工控制的方法。这种方法浪费人力,操作烦琐且每天早晚开关灯时间不准确,人为因素很大。后来一些城市开始使用光电控制电路,利用光敏电阻来控制灯的开关状态。这种方式易受干扰,可靠性较低。

随着无线技术的发展,利用无线通信技术进行路灯的控制成为现实。这种控制方式灵活、方便,无须考虑控制布线问题,维护简单。

18.1 路灯自动控制系统原理及实现

本章设计的节能型路灯自动控制系统基于 ZigBee 技术设计,节能效果更明显,如图 18.1 所示。协调器利用光敏电阻感应光线的强弱来控制整个网络中的路灯的开关状态。

在本章实验中使用实验板作为协调器,一个移动扩展板作为终端设备。协调器相关原理图如图 18.2 和图 18.3 所示。

终端设备的电路原理图如图 18.4 所示。

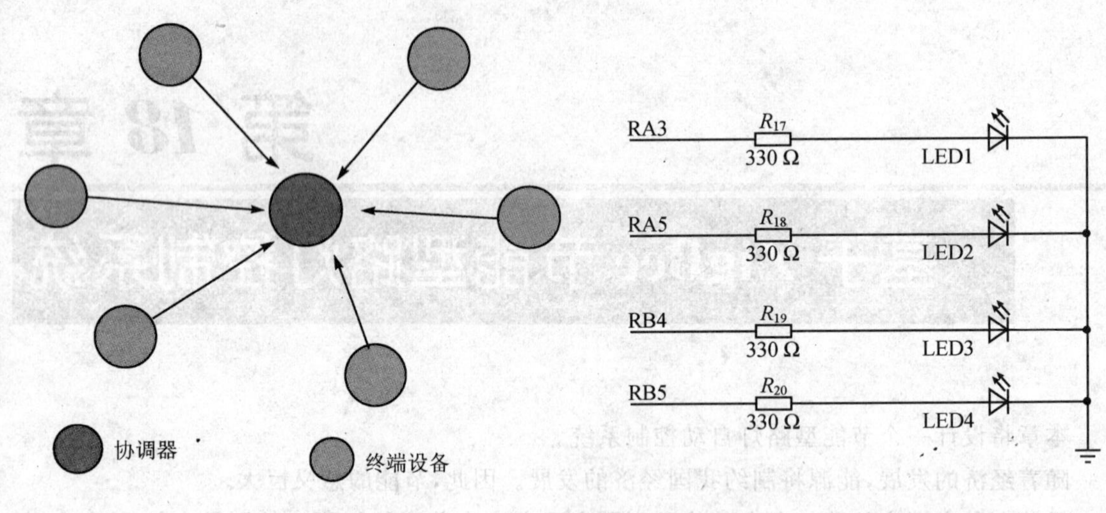

图 18.1　节能路灯系统框图

图 18.2　LED 指示电路原理图

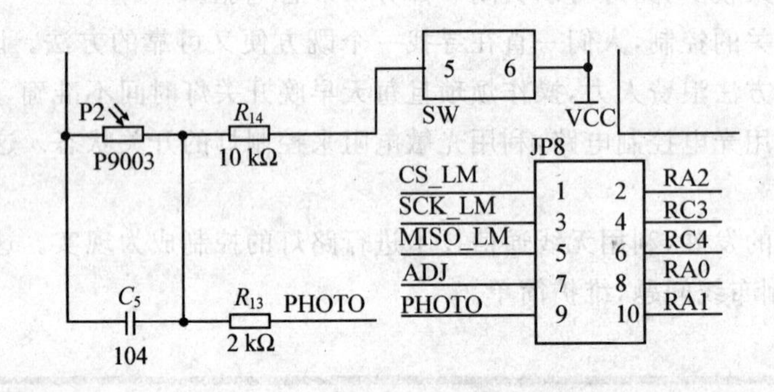

图 18.3　光敏传感器电路原理图

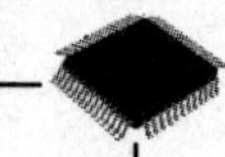

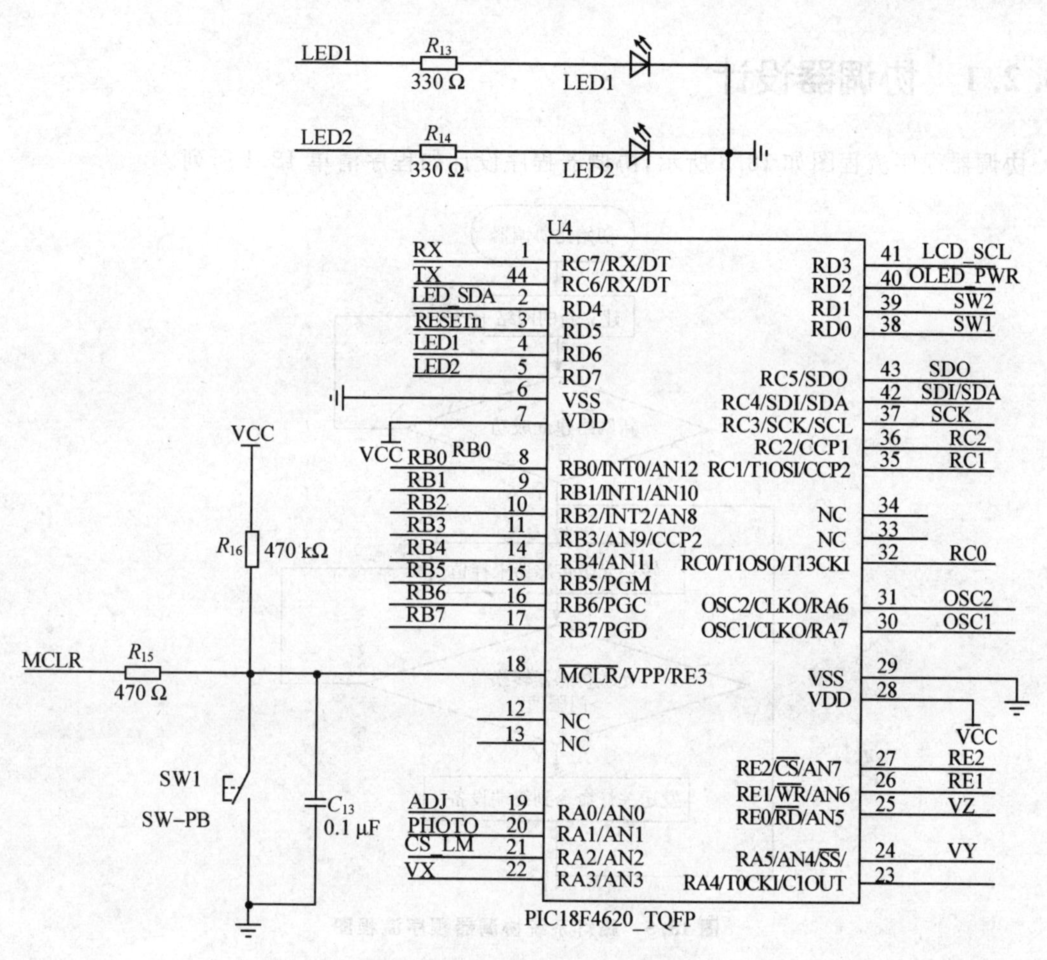

图 18.4　路灯终端设备电路原理图

18.2　路灯自动控制系统程序设计

本节分别介绍协调器和终端设备的程序设计。

协调器程序对应 C51RF－3－JX 系统配置实验"\ZigBee 无线网络实验\第 18 章"中的 DemoCoordinator 文件夹下的工程项目，终端设备程序对应 C51RF－3－JX 系统配置实验"\ZigBee无线网络实验\第 18 章"中的 DemoRFD 文件夹下的工程项目。

18.2.1　协调器设计

协调器程序流程图如 18.5 所示，协调器程序设计如程序清单 18.1 所列。

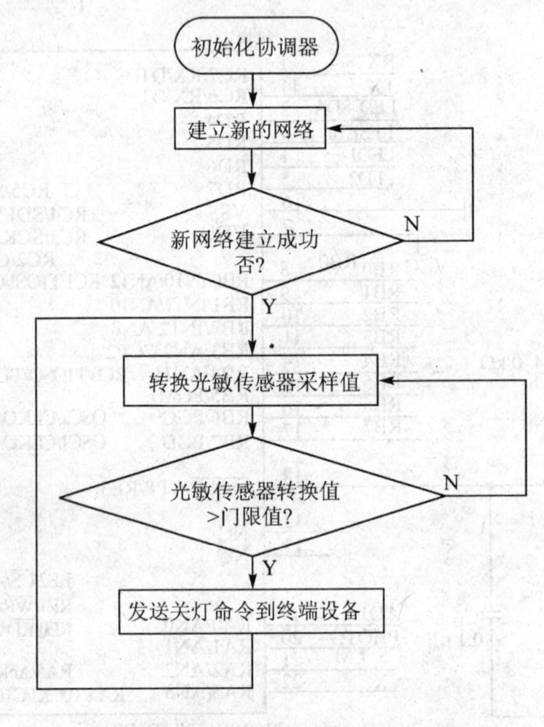

图 18.5　路灯系统协调器程序流程图

协调器将通过对光敏传感器的值经过 A/D 转换后判断是否需要开灯或者关灯操作，读 A/D 值函数如程序清单 18.1 所示。

程序清单 18.1 如下：

```
//**********************************************************
//函数名称：WORD ReadAD(void)
//函数输入：无
//函数输出：转换后的 A/D 值
//函数功能：读取转换后的 A/D 值
//**********************************************************
WORD ReadAD(void)
{
    WORD adtemp;
```

```
    PIR1bits.ADIF = 0;
    ADCON0bits.GO      = 1;                          //忙标志
    while(ADCON0bits.GO);                            //等待转换结束
    PIR1bits.ADIF      = 0;                          //清标志
    adtemp             = ADRESL + ADRESH * 256;      //读取 A/D 数据
    return adtemp;
}
```

路灯系统协调器程序清单 18.2 如下：

```
#include "zAPL.h"
#include "console.h"
#pragma romdata CONFIG1H = 0x300001
const rom unsigned char config1H = 0b00000110;
#pragma romdata CONFIG2L = 0x300002
const rom unsigned char config2L = 0b00011111;
#pragma romdata CONFIG2H = 0x300003
const rom unsigned char config2H = 0b00010010;
#pragma romdata CONFIG3H = 0x300005
const rom unsigned char config3H = 0b10000000;
#pragma romdata CONFIG4L = 0x300006
const rom unsigned char config4L = 0b10000001;
#pragma romdata
#define I_AM_SWITCH
#define LIGHT_SWITCH            RB4          //定义按键
#define LED2                    LATA5        //定义 LED
#define LIGHT_OFF               0x00         //定义 LED 灯命令
#define LIGHT_ON                0xFF
#define LIGHT_TOGGLE            0xF0
#define LIGHT
unsigned char netstatus;
ZIGBEE_PRIMITIVE    currentPrimitive;
SHORT_ADDR          destinationAddress;
void HardwareInit( void );
WORD ReadAD(void);
void main(void)
{
    CLRWDT();
    ENABLE_WDT();
    currentPrimitive = NO_PRIMITIVE;
```

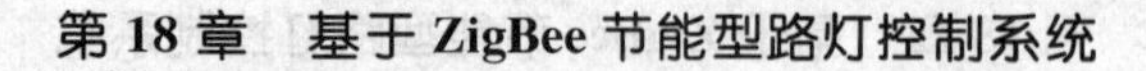


```
ConsoleInit();
ConsolePutROMString((ROM char * )"\r\n**********************\r\n" );
ConsolePutROMString((ROM char * )"Microchip ZigBee(TM) Stack - v1.0 - 3.5\r\n" );
ConsolePutROMString((ROM char * )"ZigBee Coordinator\r\n" );
HardwareInit();
ZigBeeInit();
destinationAddress.Val = 0x796F;                    //默认的第一个 RFD
netstatus = FALSE;
IPEN = 1;
GIEH = 1;
while (1)
{
    CLRWDT();
    ZigBeeTasks( &currentPrimitive );
    switch (currentPrimitive)
    {
        case NLME_NETWORK_FORMATION_confirm:     //生成网络确认
            if (! params.NLME_NETWORK_FORMATION_confirm.Status)
            {
                ConsolePutROMString( (ROM char * )"PAN " );
                PrintChar( macPIB.macPANId.byte.MSB );
                PrintChar( macPIB.macPANId.byte.LSB );
                ConsolePutROMString( (ROM char * )" started successfully.\r\n" );
                params.NLME_PERMIT_JOINING_request.PermitDuration = 0xFF;   //没有延时
                currentPrimitive = NLME_PERMIT_JOINING_request;
            }
            else
            {
                PrintChar( params.NLME_NETWORK_FORMATION_confirm.Status );
                ConsolePutROMString( (ROM char * )" Error forming network.  Trying again...\r\n" );
                currentPrimitive = NO_PRIMITIVE;
            }
            break;
        case NLME_PERMIT_JOINING_confirm:   //允许设备加入确认
            if (! params.NLME_PERMIT_JOINING_confirm.Status)
            {
                ConsolePutROMString( (ROM char * )"Joining permitted.\r\n" );
                currentPrimitive = NO_PRIMITIVE;
            }
```

```
        else
        {
            PrintChar( params.NLME_PERMIT_JOINING_confirm.Status );
            ConsolePutROMString( (ROM char * )" Join permission unsuccessful. We cannot al-
            low joins.\r\n" );
            currentPrimitive = NO_PRIMITIVE;
        }
        break;
    case NLME_JOIN_indication:
        ConsolePutROMString( (ROM char * )"Node " );
        PrintChar( params.NLME_JOIN_indication.ShortAddress.byte.MSB );
        PrintChar( params.NLME_JOIN_indication.ShortAddress.byte.LSB );
        ConsolePutROMString( (ROM char * )" just joined.\r\n" );
    netstatus = TRUE;
        currentPrimitive = NO_PRIMITIVE;
        break;
    case NLME_LEAVE_indication:
        if (! memcmppgm2ram( &params.NLME_LEAVE_indication.DeviceAddress, (ROM void * )
        &macLongAddr, 8 ))
        {
            ConsolePutROMString( (ROM char * )"We have left the network.\r\n" );
        }
        else
        {
            ConsolePutROMString( (ROM char * )"Another node has left the network.\r\n" );
        }
        currentPrimitive = NO_PRIMITIVE;
        break;
    case NLME_RESET_confirm:                          //网络重置确认
        ConsolePutROMString( (ROM char * )"ZigBee Stack has been reset.\r\n" );
        currentPrimitive = NO_PRIMITIVE;
        break;
    case APSDE_DATA_confirm:                          //应用层数据确认
        if (params.APSDE_DATA_confirm.Status)  //应用层数据发送结果状态为错误
        {
            ConsolePutROMString( (ROM char * )"Error " );
            PrintChar( params.APSDE_DATA_confirm.Status );
            ConsolePutROMString( (ROM char * )" sending message.\r\n" );
        }
```

```
        else                                          //应用层数据发送结果状态为成功
        {
            ConsolePutROMString( (ROM char * )" Message sent successfully.\r\n" );
        }
        currentPrimitive = NO_PRIMITIVE;
        break;
    case APSDE_DATA_indication:                       //应用层数据指示
        {
            WORD_VAL    attributeId;
            BYTE        command;
            BYTE        data;
            BYTE        dataLength;
            BYTE        frameHeader;
            BYTE        sequenceNumber;
            BYTE        transaction;
            BYTE        transByte;
            currentPrimitive = NO_PRIMITIVE;
            frameHeader = APLGet();
            switch (params.APSDE_DATA_indication.DstEndpoint)
            {
                case EP_ZDO:
                    ConsolePutROMString( (ROM char * )"Receiving ZDO cluster " );
                    PrintChar( params.APSDE_DATA_indication.ClusterId );
                    ConsolePutROMString( (ROM char * )"\r\n" );
                    if ((frameHeader & APL_FRAME_TYPE_MASK) == APL_FRAME_TYPE_MSG)
                    {
                        frameHeader &= APL_FRAME_COUNT_MASK;
                        for (transaction = 0; transaction<frameHeader; transaction++)
                        {
                            sequenceNumber          = APLGet();
                            dataLength              = APLGet();
                            transByte               = 1;    //状态字节
                            switch( params.APSDE_DATA_indication.ClusterId )
                            {
                                default:
                                    break;
                            }
                            for (; transByte<dataLength; transByte++)
                            {
```

```
                    APLGet();
                }
            }
        }
        break;
    case EP_LIGHT:
        if ((frameHeader & APL_FRAME_TYPE_MASK) == APL_FRAME_TYPE_KVP)
        {
            frameHeader &= APL_FRAME_COUNT_MASK;
            for (transaction = 0; transaction<frameHeader; transaction++)
            {
                sequenceNumber              = APLGet();
                command                     = APLGet();
                attributeId.byte.LSB        = APLGet();
                attributeId.byte.MSB        = APLGet();
                command &= APL_FRAME_COMMAND_MASK;
                if ((params.APSDE_DATA_indication.ClusterId == OnOffSRC_
                CLUSTER) &&
                    (attributeId.Val == OnOffSRC_OnOff))
                {
                    if ((command == APL_FRAME_COMMAND_SET) ||
                        (command == APL_FRAME_COMMAND_SETACK))
                    {
                        TxBuffer[TxData++] = APL_FRAME_TYPE_KVP | 1;
                        //KVP, 1
                        TxBuffer[TxData++] = sequenceNumber;
                        TxBuffer[TxData++] = APL_FRAME_COMMAND_SET_RES |
                        (APL_FRAME_DATA_TYPE_UINT8 << 4);
                        TxBuffer[TxData++] = attributeId.byte.LSB;
                        TxBuffer[TxData++] = attributeId.byte.MSB;
                        data = APLGet();
                        switch (data)
                        {
                            case LIGHT_OFF:
                                ConsolePutROMString( (ROM char *)"Turning
                                light off.\r\n" );
                                TxBuffer[TxData++] = SUCCESS;
                                break;
                            case LIGHT_ON:
```

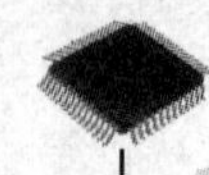


```
                ConsolePutROMString( (ROM char * )"Turning
                light on.\r\n" );
                TxBuffer[TxData++] = SUCCESS;
                break;
            case LIGHT_TOGGLE:
                ConsolePutROMString( (ROM char * )"Toggling
                light.\r\n" );
                TxBuffer[TxData++] = SUCCESS;
                break;
            default:
                PrintChar( data );
                ConsolePutROMString( (ROM char * )" Invalid
                light message.\r\n" );
                TxBuffer[TxData++] = KVP_INVALID_ATTRIBUTE
                _DATA;
                break;
        }
    }
    if (command == APL_FRAME_COMMAND_SETACK)
    {
        ZigBeeBlockTx();
        params.APSDE_DATA_request.DstAddrMode = params.APSDE
        _DATA_indication.SrcAddrMode;
        params.APSDE_DATA_request.DstEndpoint = params.APSDE
        _DATA_indication.SrcEndpoint;
        params.APSDE_DATA_request..DstAddress.ShortAddr = pa-
        rams.APSDE_DATA_indication.SrcAddress.ShortAddr;
        params.APSDE_DATA_request.RadiusCounter = DEFAULT_
        RADIUS;
        params.APSDE_DATA_request.DiscoverRoute = ROUTE_DIS-
        COVERY_ENABLE;
        params.APSDE_DATA_request.TxOptions.Val = 0;
        params.APSDE_DATA_request.SrcEndpoint = EP_LIGHT;
        currentPrimitive = APSDE_DATA_request;
    }
    else
    {
        TxData = TX_DATA_START;
    }
```

```
                        }
                    }
                }
                break;
            default:
                break;
        }
        APLDiscardRx();
    }
    break;
case NO_PRIMITIVE:
    if (! ZigBeeStatus.flags.bits.bNetworkFormed)  //PAN未形成
    {
        if (! ZigBeeStatus.flags.bits.bTryingToFormNetwork)
        {
            ConsolePutROMString( (ROM char * )"Trying to start network...\r\n" );
            params.NLME_NETWORK_FORMATION_request.ScanDuration      = 8;
            params.NLME_NETWORK_FORMATION_request.ScanChannels.Val    = ALLOWED_CHAN-
            NELS;
            params.NLME_NETWORK_FORMATION_request.PANId.Val    = 0xFFFF;
            params.NLME_NETWORK_FORMATION_request.BeaconOrder    = MAC_PIB_macBea-
            conOrder;
            params.NLME_NETWORK_FORMATION_request.SuperframeOrder    = MAC_PIB_macSu-
            perframeOrder;
            params.NLME_NETWORK_FORMATION_request.BatteryLifeExtension    = MAC_PIB_
            macBattLifeExt;
            currentPrimitive = NLME_NETWORK_FORMATION_request;
        }
    }
    else                                            //PAN已经形成
    {
        if (ZigBeeReady())
        {
            if(netstatus == TRUE)
            {
                WORD  addata;
                addata = ReadAD();                  //读取光经A/D后的值
                if( addata > 0 )
                {
```

```
                        LED2 = 1;
                        TxBuffer[TxData++] = APL_FRAME_TYPE_KVP | 1; //KVP, 1
                        TxBuffer[TxData++] = APLGetTransId();
                        TxBuffer[TxData++] = APL_FRAME_COMMAND_SET | (APL_FRAME_DATA_
                        TYPE_UINT8 << 4);
                        TxBuffer[TxData++] = OnOffSRC_OnOff & 0xFF;   //属性 ID 低字节
                        TxBuffer[TxData++] = (OnOffSRC_OnOff >> 8) & 0xFF;
                                                                      //属性 ID 高字节
                        TxBuffer[TxData++] = addata;                  //装入 AD 值
                        TxBuffer[TxData++] = addata >> 8;
                        params.APSDE_DATA_request.DstAddrMode = APS_ADDRESS_16_BIT;
                        params.APSDE_DATA_request.DstEndpoint = EP_LIGHT;
                        params.APSDE_DATA_request.DstAddress.ShortAddr = destinationAd-
                        dress;
                        params.APSDE_DATA_request.ProfileId.Val = MY_PROFILE_ID;
                        params.APSDE_DATA_request.RadiusCounter = DEFAULT_RADIUS;
                        params.APSDE_DATA_request.DiscoverRoute = ROUTE_DISCOVERY_ENABLE;
                        params.APSDE_DATA_request.TxOptions.Val = 0;
                        params.APSDE_DATA_request.SrcEndpoint = EP_LIGHT;
                        params.APSDE_DATA_request.ClusterId = OnOffSRC_CLUSTER;
                        ConsolePutROMString( (ROM char *)" Trying to send light switch
                        message.\r\n" );
                          LED2 = 0;
                        currentPrimitive = APSDE_DATA_request;
                        }
                    }
                }
            }
            break;
        default:
            PrintChar( currentPrimitive );
            ConsolePutROMString( (ROM char *)" Unhandled primitive.\r\n" );
            currentPrimitive = NO_PRIMITIVE;
            break;
        }
    }
}
void HardwareInit(void)
{
```

```
    SPIInit();
    PHY_CSn                 = 1;
    PHY_VREG_EN             = 0;
    PHY_RESETn              = 1;
    PHY_FIFO_TRIS           = 1;
    PHY_SFD_TRIS            = 1;
    PHY_FIFOP_TRIS          = 1;
    PHY_CSn_TRIS            = 0;
    PHY_VREG_EN_TRIS        = 0;
    PHY_RESETn_TRIS         = 0;
    LATC3                   = 1;
    LATC5                   = 1;
    TRISC3                  = 0;
    TRISC4                  = 1;
    TRISC5                  = 0;
    SSPSTAT                 = 0xC0;
    SSPCON1                 = 0x20;
    ADCON0 = 0x04;                          //AIN1 通道
    ADCON1 = 0x0d;                          //参考电压为 VCC～GND,配置 IN0 和 IN1
    ADCON2 = 0xA6;                          //AD 结果右对齐,8 个 TAD,Fos/64
    PIR1bits.ADIF = 0;                      //清标志
    TRISA               = 0xC3;             //RA0、RA1 模拟输入,RA2～RA5 为输出
    LATA                = 0x0C;             //LED1 亮
}
WORD ReadAD(void)
{
    WORD adtemp;
    PIR1bits.ADIF          = 0;
    ADCON0bits.GO       = 1;                //忙标志
    while(ADCON0bits.GO);                   //等待转换结束
    PIR1bits.ADIF       = 0;                //清标志
    adtemp      = ADRESL + ADRESH * 256;    //读取 AD 数据
    return adtemp;
}
```

路灯系统协调器结果图 18.6 所示。

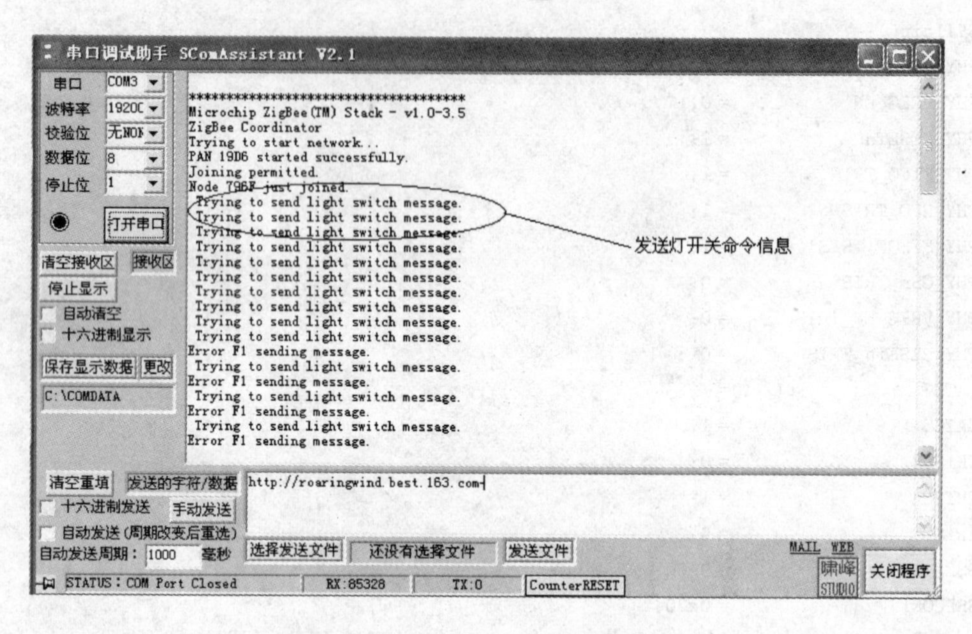

图 18.6　路灯系统协调器结果图

18.2.2　终端设备设计

终端设备程序流程图 18.7 所示，终端设备程序设计如程序清单 18.3 所示。

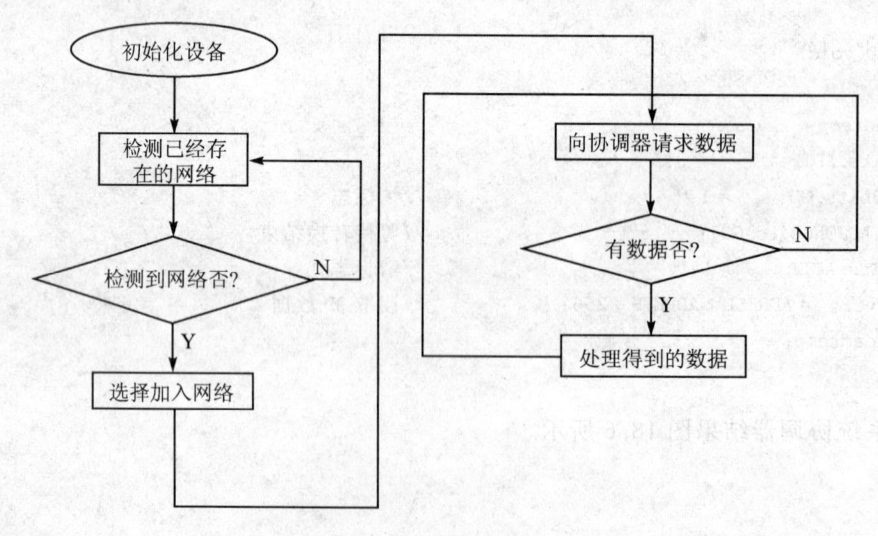

图 18.7　终端设备程序流程图

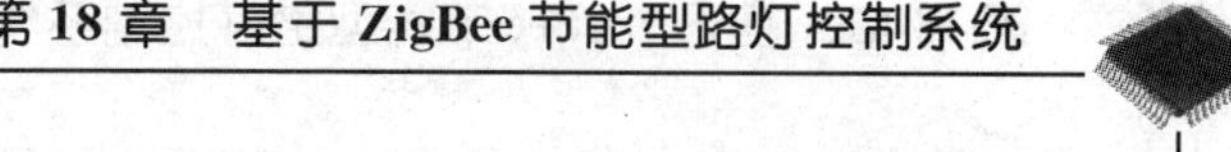

程序清单 18.3 如下：

```
#include "zAPL.h"
#include "console.h"
#pragma romdata CONFIG1H = 0x300001
const rom unsigned char config1H = 0b00000110;
#pragma romdata CONFIG2L = 0x300002
const rom unsigned char config2L = 0b00011111;
#pragma romdata CONFIG2H = 0x300003
const rom unsigned char config2H = 0b00010010;
#pragma romdata CONFIG3H = 0x300005
const rom unsigned char config3H = 0b10000000;
#pragma romdata CONFIG4L = 0x300006
const rom unsigned char config4L = 0b10000001;
#pragma romdata
#define I_AM_LIGHT
#define LED1                    LATD6           //定义 LED 灯
#define LED2                    LATD7
#define KEY1                    RD0             //定义按键
#define KEY2                    RD1
#define LIGHT_OFF               0x00            //定义灯状态
#define LIGHT_ON                0xFF
#define LIGHT_TOGGLE            0xF0
#define MYADDRESS               0x01
#define STATUS_FLAGS_INIT       0x00
NETWORK_DESCRIPTOR   *currentNetworkDescriptor;
ZIGBEE_PRIMITIVE     currentPrimitive;
SHORT_ADDR           destinationAddress;
NETWORK_DESCRIPTOR   *NetworkDescriptor;
void HardwareInit( void );
unsigned char KeyScan( void );
void main(void)
{
    CLRWDT();
    ENABLE_WDT();
    currentPrimitive = NO_PRIMITIVE;
    NetworkDescriptor = NULL;
    ConsoleInit();
    ConsolePutROMString( (ROM char *)"\r\n*******************\r\n" );
    ConsolePutROMString( (ROM char *)"Microchip ZigBee(TM) Stack - v1.0 - 3.5\r\n" );
```

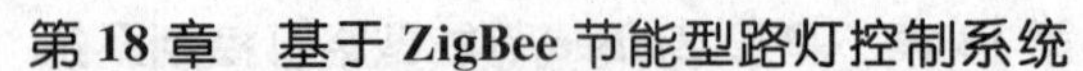


```
ConsolePutROMString( (ROM char * )"ZigBee RFD\r\n" );
HardwareInit();
ZigBeeInit();
destinationAddress.Val = 0x0000;
IPEN = 1;
GIEH = 1;
while (1)
{
    CLRWDT();
    ZigBeeTasks( &currentPrimitive );
    switch (currentPrimitive)
    {
        case NLME_NETWORK_DISCOVERY_confirm:                //发现网络确认
            currentPrimitive = NO_PRIMITIVE;
            if (! params.NLME_NETWORK_DISCOVERY_confirm.Status)
            {
                if (! params.NLME_NETWORK_DISCOVERY_confirm.NetworkCount)
                {
                    ConsolePutROMString( (ROM char * )"No networks found.  Trying again...\r\n" );
                }
                else
                {
                    NetworkDescriptor = params.NLME_NETWORK_DISCOVERY_confirm.NetworkDescriptor;
                    currentNetworkDescriptor = NetworkDescriptor;
                    params.NLME_JOIN_request.PANId = currentNetworkDescriptor -> PanID;
                    ConsolePutROMString( (ROM char * )"Network(s) found. Trying to join " );
                    PrintChar( params.NLME_JOIN_request.PANId.byte.MSB );
                    PrintChar( params.NLME_JOIN_request.PANId.byte.LSB );
                    ConsolePutROMString( (ROM char * )".\r\n" );
                    params.NLME_JOIN_request.JoinAsRouter   = FALSE;
                    params.NLME_JOIN_request.RejoinNetwork  = FALSE;
                    params.NLME_JOIN_request.PowerSource    = NOT_MAINS_POWERED;
                    params.NLME_JOIN_request.RxOnWhenIdle   = FALSE;
                    params.NLME_JOIN_request.MACSecurity    = FALSE;
                    currentPrimitive = NLME_JOIN_request;
                }
            }
            else
```

```
        {
            PrintChar( params.NLME_NETWORK_DISCOVERY_confirm.Status );
            ConsolePutROMString( (ROM char * )" Error finding network.   Trying again...\r\n" );
        }
        break;
    case NLME_JOIN_confirm:                            //网络加入确认
        if (! params.NLME_JOIN_confirm.Status)
        {
            ConsolePutROMString( (ROM char * )"Join successful! \r\n" );
            if (NetworkDescriptor)
            {
                free( NetworkDescriptor );
            }
            currentPrimitive = NO_PRIMITIVE;
        }
        else
        {
            PrintChar( params.NLME_JOIN_confirm.Status );
            ConsolePutROMString( (ROM char * )" Could not join.\r\n" );
            currentPrimitive = NO_PRIMITIVE;
        }
        break;
    case NLME_LEAVE_indication:                        //断开网络确认
        if (! memcmppgm2ram( &params.NLME_LEAVE_indication.DeviceAddress, (ROM void * )
        &macLongAddr, 8 ))
        {
            ConsolePutROMString( (ROM char * )"We have left the network.\r\n" );
        }
        else
        {
            ConsolePutROMString( (ROM char * )"Another node has left the network.\r\n" );
        }
        currentPrimitive = NO_PRIMITIVE;
        break;
    case NLME_RESET_confirm:                           //重置网络确认
        ConsolePutROMString( (ROM char * )"ZigBee Stack has been reset.\r\n" );
        currentPrimitive = NO_PRIMITIVE;
        break;
    case NLME_SYNC_confirm:                            //网络同步确认
```

```
        switch (params.NLME_SYNC_confirm.Status)
        {
            case SUCCESS:
                ConsolePutROMString( (ROM char * )"No data available.\r\n" );
                break;
            case NWK_SYNC_FAILURE:
                ConsolePutROMString( (ROM char * )"I cannot communicate with my parent.\r\n" );
                break;
            case NWK_INVALID_PARAMETER:
                ConsolePutROMString( (ROM char * )"Invalid sync parameter.\r\n" );
                break;
        }
        currentPrimitive = NO_PRIMITIVE;
        break;
    case APSDE_DATA_indication:                //应用层数据指示
        {
            WORD_VAL    attributeId;
            BYTE        command;
            BYTE        data;
            BYTE        frameHeader;
            BYTE        sequenceNumber;
            BYTE        transaction;
            BYTE        Rxaddress;
            currentPrimitive = NO_PRIMITIVE;
            frameHeader = APLGet();
            switch (params.APSDE_DATA_indication.DstEndpoint)
            {
                case EP_LIGHT:
                    if ((frameHeader & APL_FRAME_TYPE_MASK) == APL_FRAME_TYPE_KVP)
                    {
                        frameHeader &= APL_FRAME_COUNT_MASK;
                        for (transaction = 0; transaction<frameHeader; transaction++)
                        {
                            sequenceNumber          = APLGet();
                            command                 = APLGet();
                            attributeId.byte.LSB    = APLGet();
                            attributeId.byte.MSB    = APLGet();
                            command &= APL_FRAME_COMMAND_MASK;
```

```
if ((params. APSDE_DATA_indication. ClusterId == OnOffSRC_
CLUSTER) && (attributeId. Val == OnOffSRC_OnOff))
{
    if ((command == APL_FRAME_COMMAND_SET) ||
        (command == APL_FRAME_COMMAND_SETACK))
    {
        TxBuffer[TxData++] = APL_FRAME_TYPE_KVP | 1;//KVP
        TxBuffer[TxData++] = sequenceNumber;
        TxBuffer[TxData++] = APL_FRAME_COMMAND_SET_RES |
        (APL_FRAME_DATA_TYPE_UINT8 << 4);
        TxBuffer[TxData++] = attributeId. byte. LSB;
        TxBuffer[TxData++] = attributeId. byte. MSB;
        Rxaddress = APLGet();
        data = APLGet();
        switch (data)
        {
            case LIGHT_OFF:                //关灯
                ConsolePutROMString( (ROM char * )" Turning
                light off.\r\n" );
                LED1 = 0;
                TxBuffer[TxData++] = SUCCESS;
                break;
            case LIGHT_ON:                 //开灯
                ConsolePutROMString( (ROM char * )" Turning
                light on.\r\n" );
                LED1 = 1;
                TxBuffer[TxData++] = SUCCESS;
                break;
            case LIGHT_TOGGLE:             //灯状态切换
                ConsolePutROMString( (ROM char * )" Toggling
                light.\r\n" );
                LED1 ^= 1;
                TxBuffer[TxData++] = SUCCESS;
                break;
            default:                       //无效的灯信息
                PrintChar( data );
                ConsolePutROMString( (ROM char * )" Invalid
                light message.\r\n" );
```

```
                                        TxBuffer[TxData++] = KVP_INVALID_ATTRIBUTE
                                        _DATA;
                                        break;
                                    }
                                }
                                if (command == APL_FRAME_COMMAND_SETACK)
                                {
                                    ZigBeeBlockTx();
                                    params.APSDE_DATA_request.DstAddrMode = params.APSDE
                                    _DATA_indication.SrcAddrMode;
                                    params.APSDE_DATA_request.DstEndpoint = params.APSDE
                                    _DATA_indication.SrcEndpoint;
                                    params.APSDE_DATA_request.DstAddress.ShortAddr = pa-
                                    rams.APSDE_DATA_indication.SrcAddress.ShortAddr;
                                    params.APSDE_DATA_request.RadiusCounter = DEFAULT_
                                    RADIUS;
                                    params.APSDE_DATA_request.DiscoverRoute = ROUTE_DIS-
                                    COVERY_ENABLE;
                                    params.APSDE_DATA_request.TxOptions.Val = 0;
                                    params.APSDE_DATA_request.SrcEndpoint = EP_LIGHT;
                                    currentPrimitive = APSDE_DATA_request;
                                }
                                else
                                {
                                    TxData = TX_DATA_START;
                                }
                            }
                        }
                    }
                    break;
                }
                APLDiscardRx();
            }
            break;
        case APSDE_DATA_confirm:
            if (params.APSDE_DATA_confirm.Status)
            {
                ConsolePutROMString( (ROM char *)"Error " );
                PrintChar( params.APSDE_DATA_confirm.Status );
```

```
            ConsolePutROMString( (ROM char * )" sending message.\r\n" );
        }
        else
        {
            ConsolePutROMString( (ROM char * )" Message sent successfully.\r\n" );
        }
        currentPrimitive = NO_PRIMITIVE;
        break;
    case NO_PRIMITIVE:
        if (! ZigBeeStatus.flags.bits.bNetworkJoined)  //网络加入未成功
        {
            if (! ZigBeeStatus.flags.bits.bTryingToJoinNetwork)
            {
                if (ZigBeeStatus.flags.bits.bTryOrphanJoin)
                {
                    ConsolePutROMString( (ROM char * )"Trying to join network as an or-
                    phan...\r\n" );
                    params.NLME_JOIN_request.JoinAsRouter            = FALSE;
                    params.NLME_JOIN_request.RejoinNetwork           = TRUE;
                    params.NLME_JOIN_request.PowerSource         = NOT_MAINS_POWERED;
                    params.NLME_JOIN_request.RxOnWhenIdle            = FALSE;
                    params.NLME_JOIN_request.MACSecurity             = FALSE;
                    params.NLME_JOIN_request.ScanDuration            = 8;
                    params.NLME_JOIN_request.ScanChannels.Val      = ALLOWED_CHANNELS;
                    currentPrimitive = NLME_JOIN_request;
                }
                else
                {
                    ConsolePutROMString( (ROM char * )"Trying to join network as a new de-
                    vice...\r\n" );
                    params.NLME_NETWORK_DISCOVERY_request.ScanDuration          = 8;
                    params.NLME_NETWORK_DISCOVERY_request.ScanChannels.Val      = ALLOWED
                    _CHANNELS;
                    currentPrimitive = NLME_NETWORK_DISCOVERY_request;  //发现网络请求
                }
            }
        }
        else
        {
```

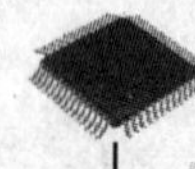


```
                    if (currentPrimitive == NO_PRIMITIVE)
                    {
                        if (! ZigBeeStatus.flags.bits.bDataRequestComplete)
                        {
                            if (! ZigBeeStatus.flags.bits.bRequestingData)
                            {
                                if (ZigBeeReady())
                                {
                                    params.NLME_SYNC_request.Track = FALSE;
                                    currentPrimitive = NLME_SYNC_request;
                                    ConsolePutROMString( (ROM char * )"Requesting data...\r\n" );
                                }
                            }
                        }
                    }
                }
                break;
            default:
                PrintChar( currentPrimitive );
                ConsolePutROMString( (ROM char * )" Unhandled primitive.\r\n" );
                currentPrimitive = NO_PRIMITIVE;
        }
    }
}
void HardwareInit(void)
{
    SPIInit();
    PHY_CSn             = 1;
    PHY_VREG_EN         = 0;
    PHY_RESETn          = 1;
    PHY_FIFO_TRIS       = 1;
    PHY_SFD_TRIS        = 1;
    PHY_FIFOP_TRIS      = 1;
    PHY_CSn_TRIS        = 0;
    PHY_VREG_EN_TRIS    = 0;
    PHY_RESETn_TRIS     = 0;
    LATC3               = 1;
    LATC5               = 1;
    TRISC3              = 0;
```

```
    TRISC4      = 1;
    TRISC5      = 0;
    SSPSTAT = 0xC0;
    SSPCON1 = 0x20;
    PIR1bits.ADIF = 0;                                  //清标志
    TRISD                   = 0x3F;                     //RD0、RD1 为输入,RD6、RD7 为输出
}
```

终端设备结果如图 18.8 所示。

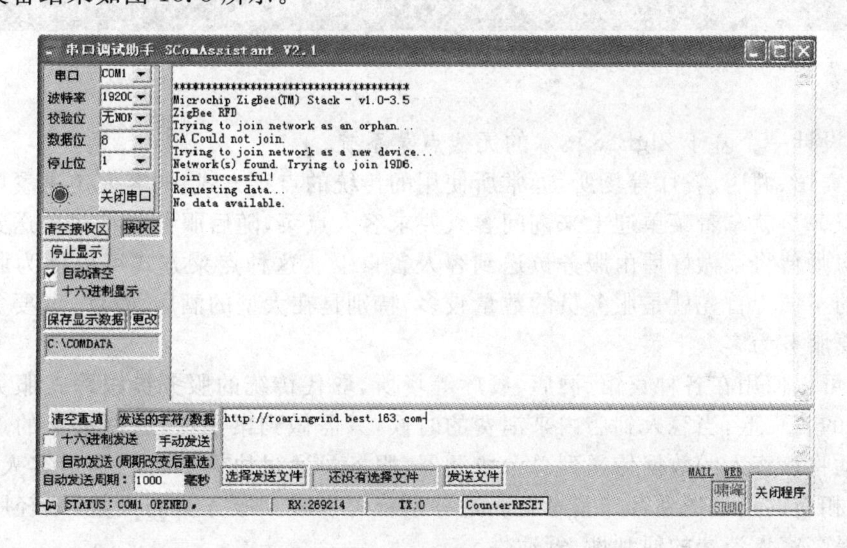

图 18.8　终端设备结果

第 19 章

ZigBee 无线点菜系统

本章将设计一个基于 ZigBee 技术的无线点菜系统。

在各种宾馆、酒店、餐厅等场所，通常所使用的传统的点菜方式，即客人走进餐厅或者是酒店等场所，服务员就拿着菜单迎上来询问客人要求客人点菜，随后服务员将菜单送到厨房和收银台，等厨房师傅将菜做好后由服务员送到客人餐桌上。这种点菜方式可以称为服务员跟踪式，有很多的不便。首先就是服务员的数量较多，特别是在大型的酒店、餐厅，既要负责帮助客人点菜，又要服务为客人上菜。

该系统可以使用在各种宾馆、酒店、餐厅等场所，取代传统的服务员跟踪式服务。该系统安放在客人的餐桌上，当客人到店内来消费的时候，只需做到桌子前，通过桌上的点菜系统点菜，系统自动将该客人的数据传送到总台协调器，服务员通过协调器可以知道客人所点的菜，服务员就将相应的菜品送到客户餐桌上。这种系统可以减少服务员的人数，减轻服务员工作的烦琐性，提高客人消费的便利性、舒适性。

19.1 无线点菜系统原理和实现

ZigBee 无线点菜系统的基本框图如图 19.1 所示。

客人使用安装在餐桌上或者餐桌附近的触摸屏，选择按键等设备点菜。客人确认所点的菜肴的时候按下确认键，这时候终端系统就会将客人的菜单通过无线系统发送到协调器，协调器再将客人所点的菜单发送到厨房、收银台等。

本设计中没有使用路由器，协调器的功能就是做一些协调器的常用功能，如维护网络等。另外就是通过串口将接收到的数据发送到 PC 机上。

本设计用实验板作为系统的终端设备硬件，用移动扩展板作为协调器硬件。

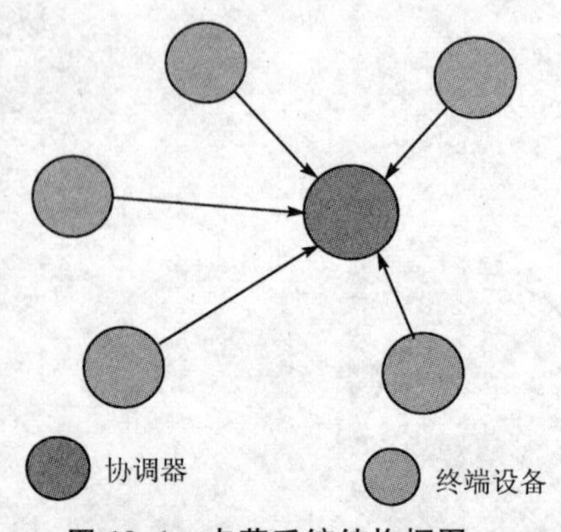

图 19.1 点菜系统结构框图

终端设备部分电路原理图如图 19.2 所示。

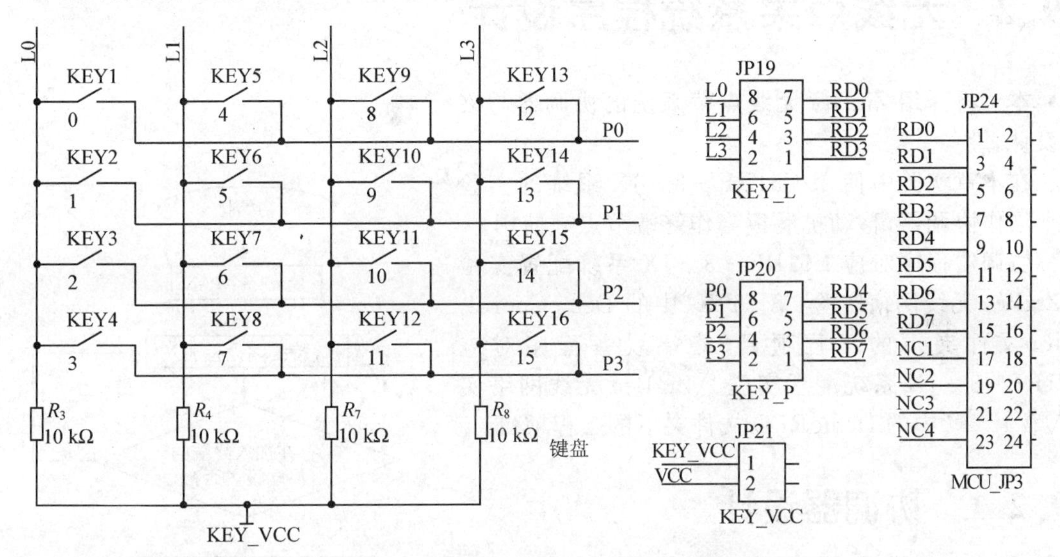

图 19.2　点菜系统终端设备电路原理图

协调器电路原理图如图 19.3 所示。

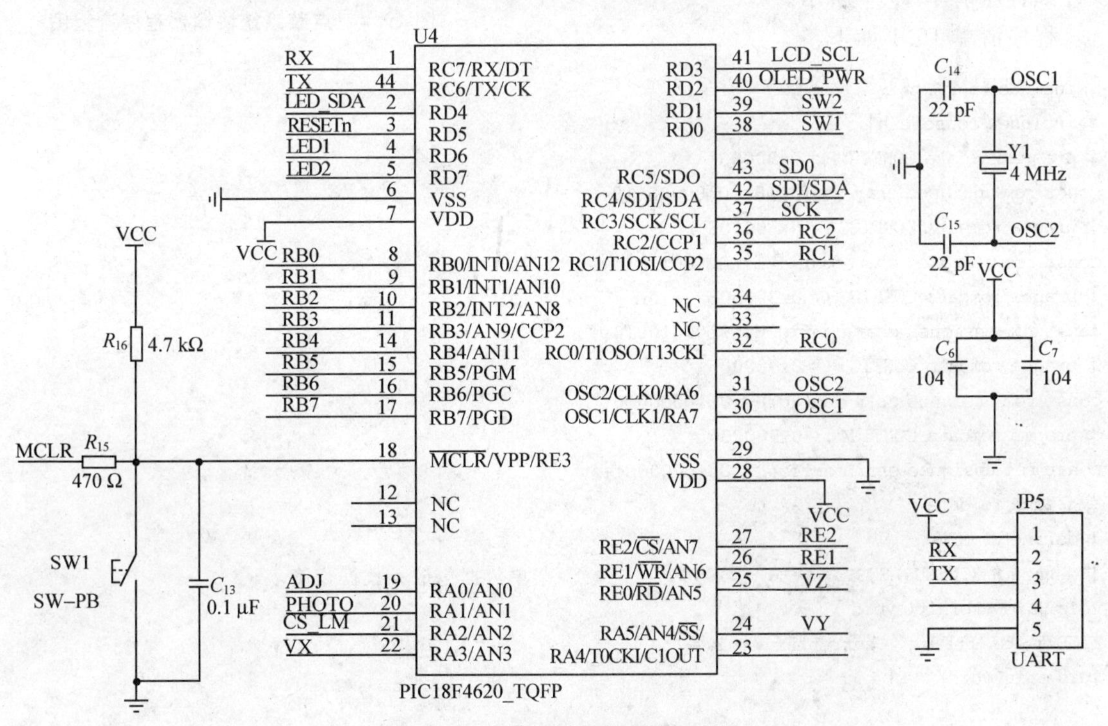

图 19.3　点菜系统协调器原理图

19.2 无线点菜系统程序设计

本节将介绍 ZigBee 无线点菜系统的协调器与终端设计。

在本章实验中使用 C51RF-3-JX 系统的实验板来当作协调器,移动扩展板当作终端节点来使用。

协调器程序对应 C51RF-3-JX 系统配置实验“\ZigBee 无线网络实验\第 15 章”中的 DemoCoordinator 文件夹下的工程项目,终端设备程序对应 C51RF-3-JX 系统配置实验“\ZigBee 无线网络实验\第 15 章”中的 DemoRFD 文件夹下的工程项目。

19.2.1 协调器设计

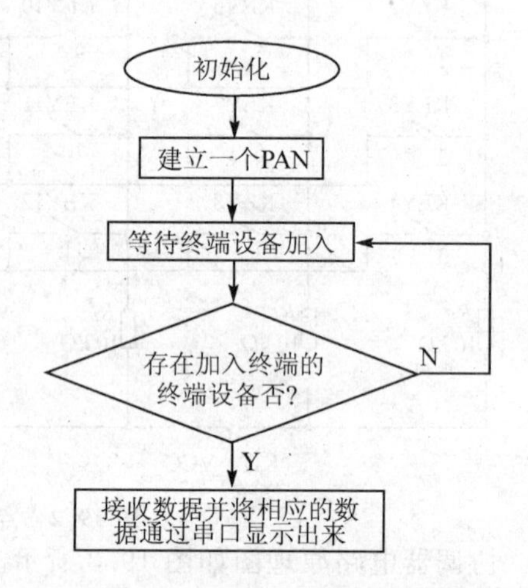

图 19.4 点菜系统协调器程序流程图

协调器程序流程图如图 19.4 所示,协调器程序设计如程序清单 19.1 所示。

程序清单 19.1 如下:

```
#include "zAPL.h"
#include "console.h"
#pragma romdata CONFIG1H = 0x300001
const rom unsigned char config1H = 0b00000110;
#pragma romdata CONFIG2L = 0x300002
const rom unsigned char config2L = 0b00011111;
#pragma romdata CONFIG2H = 0x300003
const rom unsigned char config2H = 0b00010010;
#pragma romdata CONFIG3H = 0x300005
const rom unsigned char config3H = 0b10000000;
#pragma romdata CONFIG4L = 0x300006
const rom unsigned char config4L = 0b10000001;
#pragma romdata
#define EP_MENU                5
#define MAX_MENU_LENGTH        10            //菜单数据包最大数据长度
void HardwareInit( void );
ZIGBEE_PRIMITIVE    currentPrimitive;
void main(void)
{
```

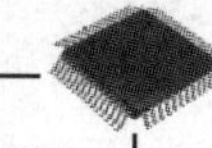


```
    CLRWDT();
    ENABLE_WDT();
    currentPrimitive = NO_PRIMITIVE;
    ConsoleInit();
    ConsolePutROMString( (ROM char *)"*********************\r\n" );
    ConsolePutROMString( (ROM char *)"Microchip ZigBee(TM) Stack - v1.0 - 3.5\r\n" );
    ConsolePutROMString( (ROM char *)"ZigBee Coordinator\r\n" );
    HardwareInit();
    ZigBeeInit();
    IPEN = 1;
    GIEH = 1;
    while (1)
    {
        CLRWDT();
        ZigBeeTasks( &currentPrimitive );
        switch (currentPrimitive)
        {
            case NLME_NETWORK_FORMATION_confirm:  //网络生成确认
                if (! params.NLME_NETWORK_FORMATION_confirm.Status)
                {
                    ConsolePutROMString( (ROM char *)"PAN " );
                    PrintChar( macPIB.macPANId.byte.MSB );
                    PrintChar( macPIB.macPANId.byte.LSB );
                    ConsolePutROMString( (ROM char *)" started successfully.\r\n" );
                    params.NLME_PERMIT_JOINING_request.PermitDuration = 0xFF;    //No Timeout
                    currentPrimitive = NLME_PERMIT_JOINING_request;
                }
                else
                {
                    PrintChar( params.NLME_NETWORK_FORMATION_confirm.Status );
                    ConsolePutROMString( (ROM char *)" Error forming network.  Trying again...\r\n" );
                    currentPrimitive = NO_PRIMITIVE;
                }
                break;
            case NLME_PERMIT_JOINING_confirm:      //允许设备加入确认
                if (! params.NLME_PERMIT_JOINING_confirm.Status)
                {
                    ConsolePutROMString( (ROM char *)"Joining permitted.\r\n" );
                    currentPrimitive = NO_PRIMITIVE;
```

```
        }
        else
        {
            PrintChar( params.NLME_PERMIT_JOINING_confirm.Status );
            ConsolePutROMString( (ROM char *)" Join permission unsuccessful. We cannot
            allow joins.\r\n" );
            currentPrimitive = NO_PRIMITIVE;
        }
        break;
    case NLME_JOIN_indication:              //终端设备加入指示
        ConsolePutROMString( (ROM char *)"Node " );
        PrintChar( params.NLME_JOIN_indication.ShortAddress.byte.MSB );
        PrintChar( params.NLME_JOIN_indication.ShortAddress.byte.LSB );
        ConsolePutROMString( (ROM char *)" just joined.\r\n" );
        currentPrimitive = NO_PRIMITIVE;
        break;
    case NLME_LEAVE_indication:             //网络断开指示
        if (! memcmppgm2ram( &params.NLME_LEAVE_indication.DeviceAddress, (ROM void *)
        &macLongAddr, 8 ))
        {
            ConsolePutROMString( (ROM char *)"We have left the network.\r\n" );
        }
        else
        {
            ConsolePutROMString( (ROM char *)"Another node has left the network.\r\n" );
        }
        currentPrimitive = NO_PRIMITIVE;
        break;
    case NLME_RESET_confirm:                //网络重置确认
        ConsolePutROMString( (ROM char *)"ZigBee Stack has been reset.\r\n" );
        currentPrimitive = NO_PRIMITIVE;
        break;
    case APSDE_DATA_indication:             //应用层数据指示
        {
            BYTE        dataLength;
            BYTE        frameHeader;
            BYTE        data1[MAX_MENU_LENGTH];
            BYTE        i;
            currentPrimitive = NO_PRIMITIVE;
```

```
            frameHeader = APLGet();
            ConsolePutROMString( (ROM char * )"NO." );
            switch (params.APSDE_DATA_indication.DstEndpoint)
            {
                case EP_MENU:
                    PrintChar( frameHeader );           //显示菜单信息
                    ConsolePutROMString( (ROM char * )"´s menu as follows: \r\n" );
                    ConsolePutROMString( (ROM char * )"S/N NAME CHARGE \r\n" );
                    dataLength = APLGet();              //所点菜肴数
                    for (i = 0;i < dataLength; i ++ )   //读取菜肴序号值
                    {
                        data1[i] = APLGet();
                        PrintChar(data1[i]);
                        ConsolePutROMString( (ROM char * )"\r\n" );
                    }
                    break;
                default:
                    break;
            }
        }
        break;
    case NO_PRIMITIVE:
        if (! ZigBeeStatus.flags.bits.bNetworkFormed)    //未生成新的 PAN
        {
            if (! ZigBeeStatus.flags.bits.bTryingToFormNetwork)
            {
                ConsolePutROMString( (ROM char * )"Trying to start network...\r\n" );
                params.NLME_NETWORK_FORMATION_request.ScanDuration              = 8;
                params.NLME_NETWORK_FORMATION_request.ScanChannels.Val          = ALLOWED
                _CHANNELS;
                params.NLME_NETWORK_FORMATION_request.PANId.Val                 = 0xFFFF;
                params.NLME_NETWORK_FORMATION_request.BeaconOrder               = MAC_PIB
                _macBeaconOrder;
                params.NLME_NETWORK_FORMATION_request.SuperframeOrder           = MAC_PIB
                _macSuperframeOrder;
                params.NLME_NETWORK_FORMATION_request.BatteryLifeExtension      = MAC_PIB
                _macBattLifeExt;
                currentPrimitive = NLME_NETWORK_FORMATION_request;
            }
```

```
                }
                else                                        //形成新的 PAN
                {
                    if (ZigBeeReady())
                    {
                    }
                }
                break;
            default:
                PrintChar( currentPrimitive );
                ConsolePutROMString( (ROM char * )" Unhandled primitive.\r\n" );
                currentPrimitive = NO_PRIMITIVE;
                break;
        }
    }
}
void HardwareInit(void)
{
    SPIInit();
    PHY_CSn                 = 1;
    PHY_VREG_EN             = 0;
    PHY_RESETn              = 1;
    PHY_FIFO_TRIS           = 1;
    PHY_SFD_TRIS            = 1;
    PHY_FIFOP_TRIS          = 1;
    PHY_CSn_TRIS            = 0;
    PHY_VREG_EN_TRIS = 0;
    PHY_RESETn_TRIS         = 0;
    LATC3                   = 1;
    LATC5                   = 1;
    TRISC3                  = 0;
    TRISC4                  = 1;
    TRISC5                  = 0;
    SSPSTAT                 = 0xC0;
    SSPCON1                 = 0x20;
    ADCON1                  = 0x0F;
    TRISD                   = 0x3F;                     //RD0、RD1 为输入,RD6、RD7 为输出
}
```

点菜系统协调器结果如图19.5所示。

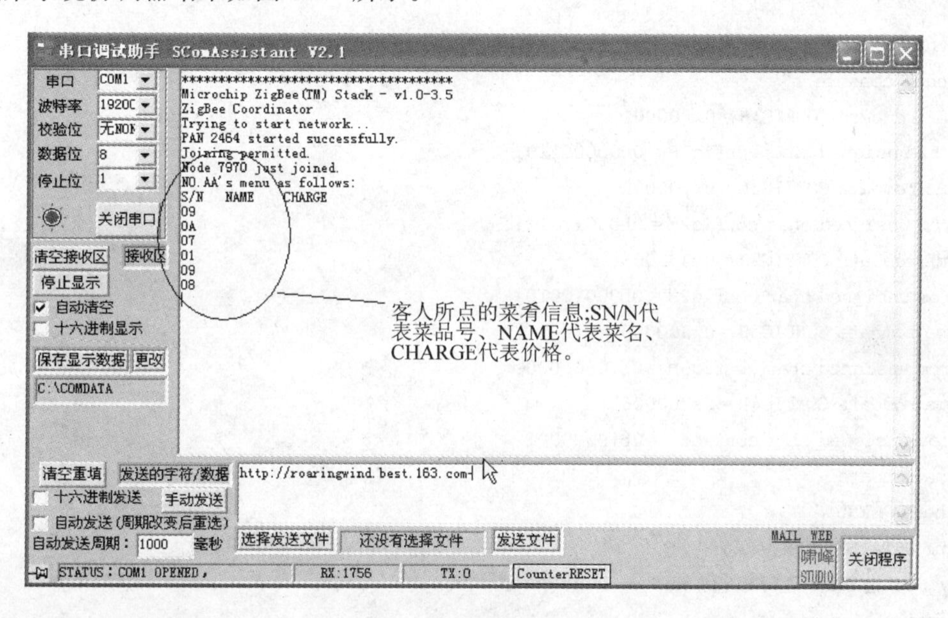

图19.5 点菜系统协调器结果图

19.2.2 终端设备设计

在终端设备程序的设计中,只需要将客户所点的菜单记录下来通过ZigBee通信协议组建好数据包,并将数据发送到协调器。程序流程图如图19.6所示,终端程序设计如程序清单19.2所示。

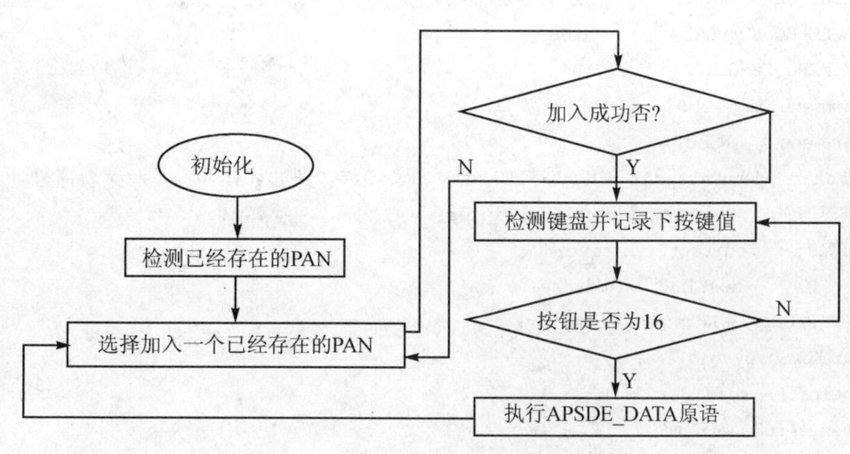

图19.6 点菜系统终端设备程序流程图

程序清单 19.2 如下：

```
#include "zAPL.h"
#include "console.h"
#pragma romdata CONFIG1H = 0x300001
const rom unsigned char config1H = 0b00000110;
#pragma romdata CONFIG2L = 0x300002
const rom unsigned char config2L = 0b00011111;
#pragma romdata CONFIG2H = 0x300003
const rom unsigned char config2H = 0b00010010;
#pragma romdata CONFIG3H = 0x300005
const rom unsigned char config3H = 0b10000000;
#pragma romdata CONFIG4L = 0x300006
const rom unsigned char config4L = 0b10000001;
#pragma romdata
#define EP_MENU                5                                              //定义 MENU 终点
#define DATA_SEND_SWITCH       RB4
#define MENU_SELECT_SWITCH     RB5
static union
{
    struct
    {
        BYTE    bSendingData    : 1;                                          //正在发送数据状态标志
    } bits;
    BYTE Val;
} myStatusFlags;
#define STATUS_FLAGS_INIT          0x00
#define TOGGLE_BOUND_FLAG          0x08
#define MAX_MENU_LENGTH            10
unsigned char menu_index = 0;
unsigned char menu =   NULL;
ram unsigned char  MenuData[MAX_MENU_LENGTH] =  {0,0,3,7,9,8,0,0,0,0};  //菜肴序号
NETWORK_DESCRIPTOR   * currentNetworkDescriptor;
ZIGBEE_PRIMITIVE     currentPrimitive;
SHORT_ADDR           destinationAddress;
NETWORK_DESCRIPTOR   * NetworkDescriptor;
unsigned char KeyScan(void);
void HardwareInit(  void  );
BOOL myProcessesAreDone(  void  );
void main( void )
```

```
{
    CLRWDT();
    ENABLE_WDT();
    currentPrimitive = NO_PRIMITIVE;
    NetworkDescriptor = NULL;
    ConsoleInit();
    ConsolePutROMString( (ROM char *)"******************\r\n" );
    ConsolePutROMString( (ROM char *)"Microchip ZigBee(TM) Stack - v1.0 - 3.5\r\n" );
    ConsolePutROMString( (ROM char *)"ZigBee RFD\r\n" );
    HardwareInit();
    ZigBeeInit();
    myStatusFlags.Val = STATUS_FLAGS_INIT;
    destinationAddress.Val = 0x0000;
    RBIE = 1;
    IPEN = 1;
    GIEH = 1;
    while (1)
    {
        CLRWDT();
        ZigBeeTasks( &currentPrimitive );
        switch (currentPrimitive)
        {
            case NLME_NETWORK_DISCOVERY_confirm:                    //发现网络确认
                currentPrimitive = NO_PRIMITIVE;
                if (! params.NLME_NETWORK_DISCOVERY_confirm.Status)
                {
                    if (! params.NLME_NETWORK_DISCOVERY_confirm.NetworkCount)
                    {
                        ConsolePutROMString( (ROM char *)"No networks found.  Trying again...\r\n" );
                    }
                    else
                    {
                        NetworkDescriptor = params.NLME_NETWORK_DISCOVERY_confirm.NetworkDescriptor;
                        currentNetworkDescriptor = NetworkDescriptor;
                        params.NLME_JOIN_request.PANId      = currentNetworkDescriptor -> PanID;
                        ConsolePutROMString( (ROM char *)"Network(s) found. Trying to join " );
                        PrintChar( params.NLME_JOIN_request.PANId.byte.MSB );
                        PrintChar( params.NLME_JOIN_request.PANId.byte.LSB );
                        ConsolePutROMString( (ROM char *)".\r\n" );
```

```
                params.NLME_JOIN_request.JoinAsRouter      = FALSE;
                params.NLME_JOIN_request.RejoinNetwork     = FALSE;
                params.NLME_JOIN_request.PowerSource       = NOT_MAINS_POWERED;
                params.NLME_JOIN_request.RxOnWhenIdle      = FALSE;
                params.NLME_JOIN_request.MACSecurity       = FALSE;
                currentPrimitive                           = NLME_JOIN_request;
            }
        }
        else
        {
            PrintChar( params.NLME_NETWORK_DISCOVERY_confirm.Status );
            ConsolePutROMString( (ROM char * )" Error finding network.  Trying again...\r\n" );
        }
        break;
    case NLME_JOIN_confirm:
        if (! params.NLME_JOIN_confirm.Status)
        {
            ConsolePutROMString( (ROM char * )"Join successful in " );
            PrintChar( params.NLME_JOIN_confirm.PANId.byte.MSB );
            PrintChar( params.NLME_JOIN_confirm.PANId.byte.LSB );
            ConsolePutROMString( (ROM char * )"! \r\n" );
            if ( NetworkDescriptor )
            {
                free( NetworkDescriptor );
            }
            currentPrimitive = NO_PRIMITIVE;
        }
        else
        {
            PrintChar( params.NLME_JOIN_confirm.Status );
            ConsolePutROMString( (ROM char * )" Could not join.\r\n" );
            currentPrimitive = NO_PRIMITIVE;
        }
        break;
    case NLME_LEAVE_indication:
        if (! memcmppgm2ram( &params.NLME_LEAVE_indication.DeviceAddress, (ROM void * )
        &macLongAddr, 8 ))
        {
            ConsolePutROMString( (ROM char * )"We have left the network.\r\n" );
```

```
        }
        else
        {
            ConsolePutROMString( (ROM char * )"Another node has left the network.\r\n" );
        }
        currentPrimitive = NO_PRIMITIVE;
        break;
    case NLME_RESET_confirm:
        ConsolePutROMString( (ROM char * )"ZigBee Stack has been reset.\r\n" );
        currentPrimitive = NO_PRIMITIVE;
        break;
    case NLME_SYNC_confirm:
        switch (params.NLME_SYNC_confirm.Status)
        {
            case SUCCESS:
                ConsolePutROMString( (ROM char * )"No data available.\r\n" );
                break;
            case NWK_SYNC_FAILURE:
                ConsolePutROMString( (ROM char * )"I cannot communicate with my parent.\r\n" );
                break;
            case NWK_INVALID_PARAMETER:
                ConsolePutROMString( (ROM char * )"Invalid sync parameter.\r\n" );
                break;
        }
        currentPrimitive = NO_PRIMITIVE;
        break;
    case APSDE_DATA_confirm:
        if (params.APSDE_DATA_confirm.Status)
        {
            ConsolePutROMString( (ROM char * )"Error " );
            PrintChar( params.APSDE_DATA_confirm.Status );
            ConsolePutROMString( (ROM char * )" sending message.\r\n" );
        }
        else
        {
            ConsolePutROMString( (ROM char * )" Message sent successfully.\r\n" );
        }
        currentPrimitive = NO_PRIMITIVE;
        break;
```

```
case NO_PRIMITIVE:
    if (! ZigBeeStatus.flags.bits.bNetworkJoined)        //加入未成功
    {
        if (! ZigBeeStatus.flags.bits.bTryingToJoinNetwork)
        {
            if (ZigBeeStatus.flags.bits.bTryOrphanJoin)
            {
                ConsolePutROMString( (ROM char * )"Trying to join network as an or-
                phan...\r\n" );
                params.NLME_JOIN_request.JoinAsRouter       = FALSE;
                params.NLME_JOIN_request.RejoinNetwork      = TRUE;
                params.NLME_JOIN_request.PowerSource        = NOT_MAINS_POWERED;
                params.NLME_JOIN_request.RxOnWhenIdle       = FALSE;
                params.NLME_JOIN_request.MACSecurity        = FALSE;
                params.NLME_JOIN_request.ScanDuration       = 8;
                params.NLME_JOIN_request.ScanChannels.Val = ALLOWED_CHANNELS;
                currentPrimitive = NLME_JOIN_request;
            }
            else
            {
                ConsolePutROMString( (ROM char * )"Trying to join network as a new de-
                vice...\r\n" );
                params.NLME_NETWORK_DISCOVERY_request.ScanDuration = 8;
                params.NLME_NETWORK_DISCOVERY_request.ScanChannels.Val     = ALLOWED
                _CHANNELS;
                currentPrimitive = NLME_NETWORK_DISCOVERY_request;   //发现网络请求
            }
        }
    }
    else
    {
        if (ZigBeeStatus.flags.bits.bDataRequestComplete & ZigBeeReady())
        {
            unsigned char bottomdata;      //缓存按键值
            bottomdata = KeyScan();        //扫描按键,并将按键值缓存到 bottomdata
            if (bottomdata>0)
            {
                if (bottomdata == 16 )   //按下确认按键(16 号按键),发送所点菜肴信息
                {
```

```
                unsigned char i               = 0;
                unsigned char TxDataLength = 0;
                TxBuffer[TxData ++ ]         = 0xAA;  //地址
                for(i = 0;MenuData[i]! = 0;i ++ )   //计算所点菜肴数目
                {
                    TxDataLength ++ ;
                }
                TxBuffer[TxData ++ ]    = TxDataLength;
                for(i = 0;i< = TxDataLength;i ++ )   //用点菜菜肴数据构建数据包
                {
                    TxBuffer[TxData ++ ]    = MenuData[i];
                }
                params.APSDE_DATA_request.DstAddrMode = APS_ADDRESS_16_BIT;
                params.APSDE_DATA_request.DstEndpoint     = EP_MENU;
                params.APSDE_DATA_request.DstAddress.ShortAddr = destination-
                Address;
                params.APSDE_DATA_request.ProfileId.Val     = MY_PROFILE_ID;
                params.APSDE_DATA_request.RadiusCounter = DEFAULT_RADIUS;
                params.APSDE_DATA_request.DiscoverRoute     = ROUTE_DISCOVERY_
                ENABLE;
                params.APSDE_DATA_request.TxOptions.Val     = 0;
                params.APSDE_DATA_request.SrcEndpoint     = EP_MENU;
                params.APSDE_DATA_request.ClusterId     = OnOffSRC_CLUSTER;
                ConsolePutROMString( (ROM char * )" Trying to send menu message.
                \r\n" );
                currentPrimitive = APSDE_DATA_request;
            }
            else     //按键为菜肴序号按键,将按键值保存到菜肴缓存区中
            {
                MenuData[menu_index ++ ]    = bottomdata;
                if (menu_index > = MAX_MENU_LENGTH)   //MenuData 区溢出
                {
                    menu_index        = 0;
                }
            }
        }
        RBIE = 1;
    }
    if (currentPrimitive  = = NO_PRIMITIVE)
```

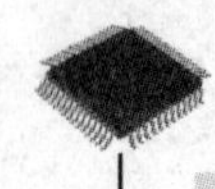


```
                {
                    if (! ZigBeeStatus.flags.bits.bDataRequestComplete)
                    {
                        if (! ZigBeeStatus.flags.bits.bRequestingData)
                        {
                            if (ZigBeeReady())
                            {
                                params.NLME_SYNC_request.Track = FALSE;
                                currentPrimitive = NLME_SYNC_request;      //网络同步请求
                                ConsolePutROMString( (ROM char * )"Requesting data...\r\n" );
                            }
                        }
                    }
                }
            }
            break;
        default:
            PrintChar( currentPrimitive );
            ConsolePutROMString( (ROM char * )" Unhandled primitive.\r\n" );
            currentPrimitive = NO_PRIMITIVE;
        break;
        }
    }
}
BOOL myProcessesAreDone( void )
{
    return (myStatusFlags.bits.bSendingData == FALSE);
}
void HardwareInit(void)
{
    SPIInit();
    PHY_CSn             = 1;
    PHY_VREG_EN         = 0;
    PHY_RESETn          = 1;
    PHY_FIFO_TRIS       = 1;
    PHY_SFD_TRIS        = 1;
    PHY_FIFOP_TRIS      = 1;
    PHY_CSn_TRIS        = 0;
```

```
    PHY_VREG_EN_TRIS        = 0;
    PHY_RESETn_TRIS         = 0;
    LATC3                   = 1;
    LATC5                   = 1;
    TRISC3                  = 0;
    TRISC4                  = 1;
    TRISC5                  = 0;
    SSPSTAT                 = 0xC0;
    SSPCON1                 = 0x20;
    ADCON1                  = 0x0F;
    LATA                    = 0x04;
    TRISA                   = 0xE0;
    RBIF                    = 0;
    RBPU                    = 0;
    TRISB                   = 0xff;
}
unsigned char KeyScan(void)
{   unsigned char keyl,keyp,keydata;
    keydata =   0;                              //键值初始化为 0
    TRISD      =   0x0f;                        //行输入,列输出
    LATD      &=   0x0f;                        //列输出为低
    keyl       =   (PORTD&0x0f);                //检查行为低就有键按下
    keyl       =   ~(keyl|0xf0);
    if(keyl ! =0)
    {   TRISD   = 0xf0;
        LATD = 0x0f;
        keyp = PORTD >> 4;
        TRISD   =   0x0f;
        LATD   &=   0x0f;
        while((PORTD&0x0f) ! = 0x0f);           //等待键释放
        switch( keyl )
        {   case 1:   keyl = 0;
                        break;
            case 2:   keyl = 1;
                        break;
            case 4:   keyl = 2;
                        break;
            case 8:   keyl = 3;
                        break;
```

```
            default:   keyl = 0;
                       break;
        }
        switch( keyp )
        {   case 1:   keyp = 0;
                       break;
            case 2:   keyp = 1;
                       break;
            case 4:   keyp = 2;
                       break;
            case 8:   keyp = 3;
                       break;
            default: keyp = 0;
                       break;
        }
        keydata =   4 * keyl + keyp + 1;
    }
    return( keydata );                //返回键值
}
```

终端设备结果如图 19.7 所示。

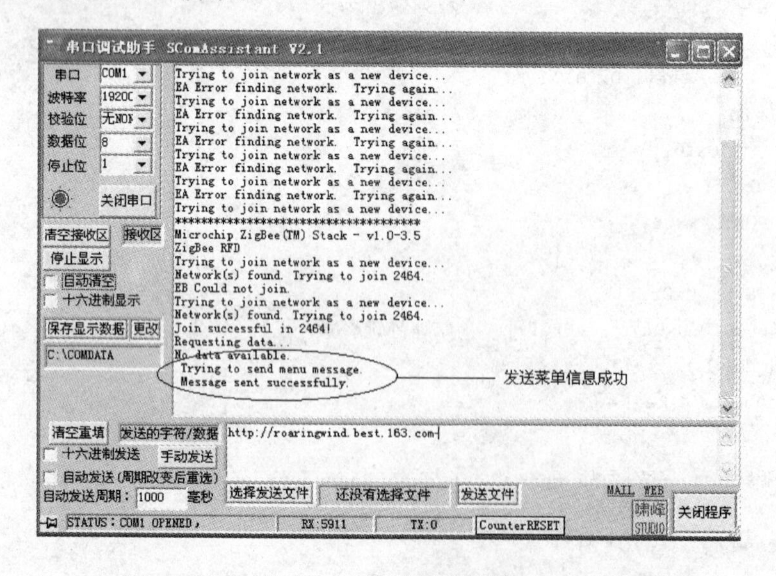

图 19.7　终端设备结果

参考文献

[1] PIC18F2525/2620/4525/4620 http:// www.microchip.com.

[2] CC2420 2.4 GHz IEEE 802.15.4/ZigBee-ready RF Transceiver. http:// www.chipcon.com.

[3] CC1110 PRELIMINARY Data Sheet (Rev. 1.01) SWRS033A Page 1 of 202 True System-on-Chip with Low Power RF Transceiver and 8051 MCU. http://www.chipcon.com.

[4] MpZBeeV1.0-3.5. http:// www.microchip.com.

[5] CC2500 Single Chip Low Cost Low Power RF Transceiver. http://www.chipcon.com.

[6] MPLAB IDE v7.60 Full Zipped Insta. http:// www.microchip.com.

[7] 张齐,杜群贵. 单片机应用系统设计技术[M]. 北京:电子工业出版社,2004.

[8] 马维华. 微型计算机及接口技术[M]. 北京:科学出版社,2002.

[9] 贝克. 嵌入式系统中的模拟设计[M]/嵌入式系统译丛. 北京:北京航空航天大学出版社,2005.

[10] 楼然苗. 51系列单片机设计实例[M]. 北京:北京航空航天大学出版社,2006.

[11] 刘和平,刘钊,郑群英等. PIC18FXXX单片机程序设计及应用[M]. 北京:北京航空航天大学出版社,2005.

[12] 郑宝玉等译. 现代无线通信[M]. 北京:电子工业出版社,2006.

[13] 周航慈. 单片机应用程序设计技术[M]. 北京:北京航空航天大学出版社,1991.

[14] 北京教育科学研究院. 无线电技术基础[M]. 北京:人民邮电出版社,2005.

[15] 郭兵. SoC技术原理应用[M]. 北京:清华大学出版社,2006.

[16] 赵阿群,陈少红,赵直等. 计算机网络基础[M]. 北京:北京交通大学出版社,2003.

[17] 蒋挺,赵成. 紫蜂技术及其应用[M]. 北京:北京邮电大学出版社,2006.

[18] 徐爱钧,彭秀华. 单片机高级语言C51 Windows环境编程与应用[M]. 北京:电子工业出版社,2003.

[19] 李文仲等. ZigBee无线网络技术入门与实战[M]. 北京:北京航空航天大学出版社,2007.

[20] 刘和平,刘钊,邓力等. PIC18FXXX单片机程序设计及应用[M]. 北京:北京航空航天大学出版社,2005.

[21] 武锋,陈新建. PIC单片机C语言开发入门[M]. 北京:北京航空航天大学出版社,2005.